GUOLU FANGMO FANGBAO PEIXUN JIAOCAI

锅炉防磨防爆培训教材

大唐国际防磨防爆培训基地　编

中国电力出版社
CHINA ELECTRIC POWER PRESS

内 容 提 要

本书以作者多年在火力发电厂从事锅炉运行、检修、金属及化学监督工作中积累的经验和解决实际出现问题取得的成果为基础，结合电厂锅炉防磨防爆中需要掌握的相关知识，理论联系实际，介绍了电厂锅炉类型及锅炉原理、锅炉安全运行、锅炉水处理、压力容器焊接等基础知识，重点介绍了电厂锅炉防磨防爆检查和锅炉“四管”失效分析及预防等相关知识。

本书内容翔实，实用性较强，适用于电厂锅炉运行人员、金属及化学监督人员使用。也可供石油、冶金、化工企业中，从事锅炉防磨防爆专业工作的技术人员培训和自学使用。

图书在版编目(CIP)数据

锅炉防磨防爆培训教材/大唐国际防磨防爆培训基地编. —北京：中国电力出版社，2016.2（2021.6重印）

ISBN 978-7-5123-8517-7

Ⅰ.①锅… Ⅱ.①大… Ⅲ.①锅炉-安全技术-技术培训-教材 Ⅳ.①TK223.6

中国版本图书馆 CIP 数据核字(2015)第 261727 号

中国电力出版社出版、发行
(北京市东城区北京站西街 19 号 100005 http：//www.cepp.sgcc.com.cn)
北京天宇星印刷厂印刷
各地新华书店经售

*

2016 年 2 月第一版 2021年 6 月北京第二次印刷
787 毫米×1092 毫米 16 开本 19.25 印张 467 千字
印数 2001—3000 册 定价 **59.00** 元

《锅炉防磨防爆培训教材》

编　委　会

前 言

安全生产是生产企业的发展之本，提高生产设备可靠性则是安全生产的基础。对于电力企业而言，随着工业生产现代化水平的不断提高和科技的进步，亚临界、超临界、超超临界发电机组日益增多，锅炉的工作状况对整个机组的安全稳定运行影响更加突出，锅炉的防磨防爆作为预防与控制锅炉“四管”泄漏的第一步，其作用也显得越发重要。

锅炉防磨防爆涉及材料、化学、锅炉以及自动化等多个学科和专业领域，又与锅炉的设计、制造、安装、运行和维护等过程密切相关。锅炉“四管”泄漏问题的复杂性和困难性，使防磨防爆工作始终处于不断研究、探索中。

大唐国际张家口发电厂一直高度重视防磨防爆检查工作，其防磨防爆作业组在出色完成厂内检查任务的同时，先后完成了全国 15 个省份 30 余家电厂 200 余次的防磨防爆检查任务，积累了丰富的专业知识和经验。大唐国际防磨防爆培训基地依托于大唐国际张家口发电厂于 2012 年成立，自成立以来一直致力于防磨防爆专业培训，在培训中积累了丰富的经验和许多宝贵的资料。为更好地服务防磨防爆培训工作，更加广泛地传播锅炉“四管”泄漏预防与控制的经验，进行学术交流，特组织专业骨干编写本书。

本书是针对防磨防爆相关从业人员编写的，在编写中特别注重理论知识与实际的结合。本书在总结大唐国际防磨防爆培训基地相关课程和教材建设的基础上，本着“务求实用、突出重点”的原则，对防磨防爆涉及运行、金属、化学及焊接等方面知识进行了整合，以满足大家的需要。

本书共计七章，杨晓松担任本书的主编，并负责编写其中的防磨防爆检查部分，由姜海峰负责统稿。禹庆明负责编写书中的运行部分，王位负责编写书中的金属部分，李岩负责编写书中的化学部分，李荣负责编写书中的焊接部分。本书在编写过程中，得到了多位业内专家和朋友提供的支持和帮助，在此表示衷心感谢。

鉴于编者水平有限，书中不妥之处在所难免，敬请广大读者谅解，并提出宝贵意见和建议。

编委会

2015 年 10 月

目 录

第一章

锅炉简介及燃料

第一节　锅炉简介及分类

锅炉在火力发电厂中是提供动力的关键设备，是火力发电厂三大主设备之一，由锅炉本体和辅助设备构成。它利用燃料（如煤、重油、天然气等）燃烧时产生的热量使水变成具有一定温度和压力的过热蒸汽，以驱动汽轮发电机发电，电厂锅炉以其容量大、参数（压力、温度）高区别于一般工业锅炉。

一、锅炉的基本概念

（一）锅炉的定义

锅炉是指利用燃料（固体燃料、液体燃料和气体燃料）燃烧释放的化学能转换成热能，且向外输出热水或蒸汽的换热设备。

（二）锅炉的组成

锅炉由“锅”和“炉”两大部分组成。“锅”是指汽水流动系统，包括汽包、联箱、水冷壁以及对流受热面等，是换热设备的吸热部分；“炉”是指燃料燃烧空间及烟风流动系统，包括炉膛、对流烟道以及烟囱等，是换热设备的放热部分。

（三）燃煤锅炉

燃煤锅炉是指燃料煤燃烧释放的热能通过受热面的金属壁面传给其中的工质（水），将水加热成具有一定压力和温度的蒸汽。但并不是燃料燃烧释放的所有热能全部有效转化，会有一部分无功消耗，这样就存在效率问题，一般参数较大的锅炉效率较高，锅炉效率通常在60％～95％之间。

二、燃煤锅炉的分类

燃煤锅炉有多种类型，可按用途、燃烧方式、除渣方式以及结构安装方式等分类。

（一）按用途分类

1. 电厂锅炉

电厂锅炉是指用于火力发电的锅炉。火力发电机组由锅炉、汽轮机、发电机三大动力设备构成。锅炉产生的高温、高压蒸汽经过汽轮机做功，使蒸汽的热能转换为机械能，汽轮机带动发电机高速旋转发电，此时机械能转换成电能。

2. 工业锅炉

工业锅炉是指锅炉产生的高温热载体（蒸汽、高温水以及有机热载体）供工业生产过程中应用，如酿酒、造纸、纺织、木材、食品、化工等。

3. 热水锅炉

热水锅炉是指锅炉产生的热水、蒸汽供人们生活之用，如取暖、洗浴、消毒等。

（二）按燃烧方式分类

1. 层燃炉

层燃炉是指原煤经破碎成粒径为 25～40mm 的碎块后，用炉前煤斗的煤闸板或播煤机平铺在链条炉排上作层状燃烧的锅炉。

2. 室燃炉

室燃炉是指原煤经筛选、破碎及研磨成大部分粒径小于 0.1mm 的煤粉后，经燃烧器喷入炉膛作悬浮状燃烧的锅炉。

煤粉喷入炉膛后能很快着火，烟气能达到 1500℃左右的高温。但煤粉和周围气体间的相对运动很微弱，煤粉在较大的炉膛内停留 2～3s 才能基本上烧完，因此，室燃炉的炉膛容积常比同蒸发量的层燃炉的炉膛容积约大一倍。

3. 旋风炉

旋风炉是指将粒径小于 10mm 的碎煤粒或粗煤粉先在前置式旋风筒内作旋风状燃烧，所产生的高温烟气再进入主炉膛（冷却室）内进行辐射换热的锅炉。

4. 沸腾燃烧炉

沸腾燃烧炉是指利用风室中的空气将固定炉箅或链条炉排上的灼热料层（主要是灰粒）吹成沸腾状态，使其与煤粒一起上、下翻滚燃烧的燃煤锅炉。

（三）按除渣方式分类

1. 固态除渣炉

炉膛中熔渣经炉底冷灰斗或凝渣箱凝固后排出。适用于燃用灰熔点较高的煤。

2. 液态除渣炉

炉底有保温熔液池，熔渣经排渣口流出（或经冷水凝固后排出）或用蒸汽吹拉成炉渣绵排出（可作保温材料）。

（四）按结构安装方式分类

1. 悬吊式锅炉

锅炉炉膛和转向烟室均用吊杆悬吊于架设在钢筋混凝土立柱上的大板框架梁上，悬吊式锅炉优点是炉体可自由膨胀，易于防振，节省钢材，炉底下面的空间较大，便于布置送风机及除灰设备，但安装技术要求高。

2. 支承式锅炉

锅炉整体支撑于框形骨架上，特点是便于安装、占地少，但耗用钢材多。

（五）按压力参数分类

1. 低压锅炉

低压锅炉是指出口额定蒸汽压力小于 2.5MPa 的锅炉。

2. 中压锅炉

中压锅炉是指出口额定蒸汽压力约为 3.9MPa 的锅炉。

3. 高压锅炉

高压锅炉是指出口额定蒸汽压力约为 10.8MPa 的锅炉。

4. 超高压锅炉

超高压锅炉是指出口额定蒸汽压力约为 14.7MPa 的锅炉。

5. 亚临界压力锅炉

亚临界压力锅炉是指出口额定蒸汽压力为 16.8～18.6MPa 的锅炉。

6. 超临界及超超临界压力锅炉

超临界及超超临界压力锅炉是指出口额定蒸汽压力超过临界压力、为 24～35MPa 的锅炉。

（六）按工质（水）在锅炉中的流动方式分类

1. 自然循环锅炉

在水循环回路中，介质流动的动力来自不受热的下降水管中的水柱与受热的上升管中汽水混合物水柱的密度差。

2. 强制循环锅炉

在水循环回路中介质流动的动力除水和汽水密度差外，主要依靠炉水循环泵的压头。

3. 直流锅炉

给水依靠给水泵压头使给水经预热、蒸发、过热一次通过产生蒸汽的锅炉，因此，直流锅炉也属于强制循环锅炉。

4. 复合循环锅炉

由直流锅炉改进而成，除有给水泵外，还装有再循环泵。

第二节 锅炉燃料及燃烧特性

燃料是可以用来取得大量热能的物质。目前，所用的燃料可以分成两大类，一类是核燃料，另一类是有机燃料。电厂锅炉大都使用有机燃料。有机燃料是指可以与氧化剂发生强烈的化学反应（燃烧）而放出大量热量的物质。

有机燃料按其物态可分为固体燃料（煤、木材等）、液体燃料（石油及其产品）和气体燃料（天然气、高炉煤气、焦炉煤气等）三种。按照我国的燃料政策，电厂锅炉要以煤为主要燃料，并尽量利用水分和灰分含量高、发热量低的劣质煤。

煤是由多种有机物质和无机物质混合组成的复杂的固体碳氢燃料。它是远古植物遗体随地壳的变动被埋入地下，长期处于地下温度、压力较高的环境中，植物中的纤维素、木质素经脱水腐蚀，含氧量不断减少，碳质不断增加，逐渐形成化学稳定性强、含碳量高的固体化合物。由于埋入地下的时间和深度不同，地质作用的强弱不同，就会形成不同的煤种。

一、煤炭的分类

（一）按照用途分类

随着社会的发展，科学的进步，煤的用途越来越广泛，可以根据其使用目的总结为两大主要用途，即作为动力煤和炼焦煤。

1. 我国动力煤的主要用途

（1）发电用煤。我国约 1/3 以上的煤用来发电，电厂利用煤的热值，把热能转变为电能。

（2）建材用煤。约占动力用煤的 10%以上，以水泥工业用煤量最大，其次为玻璃、砖、瓦等。

(3) 一般工业锅炉用煤。除热电厂及大型供热锅炉外，一般企业及取暖用的工业锅炉型号繁多，数量大且布置分散，用煤量约占动力煤的30%。

(4) 生活用煤。生活用煤的数量也较大，约占燃料用煤的20%。

(5) 冶金用动力煤。冶金用动力煤主要为烧结和高炉喷吹所用的无烟煤，其用量不到动力用煤量的1%。

2. 炼焦煤

我国虽然煤炭资源比较丰富，但炼焦煤资源还相对较少，炼焦煤储量仅占我国煤炭总储量的27.65%。炼焦煤的主要用途是炼焦炭，焦炭由焦煤或混合煤高温冶炼而成，一般1.3t左右的焦煤才能炼1t焦炭。焦炭多用于炼钢，是目前钢铁等行业的主要生产原料。

(二) 针对不同的侧重点分类

人们对煤的性质、组成结构和应用等方面的认识越来越深入，逐渐发现各种煤炭既有相同的地方，又有不同的特性。根据各种不同的需要，把各种不同的煤归纳和划分成性质相似的若干类别。这样，就形成针对不同的侧重点对煤进行分类的概念。

1. 煤的成因分类

按煤的原始物料和堆积环境分类，称为煤的成因分类。

2. 煤的科学分类

按煤的元素组成等基本性质分类，称为煤的科学分类。

3. 煤的实用分类

煤的实用分类又称煤的工业分类。按煤的工艺性质和用途分类，称为实用分类。我国煤分类和各主要工业国的煤炭分类均属于实用分类，以下详细介绍我国煤实用分类的情况。

根据煤的煤化度，将我国所有的煤分为褐煤、烟煤和无烟煤三大煤类。又根据煤化度和工业利用的特点，将褐煤分成2个小类、无烟煤分成3个小类。烟煤比较复杂，按挥发分分为4个档次，即$V_{daf}>10\%\sim20\%$、$V_{daf}>20\%\sim28\%$、$V_{daf}>28\%\sim37\%$和$V_{daf}>37\%$，分为低、中、中高和高四种挥发分烟煤。按黏结性可以分为5个或6个档次，即$G_{R.I.}$为0～5，称不黏结或弱黏结煤；$G_{R.I.}>5\sim20$，称弱黏结煤；$G_{R.I.}>20\sim50$，称为中等偏弱黏结煤；$G_{R.I.}>50\sim65$，称中等偏强黏结煤；$G_{R.I.}>65$，称强黏结煤。在强黏结煤中，若$Y>25$mm或$B>150\%$（对于$V_{daf}>28\%$的肥煤，$B>220\%$）的煤，则称为特强黏结煤。

二、我国煤的分类

我国煤的分类方法是采用表征煤化程度的干燥无灰基挥发分V_{daf}作为分类指标，并将煤分为褐煤、烟煤和无烟煤。一般$V_{daf}\leqslant10\%$的煤为无烟煤，$10\%<V_{daf}<20\%$为贫煤，$20\%\leqslant V_{daf}\leqslant37\%$的为烟煤，$V_{daf}\geqslant37\%$的煤为褐煤，参见GB/T 5751—2009《中国煤炭分类》。

无烟煤挥发分产率低，固定碳含量高，密度大（密度最高可达1.90g/cm^3），硬度大，燃点高，燃烧时不冒烟。无烟煤主要是民用和合成氨的造气原料，而且还可以制造各种碳素材料，某些优质无烟煤制成的航空用型煤可用于飞机发动机和车辆电动机的保温。无烟煤的分类见表1-1。

表 1-1　　无烟煤的分类

亚　类	代　号	编　码	分类指标	
			V_{daf}（%）	H_{daf}（%）
无烟煤一号	WY1	01	≤3.5	≤2.0
无烟煤二号	WY2	02	>3.5～6.5	>2.0～3.0
无烟煤三号	WY3	03	>6.5～10.0	>3.0

注　V_{daf}表示干燥无灰基挥发分；H_{daf}表示干燥无灰基氢含量。

烟煤含碳量较无烟煤低，挥发分含量较多，易点燃，燃烧快，因其含氢量较高，发热量也较高。烟煤除用干燥无灰基挥发分划分外，还用工艺性能的指标参数作为划分指标，见表 1-2。

表 1-2　　烟煤的分类

类　别	符号	数码	分　类　指　标			
			V_{daf}（%）	$G_{R.I.}$	Y（mm）	B（%）
贫　煤	PM	11	>10.0～20.0	≤5		
贫瘦煤	PS	12	>10.0～20.0	>5～20		
瘦　煤	SM	13	>10.0～20.0	>20～50		
		14	>10.0～20.0	>50～65		
焦　煤	JM	15	>10.0～20.0	>65	≤25.0	≤150
		24	>20.0～28.0	>50～65		
		25	>20.0～28.0	>65		
肥　煤	FM	16	>10.0～20.0	>85	>25.0	>150
		26	>20.0～28.0	>85	>25.0	>150
		36	>28.0～37.0	>85	>25.0	>220
1/3 焦煤	1/3JM	35	>28.0～37.0	>65	≤25.0	≤220
气肥煤	QF	46	>37.0	>85	>25.0	>220
气　煤	QM	34	>28.0～37.0	>50～65	≤25.0	≤220
		43	>37.0	>35～50		
		44	>37.0	>50～65		
		45	>37.0	>65		
1/2 中黏煤	1/2ZN	23	>20.0～28.0	>30～50		
		33	>28.0～37.0	>30～50		
弱黏煤	RN	22	>20.0～28.0	>5～30		
		32	>28.0～37.0	>5～30		
不黏煤	BN	21	>20.0～28.0	≤5		
		31	>28.0～37.0	≤5		
长焰煤	CY	41	>37.0	≤5		
		42	>37.0	>5～35		

注　V_{daf}表示干燥无灰基挥发分；$G_{R.I.}$表示烟煤的黏结指数；Y表示烟煤的胶质层最大厚度；B表示烟煤的奥亚膨胀体。

褐煤煤龄短，挥发分含量较高，着火和燃烧都比较容易，但因其碳化程度低，发热量也较低。褐煤除用挥发分分类外，还用透光率PM和含最高内在水分的无灰高位发热量 $Q_{gr.m.af}$ 作为区分褐煤和烟煤的指标，见表1-3。

表1-3 褐煤的分类

类　别	符　号	分类指标	
		PM（%）	$Q_{gr.m.af}$（MJ/kg）
褐煤一号	HM1	0～30	
褐煤二号	HM2	>30～50	≤24

三、煤炭的燃烧特性

1. 无烟煤（WY）

无烟煤是煤化程度最深的煤，它有明亮的黑色光泽，硬度高不易研磨。它的含碳量很高，杂质少而发热量较高，为21 000～25 000 kJ/kg。

2. 贫煤（PM）

贫煤是煤化度最高的一种烟煤，不黏结或微具黏结性，在层状炼焦炉中不结焦，燃烧时火焰短、耐烧，主要是用为发电燃料，也可作为民用和工业锅炉的配煤。

3. 贫瘦煤（PS）

贫瘦煤是高变质、低挥发分、弱黏结性的一种烟煤。结焦性较典型瘦煤差，单独炼焦时，生成的焦粉较多。

4. 瘦煤（SM）

瘦煤是低挥发分的中等黏结性的炼焦用煤。在炼焦时能产生一定量的胶质体，单独炼焦时，能得到块度大、裂纹少、抗碎性较好的焦炭，但焦炭的耐磨性较差，作为炼焦配煤使用时效果较好。

5. 焦煤（JM）

焦煤是中等及低挥发分的中等黏结性的一种烟煤。能产生热稳定性很高的胶质体，单独炼焦时能得到块度大、裂纹少、抗碎强度高的焦炭，其耐磨性也好。但单独炼焦时，产生的膨胀压力大，使推焦困难，作为炼焦配煤使用，效果较好。

6. 肥煤（FM）

肥煤是中等、中高挥发分的强黏结性烟煤，加热时能产生大量的胶质体。单独炼焦时能生成熔融性好、强度较高的焦炭，其耐磨性有的也较焦煤焦炭好。缺点是单独炼出的焦炭，横裂纹较多，焦根部分常有蜂焦。

7. 1/3焦煤（1/3JM）

1/3焦煤是新煤种，它是中高挥发分、强黏结性的一种烟煤，是介于焦煤、肥煤、气煤三者之间的过渡煤。单独炼焦能生成熔融性较好、强度较高的焦炭。焦炭的抗碎强度接近肥煤生成的焦炭，焦炭的耐磨强度又明显高于气肥煤、气煤生成的焦炭。

8. 气肥煤（QF）

气肥煤是一种挥发分和胶质层指数都很高的强黏结性肥煤，有的称为液肥煤。炼焦性能介于肥煤和气煤之间，单独炼焦时能产生大量的气体和液化产品。气肥煤最适合于高温干馏制造煤气，也可用于炼焦配煤，以增加化学产品产率。

9. 气煤（QM）

气煤是一种煤化度较浅的炼焦用煤，加热时能产生较高的挥发分和较多的焦油，胶质体的热稳定性低于肥煤，能够单独炼焦，但焦炭多呈细长条而易碎，有较多的纵裂纹，因而焦炭的抗碎强度和耐磨强度均较其他炼焦煤差。在配煤炼焦时加入气煤，可增加煤气和化学产品的回收率。

10. 1/2 中黏煤（1/2ZN）

1/2 中黏煤是一种中等黏结性的中高挥发分烟煤。其中有一部分在单独炼焦时能形成一定强度的焦炭，可作为炼焦配煤的原料。黏结性较差的一部分煤在单独炼焦时，形成的焦炭强度差、粉焦率高。因此，1/2 中黏煤主要用于气化用煤球和动力用煤，在配煤炼焦中也可适量配入。

11. 弱黏煤（RN）

弱黏煤是一种黏结性较弱的从低变质到中等变质程度的烟煤。加热时，产生较少的胶质体。单独炼焦时，有的能结成强度很差的小焦块，有的则只有少部分凝结成碎焦屑，粉焦率很高。

12. 不黏煤（BN）

不黏煤是一种在成煤初期已经受到相当氧化作用的从低变质程度到中等变质程度的烟煤，加热时，基本上不产生胶质体。煤的水分大，有的还含有一定的次生腐殖酸，含氧量较高，有的不黏煤氧含量高达 10%以上。

13. 长焰煤（CY）

长焰煤是变质程度最低的高挥发分烟煤，煤的燃点低，纯煤热值也不高，从无黏结性到弱黏结性的均有。其中最年轻的还含有一定数量的腐殖酸，储存时易风化碎裂。煤化程度较高的年老煤，加热时能产生一定量的胶质体，单独炼焦时也能结成细小的长形焦炭，但强度极差，粉焦率很高。

14. 褐煤（HM）

褐煤分为 PM<30%的年轻褐煤和 PM>30%～50%的年老褐煤两类，褐煤的特点为含水量高、密度较小、无黏结性，并含有不同数量的腐殖酸，煤中氧含量高（氧含量常达 15%～30%），化学反应性强，热稳定性差，块煤加热时破碎严重。存放在空气中易风化变质，易破碎成小块甚至粉末状，发热量低，煤灰熔点也低，其灰中含有较多的 CaO，而有较少的 Al_2O_3。褐煤多作为发电燃料，也可作气化原料和锅炉燃料。褐煤有的可提取蜡，制造磺化煤、活性炭，年轻褐煤可提腐殖质等有机肥料。

四、发电厂用煤质量标准

发电厂用煤质量标准是根据对锅炉设计、运行等方面有较大影响的煤质特性制定的，包括干燥无灰基 V_{daf}、干燥基 A_d 和 S_d、收到基水分 M_{ar}、灰的软化温度（ST）作为主要指标，见表 1-4。

表 1-4　　发电煤粉锅炉用煤质量标准[1]

分类指标	煤种名称	等级	代号	主分类指标界限值	辅助分类指标界限值
挥发分 V_{daf}	低挥发分无烟煤		V0	$V_{daf}\leqslant 6.5\%$	$Q_{net,ar}>23.0$MJ/kg
	无烟煤	1 级	V1	$6.5\%<V_{daf}\leqslant 9\%$	$Q_{net,ar}>21.0$MJ/kg
	贫煤	2 级	V2	$9\%<V_{daf}\leqslant 19\%$	$Q_{net,ar}>18.5$MJ/kg
	中挥发分烟煤	3 级	V3	$19\%<V_{daf}\leqslant 27\%$	$Q_{net,ar}>16.5$MJ/kg
	中高挥发分烟煤	4 级	V4	$27\%<V_{daf}\leqslant 40\%$	$Q_{net,ar}>15.5$MJ/kg
	高挥发分烟褐煤	5 级	V5	$V_{daf}>40\%$	$Q_{net,ar}>11.5$MJ/kg

[1] 摘自 GB/T 7562—2010《发电煤粉锅炉用煤技术条件》。

续表

分类指标	煤种名称	等级	代号	主分类指标界限值	辅助分类指标界限值
灰分 A_d	常灰分煤	1级	A1	$A_d \leqslant 24\%$	
	中灰分煤	2级	A2	$24\% < A_d \leqslant 34\%$	
	高灰分煤	3级	A3	$34\% < A_d \leqslant 46$	
	超高灰分煤		A4	$A_d > 46$	
水分 M_f	常水分煤	1级	M1	$M_f \leqslant 8\%$	$V_{daf} \leqslant 40\%$
	高水分煤	2级	M2	$8\% < M_f \leqslant 12\%$	
水分 M_t	常水分高挥发分煤	1级	M1	$M_t \leqslant 22\%$	$V_{daf} > 40\%$
	高水分高挥发分煤	2级	M2	$22\% < M_t \leqslant 40\%$	
	超高水分褐煤		M3	$M_t > 40\%$	
硫分 $S_{t,d}$	低硫煤	1级	S1	$S_{t,d} \leqslant 1\%$	
	中高硫煤	2级	S2	$1\% < S_{t,d} \leqslant 3\%$	
	特高硫煤		S3	$S_{t,d} > 3\%$	
灰熔融性 ST	不易结渣煤	1级	ST1	ST>1350℃	$Q_{net,ar} > 12.5$MJ/kg
				不限	$Q_{net,ar} \leqslant 12.5$MJ/kg
	易结渣煤		ST2	ST≤1350℃	$Q_{net,ar} > 12.5$MJ/kg

第二章

锅炉安全运行

第一节　锅炉冷态启动控制

锅炉冷、热态启动原则是按照汽轮机高压内缸上内壁调节级处金属温度划分，当汽轮机高压内缸上内壁调节级处金属温度在150℃以下时为冷态启动。各种类型锅炉冷态启动的方式有所不同，本节主要以东方锅炉厂生产的DG1025/177-2型亚临界压力、中间再热、自然循环、单炉膛、全悬吊、平衡通风、燃煤汽包炉为例进行简单介绍。

一、锅炉冷态启动前的准备工作

（一）禁止锅炉冷态启动的情况

锅炉存在下列问题之一时，禁止锅炉点火启动。

（1）影响锅炉启动的系统和设备检修工作未结束、工作票未注销时。

（2）锅炉主系统和主要辅机检修工作虽结束，但传动试验不合格时。

（3）锅炉主蒸汽、再热蒸汽的温度表、压力表，炉膛负压表，锅炉水位表，给水流量表等主要仪表不能投入时。

（4）锅炉保护、炉膛火焰监视装置不能投入时。

（5）两台火焰检测冷却风机均不能启动时。

（6）锅炉的排大气门、安全门、事故放水门、燃油速断阀等安全保护性阀门传动试验不正常时。

（7）高、低压旁路系统不能正常投入，且无可靠的再热器保护措施时。

（8）汽包两侧就地水位计不能正常投入或运行不正常时。

（二）启动前的检查

当机组长接到机组的启动命令后，应核查影响锅炉启动的检修工作已结束，工作票已注销，并及时安排机组人员对设备进行全面详细的检查，做好启动前的准备工作。锅炉检查应由专人负责，并按启动检查票项目进行，同时做好详细记录，对检查中发现的设备缺陷，应立即通知检修及时消除，在影响设备启动的缺陷未消除前，严禁锅炉机组启动。

锅炉启动前的检查项目如下：

（1）各受热面处无人工作，人孔门关闭，各平台、楼梯及地沟盖板坚固且完整无损，现场卫生清洁，通道无杂物，现场照明充足。

（2）各系统支吊架完整、牢固，系统管道保温良好，各膨胀指示器刻度清晰，各系统的截门外形完整，传动装置牢固，标示牌名称正确、齐全。

（3）燃烧器设备外形完好，摆动机构正常，摆角在水平位置，汽包双色水位计清晰完好，照明正常，工业水位电视装置齐全、完好，安全门各部件完好。

（4）回转式空气预热器外形完整，轴承油位正常，冷却水畅通，密封调整装置在上限，蒸汽吹灰器及烟气温度探针各部件完整、齐全，就地开关在远方位置，升缩式吹灰器在退出位置。

（5）火焰检测冷却风机系统完整，具备启动条件；控制气源系统及杂用气源系统压力正常，压力不低于0.6MPa。

（6）锅炉的消防设备应完整、齐全；主要辅机、电气设备、燃油系统及容易起火的地方，具有足够的消防器材。

（7）锅炉控制及保护系统可靠投入，CRT显示正常。

（8）控制盘、台上所有仪表、开关、按钮、指示灯、记录表纸应配备齐全，指示正确，并送电投入运行；各热工信号及声光报警正常。

（三）锅炉水压试验

1. 水压试验的目的

锅炉机组应定期进行锅炉水压试验，正常情况下只做工作压力试验，每次试验时间间隔结合锅炉大修进行，一般两次大修进行一次超压试验。根据设备具体技术状况，经锅炉压力容器安全监察机构同意，可适当延长或缩短超压试验间隔时间。进行超压试验时，过热系统做汽包工作压力的1.25倍水压试验，再热系统做再热器入口压力的1.5倍水压试验；必须制定由总工程师批准的严格措施，锅炉除定期进行水压试验外，发生下列情况之一时，也必须进行锅炉水压试验。

（1）停运一年以上的锅炉恢复运行时。

（2）锅炉改造、受压元件经重大修理或更换后，如水冷壁更换管数在50%以上，过热器、再热器、省煤器等部件成组更换，汽包进行了重大修理时。

（3）锅炉严重超压达1.25倍工作压力及以上时。

（4）锅炉严重缺水后受热面大面积变形时。

（5）根据运行情况，对设备安全可靠性有怀疑时。

（6）水压试验前，由压力容器监察工程师制定水压试验措施，运行人员应按措施和机组水压试验检查票进行检查，并做好记录；试验由锅炉专业工程师监督，值长（单元长）指挥，运行人员操作，检修及有关人员参加。

2. 水压试验范围

（1）锅炉水压试验。高压加热器、省煤器、水冷壁、过热器及其各部分的管道附件，即给水泵出口至汽轮机电动主汽门前。

（2）再热器水压试验。再热器及其管道附件，即汽轮机高压缸排汽止回阀后至再热器出口。

（3）汽包就地水位计只参加工作压力水压试验。

3. 水压试验方法

水压试验分再热器水压试验和过热器水压试验两种，过热器及再热器系统均需做水压试验时，应先做再热器系统水压试验，后做过热器系统水压试验。

（1）再热器水压试验。一般情况下不做水压试验，若确实需要试验，应由压力容器监察工程师制定专业措施，在汽轮机高压缸排汽止回阀后以及再热器出口法兰盘处加装堵板，加固再热器系统及出、入口蒸汽管道后方可进行；再热器系统水压试验压力为 3.7MPa。试验前应按水压试验检查票进行检查。

1）在锅炉已上水至汽包可见水位的基础上，用汽包至再热器入口打压管道向再热器系统充水，当再热器各空气门见水后停止上水。

2）当所有过热器、再热器系统空气门见水关闭后，必须立即关闭电动给水泵出口上水阀门，将电动给水泵勺管降至最低位，锅炉开始升压，对再热器进行打压，升压过程初期采用逐渐开启给水小旁路电动门的方法控制升压速度，当压力升至与电动给水泵转速对应的压力时，小旁路电动门全开，此后用给水泵勺管调整升压，升压速度控制在小于 0.1MPa/min。

3）压力升至 1MPa 时，应暂停升压进行检查，无异常后继续升压至额定压力，稳定压力，对再热器系统进行全面检查。如需进行超压试验，检查后可继续升压至试验压力。

4）水压试验结束后，关闭汽包至再热器打压门，观察再热器压力变化，记录 5min 压力下降数值。

5）再热器水压试验完毕后，开启再热器系统疏水门缓慢降压，降压速度控制在 0.31MPa/min。压力降至零后，开再热器系统各空气门，全开再热器疏水门。

（2）过热器水压试验。

1）过热器单独做水压试验时，在锅炉已上水至汽包可见水位的基础上，用电动给水泵继续向锅炉上水，对过热器及主蒸汽管道进行部分充水，直至各过热器空气门见水后逐个关闭。

2）当所有过热器系统空气门见水关闭后，必须立即关闭电动给水泵出口上水阀门，将电动给水泵勺管降至最低位，锅炉开始升压，升压过程初期采用逐渐开启给水小旁路电动门的方法控制升压速度，当压力升至与电动给水泵转速对应的压力时，小旁路电动门全开，此后用给水泵勺管调整升压速度。

3）压力由 0MP 升至 9.8MPa 的阶段内，升压速度控制在 0.25MPa/min；压力升至 0.98MPa 时，应进行稳压 15min，检查锅炉各部及主蒸汽管道无异常后方可继续升压，压力升至大于 9.8MPa 时，升压速度应控制在 0.2MPa/min，升压过程中压力达到 6、12MPa 时均应暂停升压进行检查，并注意观察压力变化，无异常后，方可继续升压。

4）升压至汽包工作压力 18.7MPa 后，停止升压，稳定压力，对锅炉各部件及主蒸汽管道进行全面检查，受压元件金属壁和焊缝没有任何水珠和水雾的泄漏痕迹，检查完毕后关闭电动给水泵出口小旁路门，迅速将电动给水泵勺管降至 30%以下，观察锅炉压力变化，5min 内降压不超过 0.5MPa，并做好锅炉每分钟压力下降数值的记录。

5）如需要做超压试验时，应具备锅炉工作压力下的水压试验条件；需要重点检查的薄弱部位的保温已拆除，不参加超压试验的部件已解列；当压力升至汽包工作压力后，经检查无问题，可以小于 0.2MPa/min 的速度继续升压至试验压力，此压力下维持 5min 后，立即降压至工作压力，对各承压部件进行检查；超压试验时任何人不得进行检查，只有降压后方可进行检查。

6）水压试验完毕后，自然降压停止时，可以开启过热器系统疏水门进行泄压，压降速度应控制在 0.3～0.5MPa/min；当压力降至 0.1MPa 以下时开启过热器系统空气门及疏水门。

7）当过热器与再热器共同进行水压试验时，当再热器水压试验结束后确认汽包至再热器打压门关闭后，继续向锅炉上水，进行过热器打压。

4. 水压试验注意事项

(1) 水压试验进行前应使锅炉汽包内水温维持在50～70℃；或保证汽包下壁温度大于或等于50℃。

(2) 做锅炉水压试验前，汽轮机侧应依照操作票关严有关阀门，打开主汽门后疏水，严防冷水进入汽轮机，当汽轮机高压内缸上半内壁温度大于或等于120℃时，不允许进行锅炉水压试验，否则必须有相应的技术措施。

(3) 做超压力试验时，压力容器监察工程师制定超压力试验措施，解列汽包双色水位计。压力达到工作压力以上时，不得对设备进行检查。

(4) 水压试验时要设专人负责管理空气门、事故放水门。

(5) 水压试验应由专人负责升压，升、降压应缓慢、平稳。试验前应校对疏水门、事故放水门开关灵活、可靠。

(6) 水压试验前应解列安全门，关闭脉冲进汽手动门；过热器水压试验时，应解列PCV阀，关闭PCV阀脉冲进汽阀，关闭PCV阀手动隔绝阀。

(7) 水压试验应做好详细记录。水压试验合格后将汽包水位降至－100mm水位。

(8) 水压试验后，应通知化学人员对锅炉水质进行化验，如果水质合格即可投入锅炉底部加热，如水质不合格则应放水冲洗。

5. 水压试验合格标准

(1) 工作压力水压试验合格标准。

1) 停止上水后5min压力下降值：再热器系统不大于0.25 MPa，过热器系统不大于0.5MPa。

2) 承压部件无漏水及湿润现象。

3) 承压部件无残余变形。

(2) 超压水压试验合格标准。

1) 金属壁和焊缝没有任何水珠和水雾的泄漏痕迹。

2) 金属材料无明显的残余变形。

6. 水压试验中的安全措施及注意事项

(1) 工作人员必须听从总指挥命令，坚守岗位，严禁擅自操作系统。

(2) 汽轮机检修人员、运行人员必须严密监视电动给水泵运行工况。

(3) 在锅炉超压水压试验升压过程中，应停止水压试验范围内的一切检修、检查工作，非参加试验人员一律离开现场，严格执行操作监护制度。

(4) 锅炉进行超压试验时，在保持试验压力的时间内不准进行任何检查，应待压力降到工作压力后，方可进行检查工作。

(5) 锅炉在升压过程中，严密监视水温与汽包壁温差值不大于40℃，以免在进水升压时由于汽包上、下壁温差太大而导致汽包发生变形或汽包管座产生泄漏。

(6) 锅炉进水时，必须将承压系统内的空气全部排出，以免因管内留有空气而使升降过程减慢，压力监视发生困难。

(7) 水压试验应做好详细记录。

(8) 水压试验合格后将汽包水位降至－100mm。

(9) 水压试验结束后，全面恢复系统（包括拆除主蒸汽、再热管道上临时固定装置，拆除再热器出入口堵板并进行管道连接等)。

(10) 炉膛内部工作全部结束(脚手架已拆除)后,投入锅炉底部加热。

(11) 发电部、锅炉车间应分别制定操作人员、检查人员的职责分工,做到责任落实,保证检查部位全面、无漏项。

(12) 指挥、操作、检查人员要有必要的通信工具,保证相互联络的畅通。

7. 锅炉超压试验中须解列的系统或部件

(1) 解列汽包双色水位计、电触点水位计、磁悬浮水位计。

(2) 解列高压加热器,给水走旁路。

(3) 解列锅炉过热器、再热器安全门。

(4) 解列锅炉吹灰系统。

(5) 关闭锅炉采样系统一、二道门。

二、锅炉上水投加热系统

(一) 锅炉上水

锅炉上水的操作步骤如下:

(1) 按照上水前检查票检查系统完毕,大、小修后上水前记录膨胀指示器一次。

(2) 检查除氧水箱水质 YD≤5μmol、Fe^{2+}≤75μg/L、SiO_2≤80μg/L、pH 值为 9.0~9.5,水温不低于 70℃。

(3) 打开汽动给水泵出口门,用汽动给水泵前置泵向锅炉上水。若用电动给水泵上水时,打开电动给水泵出口大旁路调整门前、后隔离门,打开电动给水泵出口大旁路调整门向锅炉上水。用调整门开度控制上水量,调整电动给水泵勺管,维持电动给水泵出口压力为 6~8MPa。锅炉上水期间关闭省煤器再循环门。

(4) 夏季上水时间不少于 2h,冬季不少于 4h,上水温度应确保汽包壁温大于 20℃,上水温度与汽包壁温差应不超过 28℃,否则应提高除氧器水温并控制上水速度。

(5) 上水至省煤器空气门见水后,关闭省煤器空气门,继续上水至汽包最低可见水位,停止上水,开启省煤器再循环门,观察水位变化情况。

(6) 锅炉上水过程中,检查高压加热器水位计投入且指示正确,疏水调整门就地机构置"自动"位,远方开关正常。检查高压加热器保护投入。

(7) 打开高压加热器事故疏水电动门,疏水调整投入"自动"。

(8) 关闭 1 号高压加热器入口管放水门,关闭高压加热器出口门前、后放水门。

(9) 稍开高压加热器注水门,打开 3 号高压加热器出口管空气门出水后关闭,打开蒸汽冷却器出口管空气门,出水后关闭。

(10) 全开高压加热器注水门,升压至与给水母管压力一致时,投入高压加热器水侧运行,检查高压加热器水位无变化。

(二) 风机联锁投入

启动探头冷却风机,检查运行正常后投入风机联锁。

(三) 锅炉底部加热系统投入与解列

锅炉底部加热系统投入与解列时的注意事项如下:

(1) 冷炉启动或短期停备机组均应投入锅炉底部加热。

(2) 通知辅控人员投入炉底水封运行,根据锅水水质投入锅炉加药系统运行。

（3）检查汽轮机电动主闸门、旁路门关闭，汽轮机连续盘车。

（4）联系邻炉送汽，打开管道和加热联箱疏水门，打开进汽电动门，微开进汽手动总门进行暖管 10min，充分暖管，各疏水管见汽后，全关疏水门。

（5）调整底部加热蒸汽压力至 1.0MPa，打开加热联箱进汽电动门和手动门。

（6）逐个缓慢开启各蒸汽加热分路手动门送汽到底部联箱，调整进汽总门控制进汽量，加热期间控制蒸汽压力在 0.8～1.2MPa 范围内。

（7）加热时，汽包水位会上升，此间应注意控制汽包水位在＋200mm 以下，加强汽轮机高压内缸上、下温度的监视。加热过程应缓慢进行，控制锅水温升率小于 28℃/h，汽包壁上、下温差小于 40℃，最大不超过 56℃，根据升温速度调整进汽总门，控制进汽量。

（8）汽包平均壁温加热到 100～120℃时，严密关闭各下联箱蒸汽加热分路手动门，关闭加热联箱进汽分路电动门和手动门，停止加热，准备点火。

（9）停止加热后，打开管道和加热联箱疏水门，疏尽余汽、余水后关闭，检查邻炉加热系统无压力。

（10）机组停油后应再次检查确认邻炉加热系统压力为零，防止截门内漏造成管道和再热器超压。

三、锅炉点火

（一）大油枪点火启动

（1）锅炉点火前 12h，通知辅控人员投入电极、振打磁轴及灰斗加热装置。

（2）投入锅炉底部渣斗水封装置，通知辅控人员将除灰、除渣系统投入运行。

（3）锅炉点火前记录锅炉各部膨胀指示器一次，通知热工人员投入所有锅炉主保护。

（4）调整引风机、送风机负荷，使总二次风量大于 500t/h，满足炉膛吹扫条件，全开二次风门，执行炉膛吹扫程序对炉膛和烟道进行吹扫通风 5min。

（5）炉膛吹扫完成，调整炉膛负压在－100～－150Pa。

（6）炉膛吹扫完毕后，自动复位锅炉 MFT 跳闸继电器，开启燃油速断阀。

（7）满足允许点火逻辑条件，调整油层二次风门，在 50%～70%范围，空气预热器出口二次风压维持在 1.2kPa 左右。油层相邻二次风开度在 50%左右，其他二次风开度在 20%以下或关闭，二次风量为 300～500km^3。

（8）投运 A 层任一支油枪，锅炉点火，投运三次油枪均失败后，MFT 动作，则需重新执行炉膛吹扫程序，重新点火。

（9）点火后的油枪就地检查雾化良好、火焰明亮，管道、阀门无漏油现象，点火后应及时进行空气预热器的吹灰，在锅炉负荷低于 25%额定负荷时空气预热器应连续吹灰。

（10）锅炉点火初期应注意切换油枪运行，每小时切换一次，切换时应先投入准备投运的油枪，待燃烧稳定后，再退出需停运的油枪。

（11）投运油枪时应对角投入运行，先投下层油枪，根据升温升压速率规定增、减油枪。

（12）点火后，加强锅炉底部的排污工作，使水质尽快合格，并尽快建立正常水循环。

（13）锅炉点火后，将燃油速断阀旁路手动门关闭，将燃油系统倒为正常运行方式。

（14）锅炉各角油枪试验完毕，关蒸汽吹扫手动总门，关闭各角油枪蒸汽吹扫手动门。

（15）锅炉点火后，投入炉膛两侧烟气温度探针，密切监视启动初期炉膛出口烟气温度应不超过 540℃，两侧烟气温度偏差应小于 50℃。

（二）气化小油枪点火启动

火力发电是我国目前主要的发电方式，火电机组约占全国装机容量的3/4左右。由于火电机组在机组启动停机及低负荷稳燃需消耗大量的燃油，因此，在节能减排压力越来越大的今天控制锅炉燃油消耗已成为我国火电机组的当务之急。传统的大油枪点火启动和低负荷稳燃方式已不能适应当前的资源供应形势，而气化小油枪点火稳燃系统可以节约大量的燃油，已成为火力发电厂机组启动、停机和低负荷稳燃的节能发展趋势。气化小油枪已经在我国部分电厂中进行了成功应用，技术人员也总结出了许多应用气化小油枪过程中的注意事项和经验。但是，不同火力发电厂的情况差别较大。

现在各新建机组广泛采用等离子点火技术，无论是气化小油枪还是等离子点火都不同程度存在煤粉燃烧不完全的现象，对锅炉的受热面寿命存在一定影响，本节以气化小油枪为例，重点介绍启动的危险点分析与预防。

1. 气化小油枪点火启动系统布置及工作原理

（1）系统布置。气化小油枪点火稳燃装置主要由改进的主燃烧器、燃油系统、压缩空气系统、助燃风系统、暖风器系统、气化小油枪和气化小油枪点火装置等组成。主燃烧器是微油点火稳燃燃烧器，在微油点火燃烧器侧面安装气化小油枪燃烧筒，连接燃油管、压缩空气管及助燃风管，每角各一套煤粉燃烧器和两套气化小油枪。微油点火油枪的燃油从大油枪回油母管引出，通过过滤器、稳压储能罐，然后分别到四角八支小油枪。油枪助燃风取自锅炉一次风，助燃风为气化小油枪燃烧用空气，用于补充燃油后期燃烧所需的氧气。压缩空气系统为小油枪提供雾化用空气，将燃油雾化，提供燃油初期燃烧所需氧气，保证燃油的正常燃烧。冷却风为气化小油枪火焰检测冷却风，引自电厂火焰检测冷却风各角母管。暖风器系统的热源是高压厂用汽，其作用是加热制粉系统的热一次风，以便为锅炉冷态启动时磨煤机提供热风，完成冷态启动磨煤机的条件，启动制粉系统。

（2）工作原理。气化小油枪是利用压缩空气将燃油击碎雾化成超细的油滴，雾化的超细油滴燃烧产生的热量对雾化燃油进一步加热，这种燃烧提高了燃烧效率和油火焰温度。气化小油枪燃油燃烧形成的高温火焰，使进入一次室的浓相煤粉颗粒温度急剧升高、破裂粉碎，并释放出大量的挥发分迅速着火燃烧，然后由已着火燃烧的浓相煤粉在二次室内与稀相煤粉混合并点燃稀相煤粉，实现了煤粉的分级燃烧，燃烧能量逐级放大，达到点火并加速煤粉燃烧的目的，大大减少煤粉燃烧所需引燃能量。满足了锅炉启动、停止及低负荷稳燃的需求，用少量的燃油消耗就可达到锅炉冷、热态启动和低负荷稳燃的目的。

2. 气化小油枪点火启动方式危险点与预防

气化小油枪点火稳燃系统可以很好地在机组启动、停机以及低负荷稳燃时达到节能减排的目的，但气化小油枪点火启动方式运行中也存在一些不足，运行中也会发生一些异常，在运行中要对这些危险点有足够的认识，并采取相应的控制措施，防止异常的发生，保证小油枪点火稳燃系统的正常运行，保证机组的安全运行。

（1）燃料不着火。

1）小油枪燃油不着火。由于电厂稳燃用的柴油存在杂质，气化小油枪燃油系统虽然加装了滤油器，但是仍然有杂物进入到小油枪系统中，小油枪头较细，容易发生堵塞；在小油枪点燃、煤粉投入后，小油枪头上也容易积炭，这些都导致小油枪在投入运行时点不着火，在小油枪投入运行前应对小油枪进行清理，清除小油枪表面的积炭和杂物，或者在试投入小油枪点火时，点火失败后对小油枪进行清理，清理后再进行点火。另外，小油枪点火器故障、油管路堵塞和无雾化压力也会导致小油枪点不着火，在小油枪点不着火时也应对上述系统进行检查，及时查找出原因，防止影响点火时间，延误机组的启动。

2）煤粉不着火。小油枪点火稳燃系统之所以省油，是因为制粉系统的较早投入运行，用燃煤代替燃油完成机组的启动，但是煤粉着火需要条件，需要从周围介质吸收热量，这部分热量与煤粉的着火温度、燃烧水分、灰分、煤粉细度、煤粉挥发分等因素有关。煤粉中的水分、灰分都对煤粉着火不利，不但影响燃烧还会吸收热量，降低炉膛温度；煤粉的挥发分、细度、煤粉的初温度对煤粉着火有利，煤粉中的挥发分越大越容易着火，煤粉越细越容易着火，煤粉的初温度越高越容易着火，因此，在机组启动时对煤质要求较高，尽量上满足上述对着火有利条件的煤，同时调整煤粉细度和提高1号制粉系统热风温度，使煤粉较容易点燃。另外，在投入煤粉前，一定要确认小油枪四角都已着火，并且火焰明亮，刚度合适，燃烧稳定才可以投入燃烧煤粉，投入煤粉后确认煤粉被点燃，燃烧正常，投粉后120s发现煤粉没有点着应及时停止供粉，并且对锅炉进行彻底的通风吹扫，查找煤粉不着火的原因，重新进行点火。如果煤质异常差，无法正常稳定燃烧，可以采用配合大油枪的方式启动，煤质变好后及时退出大油枪，以达到节油的目的。

（2）着火不完全。小油枪中的油是靠压缩空气进行雾化的，雾化效果的好坏与压缩空气系统的正常与否是密不可分的。在机组启动过程中，由于油枪头中雾化压缩空气气孔堵塞，使小油枪中的油无法正常雾化，或者小油枪雾化空气压力太大或太小，都会导致油雾化效果不好，使雾化油滴过大或过小。这些雾化不正常的油滴在着火时就会导致着火不完全或者是形不成火焰，从看火孔就会看到火星较多或者火焰长度太短及亮度不够等情况。出现这些问题应清理油枪头中雾化压缩空气孔，调整雾化空气压力，使燃油达到正常的雾化效果，保证小油枪的燃烧正常。

（3）燃油燃烧火焰刚度不强。煤粉的初期燃烧是靠小油枪油火焰引燃的，小油枪火焰的刚度和火焰距离是靠助燃风调整的，助燃风还用于补充燃油后期燃烧所需的氧气，如果助燃风压力不够，油燃烧火焰刚度达不到规定，燃油后期燃烧不完全，油火焰就不能正常地引燃煤粉，煤粉燃烧就会恶化，导致锅炉燃烧异常，甚至发生锅炉灭火。为了使油燃烧火焰刚度达到规定，燃油完全燃烧，就要及时调整助燃风压力，使其在规定范围内。另外，适当地调整周界风和给煤量，也可以使煤粉较好地燃烧。

（4）超温。

1）锅炉受热面超温。机组在启动初期，由于锅炉水循环未能正常建立，加热锅炉受热面中的工质（水蒸气）所需热量较少，而小油枪系统投入运行，为了保证燃烧的稳定和制粉系统的正常运行，制粉系统的煤量就有最低限制，这些导致燃料燃烧释放的热量大于受热面中的工质吸热量，锅炉受热面就会超温。为了保护锅炉受热面，防止受热面超温，在机组启动初期，要监视锅炉各受热面金属壁温，控制升温升压速度，控制小油枪启动期间锅炉转向室烟气温度不超过430℃，尽快建立正常的水循环，加强定期排污，合理地利用高、低压旁路系统，同时控制燃料量，尽量在保证燃烧稳定和制粉系统正常运行的同时，降低制粉系统给粉量（受热面金属温度上升较快时可以将给煤机停运5～10min），保证锅炉受热面的安全。

2）燃烧器超温。小油枪点火稳燃系统投入运行，磨煤机启动供粉后，应监视四角燃烧器壁温不超过450℃，以防止烧损燃烧器。当燃烧器壁温升高时可增加周界风风门开度，降低磨煤机出力，提高一次风速，直到壁温有下降的趋势为止。在调整、降低燃烧器壁温时，要对锅炉燃烧情况进行监视，防止燃烧出现异常恶化。

（5）尾部烟道发生再燃烧。机组启动时，由于炉膛内温度低、小油枪引燃能力的限制、煤质变化，使得煤油混烧不易完全燃烧，部分煤粉被带入尾部烟道，这些可燃物在空气预热器上沉积，随着排烟温度的升高，就可能发生再燃烧。因此，在机组投运小油枪系统煤油混烧时，要加强排烟温度和空气预热器电流的监视，空气预热器要投入连续吹灰，当发现排烟温度异常升高和空气预热器着火时，要立即关闭风烟挡板，开启空气预热器消防水灭火，无效时停炉处理。

（6）煤粉爆燃。机组启动过程中，由于煤质的不稳定、锅炉热负荷较低、锅炉炉膛温度低、小油枪引燃能力的限制、制粉系统最低出力的限制，进入炉膛的煤粉不易完全点燃，会出现煤粉的间歇性燃烧，引起燃烧恶化，严重导致爆燃。在投入小油枪和煤粉时，要加强对炉膛负压、蒸汽温度、蒸汽压力、火焰检测和锅炉就地火焰进行监视，判断锅炉燃烧是否良好。发现负压大幅度摆动并且正向增大时，要及时调整燃烧，适当减少给煤量，直到炉膛负压稳定后再增加给煤量，严重时及时停运制粉系统。如果炉膛负压持续正向增大，煤粉爆燃严重，达到灭火条件时及时灭火，保证锅炉的安全运行。

四、锅炉升温、升压

锅炉升温、升压实际上就是将各承压部件安全地加热到工作温度的过程，这个过程是很复杂的工况变动过程，如操作不当就可能造成设备的损伤，因此运行人员应严格按升温、升压曲线精心操作，以延长设备的使用寿命。本节以300MW亚临界机组为例详细讲述锅炉升温、升压的控制方法。

（一）升温、升压注意要点

锅炉升温、升压速度按标准规定执行，期间通过增减油枪和控制旁路开度来控制升温、升压速度，控制汽包上、下壁温差小于56℃，汽包内、外壁温差小于28℃。当锅炉无压力时，锅水温度可通过汽包下壁温及下降管壁温间接反映；当锅炉有压力时，锅水温度应通过汽包压力对应的饱和温度反映。

锅水饱和温度的温升率及升压率控制表见表2-1。

表2-1　锅水饱和温度的温升率及升压率控制表

项　目	参　数			
主蒸汽压力（MPa）	<0.98	0.98～5.88	5.88～9.8	9.8～17.4
温升率（℃/h）	<28	<56	⩽30	⩽36
升压率（MPa/min）	—	⩽0.03	⩽0.05	⩽0.06

锅炉升温、升压过程中的注意要点如下：

（1）汽包压力升至0.2MPa时，关闭过热器和再热器全部空气门；汽包压力升至0.3MPa时，冲洗、投运化学采样架。

（2）汽包压力升至0.5 MPa时，通知热工人员冲洗压力表管，关闭环形联箱疏水。

（3）汽包压力升至1.0MPa时，冲洗就地水位计。

（4）点火后锅炉上水时应关闭省煤器再循环门，停止上水时应打开省煤器再循环门。

（5）锅炉点火升压过程中，应监视锅炉各部分膨胀是否均匀。一般当锅炉升至 0.5、2、6、10MPa 及额定压力时，应检查并记录锅炉各部膨胀指示，若有异常应停止升压，查找原因，确认消除后方可继续升压。

（二）升温、升压对汽包壁温的影响

在升温、升压过程中，汽包上、下壁和内、外壁间总是存在着温度差，有时相差很大，特别是升温初期如果控制不好，汽包壁上部温度有时高于下半部 50～70℃。这是因为在升温初期，汽包上壁金属温度较蒸汽温度低，蒸汽在汽包的上壁发生凝结放热，同时，汽包下壁与水接触也发生水对下壁的接触放热，但由于蒸汽凝结时的放热系数要比水大好几倍，所以汽包上壁吸热多，温度升高较下壁要快得多。当汽包上部壁温大于下部壁温时，汽包将弯曲变形，这时上部欲膨胀伸长而被下部限制，因而受压缩应力，下部壁则受拉伸应力，应力过大就会出现汽包损伤。在升压初期（1 MPa 压力前），上、下汽包壁的温度差显得特别大，汽包壁上半部蒸汽凝结放热系数随着压力的升高而减小，壁温升高的速度也随之减慢。同时，随着压力的升高，水循环逐渐加快，汽包下壁受热也增加，温度升高加快，因此汽包上、下壁间的温度差随着压力的升高而逐渐减小。

（三）防止汽包壁温差过大的措施

（1）锅炉上水温度不能过高，上水速度不能太快。

（2）锅炉冷态启动点火前应投入底部加热，有利缩短启动时间，有利于水循环的建立，使水冷壁均匀受热，减小汽包壁温差。同时，还可提高炉膛温度，有利于油枪燃烧，达到节约燃油的目的。

（3）严格控制锅炉升压速度，是防止汽包壁温差增大的关键。尤其是在 0～0.5 MPa 表压力时，升压速度要尽量缓慢，因为这个时候的饱和温度随压力升高变化很大，如蒸汽压力从 0.1 MPa 升至 0.2 MPa，饱和温度就升高 20.5℃，在这个低压阶段，压力变化虽然很小，却会引起饱和温度变化很大，促使汽包壁温差迅速增大。所以，在这个低压阶段操作要非常慎重，并要经常检查汽包上、下壁的温差值，如果发现温差太大时，应减慢升压速度或停止升压。

（4）尽快促使水循环的建立，由于点火初期水循环非常微弱，使得汽包里的水扰动小，水对汽包下壁的传热能力弱，故汽包下半部壁温升高缓慢，此时若加强锅炉底部联箱的放水，能增强汽包中水的扰动，可以改善水循环，减小汽包壁温差。

（5）油枪要对角投入，并每小时切换一次，维持燃烧的稳定，使炉膛热负荷均匀。

（四）锅炉汽包水位的控制

锅炉汽包水位是非常重要的参数，运行中要严格控制在正常范围内，因为严重缺水和满水都会造成设备损坏事故，轻则是炉管爆破或汽轮机叶片损坏，重则导致锅炉爆炸，人身伤亡，因此应引起高度重视。

1. 虚假水位

锅炉负荷突变、灭火、安全门动作、燃烧不稳等运行情况不正常时，都会产生虚假水位。当突然增加负荷时，锅炉蒸汽压力突然下降，汽包的水位迅速升高，然后又逐渐下降，这种开始时升高的水位，称为虚假水位。这是因为汽包中饱和温度和饱和压力是相适应的，当突然增负荷后（燃烧未变时），蒸汽压力降低了，饱和温度也降低了，这样在原有压力下的饱和水，对于降低压力后的饱和水来说，就有一部分多余的热量，这部分热量作为汽化热被水吸收而发生汽化，在水中形成大量气泡，使汽包中的水容积急剧膨胀，汽包水位便会迅速升高。虚假水位是暂时的，因为锅炉负荷增加时，必然使给水消耗量加大，而这时的给水量并没有随着负荷的增加而增加，所以水位随即还会下降。因此，运行人员要学会对虚假水位进行正确判断，当汽包水位突变时不能盲目操作，要掌握好提前量，重点监视蒸发量和给水量的匹配。另外，在进行对汽包水位影响较大的操作时，要做好预想，并采取相应的措施，尽量减少扰动，如启停制粉系统、开关旁路、开关对空排汽门、开关高压调节汽门等。

2. 影响水位计指示不准确的原因

由于水位计散热的缘故，使水位计内的水温低于饱和水的温度，这样，水位计中水的重度就要比汽包中水的重度大，所以，水位计指示的水位要低于汽包内的实际水位。另外，水位计的汽水连通管堵塞；水位计放水门泄漏；水位计受冷风侵袭时，水位计安装不正确等原因都会造成水位计指示不正确。正常水位应有轻微波动，如果发现某个水位计的水位较长时间固定在一个位置且无轻微波动，那很可能是由于水位计的汽水连通管有杂物堵塞所造成的虚假水位。若发现水位比实际水位高，可能是汽、水连通管的阀门未全开或是汽水连通管有杂物堵塞；若发现水位比实际水位偏低过多，可能是水位计的放水门未关严。为了使水位计指示正确，防止虚假水位，锅炉在启动过程和正常运行当中，都要严格按规程规定冲洗水位计和校对水位计，以便能及时发现问题，防止因水位计指示不准而造成事故。

五、锅炉安全门校验

（一）安全门校验规定

（1）机组大修后以及锅炉安全门解体检修后，必须进行锅炉安全门实际启动及回座压力的校验整定。

（2）安全门校验前锅炉压力容器工程师应制定相应的技术措施，整定工作应在指挥领导组的指挥下进行，由运行人员负责锅炉蒸汽压力的控制，由机械检修人员负责锅炉安全门机械启动及回座压力的调整（调整弹簧压力及疏水泄压阀的开度），由热工检修人员负责锅炉安全门电控启动及回座压力的调整（调整电触点压力表的定值）。

（3）安全门校验前应确认汽包及过热器的就地压力表、脉冲安全门电触点压力表、锅炉各汽包水位计等有关仪表已经热工人员校验合格并投入运行；控制室压力指示应与就地压力表指示一致；校验安全门过程中，动作及回座压力均以就地机械压力表（标准压力表）指示为准。

（4）安全门校验前应试验锅炉对空排汽门、压力调节阀（Pressure Control Valve，PVC）、事故放水门等锅炉保护性阀门开关灵活、正常，动作可靠，指示正确；锅炉各油枪试验投停正常。

（5）校验安全门时，就地现场与控制室应有可靠的通信工具进行联系。

（6）应分别进行锅炉安全门（脉冲式安全门）机械动作整定和电控回路整定。

（7）依据 DL 612—1996《电力工业锅炉压力容器监察规程》的规定计算得出锅炉安全门启动及回座压力，实际整定启动动作数值与计算数值的偏差不得超过 0.5%；各安全门启座、回座计算压力值见表 2-2。

表 2-2　　各安全门启座、回座计算压力值（表压）

装设位置	脉冲汽源取样位置	启座压力（MPa）		回座压力（MPa）	
		控制安全阀	工作安全阀	控制安全阀	工作安全阀
过热器出口	主蒸汽管	18.2	18.8	17.0	17.4
过热器出口	汽包	20.3	20.8	18.8	19.4
再热器进口	再热蒸汽管	4.1		3.8	
再热器出口	再热蒸汽管	3.8		3.6	

说明：表 2-2 中数据是根据东方锅炉厂说明书及热力计算书中 MCR 工况下数值，依据 DL 612—1996 的规定计算所得，控制安全阀启座压力为工作压力的 1.05 倍，工作安全阀启座压力为工作压力的 1.08 倍，再热器安全阀启座压力为工作压力的 1.10 倍，一般各安全阀的回座压力为启座压力的 93%～96%为合格。

（二）安全门的校验内容

1. 安全门的校定顺序

安全门的校定顺序按其动作压力由高到低依次进行，先整定机械动作压力，后整定电控动作压力。

2. 脉冲式过热和饱和安全门的整定

（1）按照锅炉有关升温、升压速度的规定进行锅炉升压，当主蒸汽压力升至 14MPa 时暂时停止升压，进行远方电控启动安全门操作，每个安全阀试跳启动放汽一次，每次约 0.5min，并检查安全阀启动、回座情况，以确认安全门主阀及脉冲阀均可正常动作；试跳结束后将各安全门电控回路停电。

（2）关闭各安全阀脉冲来汽阀，疏水节流阀开度由检修人员进行预调整，一般开 1/3～1/2 圈。

（3）锅炉升压至额定压力，开启准备进行校验的安全阀的脉冲来汽门，继续缓慢升压至该安全门动作值，安全门应启动，如果正确动作，应立即开启对空排汽门，使锅炉降压；当锅炉压力下降至安全门回座值后，安全门应正确回座。

（4）如果升压至安全门动作值，而安全门拒动，或升压未达到计算动作值范围安全门即动作时，应立即排汽降压至锅炉额定压力以下，由机械检修人员对脉冲阀弹簧紧力进行调整，30min 以后再重新进行整定。

（5）若安全门正确动作启动后，实际回座压力较计算回座压力偏差超过 1%时，则应排汽降压至安全门回座后，由检修人员调节疏水节流阀开度，30min 后再次重新整定。

（6）每一个安全阀整定完毕后应关闭其脉冲进汽阀，防止干扰其他安全门的整定过程；做好整定完毕后安全门弹簧压缩量及弹簧高度的记录，记录其疏水节流阀开度，将其疏水节流阀手轮拆除，以防止人为误动。

（7）打开下一个安全阀脉冲进汽门按照上述过程进行整定。

（8）安全门机械动作整定结束后，进行电控回路整定，整定电控回路时应将安全阀脉冲进汽阀关闭，避免安全门动作。

（9）锅炉缓慢升压，按照由低到高的顺序，每至一台安全门动作值时该安全门压力继电器应接通，脉冲阀电磁启动装置应动作；在降锅炉压力的过程中，按照由高到低的顺序，每至一台安全门回座值时该安全门压力继电器应断开，脉冲阀电磁回座装置应动作。

（10）全部安全门校对合格，锅炉降压至额定压力以下后，开启全部安全门的脉冲来汽进汽手动门，将安全门投入运行。

3. 再热器安全门的整定

（1）进行再热器安全门整定时应由检修人员在汽轮机高压缸排汽止回阀后加装堵板，可以在机组并网带负荷后进行；用高压旁路向再热器充压，并控制升压速度，可用低压旁路开度控制压力的升降。

（2）当再热器入口压力达 3.0MPa 时，各再热安全阀进行远方电控启动安全门操作，每个安全阀试跳启动放汽一次，每次约 0.5min，并检查安全阀启动、回座情况，以确认安全门主阀及脉冲阀均可正常动作；试跳结束后将各安全门电控回路停电。

（3）比照过热器安全门整定方法及过程进行再热器的各台安全门的整定。

4. 安全门整定过程中的注意事项

（1）整定安全门的过程中，必须随时监视锅炉过热器及再热器的各点壁温，防止受热面超温。

（2）整定安全门的过程中，应保持过热器对空排汽及高、低压旁路有一定的开度，使过热器、再热器内有一定量的蒸汽流通。

（3）安全门启动及回座时，汽包水位会发生很大波动，必须加强水位的监视并做好预调整。

（4）当安全门启动后，锅炉压力降至很低而安全门仍不回座时，应关闭该安全门的脉冲来汽阀，若安全门仍不回座则应将锅炉灭火。

（5）当升压接近安全门动作压力时，应放慢锅炉的升压速度，用对空排汽进行调整，必须严格防止锅炉严重超压；进行电控回路整定时，更应该严格防止锅炉压力失控。

（6）整定安全门的过程中，如果出现其他异常情况或发生事故时应终止安全门的整定工作。

第二节 锅炉正常运行中参数的调整控制

锅炉运行时参数是否在正常范围之内，关系到机组的安全、经济运行和使用寿命。因此，应该严密监视机组运行时各相关参数，注意参数测点是否正常、自动控制动作是否正确，参数异常时进行有效调整。本节以 300MW 亚临界机组为例，详细讲述机组正常运行时参数的控制方法。

一、机组正常运行锅炉控制参数

机组正常运行时锅炉控制参数见表 2-3。

表 2-3 锅炉控制参数表［连续经济出力（Economic Continuous Rating，ECR）及以下工况］

序号	项 目	单 位	正常范围	报 警	
				高	低
1	锅炉蒸发量	t/h	＜935	—	—
2	汽包压力	MPa	≤19.11	—	—

续表

序号	项　目	单 位	正常范围	报　警	
				高	低
3	汽包水位	mm	±50	+100	−100
4	过热蒸汽压力	MPa	17.35±0.3	17.5	—
5	过热蒸汽温度	℃	540±10	545	—
6	再热蒸汽温度	℃	540±10	545	—
7	再热蒸汽进口压力	MPa	<3.7	—	—
8	再热蒸汽出口压力	MPa	<3.4	—	—
9	过热蒸汽两侧温度差	℃	< 15	—	—
10	再热蒸汽两侧温度差	℃	< 15	—	—
11	过热器一级减温器前蒸汽温度	℃	< 408	408	—
12	过热器二级减温器前蒸汽温度	℃	< 459	459	—
13	过热器三级减温器前蒸汽温度	℃	< 511	511	—
14	再热器减温水前蒸汽温度	℃	<383	383	—
15	低温过热器壁温	℃	< 454	488	—
16	大屏过热器壁温	℃	< 449	488	—
17	后屏过热器壁温	℃	< 507	532	—
18	高温过热器壁温	℃	< 552	570	—
19	中温再热器壁温	℃	< 537	550	—
20	高温再热器壁温	℃	< 542	570	—
21	给水压力	MPa	< 22	—	—
22	给水温度	℃	< 270	—	—
23	排烟温度	℃	< 151	—	—
24	两侧烟气温度差	℃	< 30	50	—
25	空气预热器出口一次风温度	℃	<317	—	—
26	空气预热器出口二次风温度	℃	<317	—	—
27	炉膛负压	Pa	−100±50	—	—
28	烟气含氧量	%	3～4	—	—
29	燃油母管压力	MPa	2.2～2.5	—	—
30	压缩空气压力	MPa	0.6	—	—
31	炉膛出口烟气温度	℃	<1024	—	—
32	高温过热器出口烟气温度	℃	<812	—	—
33	高温再热器出口烟气温度	℃	<715	—	—
34	低温过热器出口烟气温度	℃	<428	—	—
35	省煤器出口烟气温度	℃	<376	—	—

二、过热器、再热器的蒸汽温度特性

蒸汽温度特性是指蒸汽温度与锅炉负荷的关系。

（一）过热器的蒸汽温度特性及运行中影响蒸汽温度的因素

1. 过热器的蒸汽温度特性

辐射式过热器只吸收炉内的直接辐射热。随着锅炉负荷的增加，辐射过热器中工质的流量和锅炉的燃料消耗量按比例增大，但炉内辐射热并不按比例增加，原因是炉内火焰温度的升高不太多。也就是说，随锅炉负荷的增加，炉内辐射热的份额相对下降，辐射式过热器中蒸汽的焓增减少，出口温度下降。当锅炉负荷增大时，将有较多的热量随烟气离开炉膛，被对流过热器等受热面吸收；对流过热器中的烟速和烟气温度升高，过热器中工质的焓增随之增大。因此，对流式过热器的出口蒸汽温度是随锅炉负荷的提高而增加的。过热器布置远离炉膛出口时，蒸汽温度随锅炉负荷的提高而增加的趋势更加明显。可以预见，屏式过热器的蒸汽温度特性将稍微平稳一些，原因是它以炉内辐射和烟气对流两种方式吸收热量。屏式过热器的蒸汽温度特性是在高负荷时对流传热占优势，而在低负荷时则辐射传热占优势。

2. 运行中影响蒸汽温度的因素

影响蒸汽温度的因素是多样的，这些因素常常还可能同时发生影响。下面分别叙述各因素对过热蒸汽温度的影响。

（1）锅炉负荷。过热器具有对流蒸汽温度特性，即锅炉负荷升高（或下降），蒸汽温度也随之上升（或下降）。

（2）过量空气系数。过量空气系数增大时，燃烧生成的烟气量增多，烟气流速增大，对流传热增强，导致过热蒸汽温度升高。

（3）给水温度。因为给水温度升高，产生一定蒸汽量所需的燃料量减少，燃烧产物的容积也随之减少，同炉膛出口烟气温度下降。所以，过热蒸汽温度将下降。运行中，高压加热器的投停会使给水温度变化有很大变化，因而会使过热蒸汽温度发生显著的变化。

（4）受热面的污染情况。炉膛受热面的结渣或积灰，会使炉内辐射传热量减少，过热器区域的烟气温度提高，因而使过热蒸汽温度上升；反之，过热器本身的结渣或积灰将导致蒸汽温度下降。

（5）饱和蒸汽用汽量。锅炉的排污量对蒸汽温度有影响，但因为排污水的焓值低，所以影响不大。

（6）燃烧器的运行方式。摆动燃烧器喷嘴向上倾斜，会因火焰中心提高而使过热蒸汽温度升高。但是，对流受热面距炉膛越远，喷嘴倾角对其吸热量和出口温度的影响越小。

对于沿炉膛高度具有很多排燃烧器的锅炉，运行中不同标高的燃烧器的投入，也会影响过热蒸汽的温度。

（7）燃料种类和成分。当燃煤锅炉改为燃油时，由于炉膛辐射热的份额增大，过热蒸汽温度将下降。在煤粉锅炉中，煤粉变粗、水分增大或灰分增加，都会使过热蒸汽温度有所提高。

（二）再热器的蒸汽温度特性及运行中影响蒸汽温度的因素

1. 再热器的蒸汽温度特性

辐射式再热器只吸收炉内的直接辐射热。随着锅炉负荷的增加，辐射过热器中工质的流量和锅炉的燃料耗量按比例增大，但炉内辐射热并不按比例增加，原因是炉内火焰温度的升高不太多。也就是说，随锅炉负荷的增加，炉内辐射热的份额相对下降，辐射式再热器中蒸汽的焓增减少，出口温度下降。当锅炉负荷增大时，将有较多的热量随烟气离开炉膛，被对流再热器等受热面所吸收；对流再热器中的烟速和烟气温度升高，再热器中工质的焓增随之增大。因此，对流式再热器的出口蒸汽温度是随锅炉负荷的提高而增加的。再热器布置远离炉膛出口时，蒸汽温度随锅炉负荷的提高而增加的趋势更加明显。可以预见，屏式再热器的蒸汽温度特性将稍微平稳一些，原因是它以炉内辐射和烟气对流两种方式吸收热量。屏式再热器的蒸汽温度特性是在高负荷时对流传热占优势，而在低负荷时则辐射传热占优势。

高、中温再热器的蒸汽温度特性也几乎都是对流式的。原因是再热器多半布置在对流烟道中，而且常常布置在高温对流过热器之后，此外，负荷降低时，再热器的入口蒸汽温度（汽轮机高压缸的排蒸汽温度）还要降低，这就使得负荷降低时再热蒸汽温度的下降比过热蒸汽要严重得多。

2. 运行中影响蒸汽温度的因素

影响蒸汽温度的因素是多样的，这些因素常常还可能同时发生影响。下面分别叙述各因素对再热蒸汽温度的影响。

(1) 锅炉负荷。高、中温再热器具有对流蒸汽温度特性，即锅炉负荷升高（或下降)，蒸汽温度也随之上升（或下降)。

(2) 过量空气系数。过量空气系数增大时，燃烧生成的烟气量增多，烟气流速增大，对流传热增强，导致再热蒸汽温度升高。

(3) 受热面的污染情况。机组正常运行中，为保持受热面清洁，应定期进行各受热面吹灰，水冷壁受热面受到污染会使水冷壁和壁式再热器吸热减少，高温烟气后移造成过热器和再热器出口温度升高。

(4) 摆动燃烧器喷嘴向上倾斜，会因火焰中心提高而使再热蒸汽温度升高。但是，一期的部分锅炉没有摆动火嘴，缺乏从烟气侧调整的手段。在运行中投入不同标高的燃烧器，也会影响再热蒸汽温度。

三、机组运行中的检查和调整

(一) 运行中的检查

(1) 定时翻看 CRT 画面，检查各参数是否在控制范围内。

(2) 及时调整使运行参数在控制范围内运行。定期对运行参数与设计参数进行比较，严防超温、超压运行。

(3) 机组各部温度、温升不超过额定值，无局部过热现象。

(二) 运行调整

1. 燃烧调整

(1) 燃烧调整的原则。锅炉正常燃烧时，燃料的着火距离适中，火焰稳定，且均匀地充满炉膛，不应直接冲刷水冷壁。转向室两侧的烟温差应控制在 30℃以内，最大不超过 50℃，尽量减少不完全燃烧损失，提高锅炉运行的经济性，保证锅炉各级受热面不超温。

(2) 燃烧调整的目的。

1) 保证正常稳定的蒸汽压力、蒸汽温度。

2) 着火稳定、燃烧完全，不结渣，不烧损燃烧器。

3) 锅炉效率较高。

4) 污染物排放少。

2. 影响锅炉燃烧的因素

(1) 煤质。煤的挥发分、分灰、分水、发热量等参数直接影响锅炉的燃烧状况。

(2) 炉膛燃烧切圆直径。适当加大炉膛燃烧切圆直径，可使上部邻角的火焰更靠近射流根部，对着火有利，炉膛充满度较好。燃用挥发分较低的劣质煤时，希望较大的切圆直径，但若切圆直径过大，一次风煤粉气流可能偏转贴壁，火焰就会冲刷水冷壁，引起结渣。燃用易着火、易结渣和高挥发分煤种时，宜适当减小切圆直径，对燃尽有利，但会增大烟气温度偏差，引起炉膛超温。

(3) 煤粉细度。煤粉越细，则单位质量煤粉表面积越大，加热升温、挥发分析出着火和燃烧速度越快，着火越迅速，燃尽所需时间越短，飞灰可燃物含量越小，燃烧越彻底。

(4) 煤粉浓度。一次风中煤粉和空气质量比对着火稳定影响大。高的煤粉浓度不仅使单位体积燃烧释放热量强度增大，而且容积内辐射粒子数量增加，导致风粉气流黑度增大，可迅速吸收炉膛辐射热量，着火提前。随着煤粉浓度的增大，煤中挥发分析出后浓度增大，促进了可燃混合物的着火。对于劣质煤，需要较高的煤粉浓度。

(5) 锅炉负荷。锅炉负荷降低时，炉膛平均温度及燃烧器区域温度都要降低，着火变难。低挥发分煤，飞灰可燃物受负荷影响很大。

(6) 一、二次风配合。二次风在煤粉着火前过早地混入一次风，会对着火不利，尤其是对于低挥发分难燃煤种更是如此。二次风中过早地混入一次风，等于增加了一次风率，会使着火热增加，着火推迟。对于旋流燃烧器，一、二次风的合理配合更为重要。

(7) 一次风温度。提高一次风温可以减少煤粉着火热，并提高炉内的温度水平，使着火提前。一次风温升高，炉膛温度升高加快，煤粉着火提前。

3. 氧量控制

通常，随着过量空气系数的增大，即空气预热器入口氧量的增大，炉内燃烧生成的烟气量增大，烟气在对流烟道中的温降减小，使排烟温度升高，排烟量和排烟温度增大，使得排烟损失变大；但在一定范围内适当增大炉内燃烧的氧量，会使得气体未燃尽损失和固体未燃尽损失减小。因此，存在一个最佳的运行氧量，排烟损失和气体、固体未燃尽损失之和最低，锅炉效率最高。

锅炉低负荷时，需要增加氧量来稳定燃烧，此时排烟损失往往超过高负荷。从稳燃角度，燃用低挥发分煤种时，氧量控制更大。

如果氧量过小，煤粉在缺氧状态下燃烧会产生还原性气氛，Fe_2O_3 还原成低熔点 FeO，导致灰熔点降低，引起水冷壁结渣。如果含 S 量高，大量生成 H_2S 会导致水冷壁高温腐蚀。如果氧量更大，烟气中的 SO_2 会进一步反应生成更多的 SO_3 和 H_2SO_4 蒸气，使得烟气露点升高，加剧低温腐蚀。

4. 一次风调整及辅助风调整

(1) 一次风调整。在一定的总风量下，燃烧器保持适当的一、二次风出口风率、风速，是建立良好炉内工况和稳燃所必须的。一次风率越大，为达到煤粉气流着火所需热量越大，达到着火所需时间越长。同时，煤粉浓度也随着一次风率的增大而降低，这对低挥发分或者难燃煤种是非常不利的；但一次风率过小，煤燃烧初期可能氧量不足，挥发分析出时不能完全燃烧，也会影响着火速度。一次风率原则上只要能满足挥发分的燃尽即可以。

一次风速对燃烧器的出口烟气温度和气流偏转也有影响。一次风速过大，着火距离拖长，燃烧器出口附近烟气温度低，着火相对困难。一次风中较大煤粉颗粒可能因其动能大而穿越燃烧区不能燃尽，增大未完全燃烧损失。一次风速如果过低，一次风射流刚性小，很容易偏转和贴壁，且卷吸高温烟气的能力差。对于着火性能好的煤种，着火太靠近燃烧器可能烧损燃烧器喷口。

(2) 辅助风调整。辅助风主要起扰动混合和煤粉着火后补充氧气的作用，二次风率和各层之间的分配方式都对燃烧有重要影响。辅助风与一次风的动量之比对炉内空气动力场影响很大。如果动量比过小，则燃烧器出口气流不能有力深入炉内形成旋转大圆，过早上翘飘走，对着火和燃尽均不利。如果动量比过大，上游气流冲击下游一次风粉，使得一次风粉过早地从其主流偏离出来，不仅因缺氧而影响燃烧的扩展，煤粉燃尽变差，而且是造成煤粉贴墙、结渣和形成高温腐蚀的常见原因。

对于挥发分低的难燃煤，着火稳定是主要的，应适当加大辅助风量，使火球边缘靠近各燃烧器出口，尤其对于设计切圆直径较小的锅炉，气流偏转难，加大辅助风率的作用更为明显。对于挥发分高的易燃煤，防结渣和提高效率是主要的，不可使用过大的辅助风率。

5. 配风方式

锅炉配风方式主要有倒宝塔、正宝塔、缩腰及均匀配风方式。

倒宝塔配风对于煤质较差煤种稳定着火有利。煤粉气流先与较少的二次风气流混合，再与较多的二次风混合，最后与上部大量二次风混合，空气沿火焰行程逐步加入，分级配风，对于燃用贫煤、无烟煤等较差煤质比较适宜。

采用正宝塔或均匀配风方式，则煤粉很快与大量辅助风混合，及时补充燃烧所需氧气，适合烟煤的燃烧。中部辅助风量大时，背火面的卷吸量大，从上部来的主气流因中部辅助风动量增加而增强冲击力。结果会使中部一次风严重偏转，脱离主气流而影响稳定性和经济性。出现此状况时，应减少中部辅助风，采用缩腰配风方式。

大多数烟煤锅炉，采用缩腰配风的稳定性和经济性较好，NO_x 排放也相对较低。

适当增大下部辅助风对锅炉的经济性有利，可以防止煤粉的分离下沉。

6. 周界风的调整

采用周界风可以扩大燃烧器对煤种的适应性。燃用较好烟煤时，可以起到推迟着火、旋托煤粉、遏制煤粉离析，以及迅速补充燃烧所需要的氧量。对于挥发分高的优质烟煤，周界风量开大。周界风能阻碍高温烟气与燃烧器出口气流的掺混，降低煤粉浓度，当燃用低挥发分的贫煤或者无烟煤时，会影响燃烧的稳定性。对于贫煤或无烟煤，应适当关小或者全关周界风，减少周界风量和一次风刚性，使得着火提前稳定燃烧。

7. 燃尽风的调整

煤粉燃烧分段进行，降低 NO_x 排放。即主燃烧区高温还原区，避免高温和高氧同时出现，降低 NO_x。

燃用灰熔点低容易结渣的煤种时，燃尽风增加，主燃烧区温度相对降低，对减轻结渣有利；但是主燃烧区出现还原性气氛，又会使灰熔点下降，加重炉内结渣。

燃用贫煤和无烟煤时，燃尽风应适当减少，否则过大的燃尽风会使主燃烧区相对缺风，主燃烧区温度降低，不利着火稳定。

理论上适当增加燃尽风可使燃烧过程分段推迟，火焰中心位置提高，会提高主蒸汽温度，通常会使飞灰可燃物升高。

采用反切的燃尽风消除炉内过大的残余旋转，避免烟气温度偏差，增大燃尽风，改善蒸汽温度品质，避免局部超温。

8. 燃烧器摆动火嘴倾角的调整

摆动火嘴的倾角调整主要是调节蒸汽温度。倾角的改变，会对火焰中心位置、煤粉炉内停留时间以及炉内各角射流间的相互作用发生影响。上摆角度过大，会造成固体未燃烧损失和排烟损失增大，尤其当煤粉颗粒均匀性较差时更加明星。下摆角度过大，会引起火焰冲刷冷灰斗，不仅导致结渣，也会使大渣含碳量增加。

使用摆动火嘴，应确保各层燃烧器的摆动同步。如果不同步，角度不一致，四角气流配风严重失调，将扰乱炉内空气动力场结构。

对于能分组摆动的，适当将上组燃烧器下摆、下组燃烧器上摆，可以提高主燃烧区火焰中心温度；反之，将上组燃烧器上摆、下组燃烧器下摆，分散火焰中心，降低主燃烧区热负荷。

根据炉膛结渣和蒸汽温度需要进行摆动。

9. 四角配风均匀性的调整

四角配风均匀性既影响火焰中心位置，也影响煤粉的燃尽性能。不均匀也可能加剧炉膛结渣。

10. 中心风调整

中心风用于冷却一次风喷口，油枪投入时作为根部风，其风量不大，约占总风量的10%。中心风的大小会影响火焰中心的温度和着火点至燃烧器喷口的距离。中心风加大后，回流区变小并后推，呈马鞍形，燃烧器出口附近火焰温度下降较快，可防止结渣和烧损燃烧器。

应根据锅炉煤质的变化，进行适当的燃烧调整，以保证锅炉的安全、稳定、经济、环保运行。

燃烧调整是一项非常复杂的工作，同一炉型的不同锅炉燃烧特性有时差别很大，需要做大量细致的工作。

11. 燃料量的调整

（1）机组满负荷运行时，根据煤质及燃烧情况采用4台或5台制粉系统运行，机组负荷变化不大时，通过调整运行中制粉系统出力来满足负荷的要求。机组负荷变化较大时，通过启停制粉系统的方式满足负荷需求。

（2）根据近期各制粉系统的出力、煤粉细度、石子煤量及磨损等情况，以及当时负荷及煤质情况，合理布置燃烧器组合方式，保证锅炉机组安全、经济稳定运行。

（3）机组低负荷运行时，采用2台或3台制粉系统运行，保持较高的煤粉浓度，且尽量避免煤粉燃烧器隔层运行，当炉膛火焰闪动、火焰不明亮、负压摆动较大时，应及时投油助燃，防止锅炉灭火。

（4）锅炉在50%额定负荷及以上稳定运行时，应停止全部助燃油枪运行。不论何种原因引起快速减负荷，并快速降至50%负荷以下时，应立即投油助燃，稳定燃烧。

（5）运行中当发现炉膛局部灭火，频临全炉膛灭火时或炉膛已灭火时，禁止投油助燃，应立即手动MFT（主燃料跳闸），切断全部燃料供给，防止锅炉灭火放炮。

（6）锅炉灭火后，立即调整风量至额定风量的30%～35%，全开二次风挡板进行5min

炉膛吹扫程序，做好点火恢复准备。

（三）防止锅炉结焦和高温腐蚀

（1）正常运行中，应合理分配一、二次风速，使煤粉尽快燃尽，一次风以满足输送煤粉为主且保持煤粉在离开喷燃器出口300mm处着火，这样即可避免燃烧器烧损也可避免燃烧器处结焦。

（2）根据燃料、负荷变化及时调整一、二次风量，使炉膛温度场分布均匀。利用摆动火嘴调整再热器温度时，应保持两层火嘴同时摆动，避免交叉调整，造成火焰中心分散，影响燃烧稳定；相反，激烈高温区域的产生，燃烧过于集中会使灰粒很容易达到熔化温度，特别是高负荷运行时，容易造成受热面结焦。

（3）无特殊情况不应采用低氧燃烧方式，防止还原性气体的产生，严格控制氧量值。150MW负荷时维持氧量在4.5%～5%，200MW负荷时维持氧量在4%～4.5%，250MW及以上负荷时维持氧量在3%～4%，氧量偏差应控制在0.5%以内。

（4）保持按时吹灰，随时保持各受热面清洁，锅炉机组不超负荷运行，注意煤质变化情况，煤质较好时，更应注意锅炉结焦情况，只要避免锅炉结焦，就可有效地防止高温腐蚀的发生。

（5）锅炉机组长期低负荷运行3天不能吹灰时，为保持各受热面清洁，应与电网调度中心联系升负荷进行吹灰。

（四）蒸汽压力调整

（1）蒸汽压力的调整过程也就是调整机组负荷的过程，根据外界电负荷的需求，及时调整燃料量，改变锅炉蒸发量，维持蒸汽压力在负荷对应的定压或滑压曲线范围内。

（2）在90%及以上额定负荷工况下运行时，过热器出口蒸汽压力保持在（17.2±0.3）MPa 。

（3）蒸汽压力的调整，主要采取增、减燃料量的方法来进行，调节燃料量时应平稳、缓慢，同时注意燃料量、风量、风煤比的协调操作。操作时注意保持燃料量与负荷相适应，注意掌握调整提前量，防止造成蒸汽压力的波动，保持蒸汽压力在对应负荷曲线范围内。

（4）当出现高压加热器解列、调节汽门摆动及机组甩负荷时，压力高于额定蒸汽压力，应打开对空排汽门泄压，使蒸汽压力尽快恢复至正常值。

（5）任何情况下，若蒸汽压力达到安全门动作值，而安全门拒动，应立即切除部分制粉系统运行，手动开启安全门和对空排汽泄压。当发生大部分安全门拒动，压力仍继续上升时，应立即手动MFT停炉，严禁锅炉超压。

（6）在非事故状况下，禁止用安全阀和对空排汽手段降压。

（7）当高压加热器故障切除或机组负荷大幅度变化时，运行人员不但注意过热压力的变化还特别注意再热器出、入口压力变化，当蒸汽压力超过额定值时，应开启再热器对空排汽降压，并减燃料、降负荷，防止再热器系统超压。

（五）过热蒸汽和再热蒸汽温度的调整

（1）正常运行时，保证过热器、再热器出口蒸汽温度在（540±10）℃范围内，两侧蒸汽温度偏差小于15℃，各段过热、再热蒸汽温度及受热面管壁温度不超过允许值。

（2）蒸汽温度调整应以烟气侧为主、蒸汽侧为辅。烟气侧调整主要是改变火焰中心位置和流经过热器、再热器的烟气量，以达到调整蒸汽温度的目的。蒸汽侧调整是利用减温水降温来实现的。

（3）过热蒸汽温度调节采用三级喷水减温器，一级减温水作为过热蒸汽温度的主要调节手段，二、三级减温水作为细调，并控制左、右侧蒸汽温度偏差。在进行蒸汽温度调节时，应注意各级减温水的协调使用，一级减温水应保持全大屏过热器不超温，二级减温水应保持后屏过热器不超温，三级减温器作为最终调节应保证出口蒸汽温度在额定范围内。

（4）再热蒸汽温度调节主要靠喷燃器喷口的摆动来实现，再热喷水减温器作为辅助调节，并调节两侧蒸汽温度偏差，使其控制在允许范围内。调节喷燃器喷口角度时，应注意过热蒸汽温度的变化，并及时进行相应的调整。在再热蒸汽超温，正常调节手段不能满足降温要求时，采用事故喷水减温器降温。

（5）运行中高压加热器解列后，注意及时调节过热器、再热器蒸汽温度，加大过热器一减的喷水量，严防因高压加热器解列出现超温现象。

（6）过热器、再热器蒸汽温度的调整方法。

1）调节煤粉燃烧器喷口角度，使其在±15°范围内上、下同步摆动，改变火焰中心。

2）合理组合制粉系统运行方式或分层调节燃料量，改变火焰中心。

3）在满足安全稳定燃烧的条件下，调节总送风量或两侧配风工况。

4）调整各级减温水量。

5）对受热面及时进行吹灰。

6）进行蒸汽温度调整时，注意分析蒸汽温度变化的方向，掌握调节提前量，调整操作时应平稳、均匀，注意尽量不要对减温水进行大幅增、减，防止造成蒸汽温度的波动或急剧变化，保证设备的安全、经济运行。

（六）汽包水位调整

（1）正常运行中，汽包水位应保持“0”位，正常波动范围为±50mm。

（2）正常运行中汽包水位应以差压式水位计指示为基准，各水位计偏差应小于30mm，其他水位表计与其校对，每班校对两次，运行中就地水位计的水位应有轻微波动。

（3）汽包水位联锁保护定值。

1）汽包水位高一值：+100mm，报警。

2）汽包水位低一值：− 100mm，报警。

3）汽包水位高二值：+150mm，联开事故放水门。

4）汽包水位低二值：−150mm，联关定期排污门。

5）汽包水位高三值：+280mm，停炉。

6）汽包水位低三值：−280mm ，停炉。

（4）机组启动初期，用给水大旁路控制上水量，维持正常汽包水位。正常运行时，给水泵出口门打开，水位调节投入自动，一般在机组启动及低负荷时采用“单冲量”调节系统，当负荷达到100MW以上时采用“三冲量”调节系统。

（5）汽动给水泵运行时，若控制方式退出“自动”，应在给水泵汽轮机控制盘上控制汽动给水泵转速，保持正常、稳定的锅炉给水。

（6）当各水位计偏差较大时，应查明原因予以消除；当不能保证两种类型水位计正常运行时，必须停炉处理。

（7）当在运行中无法判断汽包确实水位时，应紧急停炉。

（七）锅炉定期排污

（1）为了保证锅炉汽水品质合格，根据化学监督要求，对锅炉进行定期排污和连续排污。

（2）正常运行中，锅炉连续排污量根据化学水质监督人员通知要求进行，由连续排污调节门控制排污量。

（3）锅炉定期排污应在低负荷时进行。排污时排污门应逐个开关，不可以同时打开两个或两个以上排污门，每个排污门打开后时间不超过 30s，排污时应加强汽包水位的监视与控制，防止锅炉缺水。

（4）锅炉启动过程中进行洗硅时，应反复进行周期性排污，直到锅水合格。

（八）锅炉吹灰

（1）吹灰工作应在燃烧稳定的工况下进行，机组低负荷时不宜对炉膛进行吹灰。吹灰过程中出现制粉系统故障跳闸等燃烧不稳定现象时，应暂停吹灰工作，在燃烧稳定后，再恢复吹灰工作。

（2）吹灰器运行前应打开吹灰来汽总门及疏水门进行暖管。

（3）吹灰过程中，吹灰器故障不能退出时，应及时通知检修维护负责人，就地手摇退出，以防烧坏吹灰器。

第三节　锅炉“四管”泄漏事故处理

锅炉“四管”爆破是目前火力发电厂安全生产的最大威胁。出现爆管后，包括设备启停寿命折损及启停抢修费用，其直接、间接的经济损失不可估量，应防止或减少炉管事故的发生。影响“四管”泄漏的原因很多，涉及设计、制造、安装、检修、运行、煤种和管理等诸多方面，而且这些因素又相互作用。爆管往往不是单一因素造成的，而是由几个因素同时存在并相互作用的结果。

一、蒸汽参数异常

（一）蒸汽参数异常时注意事项

（1）蒸汽参数异常时，应加强监视机组及管道的振动，轴向位移、胀差、推力瓦温及汽缸温度的变化，并对汽轮机进行全面检查。

（2）蒸汽温度下降时，应适当降低蒸汽压力，以保证蒸汽过热度不低于 120℃。

（3）蒸汽压力同时下降时，按蒸汽温度下降处理。

（二）蒸汽温度过高的处理

（1）蒸汽温度自动调节切至手动，增大减温水量。再热蒸汽温度过高时可投运事故喷水。

（2）调整燃烧，尽量采用下层煤粉燃烧器运行，下摆煤粉燃烧器，降低火焰中心。

（3）合理调整锅炉配风，在保证锅炉安全燃烧情况下，适当降低总风量，检查各看火孔，检查炉底水封，减少炉膛漏风。

（4）上述调整方法无效或蒸汽温度上升过快时，切除上层制粉系统，降低锅炉负荷，直至蒸汽温度恢复、正常。当过热器、再热器出口蒸汽温度已高于 560℃且无明显回落迹象时，立即手动 MFT，灭火停炉。

(三)蒸汽温度过低的处理

(1)将蒸汽温度自动调节切至手动操作,关小或关闭减温水调整门,必要时关闭减温水电动门。

(2)上摆燃烧器,提高火焰中心,调整运行各层燃烧器出力,合理配风。

(3)倒用上层制粉系统运行。

(4)加强过热器、再热器吹灰。

(5)在额定负荷运行时,当蒸汽温度低于532℃时应调整、恢复。过热器、再热器蒸汽温度低于520℃时,应按要求减负荷,若减负荷过程中蒸汽温度有回升的趋势应停止减负荷。当蒸汽温度降至450℃时,负荷应减到零。若蒸汽温度继续下降到420℃仍不能恢复时,应手打停机。

(6)主蒸汽、再热蒸汽温度下降引起主蒸汽、再热蒸汽温度偏差增大时,应加强监视,尽快恢复到允许温差范围内。

(7)主蒸汽温度和再热蒸汽温度在10min内下降50℃应立即停机。

蒸汽温度与负荷对照表见表2-4。

表2-4　蒸汽温度与负荷对照表

蒸汽温度(℃)	520	510	500	490	480	470	460	450	430
负荷(MW)	300	260	220	180	140	100	50	0	停机

(四)主蒸汽压力升高的处理

(1)正常运行时额定压力为16.67MPa。

(2)连续运行的年平均压力小于或等于16.67MPa。

(3)在保证年平均压力下允许连续运行的压力小于或等于17.5MPa。

(4)在异常情况下允许压力浮动不超过12.34MPa,但此值的累计时间在任何一年的运行中不得超过12h。

(5)当主蒸汽压力高于17.5MPa时,应及时调整、恢复到17.5MPa以下。

(五)主蒸汽压力下降的处理

(1)当蒸汽压力下降时,机组负荷将随着下降,应及时调整、恢复。

(2)当负荷反馈投入或调节级压力反馈投入时,若主蒸汽压力下降,此时高压调节汽门将相应开大,注意高压调节汽门的行程近全开时,应及时退出负荷反馈或调节级压力反馈,禁止高压调节汽门在全行程位置长时间运行。

二、锅炉受热面管损坏事故

锅炉受热面管损坏事故一般指水冷壁、省煤器、过热器、再热器受热面爆管。

(一)锅炉受热面爆管现象

(1)运行中出现炉膛及烟道负压摆幅比平常明显增大或炉膛负压突然不正常地变正。

(2)进行外部检查时,听到锅炉本体附近有泄漏响声,不严密处向外喷炉烟或蒸汽。

(3)出现给水流量不正常的大于蒸汽流量、锅炉蒸汽压力下降、蒸汽温度异常升高、机组负荷下降。

(4) 受热面严重爆管时，可能导致锅炉灭火。

(5) 出现排烟温度上升或两侧排烟温度偏差增大。

(6) 再热器爆管时，再热器出口压力降低，机组负荷下降。

(二) 锅炉受热面爆管原因

(1) 管材质量不良，制造、安装、焊接质量不合格。

(2) 锅炉给水、锅水品质长期不合格，造成管内腐蚀。

(3) 受热面汽水流量分配不均或管内有杂物堵塞，造成局部管壁过热。

(4) 受热面膨胀不良，热应力增大造成受热面管损坏。

(5) 飞灰冲刷使受热面磨损，水冷壁管外高温腐蚀。

(6) 受热面结渣、积灰使局部管壁过热。

(7) 吹灰器使用不当，吹灰时吹损受热面。

(8) 锅炉严重缺水使水冷壁过热。过热器、再热器管长期超温运行。

(9) 炉膛爆炸或大块焦渣脱落，使水冷壁损坏。

(10) 锅炉启停时对省煤器、再热器保护不好，造成管壁超温损坏。

(三) 锅炉受热面爆管的处理

1. 水冷壁及省煤器爆管处理

(1) 若泄漏不严重，可以维持正常水位时，给水自动切至手动操作，维持正常汽包水位，降低锅炉负荷，加强泄漏点监视，请示停炉。

(2) 若损坏严重，已不能保证汽包正常水位，具备事故停炉条件时，应紧急停炉。

(3) 爆管停炉后，保留1台引风机运行，待炉内蒸汽基本消失后，停止引风机。

(4) 停炉后锅炉应继续上水，维持汽包水位。当不能维持汽包水位时，应停止上水。

2. 过热器及再热器爆管处理

(1) 过热器损坏应降压运行，再热器管损坏应降低机组负荷，并维持各参数的稳定，加强泄漏点监视，请示停炉。

(2) 发生严重爆破泄漏时，应紧急停炉。

(3) 爆管停炉后，保留1台引风机运行，待炉内蒸汽基本消失后，停止引风机。

(4) 停炉后锅炉应继续上水，维持汽包高水位，注意控制汽包壁温差。

(四) 预防锅炉受热面爆管的对策

(1) 加强“四管”的检查监督。

(2) 充分利用大、小修对“四管”进行宏观检查，检查内容包括高温腐蚀、磨损、胀粗、鼓包、焊接状态等情况，对热负荷较集中部位进行取割管检查和化学分析，对易结焦、易磨损、吹灰器易吹薄的部位进行测厚检查，对过热器、再热器等易超温的部位进行金相分析。

(3) 对上述检查出的问题应及时进行彻底的处理。

(4) 加装“四管”泄漏报警装置，密切监视“四管”报警情况，一旦发生，应及时停炉处理。加装必要的测温元件，严防受热面“四管”超温。

(5) 加强“四管”附件的检查，如防磨瓦、管箍等，严防形成烟气走廊。

(6) 提高焊接水平，减小焊接缺陷，强化焊接检查。

(7) 提高吹灰器的投入率及其作用，由于吹灰器投入率低，吹灰器效果差，炉膛、过热器易积灰结焦，烟气温度升高，再热器、过热器易引起超温过热。严防吹灰器故障卡涩，一旦故障，立即关闭进汽阀门，及时手动退出，以免吹薄受热面，保证吹灰器疏水畅通，严防蒸汽带水，定期校验吹灰器枪杆的垂直度，严防弯曲造成吹扫半径改变吹伤受热面。将部分蒸汽吹灰器改为磁声波吹灰器，降低蒸汽吹伤管材的概率，提高吹灰效果。

（8）提高高压加热器的投入率，对高压加热器及时进行维护保修，使其尽可能全部投运，并做好各高压加热器旁路系统的安全措施，保证一台故障时，另外两台可正常投运，高压加热器每少投运一台，给水温度均降低很多，将使燃料量增加，提高磨煤机组出力，抬高了火焰中心，增大烟气量、烟气温度、烟气流速，加强了对流换热，易使对流过热器、再热器超温。

（9）炉底加热的正常投入。在锅炉冷炉启动时，及时投入炉底加热，可以提高炉膛温度缩短启动时间、消除冷热不均产生的热应力、避免热应力拉伤拉裂焊口、稳定燃烧。

（10）暖风器的正常投运。暖风器投运，可适当提高排烟温度，使烟气温度略高于H_2SO_4露点，严防低温腐蚀、垢下腐蚀，使省煤器腐蚀后爆漏。暖风器投运，可对煤粉进行干燥、预热，使炉膛的着火温度更稳定，使燃烧更充分。

（11）合理调节再热蒸汽温度。建议尽可能通过烟气挡板来调节，在事故状态下，烟气挡板故障卡涩，再热蒸汽温度超温较大时，通过投运喷水减温进行调节，但大量投入喷水减温会影响机组出力，排挤高压缸的蒸汽做功能力，使其效率降低。在锅炉启动时，充分利用旁路系统对再热器进行加热，严防再热器干烧。

（12）燃烧调整。严格控制各部件的参数，严禁超限运行；合理调整风粉量、过剩空气量，使煤粉在炉内充分燃烧。保证磨煤机组在最佳状态运行，严格控制煤粉细度。喷燃器运行良好可防止火焰中心倾斜，防止局部结焦、超温。

第四节　锅炉停炉操作

锅炉从运行状态逐步转入停止向外供汽、停止燃烧，并逐步减温、减压的过程，叫作停炉。锅炉的停炉通常分正常停炉和事故停炉两种。锅炉的停炉过程是一个冷却过程，因此，在停炉过程中应注意的主要问题是使机组缓慢冷却，防止由于冷却过快而使锅炉部件产生过大的温差热应力，造成设备损坏，应严格按照规程执行。

一、应进行事故紧急停炉的情况

（1）锅炉热工保护具备跳闸条件时保护拒动。

（2）锅炉严重满水或缺水。

（3）水位计损坏或失灵，运行中无法判断汽包实际水位时。

（4）主给水、过热蒸汽、再热蒸汽管道发生爆破。

（5）炉管爆破，威胁人身或设备安全。

（6）锅炉尾部烟道发生二次燃烧，排烟温度升高超过250℃。

（7）锅炉灭火。

（8）再热器汽源中断。

（9）锅炉压力升高至安全门动作压力而安全门拒动。

（10）炉膛或烟道内发生爆炸，使主要设备损坏。

（11）热工仪表，控制电源中断，无法监视、调整主要运行参数。

（12）锅炉机组范围内发生火灾，直接威胁锅炉的安全运行。

（13）空气预热器停转且不能隔绝或转子盘不动。

（14）所有引风机、送风机或空气预热器停止。

（15）失去两台火焰检测冷却风机。

二、应请示停运锅炉的情况

（1）锅炉承压部件泄漏，运行中无法消除。

（2）受热面金属壁温严重超温，经调整无法恢复正常。

（3）蒸汽温度超过允许值，经采取措施无效。

（4）锅炉给水、锅水、蒸汽品质严重恶化，经处理无效。

（5）锅炉安全阀有缺陷，不能正常动作。

（6）锅炉安全阀动作后不回座。

（7）炉膛严重结渣或严重堵灰，难以维持正常运行。

（8）远传汽包水位计全部损坏，而短时内又无法恢复。

（9）主要设备的支吊架发生变形或断裂时。

（10）炉墙有裂缝、烧红，且有倒塌危险时。

当发生上例条件之一时，请示总工程师，得到批准后，应按单元机组正常停运有关规定执行，根据现场实际情况，也可适当加快降温、降压速度，使机组尽快安全停运。

三、滑参数停炉的主要操作步骤

（一）滑参数停炉前的主要准备工作

（1）检查锅炉燃油系统，逐个试投油枪，发现缺陷通知检修人员处理，确保油枪能可靠地投入。

（2）试验锅炉事故放水电动门、对空排汽电动门，保证其开关可靠。

（3）校对各锅炉水位计，水位指示应正常。

（4）停炉前对锅炉各受热面进行全面吹灰一次。

（5）准备机组停运记录表、操作票以及停机用各种工器具。

（二）降温、降压过程

在锅炉降负荷的时候，仍然要控制负荷变化率、饱和蒸汽降温速度和降压速度，在停炉的过程中，为保护锅炉安全，应根据停炉曲线合理安排锅炉停炉时间。

（1）接到滑压停运的命令后，按照滑压运行的方式减负荷至 270MW，保持负荷不变。

（2）保持过热蒸汽压力稳定，开始降蒸汽温度，主要通过调整锅炉燃烧和减温水量控制蒸汽温度下降速度，维持平均温降小于 1℃/min，将主蒸汽、再热蒸汽温度降至 510℃，稳定运行 60min。然后将蒸汽温度降至 480℃，此温度下维持稳定 60min。

（3）进一步降低蒸汽温度至 450℃，对应过热蒸汽压力大约控制在 11.5MPa，饱和温度为 320℃，主蒸汽过热度为 130℃，暖机 60min。

（4）通过减少锅炉燃料量和风量以及调节减温水量使蒸汽温度与蒸汽压力同步降低，控制降温速度小于 1℃/min，降压速度不超过 0.1MPa/min 继续进行滑降。注意滑降过程中蒸汽温度、蒸汽压力的匹配关系，滑停过程中不同负荷下对应参数见表 2-5。

表 2-5　　滑停过程中不同负荷下对应参数

负荷（MW）	减荷时间（min）	主蒸汽压力（MPa）	主蒸汽温度（℃）	暖机时间（min）	备注
300～270	30	16.7～14.5	537～500	10	
270～240	30	14.5～13	500～470	10	
240～210	30	13～11	470～440	10	
210～180	30	11～10	440～410	10	过热度≥100℃
180～150	30	10～8	410～380	20	
150～120	30	8～6.5	380～350	20	
120～90	30	6.5～5	350～320	20	过热度≥50℃
90～60	30	5～3.5	320～300	30	
60～30	30	3.5～2.2	300～270	30	
30～0	3	2.2	270	0	减负荷至 0

注　300～0MW 滑停共需 430min。

(5) 负荷逐渐降低时，随着燃料量的减少，及时调整风量，保证一、二次风的协调配合。根据负荷及燃烧情况，将有关自动控制系统退出自动或修改定值，以满足滑停需求。

(6) 锅炉按照先上后下的次序逐层停运制粉系统，降低锅炉热负荷。停制粉系统前，本层给煤量应减至最小，关闭给煤机入口挡板，大修停炉前应将煤仓储煤燃尽，当给煤机皮带走空后停该制粉系统。

(7) 根据降负荷情况，适时投油助燃，稳定燃烧。一般情况当负荷下降至 40%额定负荷以下时，应投入油枪稳定燃烧，防止锅炉灭火。投油后，煤、油混烧时，通知水工值班员停止电除尘三、四电场。当锅炉完全烧油时，停运全部电除尘电场。

(8) 全部制粉系统停运 10min 后，停运两台一次风机、密封风机。

(9) 降负荷过程中，随着蒸汽温度下降逐渐减少减温水量，当减温水调节门全关后，及时关闭减温水电动门，解列减温器。

（三）停炉过程

(1) 锅炉灭火后，维持－100～－200Pa 炉膛压力，保持 30%～40%的额定风量，炉膛通风吹扫 10min，然后停运引风机、送风机，关闭烟风系统风门挡板。

(2) 停炉灭火后，关闭油枪各手动门及蒸汽吹扫手动门，通知值长解列燃油系统。

(3) 关进油手动总门，关燃油速断阀前、后手动门及旁路门。

(4) 关回油调节门前后手动门，关回油旁路门，关回油手动总门。

(5) 关闭蒸汽吹扫手动总门及疏水门，系统解列完毕。

(6) 灭火后保持空气预热器、火焰检测冷却风机运行，当空气预热器入口烟气温度小于 150℃时，停止空气预热器运行；当炉膛出口烟气温度探针指示烟气温度低于 50℃时，停止火焰检测冷却风机。

(7) 停炉前应记录一次锅炉各膨胀指示器位置。

第五节　锅炉停炉后的冷却与保养

锅炉停运后应按照停炉要求进行锅炉冷却方式的选择，停炉后保养方式的选择，应根据停用设备所处的状态、停用期限的长短、防腐蚀材料的供应及其质量情况、设备的严密程度、周围环境温度和防腐蚀方法本身的工艺要求等综合因素来确定。

一、锅炉停炉后的冷却

机组停运后冷却方式有自然冷却、强制冷却及紧急抢修时快速冷却等，具体冷却方式应按照停机的要求选择机组的冷却方式。

1. 锅炉自然冷却

(1) 锅炉熄火后，上水至汽包水位计最高可见水位，然后再以120t/h的锅炉给水流量继续向汽包上水10min；在锅炉自然冷却过程中应维持较高的汽包水位，缺水时及时补水，但在补水时应对汽包各点温度及过热器各点温度等进行严密监视，控制上水流量及上水时间，防止汽包满水溢入过热器中；向锅炉上水期间应注意监视高压加热器的水位情况，若某台高压加热器出现水位异常上升时，应立即开启高压加热器水侧旁路门，并关闭高压加热器水侧注水门，确认高压加热器泄漏后应通知检修处理。

(2) 锅炉熄火，引风机、送风机停运后，关闭锅炉所有的风、烟挡板及看火孔门等，保持炉膛及烟道的严密封闭。

(3) 检查锅炉各排汽门、底部放水门应严密关闭；检查电动主汽门已关闭，电动主汽门前疏水已关闭。

(4) 锅炉依靠自然散热冷却。

(5) 注意监视记录汽包壁温，汽包各点温差不应超过40℃。

(6) 停机后汽包补水时必须关闭省煤器再循环门；停止补水时，开启省煤器再循环门。

(7) 锅炉灭火6h后，在汽包壁温小于40℃时，可以开启所有烟道挡板，开启各二次风门，打开引风机动叶，维持炉膛负压为－50～－100Pa，进行自然通风冷却；18h后开启引风机进行通风冷却，当转向室烟气温度降至60℃以下时，停止吸风机运行。

(8) 当空气预热器入口烟气温度降至120℃以下时，停止空气预热器运行。

2. 锅炉强制冷却

(1) 锅炉机组由于故障停运需要紧急抢修时，为使检修尽快开展工作，可以对锅炉进行强制冷却。

(2) 汽轮机打闸后，锅炉不熄火，保留一层两只油枪运行，打开过热器排大气，进行降温、降压；保持锅炉汽包水位，严格控制锅炉汽包壁温差在40℃以内，最大不超过56℃。当汽包压力降至3.0～2.0MPa时，锅炉熄火。

(3) 锅炉熄火后，对炉膛进行吹扫10～15min，停运引风机、送风机，关闭出入口挡板，闷炉。

(4) 检查锅炉各排汽门应严密关闭，检查电动主汽门已关闭、电动主汽门前疏水已关闭。

(5) 为使锅炉尽快达到冷却，锅炉熄火后应通过换水（蹿水）进行冷却。锅炉熄火后，继续上水至汽包水位计最高可见水位，然后再以100t/h的给水流量继续向汽包上水5～

10min后停止上水，根据汽包壁温变化开启锅炉底部放水门，放水至汽包水位计最低可见水位后停止放水；重复进行上水与放水的过程。在锅炉换水冷却的过程中应密切监视汽包各点温度的变化，换水冷却过程应在汽包上、下壁温差小于40℃时进行。在蹿水冷却过程中还应密切监视过热器各点温度，防止汽包满水溢入过热器中。

（6）锅炉熄火后，在汽包上、下壁温差小于40℃的前提下，2～4h后可打开烟风系统挡板和引风机动叶，维持炉膛负压－50～－100Pa，进行自然通风冷却。

（7）锅炉熄火4～6h后，在汽包上、下壁温差小于40℃的前提下，开启引风机、送风机，维持炉膛负压－150～－300Pa，以10%的额定风量进行强制通风冷却。

（8）锅炉快冷过程中密切监视汽包壁温，汽包各点温差不得超过40℃，如出现壁温差大于40℃时，应暂停一切强制冷却工作，改为自然冷却状态。

（9）锅炉消压、冷却过程中，冬季汽包压力达到0.8MPa，夏季为0.5～0MPa。根据需要对锅炉进行放水。

（10）当锅炉转向室烟气温度降至80～60℃或锅炉检修要求时，可以停止引风机、送风机的运行，关闭所有烟风道挡板。

3. 锅炉故障停炉抢修快速冷却操作过程

（1）汽轮机打闸后，锅炉不灭火，保留一层两支油枪运行，打开过热器排大气，降蒸汽温度；严格控制锅炉汽包壁温差在40℃以内，最大不超过56℃。当汽包压力降至3.0～2.0MPa时，锅炉熄火。

（2）锅炉熄火后，对炉膛进行吹扫10～15min，停运引风机、送风机，关闭出、入口挡板，闷炉。

（3）为使锅炉尽快达到冷却，锅炉应通过换水（蹿水）进行冷却，锅炉熄火后，继续上水至汽包水位计最高可见水位，然后再以100t/h的给水流量继续向汽包上水5～10min后停止上水，开启锅炉底部放水门，放水至汽包水位计最低可见水位后停止放水；重复进行上水与放水的过程。在锅炉换水冷却的过程中应密切监视汽包各点温度的变化，换水冷却过程应在汽包上、下壁温差小于40℃时进行。在蹿水冷却过程中还应密切监视过热器各点温度，防止汽包满水溢入过热器中。

（4）锅炉熄火后，在汽包上、下壁温差小于40℃的前提下，2～4h后可打开烟风系统挡板和引风机、送风机动叶，维持炉膛负压－50～－100Pa，进行自然通风冷却。

（5）锅炉熄火4～6h后，在汽包上、下壁温差小于40℃的前提下，开启引风机、送风机，维持炉膛负压－150～－300Pa，进行强制通风冷却。

（6）锅炉快冷过程中密切监视汽包壁温，汽包各点温差不得超过40℃，如出现壁温差大于40℃时，应暂停一切强制冷却工作，改为自然冷却状态。

（7）锅炉消压、冷却过程中，冬季汽包压力达到0.8MPa，夏季为0.5～0MPa，根据需要对锅炉进行放水。

（8）当锅炉转向室烟气温度降至60℃以下或锅炉检修要求时，可以停引风机、送风机运行时，停运引风机、送风机。

二、锅炉停炉后的保养

（一）停用锅炉腐蚀的原因

停用锅炉腐蚀是对锅炉停用期间发生的各种腐蚀的总称，发生腐蚀的原因既有管理上的问题，也有技术上的不完善，或者是产品的质量性能不佳等原因，在发达国家也有因停炉腐蚀造成经济损失的报道。其原因有以下两方面。

(1) 水汽系统内部的氧气，因为热力设备停用时，水汽系统内部的压力温度逐渐下降，蒸汽凝结，空气从设备的不严密处渗入内部，氧溶解于水中。

(2) 金属表面潮湿，在其表面生成一层水膜，或者金属浸在水中。因为设备停用时，有的设备内部仍然充满水，有的设备虽然把水放掉了，但有的部分积存有水，积存的水不断蒸发，使水汽系统内部湿度很大，这样金属表面形成水膜。

(二) 停用锅炉腐蚀的危害

锅炉停用期间腐蚀的危害性不仅仅是由它在短时期内造成的大面积的金属损害，而且还会在锅炉投入运行后继续发生不良影响，其主要原因有以下两方面。

(1) 停用时因为金属温度低，其腐蚀产物大都是疏松状态的FeO，它们附在管壁上的能力不大，锅炉启用时很容易被水带走，所以，当停用系统启用时，大量的腐蚀物就转入锅中，使锅水中的含铁量增大，这会加剧锅中沉淀物的形成过程，加剧腐蚀和结垢。

(2) 停用腐蚀使金属表面产生沉淀物、金属腐蚀产物。所造成的金属表面的粗糙的状态，会成为运行中腐蚀的促进因素。因为从电化学的观点来看，腐蚀产生的溃疡点坑底的电位比炉壁及周围金属的电位更低，所以在运行中它将作为腐蚀电池的阳极继续遭到腐蚀，而且停用腐蚀所生成的腐蚀产物是高价氧化铁，在运行时起到阳极去极化的作用，它被还原成亚铁化合物，这也是促进金属继续遭到腐蚀的因素。如锅炉停用、启动、运行中腐蚀生成亚铁化合物，在锅炉下次停用时，又被氧化成高价化合物，这样腐蚀过程就会反复进行。经常启用、停用的锅炉腐蚀尤为严重。因此，停用的锅炉腐蚀危害性特别大，防止锅炉水汽系统的停用腐蚀，对锅炉的安全运行有着重要的意义。为此，在锅炉停用期间必须采取保护措施。

(三) 停用锅炉腐蚀的特点

锅炉的停用腐蚀，与运行锅炉腐蚀相比，在腐蚀产物的颜色、组成、腐蚀的严重程度和腐蚀的部位、形态上有明显的差别。因为停炉时温度较低，所以腐蚀产物较疏松，附着力小，易被水带走，腐蚀产物的表层常为黄褐色。由于停炉时氧的浓度大，腐蚀面积广，可以扩散到各部位，所以，停炉腐蚀比运行腐蚀严重得多。

过热器在锅炉运行时一般不发生氧腐蚀，而停放时，立式过热器的下弯头将发生严重腐蚀。再热器运行时也不发生氧腐蚀，停用时在积水处发生严重腐蚀。

锅炉运行时，省煤器如发生氧腐蚀，出口部分腐蚀较轻、入口部分腐蚀较重，而停炉发生氧腐蚀时整个省煤器均有，出口部分往往腐蚀更重一些。锅炉运行时，只有当除氧器运行工况显著恶化，氧腐蚀才会扩展到汽包和下降管，而上升管（水冷壁管）是不会发生氧腐蚀的，停炉时，上升管、下降管和汽包均遭受腐蚀，汽包的水侧比汽侧腐蚀严重。

(四) 停炉保养的重要性

锅炉停用期间，如果不采取有效的防护措施，在空气中氧气和温度的作用下，金属内表面便会产生溶解氧腐蚀，尤其以过热器为甚。因为锅炉停用后，外界空气必然会大量进入锅炉汽水系统内，此时，锅炉虽然存水已放尽，但管内金属表面上往往因受潮而附着一层水膜，空气中的氧便溶解在此水膜中，使水膜饱含溶解氧，很容易引起金属的腐蚀。

当停用锅炉的金属内表面上结有盐垢等沉积物时，腐蚀过程会进行得更快。这是因为金属表面的这些沉积物具有吸收空气中水分的能力，而且本身也常会有一些水分，所以沉积物下面的金属表面仍然会有一层水膜。在未被沉积物覆盖的金属表面上或沉积物的孔隙、裂缝处的金属表面上，由于空气中的氧容易扩散进来，使水的含氧量较高；沉积物下面的金属表面上，水含氧量相对较低，这就使金属表面产生了电化学不均匀性。溶解氧浓度大的地方，电极电位高而成为阴极；溶解氧浓度小的地方，电极电位较低而成为阳极，在这里金属便遭到腐蚀。当沉积物中含有易溶性盐类时，这些盐类溶解在金属表面的水膜中，使水膜中的含盐量增加。易溶性盐类溶液的高导电性，加速了溶解氧腐蚀的过程。

停用腐蚀的主要危险还在于它将加剧设备运行时的金属腐蚀过程。这是因为停用锅炉的腐蚀，使金属表面产生腐蚀沉积物，由于腐蚀产物的存在以及由此而造成的金属表面的粗糙状态，成了运行中腐蚀加剧的促进因素。锅炉在停用期间，金属的温度很低，停用腐蚀本身的速度还是比较缓慢的，然而腐蚀产物由高价氧化铁组成，在锅炉重新投入运行时起着腐蚀微电池的阴极去极化剂作用，使腐蚀过程逐渐发展。当金属表面形成相当数量的氧化物后，这种氧化物便有可能转移到热负荷较高的受热面区段；产生高温垢下腐蚀并使传热恶化，造成金属管壁超温，或随蒸汽进入汽轮机，沉积在汽轮机的通流部分。因此，做好防止锅炉受热面在备用和检修期间的腐蚀工作是十分重要的。

（五）锅炉停用保养方法选择的原则

1. 机组的类型和参数

首先是机组的类型，对于锅炉来讲，直流炉对于水质要求高，只能采用挥发性的药品来保护；其次是机组的参数，对于高参数机组水汽结构复杂，机组停运时，有的部位容易积水，不宜采用干燥剂法；再次是过热器结构，因立式过热器底部容易积水，如果不能将过热器存水吹干和烘干，不宜采用干燥剂法。

2. 停用时间的长短

停用时间不同，所选用的方法也不同，对于热备用的锅炉，必须考虑能够随时投入运行，这样，要求所采用的方法不能排掉锅水，也不宜改变锅水的成分，以免延误投入运行时间，一般采用保持蒸汽压力法；对于短期停用的机组，要求短期保养后能投入运行，锅炉一般采用湿法保养；对于长期停运的机组，不考虑短期投入运行，而要求所采用的保养方法防腐作用持久。一般放水，采用干法保养，也可采用湿法保养。

3. 现场条件

选择保养方法时，要考虑采用某种保养方法的现实可行性。

（六）锅炉保养适用范围和基本要求

锅炉机组的保养范围包括锅炉本体各段受热面、除尘器、制粉系统、各大/小辅机、点火系统等。

保养所涉及的具体操作方法按相关规程和要求进行。

（1）停炉前，应对锅炉进行一次全面检查，发现的缺陷应做好记录，进行停炉期间的检修和保养维护。

（2）对于停备用保养的锅炉，停炉前应将煤粉仓内的煤粉和原煤斗内原煤烧尽、用完。如停运时间不超过 15 天，可保持一定粉位和煤粉，但应监视煤粉仓内煤粉的温度情况，也可留有部分原煤。

（3）给煤机、给粉机内应无积粉和积煤，制粉系统停运前，应断煤抽粉 30min 以上，尽可能地将粉煤设备和系统中的积粉抽尽，防止煤粉结块和自燃。

(4) 锅炉停运前应对锅炉进行吹灰、除灰和除渣。停炉后，应对锅炉炉膛受热面和烟道等进行清焦、清灰，防止飞灰沉积、吸潮结块和腐蚀。捞渣机、磁渣机及炉底渣内进积水应放尽、无积渣，如锅炉停运超过 15 天，可视空气预热器灰斗积灰情况，安排对空气预热器进行清灰。

(5) 停炉保养期间，应对受热面等承压部件的磨损、腐蚀等情况进行检查。

(6) 停炉后对于电除尘器，应采取清洁保养，清除电除尘本体、灰斗和空气斜槽内的积灰。对于气力除灰系统，应清除系统、设备和灰库内的积灰。转动的机械，应进行定期运转，监测润滑油质，电除尘器电气系统的保护按电气的相关要求进行。

(7) 停炉期间，应对锅炉辅机进行保养，如清洁、加油等，重要的辅机如引风机、送风机包括油系统等，应定期（半月）运转，监视轴承振动、温度和运行情况。应监测润滑油质，辅机设备的具体保养应结合设备制造厂的运行维护说明的要求进行。

(8) 停运一个月以上的锅炉点火油系统应定期循环，定期排放油箱底部分层水分。

(9) 停炉后，应将锅炉热力系统管道设备内的水排尽（湿法保养范围内的设备除外）。

（七）停炉保养的主要方法

为了防止停用腐蚀，热力设备停用期间必须采取保护措施。停用保护的方法较多，按其作用原理，可分为三类：第一类是阻止空气进入热力设备水汽系统内部，这类方法包括充氮法、保持蒸汽压力法、真空法等。第二类是降低热力设备水汽系统内部湿度，这类方法有烘干法、干燥剂法等。第三类是加缓蚀剂，除去水中溶解氧或使金属表面生成保护膜，如联胺、氨液法、成膜胺法等。

1. 余热烘干法

(1) 当锅炉汽水系统部件需进行检修时，采用此法。

(2) 正常停炉时，汽包压力到 0.8MPa 时带压放水，压力降到 0.2MPa 时全开空气门、疏水门、对空排汽门，对锅炉进行余热烘干。

(3) 在烘干过程中，禁止启动引风机、送风机通风冷却锅炉。

2. 充氮或其他缓蚀剂保护法

(1) 锅炉停运一个月以上时，采用充氮或其他缓蚀剂保护法。

(2) 充氮防腐时，氮气压力一般保持在 0.02～0.05MPa（表压）左右，使用的氮气纯度大于 99.9%。

(3) 充氮防腐时，应经常监视压力的变化和定期进行取样分析，并进行及时补充。

(4) 充氮保护适合于大型机组，且厂内备有氮气装置，保证供给充足的压力合格、质量合格的氮气。充氮保养时的监督和注意事项如下：

1) 锅炉必须严密。

2) 使用氮气纯度应不低于 98%。

3) 充氮前，应用氮气吹扫充氮管道，排尽管道内的空气。

4) 氮压应符合控制标准。

5) 解除保养时，工作人员进入设备前，必须先进行通风换气。

3. 蒸汽压力防腐法

蒸汽压力防腐法一般用于短期停炉热备用。

停炉后，维持汽包压力大于0.3MPa，以防止空气进入锅炉，达到防腐的目的。当压力低于0.3MPa时，应投入底部加热或点火升压，在整个保养期间应保证锅水品质合格。

（八）锅炉通用防腐保养典型方法案例简介

【案例1】　十八胺成膜保护法

1. 加药过程

（1）辅控车间预先联系好加药设备，并将加药设备与联氨加药管相联，试验加药泵能正常运行。

（2）停止凝结水高速混床，开展手动旁路门，将混床退出运行。

（3）协调组长协调好各方面工作，根据高压缸内缸 *H* 点温度下降情况、煤仓的剩余煤量掌握停机时间，汽轮机打闸前4～5h通知化学人员开始加药，此时主蒸汽温度控制在低于400℃。

（4）开始加药前，辅控车间将锅水pH值控制在低限，加药过程中辅控车间要做好各项水质的检测工作，并做好记录。

（5）加药前，化学炉内要停运硅表、钠表、溶氧表，防止这些表计污染。

（6）停机后锅炉应按正常带压放水方法及时进行放水排空，不应使锅水在锅内停留时间过长。除氧水箱、疏水箱存水，低压加热器、高压加热器汽侧疏水，凝汽器汽侧积水应及时排净，邻机不可回收使用。

2. 注意事项

停炉保护成功的关键在于控制好蒸汽温度和循环时间，蒸汽温度过高，超过400℃，容易造成药品分解；如果药剂循环时间短，有可能造成循环不到位，影响保护效果。化学加药时间为2～3h（400kg乳液药剂），加药完成后在系统中循环约2h。因此，从开始加药到停机最佳时间为4～5h，加药过程中主蒸汽最佳温度在350℃左右。

【案例2】　氨—联氨湿法保护法

1. 加药前的准备工作

（1）化学运行人员应提前将停备机组的给水、锅水加药系统与运行机组的给水、锅水加药系统解列，将氨加药箱溶25%的氨水300kg，联氨溶药箱溶联氨300kg。

（2）化学人员准备好测量联氨和pH值的实验仪器、药品、仪表等。

（3）拟进行保护的系统无运行，汽动给水泵前置泵（或电动给水泵）等能够正常运行。

（4）除氧器系统冲洗至硬度小于5μmol/L，外观透明、不浑浊。

2. 高压加热器系统及锅炉本体的保护

（1）给除氧器上至正常水位。

（2）启动汽动给水泵前置泵（或电动给水泵），开汽动给水泵前置泵再循环门（或电动给水泵再循环门），使除氧器内水连续打循环，同时给除氧器下水母管加药，并连续循环，使药液混合均匀。

（3）循环1h后，取除氧器水样进行分析，至pH值大于10.0、联氨大于200mg/L时，开始给锅炉上水（若水质不符合要求，应继续加药循环）。取样分析时要特别注意，联氨要稀释10 000倍以后再进行分析，认为pH表有偏差时，可同时测量酚酞碱度，应大于150μmol/L（作为参考）。

(4) 用汽动给水泵前置泵给锅炉上水时，不得解列高压加热器。

(5) 当除氧器液位降至低位时，停止给锅炉上水。除氧器继续补水至满位，然后启动汽动给水泵前置泵或给水泵使除氧器内水循环进行，同时在下水管加入氨和联氨，当检测水质满足 pH 值大于 10.0、联氨大于 200mg/L 后，继续给锅炉上水，即重复 (1) ～ (3)，直至锅炉上满水为止（汽包水位正常）。

第三章

锅炉防磨防爆检查

第一节 防磨防爆工作

对锅炉设备进行检修的目的是消除设备缺陷，减少设备隐患，提高设备健康水平，保证在下一次计划检修之前，能长周期、安全、稳定运行，多发电、多供电。为了达到这个目的，在对锅炉设备进行检修过程中，防磨防爆检查是防止漏修、保证修好的重要前提，因此，做好锅炉防磨防爆检查工作极其重要。

一、防磨防爆检查在锅炉安全工作中的重要地位

1. 从安全生产角度分析

要保证锅炉安全运行，必须做好锅炉各项安全工作。锅炉设备的安全工作包括承压部件的防磨防爆、炉膛防止灭火放炮、汽包防止缺水满水、尾部受热面防止积粉再燃、制粉系统防止积粉爆炸，以及防止引送风机飞车、电缆着火、油系统爆炸等。在以上各项事故的预防工作中，锅炉承压部件爆漏事故的预防占有极其重要的地位。能否做好防磨防爆工作，极大程度上取决于防磨防爆工作人员努力的程度及工作的成效。如果磨损减薄、蠕变胀粗、吹损、砸伤等缺陷管段，都在检查中发现，就可以及时对缺陷管段进行处理或更换，否则由于漏查漏修，隐患就会酿成事故。目前，承压部件引起的爆漏事故最为频繁，影响安全生产最严重，不仅损坏设备，而且危害人身安全。巡检人员与炉外承压管道、阀门、联箱距离十分靠近，一旦爆破，瞬间就可能造成人员伤亡。

因此，锅炉安全工作中，防磨防爆检查工作非认真对待不可，非努力做好不可。各厂防磨防爆专业人员要提高认识，充分认识到防磨防爆检查工作的重要性。

2. 从经济角度分析

锅炉承压部件炉内包括水冷壁、过热器、再热器、省煤器四大受热面管子，炉外包括所有大、小口径汽水管道（主给水管道、过/再热蒸汽管道、减温水管道、联络母管、疏水管、排污管、取样管、连通管、试验表管等）以及弯头、阀门、减温器、联箱、汽包、扩容器等部件。这些设备由于内部均是高温、高压或超高压、亚临界、超临界、超超临界压力的汽、水工质在流动，使其承受很大的工作应力和各种温差应力；外部是高温的、带有固体颗粒或腐蚀性成分的烟气在冲刷磨损或受吹灰介质夹杂的颗粒在吹损。有的部件只在管道内部受损害，有的部件在管内、管外同时受到损害，因此，客观上承压部件承受着磨损、吹损、冲蚀、腐蚀等失效损害，导致设备健康状况日趋恶化；此外，无论炉内受热面或炉外管道阀门等部件的最佳工作状况还受设计、制造、安装是否为最佳所影响，如设计上存在管间流量分配不均问题、制造上错用了钢材、安装上焊接质量不合格等问题屡见不鲜；随着运行时间延

长，设备自然老化，寿命越来越短，加上运行和监督常有失误，设备管理又做得不尽完善，因此，设备寿命将消耗更快，事故必然增加。据各种统计，锅炉事故约占发电厂事故50%左右，承压部件爆漏事故又占锅炉事故的60%～75%，即占全厂事故的30%～40%。

二、锅炉防磨防爆工作内容

1. 各发电企业防磨防爆组（或班）的工作任务

（1）在设备运转状态下要坚持定期巡回检查，把事故隐患消灭在萌芽状态。锅炉运行人员每个班有两次全炉巡回检查，仅对本班工作时间内设备安全负责。当发现设备承压部件或锅炉其他设备事故或存在事故苗头时，应立即按规程处理，如未处理完，只要到下班时间即与下一班进行工作交接；总结各厂多年的经验，防磨防爆班（组）的责任则是对全厂锅炉的承压部件的安全负责，要保证设备检修后最大限度地长期安全稳定运行，一旦隐患有发展成为事故的趋势，则应及时发现并加以消除，避免酿成事故，这就是防磨防爆人员必须坚持定期巡回检查的道理。例如，某厂的防磨防爆组每周二、五两次到全厂各台炉进行巡查，特别对隐患多发部位仔细监听。仅2007年一年在坚持巡回检查中共发现4次水冷壁联箱管座和省煤器联箱管座砂眼泄漏，建议进行停炉处理；由于未酿成事故，临修时间又很短，所以损失减少到极限最小的程度。不能认为运行人员的巡回检查可以代替防磨防爆组的定期检查。“锅炉防磨防爆工作要加强运行状态下的巡回检查”是有道理的，各发电企业防爆小组必须十分明确该任务。

（2）在设备停运状态下做好承压部件的防磨防爆检查，不得漏查，是最基本的任务。各发电企业防磨防爆组成员一定要严格按照各发电企业颁发的《防止火力发电厂锅炉“四管”泄漏管理办法》《火力发电厂锅炉承压部件防磨防爆检查制度》以及《锅炉定检大纲》规定的项目进行检查，对重点部位要做到严查、细查、复查，不得漏查。因此，在检修计划落实过程中，防磨防爆组负责人要严格按照各项制度和管理办法的要求，仔细研究检查项目；要发动组员查询以往检查记录数据台账，并根据上次检修遗留的问题，了解这次检修前机组运行状况、燃料状况的变化，有无发生重大事故等情况来完善和确定重点检查项目，保证不放过任何必查的部位。

（3）要做好检查记录，建立健全设备技术档案。防磨防爆工作做得好，认真做好检查记录工作是一个重要标志。

2. 设备及技术记录档案

（1）锅炉设备（包括主、辅设备）参数及结构特性档案。该档案有的厂已建立，但只在第一页上记录了锅炉容量、压力、温度等少数几个参数；燃烧器形式、台数，制粉系统及磨煤机、引送风机均未列出。有的厂在这个记录本后接着记锅炉的大、小修情况，甚至临修情况也记在一起。这样建档十分杂乱，要查找和分析问题很不方便。

为便于查阅全厂的锅炉设备特性及技术数据，也为了便于比较和利于分析问题，建议统一要求各发电企业设锅炉设备参数及结构特性档案，并从300MW机组做起，不管有几台锅炉，要逐一建立电子版台账。

（2）建立300MW及以上机组的锅炉压力容器检验结果资料档案。该档案由电厂、电力建设公司、电力科学研究院、电力研究所分工，一同负责完成。防磨防爆组要把报告中关于锅炉承压部件存在的缺陷及消缺情况摘录下来，记在表3-1中1档案后面，形成新炉完整的设备初始状态档案。这样建档有利于指导今后检查和检修工作。例如，要换某厂高温过热器管子，查表3-1中1档案，可确认规格是$\phi51\times8$mm还是$\phi51\times9$mm，是何种材料；在做检查项目计划时，要查看表3-1中2档案，例如，省煤器入口联箱在安装中发现过焊接质量问题，那么在今后的大、小修中，就应抽查这部分管座。

表3-1　防磨防爆专业建档名称总表（参考）

序号	项　目	要　求
1	锅炉设备参数及结构特性档案	300MW以上机组建立
2	锅炉压力容器检查结果资料档案	300MW以上机组建立
3	机组计划检修记录档案	按炉分开建立
4	受热面防磨防爆检查记录档案	按“锅炉防磨防爆检查技术记录表”建档
5	承压部件设备缺陷及事故分析记录档案	按炉分开建立
6	承压部件材料更换记录	按炉分开建立

（3）机组计划检修记录档案。各发电企业均有这项记录且按炉分开，基本内容是大、小修计划，改造项目，处理情况等，还有的发电企业把大、小修未解决的遗留问题均记录在案。

（4）受热面防磨防爆检查记录档案。各发电企业均有，这个记录应最全面、最仔细。要求各发电企业按照各自关于受热面检查检修的管理制度和办法中所提出检查项目要求，按“锅炉防磨防爆检查技术记录表”建档。注意临检记录及其他内容不要记在这个表内。

（5）承压部件设备缺陷及事故分析记录档案。这是临修检查和消缺的记录。此表要一次事故记录一份，一年后各炉装订在一起，下一年又装在一起，这就很容易比较第二年比第一年是减少还是增加了临修，以便总结分析，提高防磨防爆工作水平。

（6）承压部件材料更换记录。这个记录要与表3-1中5档案归档在一起。

（7）其他资料归属。

1）锅炉膨胀指示器、支吊架检查记录、化学监督与酸洗情况可归入大、小修记录内。

2）金属监督及其分析资料可归入表3-1中4或5。

3. 防磨防爆组成员的任务。

（1）学会正确使用各种便携式检测仪器（如金属测厚仪、外径游标卡尺），并使用正确的方法进行检测，如测量管壁厚度、管子外径及弯头椭圆度等。

（2）学习事故通报，学习金属、化学监督分析报告等。

（3）学习锅炉有关的强度计算、壁厚计算、管子寿命消耗计算等。

（4）要学会分析问题，做好事故分析。

总之，防磨防爆人员要学习锅炉专业有关的知识和技能，结合防磨防爆检查中积累的资料和发现的具体问题作出科学分析，提出切实可行的改进措施，保证检修质量，这就是防磨防爆工作人员的本职工作。

三、防磨防爆组成员的基本素质

（一）责任心要强

防磨防爆组成员不仅要完成锅炉“四管”防磨防爆检查任务，还要参加检修，因此应具有保证不漏查、对设备完全负责的强烈的责任心。

（二）要有细致的作风

在对重点部位进行检查时一定要有耐心，要做到认真细致。即使查到了缺陷，检修中还应当认真提高检修质量，这一切都要求防磨防爆组成员具有认真、细致的良好作风。

（三）要有上进心

防磨防爆组成员要进行一次又一次的检查，要做好记录校对、消缺工作及事故分析，从中总结、发现规律，提前采取预防措施，减少和防止事故发生，特别要防止重复事故发生。

第二节　锅炉防磨防爆检查的重点部位

锅炉承压部件的防磨防爆检查，是锅炉等级检修的标准检查项目。其检查内容、方法和标准，应严格按照各发电企业颁发的《防止火力发电厂锅炉“四管”泄漏管理办法》《火力发电厂锅炉承压部件防磨防爆检查制度》以及《锅炉定检大纲》规定的项目要求安排。另外，根据各发电企业多年来锅炉防磨防爆检查的经验，当发生锅炉承压部件泄漏造成的非计划临时检修时，也要在临时检修的批准工期内，认真对相邻部位扩大范围进行检查，发现缺陷及时处理，避免相同部位、相同性质的缺陷重复发生。本节重点论述锅炉在大、小修中防磨防爆检查的重点部位，可分为炉内承压部件，即水冷壁、过热器、再热器和省煤器，炉外承压部件及辅件。现就有关问题分述如下。

一、炉内承压部件

炉内承压部件防磨防爆检查的重点部位，严格地讲，应包括锅炉的飞灰颗粒冲刷磨损和各种类型锅炉的高、低温受热面在烟气侧的腐蚀，以及承压部件内部的化学腐蚀等。由于锅炉受热面在烟气侧的冲刷磨损和腐蚀是一个错综复杂的技术问题，要想解决好这些问题，就必须研究分析其磨损、腐蚀机理，掌握各种类型锅炉的炉内各个部位磨损、腐蚀规律，从而制定防止或减轻磨损、腐蚀的对策。因此，锅炉等级检修中的炉内防磨防爆检查应按一定步骤及程序进行。

（1）在引风机检修停运之前，联系运行人员对炉内受热面进行全面吹灰清扫工作，并注意各个部位有无泄漏的痕迹。

（2）停炉冷却后，由专人完成炉膛折焰角、分隔屏及燃烧器四周水冷壁区域清焦工作，以防掉焦伤人。

（3）使用高压消防水将水平烟道大量积灰经折焰角斜坡推至炉膛冷灰斗。

（4）确认无安全隐患后，应优先搭设炉内检修升降移动平台，同时进行尾部竖井及水平烟道及全炉膛检查专用脚手架铺设工作。

注意：时间及人力需要根据检修工期合理统筹安排。

（5）炉内移动升降平台经地方安监局验收合格后进行全炉膛宏观检查。重点检查炉内各部受热面有无显著塑性变形现象、管卡及滑块有无大面积脱落或脱开乱屏现象、管外壁积灰有无明显吹损现象以及各部管壁外观颜色有无过热等宏观失效特征。同时，应注意炉墙犄角旮旯密封鳍片部位有无漏风痕迹。

（6）对水平烟道立式布置的受热面及前炉膛区域水冷壁，应由专业人员进行全面高压水泵冲洗工作，注意不留死角。

建议：无论采用干式或湿式除渣方式的炉型，都应该积极努力创造条件实现除尾部竖井外其他受热面的高压水冲洗作业。越早进行此项工作越有利于防磨防爆检查工作的深入、细致开展。

只有完成上述程序以后，才能进行全面的炉内承压部件的防磨防爆检查，必要时再用科学仪器进行技术诊断。当然，锅炉受热面积大、分布广，要想在每一次等级检修中都能做到每个部位不遗漏地全面检查清楚，特别是在小修中检查清楚是不现实的。但是，根据多年实践经验，各发电企业的锅炉防磨防爆班（组）对本单位各台锅炉易磨损、腐蚀的部位，都已总结出一定的规律性，并有防磨防爆检查记录台账。在等级检修开工前，防磨防爆负责人一定要查阅以前的防磨防爆检查技术记录，特别是上一次计划检修中已在技术记录中明确要监督运行的部位和管段，必须作为本次检查的重点部位。

以下根据多年来在发电企业一线工作总结的经验，对炉内承压部件防磨防爆检查的重点部位分别进行介绍。

（一）水冷壁

锅炉水冷壁的防磨防爆检查，在大、小修中，一定要把磨损、高温硫腐蚀、膨胀受阻拉裂、机械损伤、管子鼓包、蠕胀等方面的内容作为重点检查对象。

1. 磨损检查

作为炉内承压部件，水冷壁的磨损一般情况下并不突出。然而对其重点部位，由于检查监视不当，在大、小修中漏检漏查现象时有发生。目前，尤其在小修中对水冷壁的漏检漏查还是比较严重的。发生此类情况，很容易造成大、小修后并网发电连续运行不了多长时间，就发生由于漏查造成的已冲刷磨损的部位发生泄漏临修，甚至发生爆管事故。因此，防磨防爆专责人员，必须充分认识这个现实。

根据多年来的实践经验，锅炉水冷壁冲刷磨损严重的主要部位如下：

（1）喷燃器出口附近水冷壁管冲刷磨损。该部位容易冲刷磨损的主要原因，一方面是由于喷燃器出口角度安装误差造成的，对直吹式锅炉喷燃器更为突出。另一方面，主要是由于多次更换喷燃器火嘴，检修工艺达不到要求，造成一次风直接冲刷水冷壁管造成的。当然，也有的锅炉是由于运行中的燃煤特性发生变化，如燃煤的发热量和挥发分突然变大，运行人员还来不及进行燃烧调整时，就把火嘴烧坏。再加上其他原因，被烧坏的火嘴不能及时修复，电网又没有临停检修机会，在这种情况下，即使运行人员进行认真的燃烧调整，也有可能造成一次风速局部过高冲刷喷燃器附近的水冷壁管。特别是对燃用需要提高一次风速才能达到稳定燃烧的煤种，在已经被烧坏的喷燃器中进行燃烧，问题就更为突出。在这种情况下，在必要时可申请临时检修，当有停炉机会时，应进行认真的防磨防爆检查，处理被冲刷磨损的水冷壁管和修复被烧坏的喷燃器火嘴，同时对于四角切圆直流摆动燃烧器，因检修中更换大量烧损变形的燃烧器一、二次风嘴，应利用检修机会重新按照标准校对各层火焰中心假想切圆实际位置及尺寸。避免一、二次风火嘴喷口因安装角度不正确，假想切圆偏斜导致煤粉气流直接冲刷火嘴喷口及两侧墙水冷壁管，确保喷燃器火嘴在设计情况下稳定燃烧。

（2）炉膛水冷壁吹灰器附近的水冷壁管冲刷磨损。目前，火电行业投入运行的高参数大容量燃煤机组越来越多，在电网中起主导作用。这些高参数锅炉炉膛结焦，不仅影响机组的经济性，更重要的是对锅炉安全稳定运行很不利。因此，大容量锅炉，特别是当前在火电机组中起主导地位的600MW及以上容量的锅炉炉膛水冷壁，都安装了吹灰装置。该装置利用蒸汽吹灰，蒸汽吹灰要严格控制吹灰程序，在吹灰前要加强疏水系统操作，对疏放水操作一定要严格按规程执行；否则不但会造成凝结水冲刷水冷壁管现象，还会加速冷击水冷壁管，使水冷壁管子外壁产生龟裂。有龟裂管子，再加上有冲刷减薄的部件，就无法保证计划检修周期，就有可能造成泄漏爆管，造成非计划临时停炉检修。

根据近年来的实践，有的电厂锅炉造成该部位水冷壁管冲刷磨损严重的原因，是由于调压装置失控造成的吹灰时蒸汽压力大于设计值，也有的是由于调压装置检修质量不良，造成的吹灰时蒸汽压力大于设计值，其结果必然造成吹损水冷壁管。因此，在大、小修中，防磨防爆人员一定要把该部位作为重点认真检查，必要时进行测厚，确定吹损减薄程度，通过计算强度，确定是换管，还是监督运行。同时，在计划检修并网之前，检修和运行人员一定要密切配合，校对蒸汽吹灰器的调压阀以及各台吹灰器起吹角度、行程距离，避免造成不必要的损失。

（3）水冷壁冷灰斗前、后斜墙及弯头附近管壁砸伤失效、灰渣磨损减薄失效。根据近年来的实际情况，由于锅炉燃煤特性变化较大，有的锅炉结焦掉焦较严重，砸坏冲刷该部位的水冷壁管，有的锅炉在斜坡部位大面积出现冲刷，形成沟槽，使水冷壁管局部减薄严重。所以，各发电厂的防磨防爆专责人员也要重视该部位，在大、小修中作为重点部位认真检查处理。

（4）折焰角两侧上爬坡部位水冷壁墙与左右侧墙水冷壁以及冷灰斗水冷壁前后滑板墙与左右侧墙水冷壁夹角部位三角形密封盒处砂眼或焊口开裂漏风，导致相邻管壁吹损。该部位也应作为水冷壁折焰角与冷灰斗前后滑板墙检查重点，认真检查。

（5）水冷壁火焰检测冷却风开孔附近让管管壁吹损减薄失效。炉膛火焰检测枪管行程位置在检修前后发生变化，存在安装不到位或运行中出现卡涩等异常现象，加上炉墙开孔部位让管弯头耐火材料脱落，使冷却炉膛火焰检测探头的压缩空气从位于枪管前端正下方喷孔喷出，造成炉内水冷壁开孔部位两侧让管内弧处或两侧水冷壁管直接吹损。上述部位需要锅炉本体与热控专业，在检修后期指派专人配合运行人员传动行程，使检修后的火焰检测枪管位置符合原图纸设计要求并在炉内枪管外保护套管四周敷设耐火材料，起到防磨损作用，避免小问题酿成大事故。

2. 腐蚀检查

锅炉水冷壁管的腐蚀检查主要是水冷壁管的外壁腐蚀检查和内壁腐蚀检查。

（1）水冷壁管的外壁腐蚀检查。大容量锅炉水冷壁管外壁腐蚀主要是由于高温腐蚀造成的，是近年来超临界机组易发生的突出问题。其腐蚀面积主要发生在锅炉炉膛高热负荷区域内，也就是在喷燃器标高上、下各2m左右的范围，其腐蚀速度之快是非常惊人的，经有关电厂分析，在该部位腐蚀最快的速度，可达1.5mm/年。因此，这个部位是锅炉大、小修检查的重点。

经研究表明，影响水冷壁外壁腐蚀的最主要因素是水冷壁附近的烟气成分和管壁温度。此外，烟气对水冷壁的冲刷也会加剧高温腐蚀速度。

减轻水冷壁高温腐蚀的措施：一是改进燃烧，控制煤粉适当的细度，防止煤粉过粗；组织合理的炉内空气动力工况，防止火焰中心贴壁冲墙；各燃烧器负荷分配尽可能均匀等。二是避免出现管壁局部温度过高，如避免管内结垢，防止炉膛热负荷局部过高等。三是保持管壁附近为氧化性气氛，如在壁面附近喷空气保护膜、适当提高炉内过量空气系数，使有机硫尽可能与氧结合，而不是与管壁金属发生反应。四是采用耐腐蚀材料，如在燃用易产生高温腐蚀的煤种时，采用抗腐蚀的高温合金作为受热面管子的材料，对管壁进行高温喷涂防腐材料。

（2）水冷壁管的内壁腐蚀检查。锅炉水冷壁管的内壁腐蚀检查，必须由防磨防爆专责人员与电厂化学专业和金属专业的人员密切配合才能很好地完成。

以下对水冷壁内壁腐蚀的类型、原因、部位及机理做具体分析。

1）锅炉水冷壁管碱腐蚀。通常发生在锅水局部浓缩的部位，包括水流紊乱易于停滞沉积的部位（如焊缝、弯管或附有沉积物的部位等）、易于沉积易于汽水分层的水平或倾斜管段、靠近燃烧器的高热负荷部位等。碱腐蚀的腐蚀部位呈皿状，充满了松软的黑色腐蚀产物。管子减薄的程度和面积是不规则的，当减薄不足以承受锅水的压力时，发生塑性拉应力损坏，锅炉水冷壁穿孔爆管。预防水冷壁管的碱腐蚀可从两方面着手：一是控制锅水中的游离 NaOH 浓度；二是尽量消除锅水的局部浓缩，包括保持受热面清洁、防止汽水分层、维持燃烧稳定等。

2）锅炉水冷壁管酸腐蚀。酸腐蚀可对整个水冷壁表面产生影响，尤其在有局部浓缩的地方（如垢下）更为严重。其常发生在有锅水局部浓缩的地方，包括水流紊乱部位（如焊缝、弯管或附有沉积物的部位等）、水平或倾斜管段、靠近燃烧器的高热负荷部位等。发生酸腐蚀时一般管壁呈均匀减薄的形态，向火侧减薄比背火侧严重，表面无明显的腐蚀坑，腐蚀产物也较少，腐蚀部位一般金属表面粗糙，呈现如酸浸洗后的金属光泽。对管壁进行金相检查可发现有脱碳现象。酸腐蚀的另一重大危害是引发氢损伤。防止水冷壁管酸腐蚀的主要措施有防止凝汽器铜管的泄漏及凝结水精处理系统碎树脂的漏入、保持受热面的清洁等。

3）锅炉水冷壁管氢损伤。氢损伤是由于金属腐蚀产生的氢向水冷壁内表面扩散，氢原子进入金属组织中与铁的碳化物作用生成甲烷，较大的甲烷分子聚集于晶界间，形成断续裂纹的内部网状组织，该裂纹不断增长并连接起来，造成金属贯穿脆性断裂。氢损伤一般伴随着酸性腐蚀而出现。氢损害经常发生的部位与酸性腐蚀或碱性腐蚀类似，包括水流紊乱易于停滞沉积的部位（如焊缝、弯管或附有沉积物的部位等）、易于沉积和汽水分层的水平或倾斜管段、靠近燃烧器的高热负荷部位。

防止水冷壁管的氢损害需要做好两方面的工作：一是消除锅水的低 pH 值环境，包括防止凝汽器泄漏等；二是尽量减少锅水的局部浓缩。

综上所述：水冷壁管内壁腐蚀，特别是在锅炉水冷壁已经发生内壁垢下腐蚀的情况下，可直接影响水冷壁管外壁高温腐蚀的速度。高参数大容量锅炉水冷壁管外壁高温腐蚀中的硫化物型腐蚀往往是伴随着硫酸型腐蚀同时发生的。当然，如果在该区域内再发生水冷壁管的内壁垢下腐蚀，势必要发生水冷壁管在短期内就有可能泄漏或爆管，特别是在该区域内有焊口的部位，尤其以对接焊口更为严重。在焊口处有内壁垢下腐蚀，很容易造成局部管外壁金属温度过高，加快管的内、外壁腐蚀速度，如果在大、小修中监视不当，很容易在该部位发生泄漏，造成非计划临时停炉。因此，在锅炉大、小修中，对高温、高压大容量锅炉，特别是对超高压以上参数的锅炉水冷壁，在喷燃器标高上、下各 2m 左右，作为防磨防爆检查的重点部位。当然也要考虑到各种不同炉型的喷燃器布置形式不同。各发电厂要根据自己的实践摸索出自己的规律。但是，对该部位在大、小修中，一定要对水冷壁管的内、外壁进行技术鉴定工作，这也是锅炉防磨防爆检查的重点部位。

3. 水冷壁膨胀受阻检查

锅炉水冷壁管由于膨胀受阻，拉裂水冷壁管焊缝造成非计划临时检修的故障，近些年来一直没有杜绝。被拉裂泄漏的重点部位是炉膛四角和喷燃器附近的水冷壁管，尤以四角直流式喷燃器更为突出。被拉裂造成泄漏的具体部位，多数是在喷燃器大滑板与水冷壁管焊接处。其中，这些焊点大部分是由于安装时焊接工艺不当造成的，以原始咬边缺陷最多。这是由于运行中大滑板与水冷壁管膨胀不一致，有相对位移，经多次启停，受交变应力的作用，所以就从焊点处拉裂泄漏。尽管该处应该作为检查的重点部位，但是很不好检查。因此，要求锅炉防磨防爆专责人，在大、小修中，对该部位的检查要做到千方百计，特别是曾经造成过炉膛放炮、损坏过炉膛四角，又是直流式喷燃器的锅炉，应作为重点部位做好防磨防爆的检查工作。

对膜式水冷壁锅炉，在炉膛两侧墙水冷壁和水平烟道处的过热器管排交接处，以及后竖井侧包墙和后包墙过热器管排中，有两种介质温度的管排交接处，都存在膨胀受阻，是受交变应力的影响被拉裂泄漏的重点部位。

对膜式水冷壁炉膛冷灰斗入口段与水封挡灰板上方的不锈钢梳形板与板相互之间立式焊口进行检查是防磨防爆的重点部位。有些电厂在基建安装焊接时，一部分对接焊缝违规直接焊在了水冷壁管处，因水封处水位异常造成的冷热交替变化产生的交变应力实施于梳形板上，加上梳形板长期膨胀受力不均，使焊缝最终纵向拉裂，进一步向水冷壁管壁母材延伸，造成最终爆破泄漏。检查中，该部位焊道应无开裂现象且无向管壁弯头外弧母材延伸迹象，若存在延伸迹象应打止裂孔，并对开裂的焊道重新进行打磨、补焊。

另外，对各种型号锅炉，由于结构设计不一，虽然在膨胀系统均已作了相应的结构方面的考虑，但仍有不够完善的地方，各发电企业防磨防爆班（组）应根据本厂的锅炉特点，对容易受到膨胀受阻、拉裂承压部件的部位，在锅炉大、小修中作为重点检查的部位。

（二）过热器、再热器检查

锅炉过热器、再热器布置形式主要包括壁式、辐射式、半辐射式（即屏式）和对流式四种类型。过热器管内流动的是高温蒸汽，其传热性能较差，而过热器管外是高温烟气，因此，过热器金属壁温比较高，常接近于管材的极限允许温度，其工作条件十分恶劣，存在，过热、磨损、蠕胀、腐蚀等问题；再热器多是对流传热方式，管内流动的是中压蒸汽，密度较小，放热系数低、比热较小，其金属工作条件较过热器更加恶劣，因此再热器也存在过热、磨损、蠕胀、腐蚀等失效问题。大、小修中，过热器、再热器的防磨防爆检查，是防止“四管”泄漏的重要课题。该部位一旦发生泄漏，就会造成紧急停炉，否则将快速造成大面积的蛇形管排损坏，给抢修带来困难。对于这些承压部件的防磨防爆检查，应逐一进行分析，掌握规律，提出相应的防止措施，避免爆管，确保机组安全长周期稳定运行。

1. 磨损检查

过热器、再热器，特别是对以对流传热为主的蛇形管排的磨损，主要是飞灰冲刷磨损。实践证明，飞灰冲刷磨损又带有局部磨损的特征，特别容易发生在烟气走廊和烟气流速突变的局部位置附近，最容易发生严重的局部磨损。这些部位在停炉后吹灰阶段就要引起重视，特别是在宏观检查阶段，一定要注意蛇形管排变形较大部位的磨损检查。

磨损检查的重点部位如下：

（1）蛇形管排的弯头及穿墙管部位。蛇形管排弯头部位，主要检查管排变形和端部间隙在热态工况下是否大于管排的横向间距，要避免端部出现烟气走廊。穿墙管部位，主要检查炉墙耐火面是否脱落。对装有防磨板的弯头和穿墙管部位，要重点检查防磨板变形和位移，必要时作修复调整或更换防磨板。

（2）蛇形管排的卡子部位检查。蛇形管排的卡子主要作用是使管排平整、烟气均匀通过、防止出现烟气走廊。因此，要检查卡子是否脱落、错位或被烧损，必要时修复或更换卡子。

另外，防磨防爆专责人，在防磨防爆检查中，要注意卡子附近和蛇形管排中是否有异物存留，如铅丝、防磨护瓦、耐火保温砖块、撬棍、扳手及其他检修工具等，一旦发现，一定要认真细致地检查，在异物附近的蛇形管排的局部有无冲刷磨损，并把异物取出。因管排变形而使管壁与吊耳相互间发生机械摩擦、防磨护铁过长与包墙管相互碰磨，使管壁减薄的部位；以及因尾部吹灰器异常运行造成吹损省煤器吊挂管吊耳与护铁根部低温过热器管壁的缺陷，都应作为检查的重点。

(3) 布置在水平烟道中的立式过热器和再热器蛇形管排，尤其是低温过热器、再热器蛇形管排，在靠近尾部烟道竖井的部位，在烟气向下转弯处的蛇形管排弯头和两侧墙的蛇形管排的冲刷磨损，在大、小修中，一定要作为防磨防爆检查的重点部位，认真检查并做好防磨防爆检查记录。

(4) 炉膛、水平烟道及尾部竖井人孔门附处左、右两侧管壁飞灰冲刷磨损；屏式过热器管间定位滑块脱开、脱焊，造成管壁相互间机械磨损；屏式过热器夹屏管、横向定位管因定位卡块位移、脱开、烧损变形等造成管壁相互间机械磨损，也应作为防磨防爆检查中的重点，给予高度重视。

2. 腐蚀检查

锅炉对流过热器，尤其是高温对流过热器和高温对流再热器出口部位的蛇形管排，容易发生管外壁高温腐蚀，在防磨防爆的宏观检查中，如果发现高温对流过热器和高温对流再热器管壁表面呈现黑色腐蚀物，即有 Fe_3O_4 及硫化物，若贴壁一层结构物呈白色，且在水中溶解度大，其主要成分为碱金属硫酸盐。而其中 SO_4^{2-} 量超过形成碱金属的正硫酸盐的当量值，若中间层为暗色，成分中多为硫酸盐及氧化铁（Fe_2O_3），其最外层则为沉积的飞灰。经大量的试验研究表明，对大容量高参数锅炉的高温对流过热器和再热器管外壁上的结积物中所含复合硫酸盐，如 $Na_3Fe(SO_4)_3$、$K_3Fe(SO_4)_3$ 在不同的温度下，呈不同的形态，在大于710℃高温情况下，还可分解出 SO_3^{2-} 而成为正硫酸盐，对高温对流过热器和再热器蛇形管出口部位管外壁有强烈的腐蚀作用。因此，防磨防爆专责人，在锅炉大修中，要对高温对流过热器和再热器蛇形管排出口部位进行必要的割管检查，对管外壁的沉积物进行必要的割管检查，对管外壁的沉积物进行必要的成分分析。如果出现高温腐蚀的产物，应及时全面彻底地清扫该部位受热面，而且应通知运行人员，在运行中进行必要的燃烧调整，严格防止该部位的管壁金属超温。目前，也有资料介绍在彻底清扫受热面的基础上，在管外壁涂抹高温防腐涂料，也是防止继续高温腐蚀的重要措施之一。

（三）省煤器检查

目前，我国大多数锅炉省煤器均布置在尾部烟道竖井内，呈卧式布置，也有布置在后竖井的两侧墙和悬吊管，呈垂直布置的。省煤器在烟气温度较低的区域中工作，因而一般不会出现过热烧坏问题。但因为烟气温度低，烟气中的硫氧化物容易凝结成为酸液，加上烟气中的灰粒比较硬，所以省煤器存在飞灰磨损、积灰、腐蚀等问题。

1. 磨损检查

燃煤锅炉，特别是燃用高灰分、高水分、低挥发分、低热值的劣质煤锅炉，国内外普遍存在着尾部烟道布置的受热面磨损问题。而且尾部受热面磨损是一个相当复杂的问题。影响的因素也很多，如设计上选用的炉型不当、结构不合理、设计烟速过高造成安装误差太大、检修和运行管理水平较低等。当然，磨损与燃料和灰的磨损特性有很大关系，煤粉细度，灰的颗粒度、硬度、浓度，灰粒冲刷，撞击管子的方向、角度以及金属的耐磨性等都有很大影响。燃煤锅炉的烟灰，主要是因为其中含有坚硬的、未熔化的矿物质，如石英（SiO_2）、黄铁矿（FeS_2），它们的硬度很高，其硬度值达 6.5～7（金刚石硬度值为 10）。对这些形状不规则的坚硬的且大于 50μm 的大颗粒矿物质，随烟灰气流高速冲刷、撞击管子表面，动能做功，克服分子力，磨掉管子外壁的氧化皮及金属微观颗粒，即发生了磨损。

磨损一般均发生在与管子横断面垂直中心线成 30°～45°角之间。一是变形切削磨损，二是附面层过渡区磨损。

（1）变形切削磨损。即当灰粒随烟气流经管子中心线夹角在 45°时的切削力与变形力相等，造成了发生犁沟冲刷磨损最有利的条件。而在 0°时，只有变形力，经长时间的变形疲劳，管子表面有一些脱皮剥落，即所谓变形磨损，也叫凿穴磨损；在 90°时，无变形，只有切削力，是难于发生磨损的，但当烟气流中有大量的坚硬矿物质颗粒时，也会发生犁沟冲刷磨损。上述三种情况，变形切削磨损示意图如图 3-1 所示。

（2）附面层过渡区磨损。即当灰粒随烟气流经管子中心线夹角在 30°角左右形成附面层。在形成附面层过渡区时，发生能量转换，产生凿穴、犁沟冲刷磨损。而形成附面层之后，由于灰粒动能被吸收，灰粒到达金属表面时，已丧失了足以造成管子表面磨损的能量，因此不产生磨损，附面层过渡区磨损示意图如图 3-2 所示。

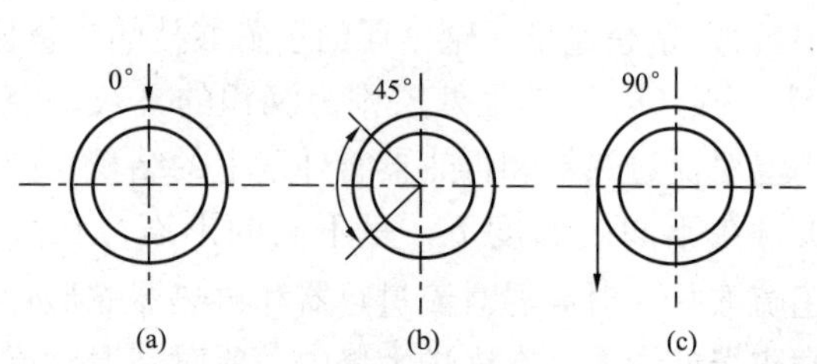

图 3-1　变形切削磨损示意图

（a）0°；（b）45°；（c）90°

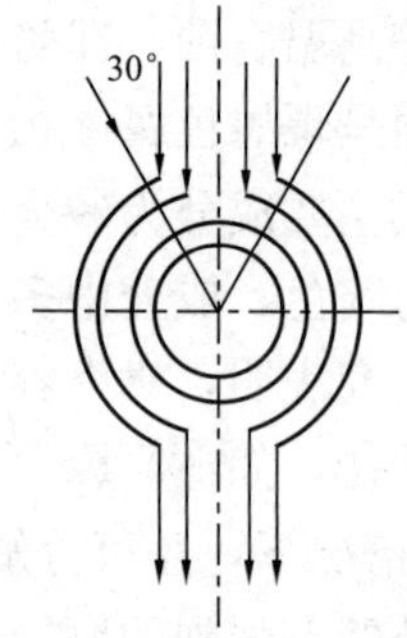

图 3-2　附面层过渡区磨损示意图

上述两种理论观点分析，都有一定的片面性，实际磨损时机械作用的切削、撞击、凿穴，空气动力作用的冲刷、绕流，物理作用的疲劳、变形，化学作用的应力腐蚀等是同时发生的。但我国多数文章介绍磨损的机理时，都从动能做功的理论出发，即其灰颗粒的动能与其速度的三次方正比。

考虑到锅炉漏风，实际烟道为

$$W_P = 1.05W_n$$

式中　W_P——实际风量；

W_n——理论风量。

为避免尾部受热面磨损，各国都有一个允许的设计烟速。苏联为8～12m/s，德国为10m/s，美国 CE 公司为 11m/s，日本为 10～15m/s，我国为 11m/s。综上所述，参照苏联、日本等国的有关研究结果，灰粒对金属管表面的磨损量与灰粒速度，即烟速的3～3.5次方成正比。各国所求的公式大同小异，这是由于试验台及半工业性实验炉的边界条件不同所致。

实践证明，对省煤器管的防磨防爆检查，主要是检查磨损，而且是每次大、小修都必须作为重点的检查项目。

（1）根据实践经验，对省煤器管磨损检查的重点部位，主要有以下几个方面。

1）高温省煤器靠后边墙的几排蛇形管，是每次大、小修都必须进行认真细致检查的重点部位。这主要是因为对Ⅱ型布置的锅炉，烟气在转弯处，靠近后边墙附近，蛇形管排变形严重，往往会造成烟气速度场不均匀及局部烟气流速远远大于设计的平均值，加速该部位蛇形管的磨损速度。正如前述飞灰冲刷磨损量最大值与烟气速度不均匀系数和烟气流速乘积的3～3.5次方成正比关系。因此，锅炉防磨防爆专责人，在有停炉机会时，应对该部位进行必要的宏观检查。在大、小修中，都必须进行认真细致的检查，并做好技术记录，摸索并掌握磨损的规律，正确地采取防磨措施。

2）高温省煤器蛇形管排的两侧墙弯头和穿墙管部位，同样也是防磨防爆检查的重点部位，特别是对已运行多年的锅炉尤其要作为重点检查部位。这是因为在该部位尽管在安装时管排比较整齐，但运行一段时间以后，由于蛇形管排受热释放弯曲应力过程中的形变应力不一，再加上安装、检修换管时局部错位，就有可能在该部位产生局部烟气走廊，造成局部烟气流速过大，冲刷蛇形管排弯头背弧处和弯头沿烟气流向的下部内弧处。对穿墙管的直管段部位也要作为重点检查，检查的重点是有烟气走廊的局部，有可能出现烟速突然增加，冲刷磨损的概率增加，使磨损速度加快。

3）省煤器卡子附近和对安装有防磨板的接口处，以及绑防磨板护铁的铝丝小辫处，都是有可能造成局部冲刷磨损的重点部位。当然，对蛇形管排中间的异物，如检修时丢掉在蛇形管排内的金属物、工具、铅丝、耐火砖块等，这些异物附近也是有可能造成局部烟气冲刷磨损的重点部位。

因此，在大、小修完工，封闭省煤器人孔门时，防磨防爆专责人，一定要有两个人以上，携带低压行灯或强光手电筒，同时进入省煤器烟室内，再一次检查清理蛇形管排中的异物，确认符合要求后，同时撤离并封闭人孔门。

4）对低温省煤器蛇形管，尤其是大容量锅炉的低温省煤器蛇形管，多数都是错列布置，其磨损最严重的部分是靠近边排的蛇形管，一般都是靠近边墙的1～3排蛇形排管，且沿烟气流动方向的第2～第3根管。如果加装了磨损护铁，其磨损规律向下一根管转移，这个规律要引起防磨防爆专责人员的高度重视。

（2）对低温省煤器蛇形管排的防磨措施，应从以下方面解决。

1）适当控制烟气流速，特别是防止局部流速过高。较高的烟气流速有助于提高受热面的传热系数，节省受热面，但阻力损失和受热面金属磨损增加。烟气流速越高，磨损越严重。磨损量约与烟气流速的三次方成正比，速度越高，动能也就越大，磨损越严重。

按我国有关规定，管壁最大的磨损速度应小于0.2mm/年，烟气速度的计算式为（每年运行小时数为7000h）

$$v \leqslant \sqrt[3.3]{\frac{40(T+273)}{7(A_{zs})}}$$

式中　v——飞灰速度，假定飞灰速度等于烟气速度，m/s；

A_{zs}——折算灰分，$A_{zs}=4186A_{ar}/Q_{ar,net}$；

T——省煤器进、出口平均烟气温度,℃。

例如：某厂8号炉省煤器进口平均烟气温度为470℃，折算灰分为4.59%，因此，允许烟气速度仅仅为7.92m/s，但是实际烟速高于10m/s，这是该厂省煤器磨损的主要原因。

为了控制烟气流速不超过允许值，建议在尾部烟道加装烟气流速检测仪，以便运行人员能及时地发现烟道流速情况，及时做出调整，保证烟气流速不超标。省煤器设计烟速最好不超过10m/s；但是如果烟速过低，就会在受热面产生积灰，因此省煤器烟速不能低于5m/s。降低烟气流速的实际办法有扩大烟道，增加烟气流通面积；采用鳍片式省煤器。

2）降低飞灰浓度。烟气中飞灰浓度越高，单位时间内灰粒冲击次数越多，磨损越严重。实践证明：飞灰浓度与燃煤中的灰分成正比，当灰分增加10%时，受热面磨损量约增加一倍。灰分越高，飞灰浓度越大，磨损越厉害，因此应降低飞灰浓度。烧多灰燃料的锅炉，磨损严重的主要原因是烟气中飞灰浓度大。因此，可以考虑加装沉降式灰斗除尘器、冲击式粉尘除尘器、百叶窗式除尘器，在烟气进入尾部烟道前除去部分飞灰或大颗粒飞灰。

3）灰粒的大小、形状、软硬、灰熔点大小等对磨损均有影响。飞灰硬度高、颗粒大且有棱角的，撞击和切削的作用越强，磨损就越严重。因此应在易于磨损的部位加装防磨材料。省煤器区的磨损往往大于过热器区磨损的主要原因是省煤器区的烟温低、灰粒变硬。磨损强度还与总灰量有关，而总灰量取决于燃料灰分和发热量，因此燃用高灰分、低发热量的劣质煤时，省煤器也会发生严重磨损。

4）防止烟气走廊产生局部磨损。在布置对流受热面时，考虑到管束受热膨胀问题，省煤器蛇形管弯头与炉墙之间留有几十毫米的间隙，此间隙处流动阻力小，烟气流速大于烟道断面上平均烟气速度，称此间隙为烟气走廊。烟气走廊处的阻力较小，烟气流速大，流量多，灰粒也随之加速（灰粒速度一般略小于烟气流速），磨损严重。因此，为了避免局部流速的烟气走廊，应保持受热面的横向节距均匀，防止受热面局部堵灰；同时，在尾部烟道四周及角隅处设置导流板，防止蛇形管与炉墙间因形成烟气走廊而产生局部磨损。

5）防止烟道漏风。锅炉尾部烟道由于其内部为负压状态，环境空气可能通过空隙进入烟道，改变了烟道内部烟气的流向，使烟气对省煤器、过热器管子进行冲刷，长时间运行后管道磨损致漏；同时，由于烟道漏风量增大，烟气容积增大流速相应增大，所以磨损也随之加剧。高温省煤器前漏风量增加10%，磨损速度将加快25%。因此，必须加强对尾部烟道漏风进行检查消除，特别是省煤器处，重点检查管道穿墙管、空心梁、人孔门、炉墙、伸缩节等部位，防止外界空气进入尾部烟道，造成管道磨损。

6）采用顺列管束。改善受热面结构特性，错列管束要比顺列管束的磨损严重。试验表明：在$s_1/d=4.25$（s_1为节距，d为管径）时，错列管子磨损量是顺列布置管束磨损量的一倍。但是由于顺列布置管束时传热效果差，自吹灰能力差，所以由错列管束改为顺列管束时，应增加受热面，否则排烟温度将增加20℃左右。

7）扩大烟道，增加烟气流通面积。扩大尾部烟道有两种方法，一种是向烟道前、后扩大，另一种由省煤器四周炉墙分别向外扩大。到底采用哪种方法扩大烟道好，取决于磨损情况和现场改造条件。例如：某厂7号、8号炉通过将四周炉墙分别外扩150mm，烟气流通面积增大4.4m^2，从而降低了烟气流速，大大减轻了磨损。

8）在局部磨损严重的部位加装防磨板、护瓦、阻力栅等。由于省煤器的磨损总是带有局部性，所以可以在容易引起磨损的部位装设各种形式的防磨装置，例如，对于受磨损严重的弯头可以加装防磨板等。

9）采用膜式省煤器。膜式省煤器可以使同长度光管的几何受热面增加1.5倍以上，除了可以在相同的空间布置更多地受热面之外，另一个显著的优点是整流作用，这将使随烟气流入管间流道的灰粒对金属管壁的冲刷磨损大大减轻。在总结国内外膜式省煤器的研究成果和使用情况的基础上，建议膜片采用3（膜片厚度：mm）×58（膜片宽度：mm）。在焊接时，尽量避免虚焊，以减少热阻，提高膜片的热有效系数。

10）采用ϕ32×4mm或ϕ38×4.5mm钢管的螺旋肋片式省煤器。螺旋肋片式省煤器可以使同长度光管的几何受热面增加3倍以上，使省煤器的管数大幅度下降，这不仅有利于降低平均烟速，而且由于肋片的保护作用，管束磨损将大大减轻。例如：某电厂5号炉省煤器原设计采用ϕ25×3mm错列光管，烟气速度为9.3m/s；后改为ϕ32×4mm顺列光管省煤器，烟气速度降到7.32m/s，磨损仍然很厉害；最后又改为ϕ32×4mm螺旋肋片管省煤器，烟气速度降到6.4m/s，排烟温度降低10℃，磨损才大大降低。

11）采用鳍片式省煤器。试验表明，鳍片管传热性能比光管高30%以上。在同样的金属耗量下，采用焊接鳍片式省煤器所占据的空间比光管式减小20%～25%，而采用轧制鳍片管可使省煤器的外形尺寸减小40%～50%。目前，在省煤器改造中，鳍片式省煤器被公认为最佳的改造模式，某些电厂采取这种改造方式，收到了良好的防磨效果。

12）消除机械磨损现象。在安装和检修过程中，如果受热面管子未固定牢或管卡受热变形，受热面管子就会振动，并与管卡相互碰撞摩擦，造成机械磨损，使管壁减薄。这种情况在过热器、再热器和省煤器上都会发生，当水冷壁与相邻部件有撞击和摩擦时，也有可能发生。例如：山西某电厂的省煤器在两年半的时间里，共泄漏47次，主要原因是：①防磨吊卡设计不合理，存在严重的局部机械磨损，由此造成泄漏8次；②防磨护板破损造成弯头磨损爆破、泄漏18次。

13）在管壁进行高温喷涂防腐防磨。喷涂工艺一般为氧乙炔粉末喷涂、电弧喷涂和等离子喷涂。由于前一种工艺火焰温度低，材料熔化不完全而使涂层形成较多氧化物，结合强度降低，并且因为喷涂速度低，颗粒撞击速度慢而使涂层孔隙率较高；后两种工艺都能形成高结合强度、低孔隙率和极少氧化物的涂层，因此，目前被各大喷涂公司在喷涂工艺中采用。我国开发出多种价格低廉的耐高温、防腐防磨新材料，使用寿命均可达到一个大修周期，而且防腐防磨效果好。

2. 腐蚀检查

对于省煤器管腐蚀检查，首先应了解腐蚀形态及特点。氧腐蚀的腐蚀坑呈火山口形状，上面覆盖着凸起的腐蚀产物。有时腐蚀产物连成一片，从表面上看似乎是一层均匀而较厚的锈层，但用酸洗去锈层后，便会发现锈层下的金属表面有许多大、小不一的点腐蚀坑。省煤器在运行中所造成的氧腐蚀，通常是入口处或低温段较严重，高温段轻些；在停用中造成的氧腐蚀，一般水平管的下侧较多，有时形成一条带状的锈斑。要消除热力设备氧腐蚀，必须控制好锅炉给水的水质指标（溶解氧含量），并做好锅炉的停炉保养工作。

二、炉外承压部件及辅件

炉外承压部件及其辅件的防磨防爆检查非常重要。在某种意义上讲，炉外管比炉内管更重要，主要是因为炉外管爆破可能会引起严重的设备损坏，操作不当也可能会导致出现全厂停电的重大事故，更严重的可能发生人身伤亡事故。因此，在大、小修中，防磨防爆专责人一定要引起高度重视，做好必要的认真细致的检查鉴定工作。

炉外承压部件检查，要在全面宏观检查的基础上，再对其重点部位作认真检查。要强调防患于未然，否则，这些炉外管承压部件爆破将直接威胁人身和设备的安全。因此，对炉外管承压部件检查的重视程度要远远大于炉内承压部件。最主要的原因是存在着人身安全的重大问题。近年来，国内发电企业均发生过由于炉外承压部件在运行中突然爆破，直接和间接引起的人身伤亡事故。

为此，必须在大、小修中，对以下几个重点部位进行认真的检查鉴定。

（一）主蒸汽管道弯头、三通及焊缝检查

对高温、高压机组的主蒸汽管道弯头、三通及其焊口的检查，目前全国对已经连续运行20万h及以上的机组，明确要求，严格执行GB/T 3058—2014《电站锅炉主要承压部件寿命评估技术导则》中有关规定，一定要对主蒸汽管道的监视管段做到认真监视。对超过20万h以上的运行机组大修中要做好必要的无损检查和对蠕胀测点的测量工作，并做好技术记录。对综合应力比较大的主蒸汽管道弯头、三通及其焊口，要在大修中有计划地安排抽查工作，发现裂纹要坚决处理。铸钢三通要逐步、有计划地更换成热挤压三通。

（二）炉外导汽管、过热器出口联箱、集汽联箱检查

这里提到的导汽管是指过热器、再热器出口联箱至集汽联箱的导汽管，其规范一般为$\phi133\times10(12)$mm或$\phi159\times14$mm等，材质为12Cr1MoV或P22等钢管。在大修中普查，必要时在小修中抽查，对其弯头的背弧和内弧处进行裂纹检查，发现裂纹必须处理，若用打磨办法消除裂纹，必须进行强度校核计算，不满足使用要求时更换新管。

对过热器、再热器出口联箱和集汽联箱，主要抽查厂家焊口和安装焊口，特别是安全门管座焊口，发现问题要及时处理。

（三）主蒸汽系统的疏放水管座、导汽管排空气管座和汽、水取样管座及膨胀系统检查

对这些管座，多数新装机组都用插入式焊接，且焊接质量欠佳，再加上膨胀受阻，最容易在运行启动过程中造成焊口拉裂，导致被迫停炉处理。为此，在大修过程中，防磨防爆专责人，一定要把这些管座作为重点部位进行认真的检查。特别是对新投产的锅炉，在第一次大修中，一定要进行全面检查。对查出没有使用加强管座的连接方式，要逐步更换成加强管座的结构，确保机组长周期安全运行。

（四）降水管、主给水、减温水、疏放水管道系统检查

对汽包炉的降水管或集中降水管的分配支管，在大修中应有计划地对管座和运转层附近的弯头部位进行抽查，发现裂纹必须处理。

对其管道系统在大、小修中检查的重点主要是弯头部位的内部冲刷减薄和外部腐蚀。如调节阀出口附近和弯头转弯处的内壁冲刷减薄。对这些部位全都在大修中检查是不大可能的，应当做到有计划地抽查，特别是对运行超过20万h的机组，在大修中，安排一定数量的抽查工作。主要是进行无损探伤检查，对冲刷减薄已超过理论计算壁厚的管段及弯头，应进行更换。

对全炉的疏放水管道系统，除重点抽查被冲刷减薄的管段以外，还要对管道内外壁的腐蚀和膨胀进行系统的检查。这主要是因为管道内壁长期有局部死区存在，有自然浓缩结垢的

条件，容易产生垢下腐蚀。而外壁又有高温湿蒸汽存在，形成一定的酸腐蚀条件。因此，对这些部位应进行无损探伤检查，必要时进行割管检查。

（五）炉外辅件检查

对锅炉防磨防爆专业技术来讲，炉外铺件在大、小修中应有计划地进行检查。目前，有的单位从事防磨防爆的专责人，不明确或不重视这部分内容的检查项目。应立即在大、小修中认真检查，并分析变化情况及修复方案。主要有以下几个方面。

1. 支吊架检查

对全炉支吊架，在大、小修中应安排进行全面宏观检查，在此基础上，再对重点部位进行认真检查，主要有炉顶联箱及受热面刚性吊架、恒力吊架；主要检查吊杆外观是否弯曲变形、吊杆螺母是否松动、吊杆与炉顶高顶板销轴是否存在膨胀受阻等异常情况，并做好以上缺陷记录。

2. 膨胀指示器检查

对全炉膨胀指示器在大、小修中应进行全面仔细的检查，指针与指示牌应无损坏；指示牌清洁，刻度模糊应予更换，确保指针垂直于指示牌；指针牢固、灵活无卡涩、零位校正正确，发现损坏的应立即修复。并将停炉前机组运行满负荷、停炉后零负荷、机组检修完毕启动带满负荷三个时间段每个膨胀指示器的指示情况用不同的符号，仔细清晰地记录到各台炉膨胀指示器台账中。

3. 汽包U形吊杆及底部的活动托辊检查

汽包吊挂带拉杆螺栓应作为重点部件进行检查，冷态时吊杆应无变形弯曲，顶部螺栓应无松动。发现冷态松动要及时调整。

4. 主蒸汽、给水和各种联箱、导汽管、连接管的拉杆吊架、托架等检查

应检查吊耳、托钩结构的紧固情况，弹簧吊架预紧力的大小是否正确，发现有拉裂、松动和弹簧压死或松动的，都必须在大、小修后进行调整定好。

5. 炉膛水冷壁防振挡间隙检查

锅炉水冷壁在运行工况下向外膨胀是正常的。然而在燃烧调查过程中，由于空气动力场的作用，水冷壁墙不停地由里向外，再由外向里往复运行，也是正常的现象。但是，为了限制其运动范围，又能保证水冷壁墙能够自由地往复运动，其间隙由装置在水冷壁刚性梁处的防振挡之间的距离来控制。运行中该部位的间隙局部，有可能被永久变形的刚性架卡死或间隙扩大，也可能变异物长住影响水冷壁墙往复运行，对这些异常情况，在大、小修中应作为防磨防爆检查的重点部位之一。必要时要及时调整间隙，避免膨胀受阻和扩大水冷壁墙往复运动的距离，保证水冷壁管安全运行。

第三节　关于磨损减薄与壁厚计算

在对承压部件爆漏原因为煤粉、飞灰磨漏，焊口焊接质量不合格爆漏，受热面管壁内外腐蚀或减薄爆漏，过热器管超温过热爆管及其他原因造成爆漏的统计中，属磨损减薄造成的爆漏约占20％，仅次于焊接质量原因，居第二位。因此，防磨防爆工作人员熟悉和掌握磨损减薄的部位、原因和规律，制定对策，防患于未然，并保证做到对磨损减薄部位不漏查十分重要。

一、磨损减薄的部位

燃煤锅炉受热面受煤粉、飞灰磨损的部位，按介质和烟气流程，主要有：

1. 喷燃器附近水冷壁的磨损

因为一次风粉混合物夹着浓度为0.2～0.8kg/kg（煤粉/空气，烟煤为0.2～0.4kg/kg，贫烟为0.4～0.6kg，无烟煤为0.5～0.8kg）的煤粉以20～40m/s（无烟煤为20～22m/s，贫烟为22～28m/s，烟煤为25～40m/s）的速度喷射进炉膛，在喷燃器出口有一扩散角，因此，含粉气流会冲刷水冷壁管，使管壁磨损减薄。

2. 三次风嘴附近的水冷壁管的磨损

三次风中含10%～15%的煤粉，以35～50m/s的速度在上排火嘴上部喷入炉膛，含粉气流也有一个扩散角，会冲刷和磨损水冷壁。

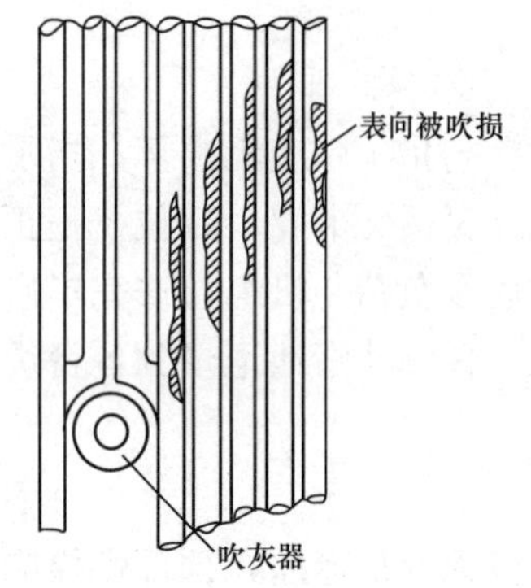

图3-3 吹灰器吹损水冷壁示意图

3. 吹灰器对附近的水冷壁管的吹损

锅炉正常运行时，一个班或一天至少吹灰一次，吹灰器往返一次为5～6min，每秒钟从$\phi8$的喷孔中约喷射出12～13kg压力为1.0～1.4MPa、温度为30～90℃的水；水被雾化成雾珠夹着烟气中飞灰颗粒以一定速度在半径0.5～1.5m范围内吹损水冷壁，如图3-3所示。

4. 各种过热器管下弯头的磨损

在迎烟面各排或各屏管下弯头，特别是在与“鼻子”斜坡或水平烟道底部形成烟气走廊部位，因为烟速局部增大，所以弯头磨损较厉害。

5. 尾部竖井烟道中四个角部管段弯头及边排的磨损

尾部竖井从上到下布置的低温过热器、低温再热器，省煤器第一、二排管段及弯头，管卡附近的管子，边排管等部位，特别是竖井的后墙管段及弯头的磨损减薄最严重。

二、飞灰磨损的主要原因

1. 飞灰的浓度

烟气中的飞灰含量与燃煤工作灰分A^Y成正比。当A^Y大时，单位体积的烟气含灰量就大，即飞灰浓度高，此时飞灰对受热面的磨损就大。锅炉燃用劣质煤时A^Y可达40%～50%，因此，飞灰对省煤器弯头、管段的磨损极严重，对过热器管弯头的磨损也较严重。

2. 烟气的速度

飞灰浓度一定的烟气，烟速增大，飞灰颗粒对管壁的撞击力、冲刷力加大，磨损加快。当锅炉超出额定负荷运行时，烟速将超出设计值，飞灰对管壁的均匀磨损大大加剧；当断面烟速分布不均时，烟速大的部位磨损比烟速小的部位严重，因此，尾部竖井后墙部位是磨损最严重的部位。

3. 飞灰颗粒的物理化学性能不同的影响

烟种不同，飞灰显示的物理和化学性能不同、研磨性能也有差别，因此，对管壁的磨损在飞灰浓度、烟速相同时也会不同。

4. 检修间隔延长带来的影响

由于各种原因，机组不能按计划停下来检修，这样检修间隔延长了，就可能出现管壁因磨损加剧被减薄到不允许的程度；如果上次检查中又漏查了磨损较严重的管子，未采取措施，这样当下一个检修开始之前，就可能发生因磨损减薄，超过管子允许减薄所控制的范围，这就可能导致磨漏事故。

三、飞灰磨损的计算

在炉内受热面飞灰磨损中，省煤器磨损泄漏事故占据主要位置。省煤器磨损易于磨损的是迎风面前几排管子，尤以错列管束的第二排最为严重。省煤器管束的最大磨损量的计算公式为

$$E_{\max} = aM\mu k_{\mu} T(k_v v_g)^n R_{90}^{2/3}\left(\frac{1}{2.85k_D}\right)^n\left(\frac{s_1-d}{s_1}\right)^2$$

式中　$E_{\max}$——管束的最大磨损量，mm；

a——烟气中飞灰的磨损系数，可取 14×10^{-9}mm·s³/(g·h)；

M——管材的抗磨系数，对于碳钢管 $M=1$，对于加入合金元素的钢管 $M=0.7$；

μ——管束计算断面处烟气的飞灰浓度，g/m³；

k_{μ}、k_v——考虑飞灰浓度场和烟气速度场的不均匀系数，在Π型布置时，取 $k_{\mu}=1.2$、$k_v=1.25$，在管束前烟气作180°转弯时，取 $k_{\mu}=1.6$、$k_v=1.6$；

T——锅炉的运行时间，h；

v_g——管束间最窄面处的烟气流速，m/s；

n——n 值的大小与灰粒的性质、浓度和粒度等因素有关，一般认为 $n=3.3$；

k_D——在锅炉额定负荷下的烟气计算速度与平均运行负荷下的烟气速度的比值，对于蒸发量大于或等于120t/h的锅炉 $k_D=1.15$，对于蒸发量为50～75t/h的锅炉 $k_D=1.35$；

$\frac{s_1-d}{s_1}$——考虑到管束节距变化的修正项，对于第一排可不考虑此项；

s_1——横向节距，m；

d——管子的直径，m。

实际中，并非所有的灰粒都会碰撞到管壁上，有少部分颗粒绕流而过。对于实际磨损量一般采用灰粒碰撞频率因子 η 进行修正，即

$$\eta = k\frac{\rho d_1^2 v}{ud}$$

管束的实际磨损量 E_{sj} 为

$$E_{sj} = \eta E_{\max}$$

式中　η——灰粒碰撞频率因子，一般情况下 $\eta=0.3\sim0.8$；

k——碰撞频率；

ρ——飞灰密度，kg/m³；

d_1——飞灰直径，μm；

v——烟气平均速度，m/s；

u——烟气黏度，Pa·s；

d——管子的直径，m。

灰粒碰撞频率因子与飞灰颗粒尺寸的平方和烟气流速成正比。飞灰颗粒越大，烟气流速越高，撞击的可能性越大，不同飞灰直径下的碰撞频率因子见表 3-2。

表 3-2　　飞灰直径与碰撞频率因子的关系

飞灰直径（μm）	0～5	5～10	10～20	20～30	30～50	50～70	70～100	100～140
碰撞频率	0	0.02	0.08	0.21	0.42	0.85	0.90	0.94

四、磨损减薄换管及其理论根据

（一）不换管的情况和措施

1. 加护铁即可的情况

按最大磨损量公式计算，以一年 7000h 计算，年磨损量大于 0.1mm 时，就必须加护铁或护板，也有的厂在省煤器管弯头处浇灌混凝土。加护铁时包覆角为 120°～180°，最好为 120°。因为护铁厚约 1.5mm，做成 180°，就会减小流通断面，加速第二排管的磨损，所以 120°为最佳。在管卡子处加护铁时要注意对接严密。由于喷涂技术迅速发展，有的厂在第一排管上特别是弯头处喷涂金属粉末，厚为 1.0～1.5mm，耐磨效果很好。

2. 考虑改进结构的情况和措施

按最大磨损量公式计算，以一年 7000h 计算，年磨损量大于 0.25mm 时，就要考虑改进结构使烟速降下来。

举例一：某电厂曾采取外移省煤器烟道，省煤器进、出口联箱增钻管孔，增加省煤器的办法来扩大烟道截面降烟速减小磨损。

举例二：某电厂曾采取省烟器横向节距 s_1 由 100mm 增大到 250mm；纵向节距 s_2 由 75mm 减小到 30mm，使每排管数由 22 根减小到 9 根的方法，使每组省煤器约增高 45mm，改后最窄的烟气流通断面比改前增大 30%，使烟速从原来的 11.0m/s 降到 8.5m/s。

（二）必须换管的情况和依据

当磨损很严重，壁厚减薄到理论计算壁厚时，必须换管，不能补焊，更不能只加护铁就可以。承压管子理论壁厚的计算公式为

$$S_L = \frac{pD_W}{2[\sigma]\varphi_h + p} \quad \text{(mm)}$$

式中　p——设计计算压力，MPa；

D_W——管子外径，mm；

$[\sigma]$——基本许用应力，MPa；

φ_h——焊缝减弱系数，无缝钢管 $\varphi_h = 1.0$。

因此，当用测厚仪测得实际壁厚为 S_s时，如果 $S_s \leqslant S_L$，则必须换管。

一般蛇形管实际壁厚 S_s比理论计算壁厚 S_L加厚了两个附加厚度：一是壁厚制造负偏差 C_1，约为使用壁厚的 10%，最小不得小于 0.5mm；二是磨损腐蚀裕度 C_2，关于 C_2应考虑蛇形管设计运行年限内总腐蚀量，即 10 万 h 的腐蚀量，C_2最小为 0.7mm。因此，腐蚀如超过 1.2mm 时就要认真对待了，一般腐蚀量超过使用厚壁 20%就要进行换管处理。

五、防磨检查

（一）磨损减薄部位检查

首先冲掉表面的灰，然后用手摸，手感减薄严重的管段，用测厚仪测厚度。日本的电力

公司已开始用机器人来检查磨损减薄的管段。

（二）护铁检查

凡掉落或歪斜的、固定不牢的防磨护铁，无论在过热器迎火面的弯头处，还是在省烟器管的直管段或弯头处，均应加以调整或更换，不能因搭架子麻烦或其他原因而不按规定处理，磨穿的、烧坏的防磨护铁必须更换，绝不能在磨穿的护铁上加新的护铁。

（三）砸伤检查

在检查磨损减薄的缺陷时，对掉焦砸损水冷壁的部位也不得漏查，如果砸伤的凹痕高度超过壁厚，则需进行认真处理或更换。

第四节　关于超温爆管与寿命消耗计算

电厂锅炉过热器、再热器等高温受热面的工作条件比较恶劣，锅炉过热器、再热器发生漏爆的原因很多，在没有超温运行时爆管或泄漏，其原因主要有焊口质量不良、错用了低一级钢材、磨损减薄使强度下降等；而过热器、再热器超温运行造成爆管原因主要有异物堵塞（受热面基建安装过程中管道内部未清理干净或奥氏体不锈钢管内壁氧化皮剥落等）、水塞（启动初期）造成蒸汽流通不畅、管壁冷却不良；结构设计不合理等造成过热；燃烧调整不当，过热器区域有二次燃烧同样会造成过热。

无论锅炉是国产型、引进型还是进口型，都发生过超温爆管事故，长时间的超温导致的蠕变损伤是管束金属失效的主要原因，直接影响受热面寿命，严重影响机组的安全运行。防磨防爆组成员对超温、过热的部位及原因一定要认真学习并弄清原因，才能确保“不漏查”并做好预防工作。

一、壁式再热器超温爆管

壁式再热器布置在炉膛水冷壁的上部，为辐射式受热面，其现场布置分为两种形式，一为紧贴炉墙，和水冷壁相间布置，多用于控制循环锅炉；另一种为单排垂直布置在炉膛上部大屏区域，紧贴在前墙和侧墙水冷壁向火面管壁上，切角处不布置，壁式再热器管子全部固定在水冷壁上，其下端与水冷壁固定（为固定节点），上部设有多层导向装置，运行受热时，壁式再热器管相对于水冷壁管向上膨胀，此种类型多用于自然循环锅炉。为了在炉膛热负荷很高的情况下能有效冷却壁式再热器管，通常将壁式再热器作为初级再热器，其内蒸汽质量流速通常设计较高，以保证向火面壁温不超过钢材许用温度。

对于壁式再热器发生超温爆管，主要有以下两方面原因及对策。

（1）在锅炉启动初期或低负荷运行时，此时管内质量流速低，无法对管壁进行有效冷却，为了保证其不发生超温，必须在运行中通过控制燃烧的方式，限制炉膛出口烟气温度。

（2）管壁氧化膜因周向温差大而剥落减薄导致爆管。由于受火焰的高温辐射，向火面与背火面温差可达 60～80℃，此温差应力可达 60～70MPa，温差应力大到一定程度会使管壁内表面的 Fe_3O_4 保护膜一层一层剥落下来，当壁厚小于理论计算壁厚时就要发生爆管。进行防磨防爆检查时要注意检查热负荷高的部位的腐蚀减薄脱落情况，并用测厚仪测量，凡超标的一定更换。

二、屏式过热器超温爆管

屏式过热器通常也称半辐射式过热器，是指布置在炉膛上部或炉膛出口烟囱处，既接受炉内的直接辐射热，又吸收烟气的对流热的受热面。

（一）主要原因

（1）燃烧不良，火焰中心上移。当煤质变差、火焰行程拉长、调整不当造成火焰中心上移或给水温度偏低、多烧煤时，屏式过热器辐射吸热远大于设计值而超温。

（2）启动和低负荷时因质量流速偏低、冷却不良引起过热；启动初始阶段，水塞造成锅炉末级过热器爆管。

（3）设计上的问题。

1）同屏管数过多。由于各管长短不同、阻力不同造成流量偏差；灰污情况不同，管外壁局部结焦过热；受辐射热照射不同，过热器同屏管间吸热偏差较大。例如，亚临界锅炉同屏出口单管壁温最大偏差可达50～60℃，炉内最高单管壁温最大偏差可达610～620℃，钢102在此极限温度下工作，氧化减薄速度会大大超出控制值。

2）设计焓增过大。使屏式过热器温升过大，造成屏式过热器出口最高单管壁温过高。为此，运行过程中，要投入过量一级减温水，使屏式过热器入口蒸汽温度降下来才可保证屏式过热器出口蒸汽温度在安全控制范围内。防磨防爆人员需要了解运行中这些情况，在防爆检查时，应注意屏式过热器外圈最长管下弯头及出口段的蠕胀和腐蚀剥落情况。

（4）安装检修质量差，当屏式过热器入口小联箱有杂物时，节流孔径小的内圈管易发生杂物堵塞节流而失效损坏，因此，在安装和检修过程中应加强质量控制，防止异物进入锅炉受热面管，在安装和检修结束后对屏式过热器入口汇集联箱和屏式过热器入口小联箱进行割孔检查、清理杂物。

（二）预防措施及采取对策

针对屏式过热器超温爆管的情况，应从运行和检修两个方面采取如下对策。

1. 运行方面

（1）烟气侧的调节。改变过热器的对流吸热量，通常靠改变经过过热器的烟气量和烟气温度来实现。燃烧工况的改变对蒸汽温度有一定影响，因此，在锅炉运行中，根据煤质变化实际情况，改变上、下层燃烧器的运行方式，从而改变火焰中心的位置和炉膛出口烟气温度，并通过调节风量挡板，使流经过热器的烟气量发生变化而达到调节蒸汽温度的目的。应注意的是，燃烧器的运行方式和风量的调节，首先应满足燃烧的要求，这有利于设备的安全和提高锅炉效率，因此，烟气侧调整只能作为辅助手段。

（2）控制壁温的变化。在经常发生超温和爆管的管段加装壁温测点，当壁温超过报警温度时，调整燃烧方式，保持合理的风、粉配比和一、二次风量配比，保证煤粉迅速着火，燃烧完全。合理的送风、引风配比，可保持炉膛的负压，减少漏风，建立良好的炉内空气动力场和燃烧的稳定性，避免炉内温度过高、火焰中心偏斜，造成过热器的热偏差增加；适量投入减温水，控制负荷的增加。

（3）加强吹灰工作。确保吹灰器的正常投用，在低负荷时，为避免过热器超温增加炉膛吹灰次数，安装智能吹灰系统，根据受热面的污染程度吹灰，保持受热面的清洁，使受热面受热均匀。实践证明，每次吹灰受热面的温度会降低20～30℃，由此可见，吹灰对锅炉受热面壁温的影响程度较大。按程序吹灰，是锅炉过热器安全运行的必要手段。

（4）为防止对流过热器因水塞导致超温甚至爆管，采取多种措施消除水塞。当水压试验后，只打开过热器系统的疏水门、空气门，暂时不开其他各门，将管束内的积水利用虹吸现象把水吸出去。在锅炉启动初期，不要过早停油投粉，50%负荷下尽量不投减温水。控制启动速度，炉膛热负荷分布均匀，定期切换油枪和煤粉燃烧器，低于20%负荷时，控制末级过热器的烟气温度在650℃内，超过该温度时，应控制煤粉燃烧器的运行。

2. 检修方面

(1) 针对屏式过热器的超温情况制订防磨计划，利用停炉机会有计划地对锅炉受热面进行重点整治，胀粗、热腐蚀严重超标的管子及时予以更换。利用超声波内层氧化皮测厚仪，检查高温区管的氧化皮厚度情况，当氧化皮厚度超标时，及时换管。检查管子的表面是否有微裂纹，有裂纹时进行更换。管材达不到抗氧化温度时，提高管材的安全裕度等级。

(2) 做好胀粗测量，合金管不大于2.5%，碳钢管不大于3.5%。检查高温区向火侧高温腐蚀情况，发现有严重腐蚀坑部位，打磨测厚，当厚度不能满足强度要求时，更换管子。

(3) 做好过热器管的寿命评估，进行金相组织分析和机械性能试验。当发现珠光体球化严重时，机械性能试验低于标准要求时，制订更换计划。做好记录整理和档案管理，研究过热器管的损坏规律。停炉后通过测量锅炉管内壁氧化层厚度及金属层厚度，解决电厂锅炉管金属壁厚测量方法存在的问题，为锅炉金属管壁实际运行温度提供间接有效的检测手段，进而在考虑温度、应力、壁厚减薄等综合因素情况下估算每根管子的剩余寿命。在掌握了每根管子的剩余寿命后及时合理地更换管子，减少和防止过热爆管事故的发生。

三、高温过热器、高温再热器超温爆管

(一) 高温过热器、高温再热器超温爆管的主要原因

高温过热器、高温再热器超温爆管的情况最多，其原因有如下几方面。

1. 金属许用温度设计裕度小

高温过热器、高温再热器位于过热器、再热器系统末端，管内介质温度高，对管壁冷却能力差，为节约电厂锅炉的建设成本，通常管壁金属的设计使用温度接近其最高使用温度，金属许用温度设计裕度小，在运行工况波动时易造成超温。

2. 切向燃烧引起烟气温度偏差

对于四角布置切圆燃烧方式的锅炉，在炉膛出口处存在着一定的残余气流旋转，使沿炉膛宽度方向的炉膛出口烟气温度和烟速分布存在一定偏差。燃烧器的布置方式，如各股气流的引入角度，一、二、三次风的动量比，气流切圆直径影响到气流的旋转强度，进而影响水平烟道的烟气温度分布，这些因素都使实际的受热面吸热产生了偏差，烟气温度场和速度场的分布偏差是过热器、再热器管超温的重要原因。

3. 同屏各管的吸热偏差

高温过热器、高温再热器同屏管间吸热偏差较大是造成超温的另一主要原因。同屏中各根管子进、出口蒸汽温度有很大的偏差，同屏各排管子受炉膛或屏前烟气辐射的角系数也不同，因而各排管子的吸热偏差大，特别是外管圈、最内管圈吸热量大，热偏差大。该部位最易超温爆管。

4. 壁温测点温度失真

由于表盘的受热面壁温运行监测点不能真实反映实际壁温状况，显示值低，使运行人员进行壁温调整失去依据而造成超温。这主要是由于测点位置的选择及安装方法不合适，使测点未装在最高壁温管上，且插入式的安装方法经常不能正确测出实际的出口温度。

5. 燃烧调整不当，造成火焰中心上移或燃烧偏斜

运行中不能根据燃烧的需要及时调整各层燃烧器配风，使燃烧器工况恶化，火焰中心上移；煤粉燃烧行程加长，使炉膛出口烟气温度升高，加大超温的幅度；同层燃烧器各角一次风口风速不均匀、同层给粉机转速不均匀等造成燃烧偏斜，使炉膛出口烟道温度场和速度场分布不均，加大局部超温的可能。

6. 受热面表面清洁程度对超温的影响

受热面表面积灰、结渣、结垢等也会造成壁温升高。吹灰器长期不能投入，使炉膛受热面粘灰严重，促使炉膛出口烟气温度进一步升高，加剧过热器超温。

7. 空气预热器、炉本体漏风也会加剧超温

运行中空气预热器漏风严重，可使燃烧器配风不足，造成燃烧偏斜，燃烧过程加长，加剧过热蒸汽器超温；炉底漏风、炉本体漏风严重，造成炉膛出口烟气温度、烟气量增加，加剧超温。

8. 燃油炉高温过热器、高温再热器因高温腐蚀导致爆漏

当高温过热器、高温再热器管壁表面积灰中 V_3O_5 含量超过 1%时，就会发生高温腐蚀；若同时存在 Na、K 碱性金属和硫，则高温腐蚀更加严重。设计时，附加壁厚允许腐蚀速率为 0.1mm/年。当管壁温度高于 600℃时，腐蚀速率远大于 0.1mm/年，造成管壁减薄加快，强度下降，导致爆管。

9. 其他原因

（1）错用钢材。设计应该用 12Cr1MoV，错用 20 钢，即使炉内管壁不超过 580℃运行，单在 580℃下对碳钢就是严重超温，极易爆管。

（2）焊接质量不合格。由于夹渣、气孔、未焊透等焊接质量问题使焊缝强度远小于材料强度而不到 10 万 h 就爆管。

（二）预防措施及采取对策

1. 运行方面

（1）做好燃烧调整工作，保持合适的炉膛火焰中心，防止火焰偏斜。对超温严重的锅炉进行针对性较强的燃烧调整试验，调整好锅炉燃烧的配风及火焰中心高度，找出合理的运行方式，缓解超温问题。

（2）锅炉一、二次风匹配合理，保证一定的动量比，以组织良好的炉内空气动力场。

（3）运行中控制好机组启停、磨煤机升降负荷的调节速度，避免变化速度过快造成的超温；保持受热面内外的清洁；减少因空气预热器和炉膛本体漏风引起的超温。

（4）控制好炉膛出口烟气温度，确保管内蒸汽温度不超温，超温时及时投入减温装置。

2. 壁温测量尽量准确

壁温测点选择合适及在可能超温的地方加装必要的测点，将测点装在实际最高壁温的管子上，改进安装方法，使热电偶的触点能可靠地与管壁接触；严密监视锅炉“四管”泄漏的在线检测装置。

3. 防止或减轻高温氧化腐蚀

（1）严格按照锅炉监察和金属监督规程，严禁超温、超压运行，加强锅水管理，把 pH 值控制在要求的范围内。停炉检修期间，要采取妥善的防腐措施。根据蒸汽侧高温氧化腐蚀机理，采取措施，减轻或防止高温腐蚀的发生。

（2）硫酸盐高温腐蚀的程度主要与温度的高低有关，温度越高，腐蚀越严重，控制管壁温度是减轻高温腐蚀的最有效办法。在实际应用中，有以下一些具体方法。

1）把过热蒸汽、再热蒸汽温度控制在一定范围内；

2）把过热蒸汽器、再热蒸汽器及固定件等易腐蚀部件布置在低温烟气区；

3）合理布置过热蒸汽器、再热蒸汽器系统，使金属温度维持在腐蚀危险温度以下。

四、寿命消耗及计算

1. 过热器寿命消耗概念

过热器蛇形管设计寿命为 10 万 h。它是按所用钢材在最大允许壁温下工作了 10 万 h，工作应力等于或即将大于许用应力值，蛇形管将开始发生裂纹但未爆破来考虑的。换一种说法是在运行 10 万 h 后，管材的蠕变变形量接近 1%，此时已发生蠕胀变形，但未产生裂纹，更未断裂。此时工作应力为

$$\sigma_{gz} = [\sigma] = \eta[\sigma]_J = \frac{\eta \sigma_D^t}{n_D}$$

式中　$[\sigma]$ ——许用应力；

$[\sigma]_J$——极限应力；

η——修正系数；

σ_D^t ——持久强度；

n_D ——安全系数。

如果过热器的结构设计和运行管理能满足 10 万 h 运行过程中管壁温度不超出钢材最高许用温度，实践证明，10 万 h 后割取试样做的强度试验，在安全系数 $n_D = 1.5$ 不变的条件下，工作应力仍小于许用应力 $[\sigma]$，即管子仍可继续使用。

例如：将 12Cr1MoV 钢用作高温过热器蛇形管，允许炉内最高壁温为 580℃，如一切正常，运行 10 万 h 后工作应力 $\sigma_{gz} \leqslant 50$MPa，管子可继续使用。许多电厂实践证明，实际寿命比设计寿命长一倍以上。但如果管壁超温运行，实际寿命将大大缩短，因为在 590℃或 600℃下运行，12Cr1MoV 钢年平均蠕变速度将远远超过 0.05mm/年的控制值，此时氧化膜因蠕变加剧而疏松、脱落减薄，并形成由表及里的氧化裂纹，持久强度 σ_D^t 迅速下降，发生爆管。

2. 寿命缩短的计算

高温部件的寿命在一定应力下，随温度升高而显著缩短，可按 larson-Mluer 公式计算，即

$$T(\lg\tau + C) = \text{定值}$$

式中　T——工作温度，K=273+℃；

τ ——运行小时数，设计值为 10h；

C——常数，CrMo 钢为 23，Mo 钢为 19，碳钢为 18。

【例 1】 蛇形管由 12Cr1MoV 钢制造，设计工作温度为 580℃，工作温度为 590℃或 600℃，各能用多久？

解： 590℃时，按 Larson-Mlller 公式代入得

$$(580 + 273)(\lg 100\,000 + 23) = (590 + 273)(\lg\tau + 23)$$

$$853(5 + 23) = 863(\lg\tau + 23)$$

$$\lg\tau = 853 \times 28/863 - 23 = 4.676$$

$$\tau=47\ 424h$$

600℃时，同法可计算得

$$\tau=22\ 856h$$

由计算可得出一个概念：壁温每超过10℃运行，寿命缩短1/2还多。

【例2】 某厂一台670t/h锅炉，过热器外圈管材为钢102，主蒸汽温度为535～540℃，运行8200h发生了爆管，爆破时运行表计炉外热工监督壁温最大值仅496℃，减温水用量仅16t，试分析其运行中存在的问题。

解： 首先求出由10万h缩短到8200h管壁超温状况，即

$$(620+273)(\lg 100\ 000+23)=T(\lg 8200+23)$$

$$T=893\times 28/(\lg 8200+23)=929(\text{K})$$

$$T_{壁}=929-273=656(℃)$$

实际管壁比钢102允许值620℃高36℃运行，导致8200h就爆破。

问题分析如下：

(1) 主蒸汽温达到设计值535～540℃，炉外最高壁温检测值中必须有一点或若干点大于535～540℃，而且比平均蒸汽温度应高20～40℃，但最大仅为496℃，说明壁温热工监督失真。

(2) 由计算得知实际壁温达656℃，按炉内外温差60℃计算，炉外壁温已达596℃；规程规定炉外壁温560℃是极限值，大于560℃应多投减温水，由于壁温监督失真，没能用减温水把壁温降下来，该过热器长期处于超温运行。

(3) 壁温最大测值必须大于平均蒸汽温度，当壁温测值长期偏低时，运行技术人员、锅炉监察或专职工程师应及早发现，并妥善解决。

如发现存在上述壁温监督失真，检查过热器时特别要注意出口管的弯头及管段上胀粗及氧化剥落情况，甚至要上、中、下检查3点，同时检查有无裂纹和测量厚度。

五、过热器的防磨防爆检查

1. 蠕胀检查（见表3-3）

表3-3　　蠕胀检查内容

部　位	检　查　内　容
高温过热器	检查横向每排出口管上、下两点（或壁温计算最高温度管上、下两点）
高温再热器	检查横向每排出口管上、下两点（或壁温计算最高温度管上、下两点）
屏式过热器	检查横向每屏外圈管上、中、下3点（或壁温计算最高温度管上、中、下3点）

蠕胀检查使用游标卡或用游标卡校对的卡板。

(1) 蠕胀超过直径2.5%（合金钢管）和3.5%（碳钢管）的蛇形管应该换管（胀粗量约占壁厚2.0%）。

(2) 蠕胀已大于直径0.5mm的蛇形管，要作为重点监视的管子标明，小修时均要检查其发展情况，随时考虑更换。

(3) 高温过热器氧化皮厚度超过0.3～0.4mm时，应作复膜金相检查，确定珠光体球化等级；氧化皮超过0.6～0.7mm时，要割管做金相检查；氧化裂纹超过3～5个晶粒的必须换管。

2. 磨损和腐蚀检查

在高温过热器、高温再热器、屏式过热器下弯头处要检查飞灰磨损减薄、结焦腐蚀或高

温腐蚀减薄情况，在测剩余厚度时，对油炉要去除油垢后测量才有效。

3. 联箱及管座焊口裂纹检查（见表 3-4）

表 3-4　联箱及管座焊口裂纹检查内容

部　位	检　查　内　容
减温器	喷水管下部喷孔以及导管预埋管座内壁是否存在疲劳裂纹
联　箱	孔桥部位是否存在疲劳裂纹
出口联箱管座	联箱两端部若干个管座因启停增加后，受弯曲应力作用，边缘焊缝是否产生裂纹

六、部件失效分析

防磨防爆人员除要掌握高温部件使用寿命的概念外，还要掌握高温部件失效分析的知识。锅炉承压部件所用金属大多为铁素体型耐热钢，少数是马氏体和奥氏体型耐热钢；各承压部件要承受很大的内压应力，以及启停和低负荷时较大的温差应力；长期在高温下工作的承压部件由于蠕变，金属显微组织将发生变化，强度下降，再加上元件内外受介质冲刷、腐蚀、腐损，结构设备的损坏就更快，一旦其状况处于不能再安全使用时即为失效，这就是部件失效的概念。

（一）基本规律

投产初期承压部件就处于不能安全使用而失效，其主要原因是设计、制造、安装失效或运行未掌握该型炉特性造成的。

随着使用时间的延长，设计制造安装问题已经暴露或解决，运行操作已有了经验，上述原因造成失效显著减少甚至消失，失效原因主要为损害性灾害失效。

（二）损害性灾害失效种类

1. 腐蚀性热疲劳失效

腐蚀性热疲劳失效的原因是金属承压部件存在壁厚温差和周向温差。周向温差产生的热应力，属于交变热应力，导致材料热疲劳，金属表面氧化保护膜被破坏，材料断裂损坏而失效。其特点如下：

（1）热疲劳裂纹是穿晶型的，出现裂纹前，材料不发生塑性变形。

（2）热疲劳裂纹垂直传热方向，管内壁发生横向裂纹，管外壁发生纵向裂纹。

2. 氢腐蚀失效

氢腐蚀多发生在水冷壁上。水冷壁结垢腐蚀产生的氢气和金属作用导致材料强度迅速降低直到破坏叫氢腐蚀，氢腐蚀的管子在还未明显腐蚀减薄时，也可能发生爆破。水质差、水冷壁结垢腐蚀或沉淀物多，在热负荷高的区域极易发生氢腐蚀失效。氢损坏的管子，组织中珠光体脱碳，裂纹沿晶界分布，爆口呈脆性“窗形”。

3. 碱腐蚀失效

汽包内易发生碱腐蚀，碱腐蚀是锅水中苛性钠含量达到一定浓度时发生的腐蚀。主要部位在有缝隙部位，此处锅水因反复蒸发而浓缩，极易达到碱腐蚀的浓度；存在较高应力的部位包括冷加工应力、工作应力、温差应力大的部位。因此，如用碱煮除垢，必须采取措施不留下碱液。

碱腐蚀使晶粒边界受破坏，产生晶间裂纹，裂纹受到进一步化学性侵蚀就会在裂纹上出现黑色磁性氧化铁，转为穿晶裂纹发生无变形损坏——脆性损坏失效（此时钢材的塑性、强度屈服极限没有任何变化）。

4. 应力腐蚀失效

超高参数以上锅炉高温过热器和高温再热器部分蛇形管，使用抗氧化性抗腐蚀性更好的奥氏体铬镍不锈钢。这种钢在承受较大外力和内应力时对 Cl^- 离子很敏感，在合适的介质和温度条件下，接触到 Cl^- 离子会产生应力腐蚀进而发展到疲劳破裂；应力腐蚀甚至发生在设备安装过程中，这是由于焊接冷加工应力存在，又接触了 Cl^- 气的缘故。应力腐蚀裂纹也是脆性裂纹，位置常在有蚀垢，划痕、尖角等应力集中处。

第五节　锅炉主要部件的失效

一、失效分析的意义和内容

（一）失效的意义

失效又称腐蚀、损坏、事故等。被认为失效的部件，应具备以下三个条件之一。

（1）完全不能工作。

（2）已严重损伤，不能继续安全可靠运行，需修补或更换。

（3）虽然仍能工作，但不能完成规定的功能。

（二）失效分析的作用

（1）确定零部件失效原因，提出相应对策，避免同类事故再次发生。

（2）发现机械产品在设计、选材、装配、维护和使用中的问题，为提高产品质量和改善维护、提高使用水平提供依据。

（3）为提高金属监督水平、材质鉴定和在役设备的寿命预测提供重要的技术依据。

（4）为重大事故提供仲裁依据；对不合格产品，为用户赔偿要求提供技术证据。

（三）失效分析的内容

1. 收集背景资料

（1）了解失效部件的设计资料。

（2）运行历史。

（3）异常情况。

（4）照相记录。

2. 初步检查

（1）外观检查。肉眼：10 倍以下放大镜，80 倍以下双筒断口表面、裂纹走向。

（2）残骸分析。

（3）选择样品。

（4）无损试验。

（5）化学成分。

（6）机械性能。

（7）断口分析。

（8）金相分析。

（9）受力分析和断裂分学应用。

（10）模拟试验。

（11）失效类型的确定。

（12）数据分析。

（13）编写报告。

二、受热面失效原因和防止措施（见表3-5）

表3-5　　　　受热面失效原因和防止措施

<table>
<tr><th colspan="2">失效类型</th><th>宏观特征</th><th>微观特征</th><th>原　因</th><th>检　查</th><th>防止措施</th></tr>
<tr><td colspan="2">高温腐蚀</td><td>（1）主要发生在迎火面。
（2）局部侵入呈坑穴状。
（3）沉积层厚，呈黄褐色到暗褐色，疏松和粗糙</td><td>（1）组织不变。
（2）可能发生表面晶界腐蚀。
（3）腐蚀层中有硫化物</td><td>燃煤或燃油含有较高的硫、钠、钒等的化合物；金属管壁温度高，腐蚀严重</td><td>（1）宏观检查。
（2）壁厚测量</td><td>（1）控制金属壁温不超过600～620℃。
（2）使烟气流程合理，尽量减少烟气的冲刷和热偏差。
（3）在煤中加入$NaSO_4$和$MgCO_3$等附加剂，在油中加入Mg、Na、Al、Si等盐类附加剂。
（4）采用表面防护层</td></tr>
<tr><td colspan="2">低温腐蚀</td><td>（1）空气预热器管的受热面发生溃蚀性大面积腐蚀。
（2）最严重区域为水蒸气凝结温度附近（低酸浓度强腐蚀区）、酸点以下10～40℃区域（高浓度强腐蚀区）。
（3）腐蚀区黏附灰垢堵塞通道</td><td></td><td>燃用含硫量的煤或油，烟气露点较高，空气预热器的低温短管温度低于露点而凝结酸液，使管壁腐蚀</td><td>（1）宏观检查。
（2）壁厚测量</td><td>（1）提高空气预热器冷段温度。
（2）采用低氧燃烧，减少SO_3生成量，降低烟气露点。
（3）定期吹灰，保持受热面洁净。
（4）采用耐腐材料，如表面渗铝。
（5）在燃料中掺加MgO、NaO、白云石等，仰制SO_3生成量，停低烟气露点</td></tr>
<tr><td rowspan="2">超温爆管</td><td>长期超温爆管</td><td>（1）在过热器、再热器、水冷壁管的迎火面。
（2）管径没明显胀粒，管壁不减薄，一般爆口较小，呈鼓包状。
（3）断口呈颗粒状，爆口周围存在纵向开裂的氧化波、典型的厚唇形爆破</td><td>（1）珠光体区域形态，完全球化，晶界碳化物聚集。
（2）有沿晶蠕变裂纹，在主断口附近有许多平行的沿晶小裂纹和晶界孔洞</td><td rowspan="2">（1）过负荷汽水循环不良，蒸汽分配不均匀燃烧中心偏差，内部严重结垢，异物填塞管子。
（2）错用钢材</td><td rowspan="2">（1）宏观检查。
（2）蠕胀测量。合金钢管管径胀粗量应≤2.5%，碳钢管管径胀粗量应≤3.5%</td><td rowspan="2">（1）稳定运行工况。
（2）去除异物。
（3）进行化学清洗，去除沉积物。
（4）改善炉内燃烧。
（5）改进受热面，使汽水分配循环合理。
（6）防止错用钢材料，发现错误应及时采取措施</td></tr>
<tr><td>短期超温爆管</td><td>（1）在过热器、再热器、水冷壁的迎火面。
（2）管径有明显的胀粗，管壁减薄呈刀刃状；一般爆口较大，呈喇叭状、典型薄唇形爆破。
（3）爆口周围硬度显著升高</td><td>（1）组织变形或组织发生相变。
（2）断口有韧窝</td></tr>
</table>

续表

失效类型	宏观特征	微观特征	原　　因	检　　查	防止措施
磨损失效	（1）高温段省煤器严重。 （2）飞灰冲角为30°～45°时磨损最大。 （3）减薄。 （4）过热器、再热器烟气进口处	组织不变	燃煤锅炉（尤其是烧劣质煤锅炉），飞灰中夹带坚硬颗粒，冲刷管子表面；当烟气速度高达30～40m/s时，磨损相当严重，10～50h就会使管子磨穿	（1）宏观检查。 （2）壁厚测量	（1）选用适于煤种的炉型。 （2）合理设计省煤器的结构。 （3）消除堵灰，杜绝局部烟速过高。 （4）加装均流挡板。 （5）加装炉内除尘器。 （6）避免过载运行，把过量空气系数控制在设计值内。 （7）管子搪瓷、喷防磨涂料，采用渗铝管。 （8）在管子表面加装防磨盖板
水侧氧腐蚀	（1）省煤器、过热器、给水冷却管内壁产生点状或坑状腐蚀，过热器在停炉时产生。 （2）弯头内壁中性区腐蚀坑沿轴变长可能有裂纹。 （3）点蚀可发展泄漏	（1）组织不变。 （2）沿晶裂纹，晶界氧化带	（1）管内的水，由于氧的去极化作用，发生电化学腐蚀，在管内的钝化膜裂处发生点蚀。 （2）从制造到安装、运行都可能发生氧腐蚀。 （3）弯头的应力集中，促使点蚀的产生。 （4）弯头处受到热冲击，使弯头内壁中性区产生疲劳裂纹。 （5）下弯头在停炉时积水	测壁厚或割管检查	（1）加强炉管使用前的保护。 （2）新炉启动前，应进行化学清洗，去除铁锈和赃物。 （3）新炉启动前管内壁应形成一层均匀的保护膜。 （4）运行中，保持水质的纯洁，严格控制pH值和含氧量。 （5）注意停炉保护
汽水侧的垢下腐蚀 延性腐蚀	（1）垢下腐蚀呈坑穴均匀，无裂纹。 （2）盐垢为多孔沉积物。 （3）多发生在锅水高碱度处理状态。 （4）管材强度不变	（1）组织不变。 （2）无裂纹	由于凝结水和给水pH值不正常，锅水受酸或碱污染，使盐垢在蒸发面管子内壁沉积，产生垢下腐蚀；延性腐蚀和脆性损坏具有相似的腐蚀条件；不同之处是脆性损坏的腐蚀速度快，使阴极反应的氢来不及被水流带走，而进入金属基体	测壁厚或割管检查	（1）保持管内壁洁净，使均匀的保护膜不受破坏。 （2）保证给水品质，防止凝汽器泄漏。 （3）定期进行锅内的化学清洗，去除管内壁的沉积物。 （4）稳定工况，防止炉管局部汽水循环不良和超温
汽水侧的垢下腐蚀 氢脆	（1）内壁垢致密。 （2）垢下有裂纹。 （3）爆口呈窗口状脆性破坏。 （4）损坏区含氢量明显上升。 （5）塑性降低	沿晶裂纹，裂纹两侧脱碳明显			

续表

失效类型	宏观特征	微观特征	原　因	检　查	防止措施
烟侧腐蚀热疲劳	发生在迎火面，裂纹沿管圆周发展，从外向内，局部区域裂纹平行	(1) 裂纹短而粗，裂纹内充满腐蚀介质和产物，呈楔形。 (2) 穿晶型。 (3) 向火侧比背火侧球化严重。 (4) 腐蚀介质中有较高的硫，裂源处有熔盐和煤灰沉积	(1) 锅炉管遭受低周（由启停引起的热应力）、中周（由汽膜的反复出现和消失引起的热应力）和高周（由振动引起）交变应力而发生疲劳损坏。 (2) 高温硫腐蚀，促进损坏。 (3) 超温导致管材的疲劳强度严重下降。 (4) 按带基本负荷设计的机组带调峰负荷	宏观检查	(1) 改进交变应力集中区域的部件结构。 (2) 改变运行参数以减小压力和温度梯度的变化幅度。 (3) 设计时考虑间歇运行造成的热胀冷缩。 (4) 避免运行间的机械振动。 (5) 防止管壁超温。 (6) 定期清除管子受热面的结垢
奥氏体不锈钢管的应力腐蚀断裂	(1) 与拉应力垂直。 (2) 发生在局部，破裂时金属腐蚀量很微小。 (3) 表面有钝化膜。 (4) 断口呈脆性	(1) 有些裂纹发源于表面的蚀孔。 (2) 裂纹为晶间裂，穿晶型和混合型	(1) 满足产生奥氏体不锈钢应力腐蚀裂纹的三个基本条件，即含氯离子的水质、高的温度和高应力。 (2) 奥氏体不锈钢管在库存时可能受到湿空气的作用。 (3) 启、停炉时，可能有含氯和氧的水团进入钢管	宏观检查	(1) 加强库存和安装期的保护。 (2) 去除管子的残余应力。 (3) 注意停炉时的防腐。 (4) 防止凝汽器泄漏，降低汽水中的氯离子和氧的含量
水侧的热疲劳	一般疲劳断口： (1) 在热应力大和应力集中的部件，如减温器； (2) 热冲击处，如联箱和管接头的内壁	(1) 穿晶裂纹。 (2) 裂纹内充满氧化物	(1) 由于温度变化引起热胀冷缩，产生交变的热应力。 (2) 机械约束作用，在应力集中处产生裂纹。 (3) 裂纹中的楔形氧化物会促使裂纹发展	超声波探伤	(1) 改进部件的结构，以适应热负荷的强烈变化。 (2) 启动时，提高进入联箱的给水温度。 (3) 控制减温器的减温幅度。 (4) 降低机械约束，使应力集中程度减轻

三、汽包失效特征、原因和防止措施

1. 与汽包失效有关的工况特征

（1）汽包内部为高温高压汽水：汽包内壁下部与水相接触，上部与汽相接触。蒸汽蒸发，造成锅水的杂质浓度升高。失效主要发生在下部及水位波动区。

（2）汽包承受的主要应力：内压引起的膜应力；温度梯度引起的热应力；开孔及截面形状突变处的应力集中。内压引起的应力值小，不足引起汽包撕裂，只有叠加后两者时，才会造成断裂。

（3）锅炉压力和温度状态的变化，产生热应力：

1）冷态启动开始阶段，汽包上部加热比下部快；

2）停炉时，下部的冷却比上部快；

3）运行中，压力和饱和温度下降时，下部冷却比上部快；

4）热态间歇启动时，给水和下降管本体金属起到冷却汽包底部的作用。

2. 汽包失效原因和防止措施（见表 3-6）

表 3-6　汽包失效原因和防止措施

失效类型	宏观特征	微观特征	原　因	检　查	防止措施
苛性脆化	（1）中低压炉铆钉和管子胀口处。 （2）脆断断裂	（1）组织不变。 （2）初始裂纹沿晶、分叉。 （3）断口有冰糖状花样	（1）局部的应力超过材料的屈服点，其中有胀管和铆接产生的残余应力、开孔处的边缘应力和热应力。 （2）锅水的碱性大，缝隙部位由于锅水杂质的浓缩作用，NaOH 的浓度高	表面磁粉探伤	（1）改进汽包结构，把铆接和胀管改为焊接结构，消除缝隙。 （2）改善锅炉启停和运行工况，减少热应力。 （3）提高汽水品质
脆性爆破	（1）断裂速度极快、往往碎成多块，一些中低压锅炉汽包曾在运行时发生爆破。 （2）爆时汽包温度较低，常在水压试验时发生。 （3）裂源为老裂纹，如焊接裂纹、应力腐蚀裂纹、疲劳裂纹。 （4）断口具有放射纹和人字形纹、变形小	断口为解里花样和沿晶断口	汽包的老裂纹尺寸超过临界裂纹尺寸，发生低应力下的脆断，断裂部位的应力集中和形变约束严重	表面检查及探伤	（1）防止汽包在运行中产生裂纹。 （2）加强汽包的无损探伤，及时发现裂纹并处理。 （3）提高汽包材料的质量，使脆性转变温度低于室温。 （4）改善汽包结构，防止严重的应力集中。 （5）提高汽包焊接工艺，消除焊接裂纹，降低焊接后的残余应力

续表

失效类型	宏观特征	微观特征	原　因	检　查	防止措施
低周疲劳	（1）启停频繁和工况变动。 （2）给水管孔、下降管孔，且与最大应力方向垂直。 （3）纵、环、人孔焊缝也可能。 （4）断口疲劳。 （5）腐蚀对产生发展起很大作用	疲劳断口特征	（1）汽包的温差造成的热应力是主要原因，启动停炉的温度变化越快，热应力越大，越容易造成疲劳裂纹。 （2）汽包局部区域的应力集中。 （3）焊接的缺陷和裂纹往往是低周疲劳裂纹的源点	（1）磁粉探伤。 （2）超声探伤	（1）降低热冲击、正常启动。 （2）锅炉运行平稳，避免温度和压力大幅度地波动。 （3）降低启动次数。 （4）改进汽包结构，降低应力集中。 （5）采用抗低周疲劳的材料。 （6）提高焊接质量
应力氧化腐蚀	（1）汽包汽水波动区的应力集中部位，如人孔门焊缝。 （2）发源于焊接缺陷和腐蚀坑处	（1）裂纹缝隙充满坚硬氧化物。 （2）裂纹边缘脱碳晶粒细化、晶界孔洞。 （3）裂纹尖端和周围有沿晶的氧化裂纹	（1）由高压水引起的应力腐蚀裂纹。 （2）局部的综合应力超过屈服点，使表面的 Fe_3O_4 破裂，发生 $3Fe + 4H_2O \rightarrow Fe_3O_4 + 8H^+$ 和 $C + 4H^+ \rightarrow CH_4$ 反应。 （3）内表面的缺陷，在汽水界面波动区，易造成缝隙处的锅水杂质浓缩	（1）宏观检查。 （2）超声探伤	（1）提高焊接质量。 （2）降低焊接处的残余应力。 （3）控制启停时的温度变化速度。 （4）保证汽包中的汽水品质。 （5）保持焊缝表面的平滑，发现焊缝处有尖角腐蚀坑，可修磨成圆滑过渡
内壁腐蚀	（1）汽包下部内表面，与水接触的部位。 （2）点蚀易发生在焊缝和下降管的内壁上。 （3）蚀点的进一步发展可能诱导出SCC（应力腐蚀裂纹）或疲裂	（1）组织不变。 （2）沿晶裂纹，晶界氧化带			

四、主蒸汽管及管件受力情况、失效原因和防止措施

1. 主蒸汽管系受力情况

管系在运行中承受以下三类应力：

（1）由内压和持续外载产生的一次应力。

（2）由热胀冷缩等变形受约束而产生的二次应力。

（3）由局部应力集中而产生的一次应力和二次应力的增量——峰值应力。

在火力发电厂高温高压管系中，一次应力加峰值应力过高是造成蠕变损坏的主要原因；多次交替的二次应力加峰值应力过高是造成疲劳损坏的主要原因。

2. 主蒸汽管及管件失效原因和防止措施（见表 3-7）

表 3-7 主蒸汽管及管件失效原因和防止措施

失效类型	宏观特征	微观特征	原　因	检　查	防止措施
石墨化	（1）碳钢在 450℃以上，钼钢在 485℃以上。 （2）热影响区和不完全重结晶区严重	（1）优先在三角晶界生产。 （2）石墨成团絮状。 （3）往往伴随珠光体球化	（1）在长期运行中，钢中的渗碳体分解为铁和石墨。 （2）铝、硅促进石墨化	现场金相或割管后检验	（1）在钼钢中加入 0.3%～0.5%Cr。 （2）炼钢时不用铝和硅脱氧。 （3）防止超温运行。 （4）定期进行石墨化检查，更换石墨化超标的管子
蠕变	（1）在如下部位易生成： 1）弯头外弯。 2）三通肩部内壁。 3）腹部外壁。 4）阀壳变截面。 5）应力集中区。 （2）裂纹为管系轴向，有平行小裂纹。 （3）脆性断口	有晶间型裂纹及孔洞	（1）由于一次应力和峰值应力过高，造成蠕变断裂。 （2）错用等级较低的钢管，发生早期蠕变断裂。 （3）表面缺陷成为蠕变裂纹的起源	（1）无损探伤。 （2）金相检查。 （3）蠕变测量	（1）调整支吊架，尽量降低管件的局部应力。 （2）提高管件的制造质量，消除表面缺陷。 （3）改进管件的结构，使截面变化圆滑。 （4）采用中频弯管，控制圆度。 （5）正确进行热处理，保证管件的性能。 （6）正确选用钢材。 （7）防止超温运行
内壁点蚀	（1）易在水平管区和弯头处产生蚀坑。 （2）蚀坑进一步发展，可诱导出热疲劳裂纹或应力腐蚀裂纹	（1）组织不变 （2）沿晶裂纹，晶界氧化带		无损探伤	
疲劳裂纹	（1）管孔处，裂纹沿周向发展。 （2）管道热疲劳裂纹龟裂，应力集中区域，管道内外壁受水侵入区域。 （3）低周疲劳裂纹走向垂直于气流方向。 （4）疲劳断口特征	一般为穿晶裂纹，裂纹内充有氧化腐蚀产物	（1）在应力集中区域由于反复的二次应力作用，产生低周大应变的疲劳断裂。 （2）腐蚀对裂纹扩展起促进作用	（1）宏观检查。 （2）无损探伤	（1）管道外表应加包镀锌铁皮保护层，防止水穿透保温层。 （2）防止从排气管中返回凝结水。 （3）调整支吊架，尽量降低管件的局部应力。 （4）稳定运行工况，防止热冲击

续表

失效类型	宏观特征	微观特征	原　因	检　查	防止措施
焊接裂纹	（1）大、小管之间的角焊缝。 （2）不同管径之间的对接焊缝。 （3）管件与铸件。 （4）异种钢	（1）应力松弛裂纹，呈环向断裂，在热影响区的粗晶贝氏体区出现。 （2）焊缝横向裂纹，走向沿管道横向。 （3）R型裂纹，在热影响区为蠕变孔洞型断裂	（1）焊接质量不佳，存在较大的残余应力，成分偏析，热处理不良，焊接缺陷和裂纹。 （2）焊接接头的结构不良，造成较大的应力集中。 （3）由一次应力、二次应力和峰值应力构成的组合应力值过高。 （4）焊接接头处存在材料的强度或韧性的薄弱环节	（1）磁粉探伤。 （2）超声波探伤	（1）提高焊接质量，消除表面缺陷和裂纹。 （2）改善焊接接头的结构，降低应力集中。 （3）焊前预热，焊后热处理。 （4）采用合适的焊条，避免异种钢之间的增、脱碳现象。 （5）分析产生焊缝裂纹的主要应力类型，并采取针对性措施，降低该应力值。 （6）加强焊后的无损探伤，不合格的焊缝应重焊
铸件泄漏	（1）铸造三通肩部和阀壳等铸件应力集中处。 （2）泄漏处存在严重的疏松。 （3）疏松处盐垢浓度高		（1）铸造质量不良，存在严重的疏松。 （2）应力集中。 （3）启停的热冲击及停炉期间的氧腐蚀使疏松处产生裂纹而泄漏	（1）磁粉探伤。 （2）超声波探伤	（1）采用热压三通。 （2）提高铸铁的质量。 （3）对铸件的疏松采取挖补处理。 （4）改进结构，降低应力集中

第四章

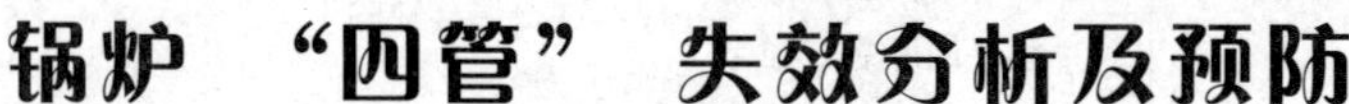

锅炉“四管”失效分析及预防

第一节 加强金属监督工作

一、通过抓金属监督与化学监督促防爆

（一）防磨防爆是设备诊断与技术监督的重要环节

在现代化生产中，设备的诊断技术越来越被重视，尤其是承受高温度、高压力的设备更需要通过诊断实现消缺与预知维修。锅炉防磨防爆专业就是在保证锅炉安全稳定运行方面的一支劲旅与尖兵，与金属监督、化学监督协同作战，互相补充。各发电厂在多年的实践中，“眼看、手摸、耳听”查缺陷这种直观的诊断，是任何测试设备无法代替的，与金属专业的无损探伤、金相检验和化学专业的汽水质量监测同等重要。

锅炉的许多潜伏性故障有孕育发展阶段，设备的内部损坏常伴有宏观改变，可由防爆检查专业人员早期发现。蒸发受热面结垢或者发生腐蚀而产生腐蚀产物都将影响传热，使金属温度升高。高压炉垢厚超过4mm、超高压炉垢厚超过1.5mm，过热器管积盐超过0.5mm，都会使管壁温度超过600℃而发生蠕胀。此时，外壁产生氧化皮，有颜色改变和树皮状裂纹，可看到或触摸到鼓包与胀粗。过热器管的超温蠕胀失效更为频繁。除了发生高温短期过热之外，一般的超温失效发展缓慢，可持续数周到数月，主要靠防爆检查早期发现，这比监测管壁温度或蒸汽质量更为直接、可靠。由此可知，目视检查是防爆检查必不可缺的手段。

酸洗锅炉过热器时，为检查是否冲通了汽塞，使用过红外测温、变色漆示温检查上了热水的过热器管，其灵敏度都不如手摸。因此，手摸是发现过热蠕胀的主要手段之一。

目前，锅炉的防磨防爆检查和汽轮机的振动监测，如同五项技术监督一样成为保证锅炉机组安全、经济、稳定运行的不可缺少的组成部分，应向专业化方向发展，应具备监督的权威性。

（二）金属监督是发现隐患，防止爆漏的有力手段

锅炉运行中的潜在危险，是承压部件尤其是焊口处的失效、爆漏。锅炉的防磨防爆检查是以发现外在的、宏观的和已出现的缺陷为主。而金属监督则是以发现内在的、微观的、正在孕育发生于发展中的隐患为主。对于防止失效和减少临修来说，金属监督更为重要。

在锅炉的爆漏中“四管”的焊口爆漏所占比例较大，尤其是随着锅炉参数升高，不变形的脆爆所占比例增加，这种失效难由宏观的防爆检查发现，但是却难以逃过金属无损探伤与金相检验。

在锅炉的爆漏中，有相当大的一部分是由腐蚀引起的，腐蚀受材料介质制约，材料往往是主导因素，对于高温氧化腐蚀、应力腐蚀、超温蠕变来说尤其如此。例如，中参数锅炉过

热器管可用碳钢；高压炉则应使用铬、钼、钒低合金耐热钢，其允许使用温度可由490℃提高到590℃；超高压锅炉烟气温度高，其高温过热器热段使用铬含量更高并含钨、钛、硼的102钢，可耐温到620℃；亚临界与超临界锅炉过热器与再热器热段则应使用奥氏体高合金钢，它在700℃仍保持较高强度和抗氧化性能。

不同材料有不同的腐蚀特性，碳钢和低合金钢仅在基本无氧的微碱性环境中保持稳定，在酸性中产生均匀腐蚀，碱性中产生局部腐蚀，强碱性中可因产生晶间腐蚀而脆化；有氧可引起点蚀，大量氧引起均匀锈蚀。不锈钢在上述条件下虽较耐腐蚀，但是却很容易产生氯脆。这些腐蚀发生在设备内部，通常在失效前外观无显著改变。只有借助金属监督早期发现，预防在运行中失效。在熔焊区域和其他应力集中的部位，在有温度与应力交变的部位，都容易产生应力腐蚀，某电厂厂1号锅炉就由于疲劳使下降管口产生180余条裂纹。应力腐蚀破裂是不变形的脆性爆破，用通常的检查手段无法发现，但可由于金属监督早期发现。因此，无损探伤和金相试验都是防爆检查的主要补充手段，两者相辅相成。

（三）化学技术监督可在运行中发现故障防止锅炉爆漏

如果说，锅炉防爆检查和金属检验主要在停炉或检修中进行，而化学监督可通过监测汽水质量在运行中发现故障，并通过水质调整与排污在运行中消除有害杂质，是防止锅炉腐蚀、积垢引起穿孔爆破的有效措施。化学监督与金属监督一样都是随着锅炉参数提高而越来越显得必要，而汽水质量与参数的关系更为密切。直流锅炉就是在水的除盐问题得到解决后才发展起来的。

如果能保证给水与锅水的pH值合格、给水与凝结水的溶氧合格，凝汽器无泄漏，这些水质的杂质含量不超过允许值的70%，则可基本保证锅炉不因汽水质量问题而发生腐蚀穿孔、过热蠕胀爆破及发生应力腐蚀脆性爆破，对减少临修有很大作用；如果能做好化学监督，进行给水除氧，及时调整给水、锅水pH值，进行磷酸盐处理与有效的排污，使汽水中杂质含量不超过允许值的30%，则不会发生化学原因引起的临修。

化学监督，尤其是用在线仪表连续监测杂质含量，可预示锅炉腐蚀与结垢积盐倾向，弥补防磨防爆检查和金属监督在运行中的不足。如果能实现用计算机巡回检测，处理测试结果并进行故障诊断，则更能保证锅炉机组安全稳定运行。

在化学监督中应分清主次缓急，对各指标不要等同看待，应先确保锅水给水pH值合格，尤其严防锅水pH值降低，大机组应注意防止氯离子引起的点蚀。

（四）锅炉专业在防磨防爆降临修方面的职能作用

要做好锅炉的防磨防爆工作，必须有以下两方面的保证。

（1）对锅炉承压部件一丝不苟地进行检查，这是任务量大、要求细致的工作，在检修中要眼到、手到，认真检查各种受热面管子和汽包、联箱、主汽管等重要部件，应注意焊口处有无缺陷；在运行中要腿勤、耳勤，通过巡视发现异消声响，注意“四管”的泄漏，这是防磨防爆的基础工作。

（2）必须做好防磨防爆的监督管理工作，包括认真按要求做好各项检查记录，根据工艺要求、运行与检修规程、判废标准提出明确的建议和要求，还要形成上、下结合的防磨防爆监督管理网。

技术监督部门除了做好情况交流、信息传递、人员培训等工作外，还应进行专业组织、技术指导等组织管理工作，以强化防磨防爆，使之充分发挥防故障、降临修的监督职能作用；应配合发电处抓好防磨防爆网的健全和技能运转工作，通过参与主要汽轮机锅炉的大修检查工作，摸清主力锅炉的安全状况，做好大机组锅炉的消缺与稳定运行；在此基础上发挥技术监督部门的技术优势，在对防磨防爆人员进行培训、提高技术素质与更新防磨防爆检查技术方面开展工作，使防磨防爆水平进一步提高。锅炉专业对防磨防爆的管理工作，应不断充实完善，制订《火力发电厂锅炉承压部件防磨防爆检查管理办法》，使防磨防爆工作逐步达到具有技术监督的职能作用，为锅炉安全、经济、稳定运行做出贡献。

（五）防磨防爆工作的延伸与开拓

由于开展了规范性大修，使锅炉机组安全水平明显提高，临修减少。规范性大修也被称为设备静态诊所，是简单的预知维修。尽可能详尽的防磨防爆检查和范围尽可能扩大的金属检验实际上就是防磨防爆的延伸扩展。

现在各厂的防磨防爆工作已在恢复重建与开展工作方面迈出了可喜的一步，但是为了压低临修率与检修占用时间，制止“四管”运行中爆漏，还应进一步加强防磨防爆网，做到组织上落实，人员基本固定，有效地开展工作，在此基础上通过培训提高人员素质，提高专业凝聚力与责任心，适当改善设备条件，使防磨防爆检查手段延伸、拓宽与更新。例如，使用简易便携的内窥装置可以把外部的宏观检查扩展到设备内部，使目力得以延伸；用超声测厚装置可把手摸延伸到管壁中；用音频检漏可扩展听力发现运行中的泄漏。在有条件时，用计算机处理防磨防爆检查的结果，可以向设备的故障诊断和预知维修发展，登上更高的台阶。

二、化学监督与诊断技术

化学技术监督是火力发电厂安全经济运行的重要环节，汽水质量监督是化学监督的主要工作内容，在锅炉机组的防腐蚀、防结垢、防积盐、防止锅炉机组爆管泄漏方面起重要作用。对于大容量机组来说，汽水质量监督主要依靠在线化学仪表实现。近年来高参数锅炉机组，尤其是300MW及以上大机组已配备了较完善的仪表在线监测体系，但是仍有严重的水质故障时有发生。因此，必须认真研究当前在线化学仪表监测中存在的问题，寻找新的出路，以便在化学监督中发挥应有的作用。

（一）化学监督要求实现汽水质量在线监测

火力发电厂是连续生产的，在机组锅炉运行期间，汽水等工作介质循环流转。要实现对汽水质量的监督，必须依靠在线连续监测。

1. 汽水质量的稳定程度与污染的随机性

火力发电厂的非计划检修中，因锅炉故障造成的临修占70%以上；在锅炉的非计划检修中，由于承压部件爆漏造成的临修占90%以上。在锅炉承压部件的泄漏临修中，由省煤器管、水冷壁管、过热器管、再热器“四管”爆漏引起的占70%，其中由于汽水质量故障引起的结垢、腐蚀爆漏仅次于检修质量、焊接质量引起的故障，位居第三位，占“四管”爆漏总数10%以上。以上统计资料表明，由于汽水质量不良引起的故障可占火力发电厂故障总数的4%以上。因此，抓好水汽质量监督是必要的。

锅炉机组及热力系统中，汽水质量的稳定性与水处理方式关系密切。当锅炉补充水使用软化水时，如果补水率过高，即使连续排污门全部开启，并且及时进行底部排污，锅炉也可在8～24h内发生汽水共沸，而且减温水质也将受严重污染。曾有两台1025t/h亚临界锅炉为此分别在运行102天及187天后过热器管积盐爆破；一台670t/h锅炉投产40天后过热器管积盐爆破。

大机组使用深度除盐水作为补充水，有的还配合了凝结水除盐装置，使锅水电导率经常低于 20μS/cm。这类锅炉机组的汽水质量良好，稳定程度高。但是，意外的污染仍然是随时可以发生的。由于用高纯水作补充水的给水、锅水均缺乏缓冲性，污染后果更为严重。

最频繁发生的水质污染是凝汽器泄漏。如果没有凝结水精处理装置，当循环水漏入凝结水中后，将使给水中钠、二氧化硅、硬度等杂质含量升高，导致给水水质恶化；有精处理装置时，较严重的泄漏可使精处理树脂迅速失效。给水污染进而引起锅水质量恶化。水冷壁管将发生结垢、腐蚀，严重时也将影响蒸汽质量。

补充水处理装置运行监督不到位，可使不合格的除盐水进入给水系统。如果再生剂（盐酸或者液碱）被误送入热力系统中，后果不堪设想。疏水与回水常被铁和硬度等杂质污染，也是给水污染常见原因。

除了溶解盐和分散状物质引起的水质意外污染外，凝结水中溶解氧不合格、给水除氧不良，也是水质污染与腐蚀的常见原因。凝汽器泄漏时，碳酸盐分解还产生二氧化碳，引起 pH 值降低。

由于凝结水、锅炉补充水、锅水、蒸汽随时都有进入杂质的可能，而且大机组的给水、锅水缓冲性很低，水质恶化后果严重，因此只有使用在线仪表连续监测，才能及时发现汽水质量的意外恶化，防止锅炉机组腐蚀、结垢、积盐。

2. 水汽质量在线监测仪表的配置及存在的问题

为提高汽水质量监测的连续性，DL/T 246—2015《化学监督导则》中规定：9.8MPa 或 50MW 及以上机组要配备 pH 值表、溶氧表及电导率表；13.7MPa 以上机组应增加钠表与硅表。根据《火电厂在线化学仪表使用情况及配置建议》中要求，根据各种仪表的配置必要性、可靠性、价格性能比等因素，对不同参数、不同容量机组配置在线监测仪表提出了具体建议，并对 300MW 及以上机组采用计算机进行巡回监测与故障诊断、故障处理作了初步探讨。

目前，在线化学仪表虽然已按《化学监督导则》的要求配齐了，但是仪表的准确率还有待提高。电导率表容易维护、稳定性好、准确率较高；pH 值表、溶氧表由于设备备件需要投入一定的经费，同时需要专门的化学仪表维护人员，而现在很多电厂在这两方面投入还不够，所以准确率相对偏低；钠表和硅表由于人员维护及备件昂贵等问题，也存在维护不到位的现象。但是随着机组参数越来越高，手工分析手段已经完全不能满足化学技术监督的要求，同时随着一些化学技术监督事故的发生，化学技术监督工作得到了各级领导的重视与肯定，从而在线化学仪表的维护问题，正在越来越多地引起各方面的重视，仪表的准确率在近几年也得到了一定幅度的提高。在线化学仪表只要管理到位，就能够发挥其不可替代的作用。

要想使在线化学仪表发挥更大的作用，还要对其记录数据定期进行统计、整理、分析，认真查读历史曲线，据此考察汽水质量的变化，不能只停留在人工定时抄表上。

在线化学仪表使用中的另一问题是不分主次，抓不住重点。各种汽水监测项目对锅炉机组安全、经济运行所起的作用不同，凝结水的含钠量、电导率、氧，给水的电导率、pH 值、氧，锅水的 pH 值、电导率，对锅炉机组的安全至关重要，必须优先保证。如果这些项目都使用仪表连续监测，而且确保合格，安全就有保障。

使用在线仪表检测中最普遍的问题是，只是单纯地获取测试值，不能对数据进行分析、处理，加以利用。在线监测仪表不能给出汽水质量潜伏性故障的预告，不能提示如何处理汽水质量异常。投资配置的在线化学仪表及其记录仪所能起到和应该起到的作用，远未发挥出来。

因此，化学技术监督要求发挥在线仪表连续监测的优势；化学技术监督要求发挥在线仪表客观公正的优势，消除疏漏、虚假、主观误差；化学技术监督要求监测数据充分发挥作用，对汽水质量恶化迹象进行预警，提醒杂质含量越限超标，预告将要发生的故障，提出处理建议。这些要求单靠配备在线仪表无法实现。因此，化学技术监督呼吁实现计算机巡测与故障诊断，在线化学仪表监督必须往实现巡回监测，进行超限报警，指出故障原因，提供处理决策的诊断技术方向发展。

（二）汽水质量检测诊断技术的内涵及实施

汽水质量监测仍是依靠现有的在线仪表实现，但是诊断系统更加严密、客观，诊断系统用一台专用的计算机及其软件取代记录仪表整块仪表盘，对一台或相邻两台锅炉机组实现巡回检测、越限报警、故障诊断、指导处理。当执行机构部件质量得到保证后，诊断系统能够实现对排污的控制、药剂的投加与调整，从而起到闭环水质管理与故障处理。

1. 汽水质量计算机监测诊断技术的内涵

使用计算机对有汽水采样架的机组各种汽水试样进行巡回检测的优点是快速、实时、直观、记忆存量大，便于检索查找，可以对数据进行处理、计算、作图、制表。

在汽水质量正常时，监测诊断计算机执行巡回检测任务，每隔20～30s更换，显示汽水质量的数据一次，使运行人员由屏幕集中直读测试结果。

计算机的专家诊断系统将单独分析，它的优劣成败取决于编制诊断软件专家对各类化学故障迹象的了解广度，对故障性质判断的准确程度，对故障应变处理的经验。这是对汽水质量故障预兆的认识、故障的确认、判别及分析等知识的汇总，而且有丰富的实际处理故障的经验为基础，方能形成完整的对策体系。

编制诊断系统的第一步是设置汽水质量异常的界限，这可由各种规范标准中获取，有的也可以由专家提出。把汽水质量划分为注意值与警告值，可以确保汽水质量良好。可把GB/T 12145—2008《火力发电机组及蒸汽动力设备水汽质量》作为主要依据，将GB/T 12145—2008的规定值作为警告值，达此界限即报警，超越此界限故障诊断系统即开始工作。可把GB/T 12145—2008规定值的70%，定为注意值，当达注意值时，即提醒值班人员注意汽水质量恶化的迹象。GB/T 12145—2008规定值的40%以下，或甚至30%以下，是期望值，如果能保持汽水中杂质含量低于此值，基本能保证无腐蚀、结垢、积盐现象。可把每种汽水质量的标准，作为汽水质量故障诊断的内容，提出超标原因的分析及处理对策。例如，当给水含氧量达5μg/L时即提示值班人员注意（可在屏幕显示及打印时有所反映）；达7μg/L即有声音，灯光闪烁、报警；超过7μg/L时诊断系统将根据有关信息提示是否凝结水含氧量过大或补充水率过高、是否化学除氧剂剂量不足或停止投加引起、是否除氧器运行引起，如除氧器参数降低、进水温度降低或排汽门开度不足等引起。当排除有关怀疑后，可确认故障原因并提示正确的处理对策。

还可把各类水质污染带入故障处理程序中。最常见的是凝汽器泄漏和锅水质量不合格。

凝汽器泄漏是大机组腐蚀、结垢、积盐的主要原因，严重的泄漏，可引起锅炉碱腐蚀或酸腐蚀，引起水冷壁管穿孔的脆爆。通过在线监测凝结水含钠量或电导率可发现凝汽器泄漏。

电导率表是投入率最高的仪表，为了实现诊断，应根据实际情况设定锅水与蒸汽的电导率标准。高参数及其以下的锅炉水电导率多根据蒸汽质量确定：大机组尤其是13.7MPa以上机组的锅水电导率更多地考虑腐蚀因素。

对锅水必须设置pH值的注意值与报警值，并且应注意设置上、下限的警戒点。由锅水电导率、pH值磷酸根的监测，可以实现对腐蚀、结垢倾向的诊断，配合蒸汽电导率（也可以自己设置标准）与含钠量监测，可诊断蒸汽通流部分积盐倾向。

2. 汽水质量监测诊断技术的实施

对于配备有电导率表、pH值表、溶解氧表、钠表、磷表的大机组，对凝结水、给水、锅水、饱和蒸汽、再热蒸汽、补充水、疏水进行在线检测时，就有了实现计算机监测与故障诊断的基础。新建电厂不必再配备记录仪表，而用计算机代替，显示所有仪表的测试值，一台计算机可以同时监测两台锅炉机组。

（三）诊断技术是在线监测的必然方向

随着我国电力工业的发展，大机组都配备了在线化学仪表，为进一步发展计算机监测诊断打下了基础。大机组对腐蚀、结垢、积盐的敏感性，也不允许继续维持在线监测、人工抄表、不做判断分析的现状，在线化学仪表结合诊断技术使锅炉机组更加安全。

1. 大踏步发展计算机监测诊断技术

近年来各级领导已充分认识到在线化学仪表的重要性，但是还未看到在线仪表延伸发展为诊断技术的必要性。应该认识到使用计算机对在线仪表监测值作巡回监测、整理分析；依靠专家诊断系统对汽水质量异常进行判断分析，提供对策是保证大机组安全、经济运行的必由之路。

用一台计算机对一台或两台机组进行监测，就等于把诊断系统的编制者放在汽水化验岗位上，24h不停地昼夜值班。它忠实地反映汽水质量情况，毫不遗漏地监视着汽水质量变化和恶化迹象；当出现水质故障时，将迅速准确地提示原因，提供对策，是值班员与值班长决策的好参谋。使汽水监测、故障判断、汽水质量故障处理的水平，由初级工水平提高到有较高专业素质的程序编制者水平。

2. 实现计算机监测诊断经济、合理

用于汽水质量巡测与故障诊断的计算机可使用普通的计算机，目前，计算机售价平稳，为计算机诊断的发展开拓提供了新的机会。用一台计算机代替10～20台自动记录仪和仪表盘，将大幅度降低在线仪表的设备费，计算机维护工作量小，无故障运行周期长，省去了自动记录仪烦琐的维护工作量，不仅技术先进，而且经济合算。

三、汽水监督中存在的问题及改进措施

汽水质量是火力发电厂化学监督的主要内容，汽水质量是否合格，对锅炉机组乃至全厂的安全、经济、稳定运行影响极大。

多年来汽水质量监督工作在防腐防垢防爆管方面发挥了重要的作用。但是，随着大机组的不断投产，对汽水质量提出了更高的要求，锅炉机组结垢、腐蚀、积盐现象和水质故障时有发生，有的相当严重。

（一）在汽水质量合格范围内的结垢、腐蚀、积盐

普遍现象是，虽然汽水质量标准合格，但是锅炉机组仍有腐蚀、结垢、积盐现象。究其

原因是由于没有强调汽水质量标准中的规定值是杂质的最高允许含量，仅满足于达到标准，则仍难免有腐蚀、结垢现象，使锅炉酸洗周期缩短。

（二）在全厂汽水合格率达标时仍有腐蚀结垢、积盐的原因

现实中出现失效和汽水质量故障的电厂不限于汽水合格率未达标准的，经常发现全厂汽水合格率达92%的电厂发现锅炉失效故障，其原因是在监督报表统计管理上不够科学，不能及时反映问题。

1. 全厂汽水平均合格率掩盖了水质不合格

一个发电厂不止一台机组，每台机组有8个以上汽水试样，考核6种汽水指标，每种汽水试样又有pH值、氧、铜、铁、钠、二氧化硅、磷酸根等不同化学参量。一个6台机组的电厂全厂的平均合格率是由上百个参量在一个月或三个月内的几万个以至近10万个数据平均而得。只考核全厂合格率首先会使有问题的机组问题的严重性被冲淡；其次是使与腐蚀、结垢、积盐关系密切的试样，如锅水、给水、凝结水被掩盖；最后也是最重要的一点是，使直接影响锅炉腐蚀结垢以至失效的化学参量超标，如锅水pH值、给水氧与pH值、凝汽器硬度或钠（或电导率）超标，淹没于大量数据中，无法被充分反映出来。

2. 不分主次的统计方法难以反映问题

除了上述统计上存在的问题之外，在考核汽水合格率时不分主次，没有重点，也使统计考核失去应有的作用。

各种化学参量对锅炉机组的结垢、积盐、腐蚀所起的作用不同，不加区别地等同看待，全部平均到一起，就反映不出锅炉机组的潜在危险。一般来说，影响锅炉机组安全的首要问题是凝汽器泄漏、锅水pH值不合格、凝结水与给水氧和pH值不合格。如果能抓住这几项指标，使之确实合格，能基本解除穿孔爆管的威胁。

3. 只统计是否超标，不问幅度和时间

目前，汽水统计报表只考核是否有超标，不考核超标到何种程度、超标的持续时间和累计时间多少，无法反映问题的严重性。

例如：某厂锅炉发生脆爆之后，在分析爆管原因时，查阅化验表单发现锅水pH值曾低到3.4，不合格的时间在6天以上，平均值为5.15。这样严重的引起脆爆的超标却被大量统计数字淹没。

因此，在遇到水质超标时，必须标明其超标幅度与持续时间、累计时间。

（三）汽水监督中需引起关注之处

1. 应进行全过程的化学监督

在锅炉机组启动时水质超标最严重。在锅炉上水、升温、并汽、凝结水回收段，进行监督与处理收效更好。

锅炉冷态启动时，由除盐水带入的氧相当于运行中刚达合格指标2000h的给水累计带氧量。如果此时加入计量的联氨，就可避免其腐蚀，加快含铁量的合格与凝结水的回收。

凝结水回收应根据水质，而不是根据负荷需要及水量是否充裕。

采取开停运行方式的调峰机组，在启动及低负荷运行阶段，除氧器不能正常除氧，水质严重超标，过去已有多台锅炉失效甚至报废。

2. 启动时对汽水质量标准的临时放宽

锅炉机组启动时的几个小时内，将汽水指标暂时放宽2～4倍是必要的，这可避免过长

的排汽排水。但是，目前的实际情况是，不合格的情况严重，持续时间过长，而且标准越放越宽。因此，有必要加强启动时对汽水质量标准的监督，尤其是亚临界、超临界大机组对水质的要求应更加严格。

（四）在线化学仪表的使用问题

近年来，虽然对化学仪表工作已重视起来，除新投产的电厂都有完善的仪表与采样架之外，现在电厂也已基本配齐应备的仪表。但是，由于抓得不力，在线仪表的作用未得到充分发挥，使监督被削弱。

目前，各厂虽配备了在线化学仪表，且有自动记录仪，但却是由人工定时抄表，这就失去了在线仪表连续监测的优势，而且可能产生疏漏与虚假；虽然各厂在线化学仪表的配备率已很高，但是投入率及准确率不高，因此，对于pH值表、溶氧表、电导率表等必须加强维护管理。

（五）改进措施

1. 对化学监督报表的管理必须进一步做细

除考核全厂平均合格率外，还应分机统计不合格率，对于超标的项目做专门统计，要标明其幅度、平均值、次数、每次的持续时间及总时间，由带入的杂质总量评估对锅炉机组腐蚀、结垢、积盐的影响。

2. 对汽水质量指标设定期望值

为加强对汽水指标的管理，可在合格范围内设立注意值与期望值，以促进提高汽水质量。

汽水质量的注意值可为GB/T 12145—2008的70%左右，作为防止超标的警戒线；期望值可为GB/T 12145—2008的30%，作为保证锅炉机组安全经济运行的控制范围。

3. 对关键项目从严管理

特别强调对锅水pH值、凝汽器泄漏（由钠或电导率反映）、给水凝结水氧与给水pH值的连续监测，确保这些指标合格，并在注意值以下。

4. 把汽水质量监督延伸到调试阶段启停中

在机组启停中必须加强监督，向前延伸到上水、点火中；向后延伸到汽轮机、锅炉和热力系统的停用保护中。

5. 加强技术培训，提高领导及专业人员素质

提高各级人员对化学监督的认识，提高专业人员的技术素质，以适应亚临界与超临界机组的要求。

第二节 锅炉腐蚀失效形式的变化及分析

近年来，大容量承压部件的腐蚀失效形式有了很大变化。腐蚀失效可在水质超标后的几个月甚至几周内出现；失效部位已由偶发少见转为多发普遍，严重时可超过炉管总数的一半以上；失效方式已由穿孔蠕胀转化为脆爆，穿孔蠕胀的孔眼或裂纹漏泄，可作为计划检修项目；脆爆形成的大爆口使人措手不及，无例外地要停炉临修。

研究表明，水质的高度纯净在正常情况下有利于防止腐蚀，但是当有杂质侵入时，由于缺乏缓冲性，容易产生酸腐蚀，腐蚀将是非常严重的。随着锅炉参数升高，金属材料对腐蚀

的耐受力下降。结垢后金属温度升高，将使腐蚀速度显著提高。

一、水的缓冲性降低后，酸腐蚀是主要的危险

1. 酸腐蚀的危险性

酸腐蚀的相对速度远大于碱腐蚀。氢离子浓度为105mol/L时，其腐蚀速度与氢氧根为$10^{-1}\sim10^{-2}$mol/L时相当。由高温下铁-水体系的电位-pH值图可知，在pH值为7时，钢铁已有明显的以亚铁离子形式溶解（酸腐蚀）的倾向；而在pH=10以上以亚铁酸根离子溶解（酸腐蚀）的倾向才显著增大。

当产生酸腐蚀时，磁性氧化铁的表面膜极易溶解，使钢铁活化，要想重新建立钝态相当困难。因此，酸腐蚀易于发生，难于自行抑制。产生碱腐蚀时，表面膜虽可被碱溶解，但是当水的pH值降低后，很容易转化钝态，使腐蚀停止。

酸腐蚀的另一危险是其发生面广泛，引起失效的范围广，且将频繁发生。这是由于酸腐蚀使表面膜全面溶解的缘故。碱腐蚀造成的表面膜破坏是局部的，引起失效的范围小得多，失效的发生频率小。

酸腐蚀的最主要的危险是，较严重的酸腐蚀必将导致脆性爆破，造成紧急停炉；而碱腐蚀多采取穿孔形式失效，相当严重的碱腐蚀才引起脆性爆破。

2. 酸腐蚀的特点

锅炉水冷壁管的酸腐蚀，主要发生在用除盐水作补充水的锅炉上。仅有一级除盐而未配备混床的，无一例外、不可避免地要产生酸腐蚀。使用海水作凝汽器冷却水时，凝汽器的泄漏处理不当必将导致酸腐蚀；有凝结水处理装置而失效或未投入也必将产生酸腐蚀。酸腐蚀的宏观表现是，在向火测显著发生减薄，正对火焰处减薄最多，有时出现宽20～30mm的腐蚀沟槽，长度可沿管轴超过1m。由断面观察时，向火侧明显比背火侧薄，在较深的腐蚀坑处可观察到微裂纹及脱碳层。

酸腐蚀多以脆爆形式失效，爆口无蠕胀，或蠕胀少于3%。爆口边缘厚钝，爆片常飞走。

酸腐蚀的微观表现是出现大量晶间裂纹，裂纹所及之处，珠光体多脱碳。材料的抗拉强度、屈服极限、延伸率、断面收缩率远低于规定值，压扁易开裂，用力敲打可碎裂而不易变形。

尽管酸腐蚀失效停炉可由某一根水冷壁管引起，但是遭受腐蚀而有爆管隐患的水冷壁管绝非只有一根，有脆断倾向的水冷壁管可达几十根、上百根。因此，运行中的失效将偶尔发生。

3. 酸腐蚀的成因

用除盐水作补充水的锅炉含盐量多在30mg/L以下，锅水的碱度往往是由所加的磷酸三钠建立和维持的，多在0.2mmol/L以下，缓冲性很小，当锅炉加入1kg纯盐酸后，锅水就会呈酸性反应。亚临界参数锅炉，尤其是有精处理装置，而且采取挥发性处理的锅炉缓冲性更小，几十克纯盐酸进入锅炉也能使锅水进入酸腐蚀的范围。

在酸蚀产物下，酸腐蚀产生的氯化亚铁和硫酸亚铁可水解，重新释放出酸。此水解平衡反应在缺氧时可被抑制，有氧时将持续进行。此时，酸不消耗，钢铁在腐蚀过程中实际消耗的是氧。

在用海水冷却时，海水进入凝结水中，氯化物的水解可使锅炉呈酸性反应；当补充水处

理装置或凝结水处理装置失效时，除盐水也可带入酸。再生系统或再生操作失效使酸进入锅炉而出现的失效也时有发生。

给水中已有游离酸，但是由于投加氨（或氨水），使给水 pH 值不低于 8.8，造成给水 pH 值合格的假象，多次遇到这类酸腐蚀。尽管给水 pH 值合格，但是氨（或氨水）进入锅炉后进入蒸汽中，锅水中遗留游离酸。

化验中的疏漏及误判断使酸腐蚀容易发生。例如：前面所说给水 pH 值高达 9，锅水 pH 值低于 6、甚至低于 5 的事例已多次发生。缺乏经验的人员误认为是化验错误，而被忽略过去。

人们传统上认为锅水是碱性的，对于那种多数时间仍是碱性，但是偶尔出现短时间酸性反应的锅炉，不是由于监督上疏漏发生不了，就是测试到 pH 值低于 7 的数据后误认是化验错误，而未被重视起来。

人们认识上的另一误区是，只看到锅水宏观的 pH 值测试值合格，想不到在附着物下局部的 pH 值超标。当锅水含有氯离子时，在腐蚀坑中氯化铁的水解可使坑内 pH 值为 2～3，而锅水的 pH 值可大于 8；当锅水中游离碱在附着物下局部浓缩时，尽管锅水 pH 值低于 10，但是附着物下 pH 值可超过 13。这种锅水宏观上、总体上 pH 值合格，但是微观上、局部 pH 值过低（或过高）是酸腐蚀（或碱腐蚀）的主要原因。

二、酸腐蚀使腐蚀遍及全炉

锅炉由于碱腐蚀引起的失效常常在一年以上、甚至持续几年，产生腐蚀穿孔或脆爆的水冷壁管少于总数的 1/10。出现酸腐蚀后，腐蚀失效可在水质恶化、锅水 pH 值低于 7 的几个月内甚至几天内发生，而且是大面积的脆爆，或者水冷壁管大面积出现晶间裂纹，管材的强度与韧性指标普遍降低，更新的管数常超过总数的 30%，甚至超过总数的 1/2。

1. 某厂漏入海水引起的水冷壁管失效

某厂 1 号炉是 230t/h 高压锅炉，凝汽器冷却介质为海水，由于凝汽器频繁泄漏，给水硬度经常超过 100μmol/L，磷酸根经常为零。

在该机组铜管大量泄漏，而锅炉机组坚持运行 70h 后，该炉在运行中有 4 根水冷壁管脆断、爆破。经检查该炉有大量水冷壁管向火侧有晶间裂纹，抗拉强度、延伸率和断面收缩率等指标显著降低，有的试样在拉力机上被夹裂，或稍加力即破裂。所测到的抗拉强度为 270MPa、屈服强度小于 150MPa、延伸率为 2%、断面收缩率为 13%。经检查管材机械性能下降的占全炉 60%以上。为防止运行中继续爆管，共更换 63%的水冷壁管，在燃烧器上、下各 5m 处更新，占全部辐射受热面的 22%。

该炉发生脆爆前，连续 70h 锅水氯离子达 900mg/L 以上，pH 值约为 4。据漏入的氯化镁量估算可产生 126kg 盐酸，全部对水冷壁管产生腐蚀后，可放出 0.71kg 氢气，这部分氢气可引起水冷壁管产生氢脆应力腐蚀破裂。

2. 使用除盐水的高压锅炉的酸腐蚀脆爆

某厂 220t/h 锅炉因除盐系统运行不正常，锅水 pH 值波动大，时常出现 pH 值约为 5 的测试值，但是由于给水进行氨处理，其 pH 值为 8.5～9.3，对于锅水 pH 值低于 6 的现象未引起警觉，误认为是测试出现差错，致使锅炉连续发生酸腐蚀脆爆。

当给水含有少量游离酸（如硫酸）时，加入氨可将其中和，同样可因有过量的氢氧化铵而使给水 pH 值在 9 以上。当给水进入锅炉后，氢氧化铵和硫酸铵受热分解，进入蒸汽中，炉水中遗留的硫酸随锅水浓缩而提高浓度，锅水 pH 值低于给水是合理的。这种酸腐蚀脆爆事例已多次发生，目前已逐渐被注视。

使用单级除盐水作为锅炉补充水的电厂，几乎无例外地有酸腐蚀现象，经常发生酸腐蚀脆爆故障。这是由于阴床先于阳床失效后，除盐水呈酸性所致。加强对阴床失效的监测，及时将失效阴床退出运行，可以防止送出酸性水。使用二级除盐则有良好的保障作用。

3. 凝结水、给水 pH 值低，引起的锅炉腐蚀

某厂 6 号炉是 670t/h 锅炉，采取中性水处理，在运行 228 天后发生开窗性脆爆事故，爆口尺寸 225mm×75mm，内壁腐蚀沟槽宽 200mm，长度超过 500mm，深达 2.5mm。断面向火侧腐蚀减薄，有 2～3mm 厚的半月状脱碳层，即腐蚀最严重处管壁金属剩余厚度不足 0.5mm。除该管外还发现其他水冷壁管有类似的腐蚀现象。

经查阅报表，发现该炉在爆管前凝结水、给水、锅水经常呈酸性反应。其中全天 pH 值平均低于 6.5 的：凝结水共 35 天、给水共 8 天、锅水共 17 天。而且更为严重的是：在该炉爆管之前一个月，连续 7 天均呈酸性，凝结水 pH 值平均为 5.56；锅水 pH 值平均为 5.15，最低值为 3.4。

鉴于该锅水冷壁管普遍产生酸腐蚀，有的有脆爆的潜在危险。建议对该锅水冷壁管热负荷最高处作超声波探查，并规定减薄 2mm 立即更换；达 1mm 记录下来，待大修中更换。此建议未能及时实施，使该炉在一年多的时间内 6 次在运行中脆爆，直到大修中进行了较彻底的测厚和换管后，锅炉酸腐蚀脆爆现象才被制止。

三、参数提高使碱腐蚀由穿孔转变为脆爆

20 世纪 60 年代与 70 年代锅炉经常发生碱腐蚀穿孔，被查明和确认为是由于碱在附着物下浓缩引起的。进一步研究发现，在中压锅炉与高压燃煤锅炉上碱腐蚀主要采取穿孔形式失效；在燃用高热值的煤种并超出力运行的燃煤高压炉上、在燃油高压炉上及超高压以上的锅炉上，碱腐蚀容易以脆爆的形式出现。这是由于受热面热负荷提高后，腐蚀速度升高所致，高速度发展的腐蚀，易于转化为脆爆。

1. 某厂 5 台锅炉因超出力而 16 次碱腐蚀脆爆

某厂 5 台 150t/h 高压锅炉中有 3 台在半年的时间内共发生 7 次脆爆失效，共有 12 根水冷壁管出现 14 处爆口裂纹。加上其他锅炉陆续出现脆爆，在 1 年半的时间共脆爆 16 次。除了各锅都有锅水较长时间碱度过高的历史外，该 5 台锅炉燃煤品种变更，热值提高近 1 倍，炉膛温度提高 100℃，提高了水冷壁管的腐蚀速度。这 5 台锅炉都有超负荷 4 次以上的历史，而最早出现爆管的 4 号、5 号、7 号 3 台锅炉超出力达 60%。

该 5 台锅炉在经过酸洗去掉内壁积垢；并且改善水质，降低锅水碱度，尤其是消除游离碱；而且恢复原设计煤种，保持在额定出力下运行之后，不再出现脆爆失效。

2. 某厂超高压锅炉多次发生脆爆失效

某厂 670t/h 超高压锅炉于 1984 年投产，1986 年即发生脆爆，到进行该炉失效分析的 1988 年底，共在运行中脆爆失效 6 次，均为脆性爆口，最大尺寸为 120mm 长、40mm 宽，除有 2mm 深的皿状腐蚀坑外，壁厚无蠕胀减薄现象。除了这 6 次运行中爆破之外，在水压试验中还发生 6 次泄漏、延迟锅炉启动。

经查阅报表，该机组凝汽器管时常泄漏，锅水 pH 值常超过 10.5，有时超过 11.0，宏观检查也具有碱腐蚀特征，是碱腐蚀引起的脆爆。

在该炉大修中进行了详细的超声测厚检查，共检测 1580 处，发现超出规定壁厚的水冷壁管 18 根，其中均有皿状腐蚀坑，有的也接近失效。在换管后进行了化学清洗。

该炉在测厚、换管、化学清洗之后，稳定运行了两年之久，于 1992 年 7 月起再次出现脆爆失效，到 1992 年 10 月上旬已发生运行脆爆停炉 3 次。经检查，其发生部位远离火焰中心，内壁有较多的 10～30mm 直径的皿状腐蚀坑，由断面观察在凹坑底部有肉眼可见的小裂纹，脱碳层厚度 2mm 左右。这些现象表明，有可能是 1988 年前后产生的腐蚀，在管壁测厚时，由于处于标高 30m 以上未做检测而漏过。经过几年的运行腐蚀有所发展而引起脆爆失效。

四、参数提高使氯离子引起的点蚀问题变得突出

在近十多年来对酸腐蚀广泛宣传之后，人们对锅水呈酸性现象已不再怀疑，也认识到锅水呈酸性时的脆性失效危险性。但是，对于锅水 pH 值合格（即在 8.5 以上）能产生局部的酸腐蚀却难以接受，仅仅是最近 1～2 年来人们对此才认识。

在腐蚀坑中或垢层覆盖下的氯离子腐蚀早已被阐明，但是由于未能直接测试到这一过程，所以迟迟未被接受，但是现实中大量的氯离子腐蚀失效实例，使人们不得不重视其存在。

氯离子的腐蚀发生在缺乏缓冲性的锅炉上。在腐蚀坑中或垢层内，渗入其中的少量盐酸对钢铁产生盐酸，水解产物被氧化为铁锈，破坏了水解平衡，则反应继续进行。因此，即使此使锅水已呈碱性反应，但是，在腐蚀坑中或垢层之中仍然是酸性的。在腐蚀过程中，酸并不消耗，实际消耗的是氧。因此，只要水中有氧有氯离子，就存在酸腐蚀。

曾有一台燃油高压锅炉产生孔蚀，氯离子的来源是热交换器管腐蚀穿透，使蒸发器水漏入蒸馏水（即锅炉补充水）中。

有一台采用中性水规范的 670t/h 锅炉，投产初期锅水氯离子超过 7mg/L，直到一年之后仍超过 1mg/L，给水溶氧为 100μg/L 以上，水冷壁管有密集的孔蚀，腐蚀速度超过 1mm/a。

使用海水冷却时，如果凝汽器泄漏，而且给水溶解氧不合格，不论锅水是否呈酸性反应，都将产生酸腐蚀，严重的酸腐蚀还将导致脆性爆破。

某厂 670t/h 超高压锅炉产生针孔状穿透，多次运行中失效。经研究是凝汽器经常漏海水、给水溶解氧不合格、产生腐蚀孔中的氯化铁水解酸腐蚀所致。其腐蚀速度达 20mm/a。

某厂 1100t/h 亚临界参数锅炉在启动阶段除氧器经常不投，给水含铁量平均值达 3.6mg/L 以上，锅水氯根达 50mg/L，垢层超过 2mm；投入运行后锅水 pH 值常低于 7，因此存在腐蚀坑垢层下氯化铁水解的酸腐蚀及全炉的低 pH 值酸腐蚀。该炉失效及大面积出现晶间裂纹就是这两种酸腐蚀作用的结果。

五、防止锅炉腐蚀失效的基本措施

锅炉管的失效（BTF）是当前大容量火电安全运行的严重障碍，必须认真对待，其主要措施如下：

1. 认真“抓好两器”，切实保证汽水质量合格

十多年前，根据锅炉管腐蚀结垢失效的原因分析，大多是由于除氧器运行不正常和凝汽器泄漏，因此，提出抓“两器”作为化学监督主要目标。

目前，在进行炉管失效分析时，其原因仍是以凝汽器泄漏与氧腐蚀为主，因此，仍须抓

“两器”，但是，可把次序颠倒一下，即抓凝汽器与除氧器，因为凝汽器管的腐蚀泄漏已是火力发电厂腐蚀、结垢、积盐和“四管”失效的根源，应加强凝结水的监测，以发现泄漏。

应加强对给水 pH 值、含氧量和锅水 pH 值、电导率、磷酸根的监测，这些指标对腐蚀的影响最大，保持这些指标合格，可基本保证锅炉安全运行。

2. 发生脆爆后应做细致检查及清洗

当锅炉发生脆爆后，不应急于恢复运行，应查明是酸腐蚀引起的还是碱腐蚀引起的。如果是酸腐蚀引起的则预示其发生面很大，绝非几根或十几根水冷壁管有腐蚀，往往是几十根或成百根水冷壁管有腐蚀，使材料的强度、韧性指标下降，必须组织对火焰中心处水冷壁进行检查，减薄 2mm 可判失效，必须更新；超高压炉减薄 1.5mm 必须更新；亚临界参数锅炉减薄 1mm 必须更新。

换管时应对割下的水冷壁管进行检查，如果有晶间裂纹或机械性能指标下降，应继续由相邻的管子向两侧扩展换管，直到无晶间裂纹及机械性能指标合格为止。

事实已经证明彻底换管是制止运行中继续爆管的有效措施，某厂 2 号炉连续爆管三次后，用同位素测厚仪查出有碱腐蚀凹坑的水冷壁管 40 余根，全部更换后不再爆管；某厂 5 号炉碱腐蚀爆管后进行超声波检测，测出有腐蚀坑的水冷壁管 70 余根，在更换了有缺陷的水冷壁管后制止了爆管。某厂 1 号炉酸腐蚀引起多根水冷壁管爆破，大量水冷壁管有晶间裂纹，经检查并更换了近 1/4 辐射受热面后不再爆管。

化学清洗可以除去水冷壁管的附着物，防止在附着物下继续产生碱腐蚀或酸腐蚀，是制止腐蚀发生的有效措施。应注意的是，具有严重晶间腐蚀倾向的锅炉不可用盐酸清洗，以免微裂纹内氯离子的继续腐蚀。

第三节　腐蚀失效判断及水质处理的实例

美国电力研究协会（EPRI）在研究锅炉“四管”爆漏时，列举了 6 类，共计 22 种失效形式和原因，如应力断裂、水侧腐蚀、火焰侧腐蚀、侵蚀、疲劳和操控控制失效等。其中影响最大的是腐蚀疲劳、飞灰磨损、酸腐蚀、超温引起的蠕胀、吹灰引起的磨损等，其他如碱腐蚀、孔（垢）蚀、锅水成分偏离、材质问题也是失效的常见诱因。因此，正确地判别锅炉的失效原因是正确地采用对策的依据。

对于大容量锅炉机组来说，锅水质量的严重恶化，可在短时间内产生严重的后果，因此，对给水、锅水的偏离规范不容忽视，必须尽快使之恢复正常。

锅炉失效的实践已经证明酸腐蚀是当前高参数机组（尤其是亚临界数及以上大机组）的主要危险，锅水 pH 值低于 7 应立即停炉，但是美国电力研究协会（MPRI）的研究报告指出：实际上没有任何锅炉遵从此规定，因此，酸腐蚀失效频繁发生，应引起高度重视。

一、锅水 pH 降低的应急处理

某厂 5 号炉是采取 670t/h 锅炉，给水与锅水的 pH 值为 6.7～7.5。给水氢电导率不大于 0.15μS/cm，锅水氢电导率不大于 1.5μS/cm。

该机组运行中出现凝结水电导率升高，并影响给水和锅水电导率增长，到 1991 年 5 月 17 日，凝结水和给水电导率超过 25μS/cm、锅水电导率超过 300μS/cm，凝结水和给水 pH 值低于 5，锅水 pH 值则低于 4，最低值为 3.11。

对此水质恶化原因的判断是：凝结水水质遭受污染引起凝结水处理混床失效，该混床与常见混床不同，其阳树脂装载量大于阴树脂，因此，该离子交换器的强酸阳树脂交换容量远远大于强碱阴树脂的交换容量。当凝结水质严重恶化时，阴离子交换树脂失效，强酸阴离子（氯离子和硫酸根等）与氢离子形成对应的无机强酸，使混床出水呈酸性。这些酸除造成管道和锅炉腐蚀而有所消耗外，在汽包锅炉中发生浓缩，使锅水 pH 值比给水 pH 值进一步降低，即锅水酸性更强。在给水 pH 值不合格的 6h 内，其 pH 值平均值为 5.43，而锅水 pH 值平均值仅为 3.80。

基于以上分析，所采取的对策是首先找出造成凝结水水质污染的原因而加以根治；其次是针对给水、锅水 pH 值和电导率不合格、采取临时加碱以提高 pH 值、给水脱氧的碱性处理方式，即由中性水处理改变为凝结水与空气冷却系统为中性处理、给水与锅内为碱性水处理方式。

为证实在凝结水水质严重恶化时，混床失效将出酸性水，在混床失效后加采水样，测试 pH 值。试验表明，当混床失效后，隔 5～10min 再采样时，其出水 pH 值可下降 0.7～0.8。如果氢离子在汽包锅炉中浓缩 100 倍，则锅水 pH 值将下降 2 以上（即小于 5.5）。

由于锅水 pH 值大幅度降低，除采取以上针对性的水处理措施外，还采取了在锅水 pH 值不合格期间降低锅炉参数，即压力降到 8～9MPa、蒸发量降低 315～385t/h，并加大了锅炉排污等措施，这样可使酸腐蚀的强度显著降低。当锅炉参数由 16MPa 降到 3MPa 时，锅水温度下降 50℃，腐蚀速度可降低到额定参数时的 0.07%。由于锅炉只带 1/2 负荷，蒸发受热面的热负荷低，也使其腐蚀程度减轻。

更正确的处理措施是，当锅水 pH 值大幅度下降时，应立即停止锅炉机组运行，排掉锅水，进行钝化处理。这样一来将引起电网限电（当时直属电厂检修、临修已停 4 台大机组共 920MW），该厂也将损失 2500 万 kWh 以上电量。据此，权衡利弊，经领导批准采取了以上应急处理对策。

当时对锅炉腐蚀的预测是：在锅水呈酸性期间腐蚀是不可避免的，但是由于迅速采取对策，可能不会发展为脆爆失效。估计约经 3 天可使水质正常。

随后的运行实践表明：在查明污染水质的原因并根治后，经 72h 处理，水质正常，恢复中性处理，锅炉至今运行半年未出现脆爆失效。而在两年前，该厂另一台中性处理的 670t/h 锅炉曾连续 6 天锅水 pH 值不大于 5.9，最低达 3.4。此后仅 1 个多月，锅炉就发了因酸腐蚀引起的脆裂爆管。

二、1025t/h 亚临界锅炉过热器管应力腐蚀失效

某锅炉制造厂为某工程制造的亚临界锅炉，高温段过热器管热段用的是 304H 奥氏体不锈钢，它与冷段管子焊接后进行了 700～740℃消除应力的退火处理，致使其呈敏化状态。在制造厂中曾用自来水试压，且未放净，更没冲洗即运往工地。在结束安装的水压试验中即发现泄漏，先后 4 次试压，共发现 20 处泄漏。在分析失效原因和研究是全部更新 64t 过热器管还是只更新直管时，能源部与机电部领导及所邀请的专家共同研究，讨论一致认为是抗蚀性较差的奥氏体钢在敏化后，用含氯离子 40mg/L 的水进行水压试验后，在未冲洗干净的条件下又存放了 1 年，引起了强烈的点蚀和晶间腐蚀，裂纹起源于内壁的腐蚀坑就是最有力的证明。

20 世纪 70 年代某电厂 304H 不锈钢制再热器与过热器曾发生过泄漏爆管，就是因受海

雾侵蚀、水压试验用水中氯离子侵蚀和酸洗缓蚀剂中氯离子腐蚀所致。由于未进行广泛宣传，未能引起重视，导致出现频发性故障。此外，华中某厂 300MW 机组和华北某厂 500MW 机组所配锅炉也都出现过同样情况的腐蚀失效。

由此可见，不锈钢的不锈性能是有条件的，在某些“特定条件”下它的耐蚀性还可能远远不如普通的碳素钢。所谓“特定条件”是指 18/8 型奥氏体钢处于活动状态而与氯离子相接触。650～750℃是最为敏感的温度，氯离子的侵蚀性则随水的温度升高而增强，在 80℃以上的水中，氯离子的侵蚀能力显著增强；在 280℃下，0.1mg/L 以上就有侵蚀。

该类设备除了忌用天然水进行水压试验外，还应做到凡是与氯离子接触之后的设备，应立即用除盐水冲洗干净。保证蒸汽质量良好是非常必要的，因为过热器与再热器的工作温度就是其敏化温度。

三、锅水质量异常的判断与对策

（一）锅水磷酸根消失、pH 值升高的判断处理

某电厂 220t/h 锅炉持续 1 周磷酸根为零、pH 值达 10.44 的问题。这种现象 90％可能是凝汽器泄漏引起的。当凝汽器泄漏较严重时，碳酸盐硬度与磷酸三钠作用形成水渣，消耗掉磷酸盐并使锅水中出现游离碱。除加强硬度监测外，辅助的判断是锅水出现硬度，向冷却水中投加锯末可使问题初步解决。

此后 1 个月，另一个电厂的 220t/h 锅炉上也出现同样现象，经检查，凝结水硬度超过 5μmol/L。对此，该厂却认为泄漏不大，无法查漏处理而延误。

尽管锅炉启动时有盐类隐藏现象时也可使锅水磷酸根降低以至消失，但是其 pH 值升高的幅度小，锅水无硬度，应加以区别。

（二）锅水 pH 值低于 4 的判断处理

某自备工业锅炉，给水 pH 值合格，锅水 pH 值低于 4 的问题。有人以为是测试错误，其实，在使用单级除盐时，如果阴床已失效而未及时停运除盐设备，将送出酸性的除盐水，使锅水 pH 值大幅度降低，给水 pH 值合格仅是一种假象。在对除盐水进行氨化处理时，上述问题在给水中不易被发觉。因为氨与除盐设备漏过的无机酸可起中和作用，所以给水是氨和其强酸盐的缓冲溶液，pH 值降低不明显。当进入锅炉后，氨受热进入蒸汽中，锅水 pH 值显著降低，以至呈酸性。遇此现象应加碱进行中和与钝化。

在该厂之后，某钢铁公司自备电厂 220t/h 高压锅炉也出现了同样现象，告知其原因后由该厂自行进行了处理。由于在自备锅炉上频繁出现此问题，已将此问题告知劳动局锅炉监处，以防止发展成爆管。

（三）某厂汽包水侧管孔边缘裂纹的判断及建议

某厂 1 号炉是运行 32 年，累计 17.2 万 h 的 220t/h 锅炉，在大修中发现汽包中有 182 条裂纹，其中有 170 条在下降管孔处，占裂纹总数的 93.4％，全部下降管共 46 根，管孔处均出现裂纹。

由该厂提供的裂纹分布图上可以清楚地看出：裂纹主要分布在净段的下降管孔处，而盐段则较轻。盐段锅水的浓度比净段高 2～4 倍，上述裂纹分布规律表明：运行中的锅水水质影响小，裂纹与净段锅水温度的变化有关（盐段锅水不受注入汽包中给水变化的直接影响，当给水引起净段汽包温度很大变化时，盐段可因传热影响而有变化）。

进一步研究净段汽包下降管口裂纹的分布规律，发现沿给水流入的一侧多于另一侧。由

此可以判断出给水温度的影响是引起汽包水侧裂纹的主要因素。

由该厂提供的资料中可以看出给水温度偏低，在 1989 年 2 月～1991 年 8 月运行中，有 467 天水温低于设计值（215℃）5～10℃，其中有 163 天低于 190℃，最低达 150℃。

同时还了解到该炉过热器处烟气温度偏低，导致高温省煤器出口处烟气温度也偏低，使得进入汽包的给水温度与锅水饱和温度相差较大，造成汽包温度交变，产生疲劳。至于水质的影响则由于除氧器运行情况较差。给水溶氧合格率较低，氧腐蚀使汽包水侧产生小的坑点，成为腐蚀疲劳的诱因。下降管孔处氧腐蚀程度比别处重些是合理的。

除了给水温度过低可使汽包壁有高频率的温度交变外，该炉调峰与频繁启停造成的大幅度温度变化引起的疲劳影响也不可忽视。

还应指出，调峰锅炉启动时，溶解氧含量高，甚至可达饱和值，但是此时未进行水质监测，发现不了。这部分水的含氧量可比允许值高出几百倍到上千倍，它引起的腐蚀远比运行中的腐蚀严重。

综上所述，该汽包产生裂纹的主要原因是给水温度经常偏低导致的疲劳作用与氧腐蚀作用叠加而产生的金属疲劳与腐蚀疲劳。从运行方面应保证高压加热器正常运行，使水温合格；保证给水溶氧合格，尤其是锅炉启动前，应先加热除氧器（如使用再沸腾装置），待溶解氧合格后再启动。

由于该炉已有严重缺陷，应进行细致的探伤检查与强度验算，在未确定裂纹对强度的影响前，应作为备用炉。如需要运行时，应适当降低参数，并注意监视裂纹的发展情形。

（四）某电厂水冷壁管深孔腐蚀失效的判断和建议

某厂 6 号炉是投产仅 2 年的 670t/h 锅炉，该炉于大修酸洗后 1 个月就出现了结垢蠕胀，使水冷壁管鼓包和破裂，随后又接连 10 次发现穿孔泄漏，总计有 90 根次水冷壁管蠕胀和腐蚀穿孔。

这种腐蚀穿孔现象比较少见，其宏观特征是深度远大于直径，与氧腐蚀的坑点、碱腐蚀的皿状及酸腐蚀的减薄都不同。类似现象曾见过 3 次，均与强酸盐的阴离子（主要是氯离子）的局部腐蚀有关。

金相检验表明，在腐蚀孔周围无选择性腐蚀，也无晶间或穿孔裂纹。机械性能试验合格。

经初步判断，认为是由于凝汽器腐蚀泄漏，使含氧离子高和氯化镁含量较高的冷却水进入锅炉，造成闭塞区内氯化铁水解的酸腐蚀与整个受热面的酸腐蚀。闭塞区内氯化铁的酸腐蚀只要给水含氧量与氯离子高，就会在腐蚀孔内持续进行。即使锅水是中性或微碱性，微孔的闭塞区内可局部是酸性的。整个受热面的酸腐蚀则是在漏入氧化镁过多、所加的磷酸三钠被消耗尽时发生，其特点是锅水呈黑浑色，如果监测 pH 值，可发现锅水 pH 值小于 7，甚至可小于 5。

1. 铜管腐蚀失效是水质侵蚀性的根源

机组凝汽器使用 HSn70-1A 黄铜管，在正常使用中，氯离子含量应小于 150mg/L。黄铜管在投用后的半年内，由于表面膜未建立，耐蚀性差，应使冷却水中的侵蚀性离子更低。但是该机投产的半年内补充水氯离子平均值为 961mg/L，耗氧量平均值为 7.2mg/L。在其后的运行中氯离子的月平均值曾连续 2 个月超过 2000mg/L。该厂循环水的浓缩倍率为 1.4 倍，循环水对锡黄铜侵蚀强烈，造成铜管严重泄漏。

由历次的锅炉水垢分析中可知镁的成分高于钙，这是淡水冷却时完全相反的，锅水的侵蚀性完全来自循环冷却水漏入凝结水系统。

2. 腐蚀穿孔主要由腐蚀孔内的局部腐蚀引起

凝结水给水硬度常小于 80μmol/L，据了解实测时可达 500μmol/L。按此推算，锅炉平均负荷为 600t/h，日结垢量可达 860kg，因此锅炉蒸发受热面的结垢及金属超温蠕胀是必然的。金属温度的升高还将促使腐蚀程度加重。

锅水磷酸根经常为零，当出现这种情况时，锅水 pH 值将下降，甚至呈酸性，因此，蒸发受热面的表面膜将周期性地被破坏，并产生酸腐蚀，使向火侧减薄。

当炉管有存放时期的锈蚀坑点，或者是由于氧不合格而有氧腐蚀坑点时，坑内的氧化铁水解可造成坑底局部呈酸性。这种闭塞区域的酸蚀一旦出现，可不受锅水 pH 值影响而发展下去，以至造成水冷壁穿孔失效。

3. 对酸腐蚀的预测及建议

(1) 酸腐蚀很容易导致脆爆。但是由于该炉磷酸根消耗的情况较少发生，锅水 pH 值不过低。金相检验与机械性能试验未发现问题，因此，目前无脆爆的危险。

(2) 由于深孔腐蚀失效频繁发生，应该加强运行中的磷酸盐处理，保持较高的过剩量(如使磷酸根不小于 4mg/L)。进行酸洗除垢可以抑制深孔中局部腐蚀的发展。

(3) 必须对凝汽器管彻底进行查漏、堵漏。如果泄漏严重，堵管率已超过 5%（大于 850 根），可以考虑更新。如果更新凝汽器时，必须根据水质特点选用管材。

(4) 应注意凝汽器泄漏影响蒸汽质量的问题，它既可由于锅水浓度过高影响饱和蒸汽质量，也可因给水减温而影响过热蒸汽质量。因此，有停炉机会时，应冲洗过热器管，以防过热器管蠕胀爆破。

第四节　奥氏体不锈钢的腐蚀

在研究腐蚀体系时，材质为适应介质的侵蚀性而不断提高耐蚀能力，不锈钢应运而生。不锈钢在电力工业中使用日益广泛，如水处理设备、阀门、汽轮机叶片、发电机护环、亚临界参数锅炉的过热器与再热器等。在核电厂中则几乎全部使用不锈钢作为结构材料。

由于人们对不锈钢缺乏足够了解，常造成意外的失误，所以有必要对其特点及在常见介质中的腐蚀行为进行介绍。

一、不锈钢的分类及耐蚀性

不锈钢是对具有不锈、耐酸和抗高温氧化能力钢种的统称。这类钢中合金元素含量都比较高，属于高合金钢。按照合金耐腐性的台阶规律，其含量超过 1/8。合金含量越高，耐蚀性能越好。

1. 不锈钢的分类

按照不锈钢中主要合金元素成分来分，大致可分为高铬钢和铬镍钢两大类；按照不锈钢的组织分，则有马氏体、铁素体、奥氏体和奥氏体与铁素体的复相等不锈钢。通常可按不锈钢的耐蚀性分为耐大气腐蚀钢、耐酸钢、耐酸耐热钢三大类。其中耐大气腐蚀钢是以铬含量 13%为代表的马氏体钢；耐酸钢是以铬含量 23%为代表的铁素体钢；耐酸耐热钢是以铬和镍的百分含量分别为 18、8 为代表的奥氏体钢。

2. 不锈钢的耐蚀性

不锈钢的耐蚀能力随钢中合金元素含量增加而增强。但这仅是大体而言，在一定条件下不锈钢同样产生腐蚀，而且很容易使设备失效。

马氏体不锈钢是工业上常用的结构材料，在火力发电厂中用作泵轴、门、叶片和喷嘴。这类钢种在淡水、大气和蒸汽中不生锈。但是在介质的腐蚀能力较强时就容易腐蚀失效。某滨海电厂的海水泵腐蚀严重，经查应是铁素体不锈钢而误用马氏体不锈钢所致。

铁素体不锈钢也常用做主轴、叶片和叶轮材料，它的耐蚀性和抗氧化能力都比马氏体不锈钢强，在海水与常见的稀酸中较耐酸，但是在较浓的酸和溶液温度较高时不耐蚀。在水处理设备中经常发现不锈钢部件和酸液中短期失效，其原因是在应该使用奥氏体钢的地方，把铁素体不锈钢当做铬镍奥氏体钢使用了。

奥氏体不锈钢是当前使用最广的不锈、耐酸、高强、抗氧化钢种。评价钢材的耐蚀性，往往从耐酸碱等强腐蚀介质的腐蚀和抗高温氧化性能两方面考虑，奥氏体不锈钢在这种条件下都表现了很强的耐蚀性。

奥氏体钢在一般的酸碱溶液中都比高铬不锈钢耐蚀性能强，它在沸腾的还原性酸（有机酸）和强碱中耐蚀性差，在还原性能无机稀酸中不耐蚀。

奥氏体钢在850℃以下的温度条件下，有很好的抗氧化性能，而且保持较高的强度。因此，它可用作亚临界参数锅炉的过热器和再热器热段管材。

奥氏体不锈钢在活化（敏化）状态下容易产生晶间腐蚀和应力腐蚀。它的点蚀倾向也很明显。由于使用奥氏体不锈钢不当，造成设备失效的事例很多，在火力发电厂中时有发生。

二、奥氏体不锈钢的耐蚀和腐蚀机理

奥氏体不锈钢的耐蚀性来源于它所含的铬和镍的热力学性质。它们和铁一样都属于能发生钝化—活化转变的金属，其氧化膜的形成，能使金属处于钝态而免蚀。不锈钢中的某些成分可使其钝性降低。而介质中某些还原性物质和侵蚀性离子可破坏其钝态，引起不同形式的腐蚀。

1. 奥氏体不锈钢的钝化及耐蚀性

奥氏体不锈钢只有处于钝态时，才具有人们所期望的耐蚀能力。由其主要合金元素的电位-pH值图，可以了解其致钝的条件。

由铁、水体系的电位-pH值图可知，在氧化性介质中，钢铁表面可由于形成一层致密的γ-Fe_2O_3表面膜而钝化，使其处于免蚀状态。这种转变使本来不耐蚀的钢铁能在由微酸到弱碱的环境中保持稳定。

由铬、水体系的电位-pH值图可知，由于在铬的表面上形成了Cr_2O_3，使得它能在pH值为4～15的范围内，在电位由－1～0.8V的范围内处于免蚀状，在奥氏体钢中，由于铬的加入提高了它的钝性。

由镍、水体系的电位-pH值图可知，镍的热力学稳定区与水的稳定区接近，表明镍是较贵的金属，其热力学性质比铁与铬稳定。在中性及弱碱性环境中，镍因形成NiO而钝化，提高电位可使钝化的pH值范围扩大，并转化为高价态氧化膜而保持稳定。镍加入不锈钢中，可使其钝性进一步提高，使钢铁在常温下具用奥氏体组织。

如上所述，奥氏体不锈钢的耐蚀性主要由于表面的以氧化铬为主的钝化膜造成。实验证明，奥氏体钢表面膜与铁两元素的比，是奥氏体钢中两者比例的3～4倍。

2. 奥氏体钢的常见腐蚀形式：晶间腐蚀与点蚀

奥氏体不锈钢是不锈钢中耐蚀性最好的，但是当选用不当或者介质中有对钝化膜具有侵蚀的成分存在时，同样可产生强烈的腐蚀。碳对提高钢铁的强度起很大作用，但是它使奥氏体不锈钢的抗晶间腐蚀能力下降。这是由于碳能与钢中的铬形成 Cr_7C_3 和 $Cr_{23}C_6$ 等碳化物，这些碳化物沿晶界析出，造成晶界处贫铬，降低了晶界的耐蚀性，因而使腐蚀沿晶界发展。

不仅奥氏体不锈钢可因含碳量较高而提高其间腐蚀敏感性，就是含铬量高的铁素体不锈钢也具有晶界腐蚀倾向，其机理相同。

奥氏体钢在1050℃以上时，碳化物（$Fe_{23}C_6$ 和 $Cr_{23}C_6$）可全部溶于奥氏体中，采取急冷固溶处理则不会沉淀脱溶而保存下来。当对固溶处理的奥氏体钢在500～850℃（尤其是650～750℃）进行保温处理时，$Cr_{23}C_3$ 将沿晶界析出，使奥氏体钢呈敏化状态。敏化状态的奥氏体钢在遭受腐蚀时，贫铬的晶界成为阳极，富铬的奥氏体物是阴极，形成微电池，加速晶间腐蚀。

奥氏体不锈钢对氯离子的侵蚀非常敏感，自奥氏体钢出现以来，半个多世纪中一直把防止其氯脆作为重要研究课题，并有许多种解释氯离子对不锈钢侵蚀的模型，解释其机理。

通常可认为，在氧的存在下，吸附于氧化膜表面的氯离子将破坏不锈钢表面的钝化膜，在其下与铁离子形成可水解的铁的氯化物，氯化亚铁和氯化铁的水解将引起不锈钢腐蚀。氯离子对表面膜的破坏穿透先发生于晶界贫铬和其他表面缺陷与经络处。在晶界贫铬区可诱发晶间锈蚀，在表面缺陷处则诱发点蚀。

三、奥氏体不锈钢的使用及失效实例

在科研与生产中，经常接触奥氏体不锈钢，如果选材得当、工艺正确、维护精心，则可长期使用；如果选材与维持不当，则很容易腐蚀、失效。

1. 不锈钢热段过热器管的氯脆失效

已发生过多例不锈钢热段过热器氯脆失效事例，每次损伤奥氏体不锈钢过热器40～60t。其原因是由于焊接后的热处理或锅炉运行温度，使达到敏化状态，在储运过程中、化学清洗中、水压试验中和蒸汽中含有氯离子造成的晶间腐蚀失效。

亚临界参数锅炉的过热器和再热器冷段使用珠光体低合金耐热钢，热段使用奥氏体不锈钢，在焊接后进行退火处理可使奥氏体钢敏化。过热蒸汽与再热蒸汽的温度为540℃以上，即使清洁无垢，管壁温度也达600℃，有盐垢时可超过700℃，能使奥氏体钢敏化。不锈钢过热器与再热器在长时间运行中，由于碳化铬颗粒增大，使晶界贫铬变得不连续，以及晶粒内部铬向晶界处扩散，使之均化，使得晶间腐蚀倾向减弱。

由上所述可知，经焊接后的奥氏体钢如果接触氯离子就有可能产生氯脆；刚投产的奥氏体钢过（再）热器由于运行温度的作用可敏化，当蒸汽品质不良时，蒸汽中携带的盐中氯离子可在锅炉启停中蒸汽温度大时，或停炉存水中产生氯脆；长期使用的过（再）热器氯脆倾向反而降低。多次失效事例已证明上述论点。

某工程的304H（相当于我国0Cr1sNi9）不锈钢再热器管由于盐雾长期侵蚀而发生晶间裂纹失效。某工程所用的304H过热器在焊接退火后用自来水做水压试验，一年后锅炉安装结束后的水压试验中发现下部弯头大部出现晶间裂纹失效，直管段也有部分失效。除了上述因海雾中的氯离子及自来水中氯离子引起的失效事例外，还有由于酸洗时缓蚀剂中含有氯离子而引起过热器管氯脆失效的事例。该过热器经过更换了有问题的管子后投入运行，运行约

3年后很少再发生氯脆失效，这与长期受热敏化减弱有关。

2. 某核动力装置的腐蚀失效

某核动力装置运行不久即因点蚀、缝隙腐蚀尤其是大量传热管的应力腐蚀破裂而失效。其失效原因主要是水中氯离子与溶解氯严重超标。传热管的表面缺陷（划伤、矫直压痕）、材质夹杂物及焊接都促进应力腐蚀。

3. 除盐系统中不锈钢设备与部件的失效

早期的化学除盐设备中使用1Cr18Ni9Ti不锈钢的甚多，如阴床、管道、阀门、酸泵、喷射器等，由于在盐酸介质中不耐蚀，已逐渐为非金属耐蚀材料所取代。目前多使用衬胶罐体、阀门与管道。

在浓盐酸中泵和水力喷射器腐蚀得很快，阀门也不能长期使用。这与液流的冲刷有关。逆流再生设备中间排水管由于液流的压力及介质的侵蚀，也常出现断裂。

四、奥氏体不锈钢的选取与维护

奥氏体不锈钢中的元素成分及含量对其耐蚀性有很大影响，应根据介质条件选用。

1. 奥氏体不锈钢的选取

奥氏体钢中碳含量高低，对其晶间腐蚀能力影响极大，使用含碳小于或等于0.08%的低碳不锈钢（如0Cr13Ni9）或小于或等于0.03%的，可降低晶间腐蚀倾向，超低碳不锈钢（如00Cr18Ni10）即美国AISI304L。

在钢中含镍量超过8%时，提高镍含量可降低其晶间腐蚀敏感性。除上述00Cr18Ni10已使镍含量提高外，有00Cr17Ni13Mo2（美国为316L）和00Cr17Ni14Mo3（美国为317L）。铬含量降低也对降低晶间腐蚀的敏感性有利。钼可提高不锈钢的抗点蚀性能，其含量达2%～3%可提高不锈钢的钝性，在有机酸中更耐蚀，但在硝酸中耐蚀性下降。

由于钛和铌与碳的作用更强，它们的加入可使碳固定而降低晶间腐蚀倾向，如1Cr13Ni9Ti（美国为321）和1Cr13Ni11Nb（美国为347）等。

大量应用奥氏体不锈钢要注意造价问题，如过（再）热器主要使用其抗高温氧化与热强特性，通常不接触氯离子，可使用304钢或302钢（1Cr18Ni9）。对于要求耐酸蚀和防止氯脆的设备与部件，可选用耐腐蚀良好的材料，如泵、阀门等可使用含钛的钢种，在非氧化介质中可使用含铝的钢种。在同样的合金成分条件下，应尽量采用低碳和超低碳的钢种。

在要求耐高温与腐蚀的苛刻条件下，使用镍基合金代替奥氏体不锈钢，如Inconel（因科镍）、Hastelloy Chromst等，20世纪60年代后我国已逐渐发展了镍基于铁镍基合金，可供航天、核电与燃气轮机等使用。这些材料使用大量的镍，使用价格昂贵，无论国外还是我国都缺镍，因此，除特殊需要外，不宜大量采用。

2. 奥氏体不锈钢在使用中的维护

应极力避免使钝态的奥氏体不锈钢进入敏化状态，应尽量避免使奥氏体不锈钢在有氧的含氯离子的高温水中长时间工作，应避免与高浓度的盐酸、氢氟酸长期接触。在短期接触上述介质后应使用除盐水把设备冲洗干净。奥氏体不锈钢也不宜在还原性的酸中长期使用。

通常认为奥氏体不锈钢的氯脆容易在80℃以上发生，低于60℃则不易发生，因此，尽量把它用在室温的环境中。如果含氯离子的高温水中使用不锈钢，应尽量将水中溶氧脱除干净。

核电厂二回路给水及凝结水均应经过深度除盐，使其电导率小于或等于0.1μS/cm，氯离子含氯小于或等于 2μg/L。亚临界参数锅炉和超临界参数锅炉给水与凝结水也应进行深度除盐，使给水电导率小于或等于 0.2μS/cm。应保证蒸汽质量合格，当锅炉停用时，使用除盐水对过热器和再热器进行冲洗，以免盐垢被蒸汽凝结下来引起奥氏体钢腐蚀。

第五节　酸腐蚀与碱腐蚀引起的失效

在锅炉炉管失效中，与水质直接有关的是酸腐蚀与碱腐蚀引起的穿孔与脆爆，它们的腐蚀产物还影响传热，使管壁温度升高，金属超温过热而蠕胀爆破。由于传热不良而引起的金属温度升高，又提高了酸腐蚀与碱腐蚀的速度，加重炉管失效的破坏程度。

锅炉水冷壁管的酸腐蚀表现为两种形式：一是锅水 pH 值低于 7 时的所有受热面的均匀酸腐蚀，其宏观表现为向火侧比背火侧显著减薄，呈现沟槽状或条形腐蚀坑；当腐蚀严重时，呈现沿晶发展倾向。腐蚀过程产生的氢较多地滞留于金属中，容易脆爆失效。另一种是在腐蚀坑中氯离子以氯化铁的水解形式产生的局部酸腐蚀，它可在锅水 pH 值大于 7 时产生，腐蚀坑中闭塞区内的局部锅水 pH 值可小于 4，当腐蚀程度较轻时，呈孔蚀特征，可采取穿透的形式失效，金属组织无显著改变；当腐蚀严重时，同样可使腐蚀过程中产生的氢进入金属，呈沿晶发展特征，以脆爆的形式失效。

锅炉水冷壁管的碱腐蚀发生于沉积物下，宏观表现为以皿状腐蚀坑穿透；当酸蚀程度严重时，可以脆爆的形式失效，此时，金属组织为沿晶腐蚀，类似于金属含氢量高的现象。

酸腐蚀多发生在以盐水等纯水、超纯水作补充水的锅炉上；碱腐蚀早期发生于以软化水作补充水的锅炉上；当有水质污染时，在纯水补充上同样可发生。这两种腐蚀的共同特点是：随锅炉参数升高，腐蚀穿透的失效形式逐渐为脆爆所取代。这是由于参数升高使介质（锅水）温度升高，水冷壁管温度升高，有了腐蚀产物后，管壁温度升高程度更为严重所致。

酸腐蚀的产生原因很多，使用一级除盐水作锅炉补充水时，阴床失效而使用阳床水穿过可使水的 pH 值小于 4。许多大容量工业锅炉使用一级除盐水作补充水都曾发生过这类脆爆；在发电厂锅炉上虽多配备混床，但是当补充率过高时，混床满足不了要求，直接补充一级除盐水的事例甚多，也有为此引起失效的。火力发电厂锅炉酸腐蚀的另一原因是，当凝汽器用海水冷却时，海水漏入凝结水中并随之入炉，氯化镁水解可产生盐酸。除盐系统不严密或操作失误，使酸液或再生废液窜入补充水中，也可引起水的 pH 值降低。由于除盐装置均以盐酸作再生剂，水中进入氯离子的机会甚多。例如，当用一级除盐水作补充水时，阴床失效即在水中出现盐酸。用海水冷却时，每漏入冷却水中 1g 固体残渣，就有 0.5g 以上的氯离子。

随着锅炉机组参数提高与用海水冷却的电厂增加（也包含用淡水冷却但是浓缩倍率较高的电厂），氯离子在腐蚀坑内的局部酸腐蚀问题将会越来越引起人们的注意。

尽管用除盐水作补充水时，锅水 pH 值不宜超过 10，但是在有附着物覆盖的局部区域，锅水可局部浓缩 102～105 倍，可使 pH 值达 12 以上。如果水中有游离碱，可产生碱腐蚀。

第五章 锅炉水处理化学知识

第一节 锅炉防磨防爆相关的化学知识

据近年来的统计，我国大型电厂因锅炉过热器、省煤器、水冷壁、再热器管爆漏引起的停机事故，占锅炉设备非计划停用时间的70%，其中化学因素占有一定的比重。随着机组参数的提高和新建机组的迅速增加，新建电厂的运行、技术管理人员如果跟不上，这类事故还有上升的趋势，是影响火电机组安全、经济运行的主要因素之一。

一、化学监督工作在锅炉安全工作中的重要地位

（一）从安全生产角度分析

一旦化学专业问题爆发，可能是大面积的、长时间的停炉、停机，甚至达到不可收拾的地步。较为突出的问题有锅炉水冷壁等受热面结垢、腐蚀或氢脆损坏，引起频繁爆管；给水管道氧腐蚀严重，必须进行停炉、停机更换；汽轮机轴封漏汽严重，造成汽轮机油乳化，被迫停机等，这些均会造成严重的后果。

（二）从经济运行角度分析，

在整个运行周期中，如果受热面结垢，还会大大降低发电厂的经济性。

为了保证热力系统中有良好的水质，必须对水进行适当的净化处理和严格地监督汽水质量。

（三）《防止电力生产重大事故的二十五项重点要求》

要求中明确了对防止设备大面积腐蚀的要求，其中对水化学方面的工作从补给水、给水的水质要求，从精处理运行方面，从机组启动及停备用保护方面提出了严格要求。

（四）放松化学监督，厂无宁日

电厂化学是火力发电厂生产过程不可缺少的技术专业之一，而化学技术监督则是火力发电厂安全生产的重要保证之一，它和其他技术监督一起为火力发电厂的安全经济运行保驾护航。

二、电厂化学水专业主要工作内容

锅炉化学监督的主要任务就是防止水、汽系统中金属材料的腐蚀、结垢和积盐，从而保证锅炉安全、经济运行。也就是要保证进入锅炉的水、汽品质能够满足其安全的需要，避免因介质因素对这些设备造成危害。热力设备的腐蚀往往是一个缓慢的过程，腐蚀的开始阶段一般不会直接威胁到设备的安全运行，如果人们对此不注意，任其发展，就可能造成严重的后果。但有时腐蚀发展很快，例如某电厂新投产的锅炉投运不足2个月就发生大面积腐蚀并多次爆管，不得不更换大量的水冷壁管。

电厂化学水专业工作主要包含以下几方面的内容：

（1）对原水进行净化处理，制备数量充足质量合格的补给水。它包括除去天然水中的悬浮物和胶体状态杂质的澄清、过滤等处理；除去水中溶解的钙、镁离子、溶解盐类的除盐处理。通常称为炉外水处理。

（2）对给水进行除氧、加药处理，从而保证给水系统设备的安全运行。

（3）对汽包锅炉进行锅水的加药处理和排污，通常称为锅水处理。

（4）对直流锅炉机组或亚临界压力以上汽包炉机组进行凝结水的净化处理，即凝结水精处理。

（5）对循环冷却水进行防垢、防腐和防止有机附着物等处理。

（6）对热力系统各部分的汽水质量进行监督。

（7）对锅炉设备进行化学清洗及做好设备停运期间的保养工作。

三、电厂化学水专业常用化学名词概述

（1）腐蚀：指金属物体表面和其周围介质发生化学或电化学反应，而使金属表面遭到破坏的现象。按其本质不同，分为化学腐蚀和电化学腐蚀。

（2）积盐：如果锅水水质不良，就不能产生高纯度的蒸汽，随蒸汽带出的杂质就会沉积在蒸汽通流部分的现象。

（3）结垢：由于锅内水质不良，经过一段时间运行后，在受热面与水接触的管壁上生成一些固态附着物的现象。

（4）机械携带：蒸汽因携带锅水水滴而带入某些杂质的现象。

（5）溶解携带：饱和蒸汽因溶解而携带水中某些杂质的现象。

（6）pH 值：溶液中氢离子（H^+）浓度的负对数。

（7）电导率：在一定温度下，截面积为 $1cm^2$，相距为 1cm 的两平行电极之间溶液的电导，是电阻率的倒数。除非特别指明，电导率的测量温度是标准温度（25℃）。

（8）热化学试验：即按照预定计划，使锅炉在各种不同工况下运行，寻求获得良好蒸汽品质的最优运行条件的试验。

（9）水渣：在锅水中析出呈悬浮状态和沉渣状态的物质。

（10）水垢：在热力设备的受热面与水接触的界面上形成的固体附着物。

（11）盐类暂时消失：有的汽包锅炉在运行时会出现一种水质异常的现象，即当锅炉负荷增高时，锅水中某些易溶钠盐的浓度明显降低；而当锅炉负荷减少或停炉时，这些钠盐的浓度重新增高的现象。

四、电厂水汽系统的杂质来源及其危害

（一）天然水中的杂质

天然水中的杂质是多种多样的，这些杂质按照其颗粒大小可分为悬浮物、胶体和溶解物质三大类。

1. 悬浮物

悬浮物通常用透明度或浑浊度（浊度）来表示。

颗粒直径在 10^{-4}mm 以上的微粒，这类物质在水中是不稳定的，很容易除去。水发生浑浊现象，都是由此类物质造成的。

2. 胶体

颗粒直径在 10^{-6}～10^{-4}mm 之间的微粒，是许多分子和离子的集合体，有明显的表面活性，常常因吸附大量离子而带电，不易下沉。

3. 溶解物质

溶解物质是指颗粒直径小于 10^{-6}mm 的微粒，它们大都以离子或溶解气体状态存在于水中。天然水中最常见的阳离子是 Ca^{2+}、Mg^{2+}、K^{+}、Na^{+}；阴离子是 HCO_3^-、SO_4^{2-}、Cl^-。在含盐量不大的水中，Mg^{2+} 的浓度一般为 Ca^{2+} 的 25%～50%，水中 Ca^{2+}、Mg^{2+} 是形成水垢的主要成分。

水中溶解盐类的表示方法如下：

（1）含盐量：表示水中所含盐类的总和。

（2）蒸发残渣：表示水中不挥发物质的量。

（3）灼烧残渣：将蒸发残渣在 800℃时灼烧而得。

（4）电导率：表示水导电能力大小的指标。

4. 溶解气体

天然水中常见的溶解气体有氧（O_2）和二氧化碳（CO_2），有时还有硫化氢（H_2S）、二氧化硫（SO_2）和氨（NH_3）等。

天然水中 O_2 的主要来源是大气中 O_2 的溶解，因为空气中含有 20.95%的氧，水与大气接触使水体具有自充氧的能力。另外，水中藻类的光合作用也产生一部分的氧，但这种光合作用并不是水体中氧的主要来源，因为在白天靠这种光合作用产生的氧，又在夜间的新陈代谢过程中消耗了。

地下水因不与大气相接触，氧的含量一般低于地表水，天然水的氧含量一般在 0～14mg/L 之间。

天然水中 CO_2 的主要来源为水中或泥土中有机物的分解和氧化，也有因地层深处进行的地质过程而生成的，其含量在几毫克/升至几百毫克/升之间。地表水的 CO_2 含量常不超过 20～30mg/L，地下水的 CO_2 含量较高，有时达到几百毫克/升。

天然水中 CO_2 并非来自大气，而恰好相反，它会向大气中析出，通常大气中 CO_2 的体积百分数只有 0.03%～0.04%，与之相反其在水中的溶解度仅为 0.5～1.0mg/L。水中 O_2 和 CO_2 的存在是使金属发生腐蚀的主要原因。

5. 微生物

在天然水中还有许多微生物，其中属于植物界的有细菌类、藻类和真菌类；属于动物界的有鞭毛虫、病毒等原生动物。另外，还有属于高等植物的苔类和属于后生动物的轮虫、涤虫等。

为了研究问题方便起见，人为地将水中阴、阳离子结合起来，写成化合物的形式，这称为水中离子的假想结合。这种表示方法的原理是，因为钙和镁的碳酸氢盐最易转化成沉淀物，所以令它们首先假想结合；其次是钙、镁的硫酸盐，而阳离子 Na^+ 和 K^+ 以及阴离子 Cl^- 都不易生成沉淀物，因此它们以离子的形式存在于水中。

（二）表征水中易结垢物质的指标

表征水中易结垢物质的指标是硬度，因为形成硬度的物质主要是钙、镁离子，所以通常认为硬度就是指水中这两种离子的含量。水中钙离子含量称钙硬（HCa），镁离子含量称镁硬（HMg），总硬度是指钙硬和镁硬之和，即 $H = HCa + HMg = [(1/2)Ca^{2+}] + [(1/2)Mg^{2+}]$。根据 Ca^{2+}、Mg^{2+} 与阴离子组合形式的不同，又将硬度分为碳酸盐硬度(HT)和非碳酸盐硬度(HF)。

(1) 碳酸盐硬度是指水中钙、镁的碳酸盐及碳酸氢盐的含量。因为此类硬度在水沸腾时就从溶液中析出而产生沉淀，所以有时也叫暂时硬度。

(2) 非碳酸盐硬度是指水中钙、镁的硫酸盐、氯化物等的含量。由于这种硬度在水沸腾时不能析出沉淀，所以有时也称永久硬度。

硬度的单位为毫摩尔/升 (mmol/L)，这是一种最常见的表示物质浓度的方法，是我国的法定计量单位。

(三) 表征水中碱性物质的指标

表征水中碱性物质的指标是碱度，碱度是表示水中可以用强酸中和的物质的量。形成碱度的物质如：

(1) 强碱。如 NaOH、$Ca(OH)_2$等，它们在水中全部以 OH^-形式存在。

(2)弱碱。如 NH_3的水溶液，它在水中部分以 OH^-形式存在。

(3)强碱弱酸盐类。如碳酸盐、磷酸盐等，它们水解时产生 OH^-。

天然水中的碱度成分主要是碳酸氢盐，有时还有少量的腐殖酸盐。

水中常见的碱度形式是 OH^-、CO_3^{2-}和 HCO_3^-。

碱度的单位为毫摩尔/升(mmol/L)。

(四) 表示水中酸性物质的指标

表示水中酸性物质的指标是酸度，酸度是表示水中能用强碱中和的物质的量。可能形成酸度的物质有强酸、强酸弱碱盐、弱酸和酸式盐。

天然水中酸度的成分主要是碳酸，一般没有强酸酸度。水中酸度的测定是用强碱标准溶液来滴定的。所用指示剂不同时，所得到的酸度不同。如用甲基橙作指示剂，测出的是强酸酸度；用酚酞作指示剂，测定的酸度除强酸酸度（如果水中有强酸酸度）外，还有 H_2CO_3酸度，即 CO_2酸度。水中酸性物质对碱的全部中和能力称总酸度。

这里需要说明的是，酸度并不等于水中氢离子的浓度，水中氢离子的浓度常用 pH 值表示，是指呈离子状态的 H^+数量；而酸度则表示中和滴定过程中可以与强碱进行反应的全部 H^+数量，其中包括原已电离的和将要电离的两个部分。

(五) 热力系统水汽中杂质的主要来源及其危害

(1) 补给水带入的杂质。在水处理设备正常运行的情况下，出水仍会残留一定的杂质，这些杂质随着补给水进入热力系统。

(2) 凝结水带入的杂质。当凝汽器中存在不严密处时，冷却水就会泄漏进凝结水中。冷却水一般为不处理的原水或部分处理的原水，水中各种杂质含量较高，即使有少量泄漏也会导致凝结水含盐量迅速增加。冷却水的泄漏对凝结水的污染是杂质进入热力系统的主要途径之一。

(3) 金属腐蚀产物被水流带入锅内。锅炉、水箱、热交换器、管道等热力设备，在机组运行、启动、停运中，都会产生一些腐蚀，其腐蚀产物多为铁、铜的氧化物，这些腐蚀产物是进入锅内又一类杂质来源。

(4) 药剂杂质的污染。加药处理的药品一般都含有不同程度的杂质，这些杂质随药剂带入锅内。

(5) 如果带入水汽系统杂质不控制在合理范围内，则会造成严重危害。

蒸汽锅炉在运行时，由于水中不可避免地含有一些杂质，水中杂质会黏附在锅筒和管壁上，这种现象称为结垢，这层结垢物称为水垢，按水中杂质成分的不同，有碳酸盐水垢、硫酸盐水垢、硅酸盐水垢和混合水垢之分。

按照垢在受热面上的形成原因不同，其形成过程可分为四类：难溶化合物超过其溶度积而析出；水中悬浮物和不溶物质的沉积；水渣经过溶解和再结晶由疏松不黏附转变为硬垢；介质温度提高，使某些在低温时溶解度大、高温时溶解度小的物质析出。运行实践表明，在锅炉中生成的钙镁盐类的沉淀物有两种形式存在：形成水垢、黏附在受热面上；形成水渣，黏附在金属壁上或悬浮在锅水里。

从锅水中析出的钙镁盐类，成为水垢或成为水渣，不仅取决于它们的化学成分和结晶状态，而且还与析出条件有关，如在省煤器给水管道和锅炉本体的低温段受热面上，锅水中吸出的碳酸钙常生成坚硬的水垢，而在锅炉本体受热面中，当锅水的碱度较高，又处于剧烈的沸腾状态，则析出的碳酸钙常形成松软的水渣。水中杂质和水垢对锅炉的安全经济运行危害很大，主要表现如下：

(1) 降低蒸汽锅炉的热效率，耗煤量增加，造成经济损失。如果对锅炉给水不进行处理，蒸汽锅炉运行不久就会结很厚的水垢，使锅炉的热效率降低，耗煤量增多。

(2) 引起锅炉受热面过热，影响安全运行，锅炉结水垢后，受热面的金属与锅水间隔着一层传热能力很差的水垢，金属得不到很好的冷却，容易过热损坏。正常情况下，尽管炉膛温度高达 1200～1400℃，但是炉管的温度只比锅水高 5～10℃。这是由于金属传热能力强的原因，当受热面结水垢后，因传热能力降低，会导致炉管温度升高。

(3) 破坏正常的锅炉水循环，造成爆管事故。在受热面管内生成水垢后，缩小管子内截面积，增加了管内水循环的流动阻力，严重时甚至完全堵塞，这样就破坏了锅炉的正常水循环，容易造成爆管事故。

(4) 引起蒸汽锅炉金属腐蚀。锅炉金属腐蚀的基本形式可分为均匀腐蚀和局部腐蚀。发生在锅炉金属上的腐蚀的机理非常复杂，有设计方面的原因，如元件的扳边弧度太小；有制造方面的原因，如冷加工装配不良产生的内应力；有材料方面的原因，也有介质方面的原因。锅炉金属被腐蚀后将导致元件厚度逐渐减薄、强度下降而发生事故。

(5) 恶化蒸汽品质。蒸汽被污染而品质下降，通常是指汽水共腾以后蒸汽带有杂质和水分，当锅水中含有较多的溶解盐类和悬浮物时，随着锅水不断蒸发浓缩，其含盐量和碱度逐渐增高，会使大量的胶体粒子上升到蒸发面，从而使锅水蒸发时形成的微小气泡既不宜破裂，又难以合并变大，因而形成一层泡沫层，造成锅水发泡起沫，并引起汽水共腾，使蒸汽带较多的水分、盐类及其他杂质，这些杂质会在过热器、蒸汽管道和用汽设备内沉积，不仅影响传热、降低热效率，还会损坏设备，造成事故。

第二节　火力发电厂中的水处理

为了防止水中的杂质进入锅炉后发生沉淀和结垢，一般对原水进行预处理（混凝、澄清、曝气、过滤）和水的除盐处理［一级除盐、脱二氧化碳、二级除盐或超滤、反渗透、连续电除盐（Electrodeionization，EDI）］，尽量使锅炉补给水中的杂质最少；为了防止水对水汽、系统金属的腐蚀，防止腐蚀产物进入锅炉并引起水冷壁的腐蚀、结垢以及防止蒸汽携带杂质引起过热器和汽轮机腐蚀、积盐等，需要对给水和锅水进行处理。例如，给水中的腐蚀

产物 Fe_3O_4、CuO 进入锅炉后，一方面在锅炉热负荷高的部位沉积，产生铜、铁垢，影响热的传递，严重时发生锅炉爆管，另一方面铜垢容易被高压蒸汽携带，往往沉积在汽轮机的高压缸部分。因此，既要严格控制锅炉给水的质量，又要对给水、锅水进行合理的处理，防止发生任何形式的腐蚀。

一、锅炉补给水处理

锅炉给水通常由补给水、凝结水和生产返回水组成。因此，给水的质量通常与这些水的质量有关。为什么要不停地向锅炉补水呢？这是因为虽然火力发电厂中的水、汽理论上是密闭循环的，但实际上总是有一些水、汽损失，包括以下几个方面：

(1) 锅炉：汽包锅炉的连续排污、定期排污，汽包安全阀和过热器安全阀排汽，蒸汽吹灰、化学取样等。

(2) 汽轮机：汽轮机轴封漏汽、抽汽器和除氧器的对空排汽和热电厂对外供汽等。

(3) 各种水箱：如疏水箱、给水箱溢流和其相应扩容器的对空排汽。

(4) 管道系统：各种管道的法兰连接不严和阀门泄漏等。

因此，为了维护火力发电厂热力系统的正常水、汽循环，机组在运行过程中必须要补充这些水、汽损失，补充的这部分水成为锅炉的补给水。补给水要经过沉淀、过滤、除盐等水处理过程，把水中的有害物质除去后才能补入水、汽循环系统中。

目前，常用的补给水处理方式包括预处理和离子交换除盐，制备合格的除盐水供给锅炉。预处理工艺包括混凝沉淀、生物降解、过滤、超滤、反渗透等工艺，离子除盐包括离子交换树脂除盐、EDI 等。

火力发电厂的补给水量与机组的类型、容量、水处理方式等因素有关。凝汽式 300MW 以上机组的补水量一般不超过锅炉额定蒸发量的 1.0%。

二、凝结水处理

对于直流锅炉和部分 300MW 及以上的汽包锅炉的机组，由于锅炉对水质要求非常严格，通常要对凝结水进行精处理。凝结水的处理方式有物理处理和化学处理。物理处理包括电磁过滤、强磁除铁过滤、纸浆过滤和树脂粉末过滤等。化学处理包括阳离子交换、阴离子交换和精除盐等。在火力发电厂中应用最多的精处理设备是高速混床。

三、给水处理

因为给水水质即使很纯，也会对给水系统金属造成腐蚀，所以必须选择适当的给水处理方式，将给水系统的金属腐蚀降到最低限度。目前，有三种给水处理方式，即还原性全挥发处理［AVT (R)］、氧化性全挥发处理［AVT (O)］和加氧处理 (OT)。各电厂可根据机组的材料特性、炉型及给水纯度采用不同的给水处理方式。

四、锅水处理

对于汽包锅炉，由于锅水的深度浓缩，即使给水很纯锅水也可能达到腐蚀、结垢的程度。选择适当的锅水处理方式，就是将锅水的腐蚀、结垢降到最低限度。目前，有三种锅水处理方式，即磷酸盐处理 (PT)、氢氧化钠处理 (CT) 和全挥发处理 (AVT)。各电厂可根据炉型、凝结水精处理的配置以及给水、锅水纯度采用不同的锅水处理方式。

五、冷却水处理

对于所有的冷却水一般都应采取杀菌、灭藻措施。对于采用冷水塔冷却的机组，由于水在冷水塔蒸发而浓缩，容易发生腐蚀、结垢问题。一方面需要大量的补水，一般占整个电厂用水量的70%左右；另一方面需要加阻垢剂和缓蚀剂防止凝汽器管发生腐蚀、结垢问题。

第三节　热力设备在运行期间的腐蚀与防止

热力设备在运行期间，由于所处的环境介质在特定的条件下具有侵蚀性，如不同阴离子含量、不同pH值的水会对金属产生各种各样的腐蚀。从腐蚀形态上来说主要有均匀腐蚀和局部腐蚀，其中局部腐蚀对设备的安全运行危害较大。热力设备的腐蚀不仅会缩短设备的使用年限，造成经济损失，同时还会危害其他设备，例如，腐蚀产物随给水进入锅炉后会加剧受热面的结垢速度并进一步引起垢下腐蚀，形成恶性循环，最终造成设备事故。因此，必须采取有效措施，防止或减缓各种类型的腐蚀。

锅炉运行时，由于温度和压力都很高，炉管管壁温度很高，设备各部分的应力很大，且由于水中杂质在锅炉内浓缩析出形成沉积物，这些因素都会促进金属发生腐蚀。汽包锅炉如果水质不良，就会引起水汽系统结垢、积盐、金属腐蚀等故障，还会导致锅炉过热蒸汽品质劣化，影响汽轮机的正常运行。水汽系统发生较严重的腐蚀或结垢会导致锅炉爆管。

一、金属腐蚀简介

金属材料与周围的介质发生了反应而遭到破坏的现象称为金属腐蚀。破坏的结果不但损坏了其固有的外观形态，而且也破坏了金属的物理和化学性能。腐蚀其实是一个相对概念，金属无论接触到什么介质，都会发生腐蚀，只不过腐蚀速度不同而已。

（一）按腐蚀机理分

按照腐蚀机理，金属腐蚀一般可分为化学腐蚀和电化学腐蚀。

1. 化学腐蚀

化学腐蚀指金属与周围介质直接发生化学反应引起的腐蚀。这种腐蚀多发生在干燥的气体或其他非电解质中。例如，在炉膛内，水冷壁外表面金属在高温烟气的作用下引起的腐蚀；在过热蒸汽管道内，金属与过热蒸汽直接作用引起的腐蚀等。

2. 电化学腐蚀

电化学腐蚀指金属与周围介质发生了电化学反应，在反应过程中有局部腐蚀电流产生的腐蚀。金属处在潮湿的地方或遇到水时，容易发生电化学腐蚀。这类腐蚀在生产中较为普遍，而且危害性较大。例如，钢铁与给水、锅水、冷却水以及湿蒸汽、潮湿的空气接触所遭到的腐蚀，都属于电化学腐蚀。

（二）按腐蚀的形态分

按照腐蚀的形态可分为均匀腐蚀和局部腐蚀。

1. 均匀腐蚀

均匀腐蚀指金属表面几乎全面遭受的腐蚀。

2. 局部腐蚀

局部腐蚀指腐蚀主要集中在金属表面的某个区域，而其他区域几乎未遭到任何腐蚀的现象。局部腐蚀常见有以下几种类型：

（1）小孔腐蚀。又称点腐蚀。腐蚀集中在个别点上，向纵深发展，最终造成金属构件腐蚀、穿孔。

（2）溃疡状腐蚀。指在金属某些部位表面上损坏较深，腐蚀面较大的腐蚀。

(3) 选择性腐蚀。在合金的金属表面上只有一种金属成分发生腐蚀。该腐蚀使金属的强度和韧性降低，如黄铜脱锌的腐蚀。

(4) 穿晶腐蚀。腐蚀贯穿了晶粒本体，使金属产生极其细微难以察觉的裂纹。

(5) 晶间腐蚀。又称苛性脆化。腐蚀沿着晶粒的边界进行，形成极为细小的交错的裂纹。这种裂纹人的眼睛无法发现，只能借助专门的仪器检查。

(6) 电偶腐蚀。又称异金属接触腐蚀。两种以上的金属接触，由于各自的腐蚀电位不同，接触后形成电位差，使其中的一种金属发生快速腐蚀。例如，凝汽器铜管和管板接触发生的腐蚀就属于电偶腐蚀。

发生电偶腐蚀有如下两个必要条件：

1) 两种金属在同一介质中的电位不同；

2) 所处的介质是导电的。电位差越大、介质的导电性越强，电偶腐蚀速率越快。

与局部腐蚀相比，均匀腐蚀金属重量损失较多，但从金属强度的损失来讲，局部腐蚀大于均匀腐蚀，尤其是发生在晶粒上的腐蚀。一般说，局部腐蚀比均匀腐蚀危害要大得多。

（三）影响腐蚀的因素

1. 水中杂质的影响

尽管锅炉给水经过严格的水质净化处理，但在热力设备运行过程中少量杂质会进入水、汽循环系统，由于锅炉蒸发量很大，锅水的浓缩倍率很高，例如，300MW及以上的机组，锅水的浓缩倍率一般在几十倍到几百倍。在高温、高压条件下，极易引起腐蚀。例如，各发电企业都对锅炉的排污率有一定规定，就是防止汽报锅水过分浓缩引起腐蚀问题。

2. 水中溶解气体的影响

水中溶解气体主要指水中的溶解氧和二氧化碳，其来源主要是补给水带入、凝汽器泄漏以及微量杂质在炉内分解等。这些气体溶解于水后，或影响水的pH值，或影响金属的腐蚀电位，会促进金属腐蚀。

在高温、高压条件下，水的溶解氧量、电导率和pH值是影响金属腐蚀的关键因素。

3. 金属所处的温度、压力以及应力等影响

例如，温度过高会加剧金属的腐蚀，使金属薄弱部位更容易腐蚀，发生爆破；金属在腐蚀介质的环境中，在拉应力的作用下容易产生应力腐蚀裂开，合金钢和不锈钢尤为敏感。

二、运行期间给水系统的腐蚀及防止

火力发电厂中的给水系统包括低压给水系统和高压给水系统。其设备包括凝汽器汽侧、低压加热器、除氧器、高压加热器和省煤器以及相关的管道、阀门、泵、疏水箱等设备。由于水中溶解气体以及其他杂质的影响，在运行中给水系统的金属材料会发生溶解氧腐蚀和二氧化碳腐蚀。

给水系统腐蚀过程若控制不当，将会有相当数量腐蚀产物（大部分是铁的氧化物）迁移至汽水系统，造成汽水系统设备的结垢量增加。

（一）溶解氧腐蚀

1. 腐蚀原理

溶解氧腐蚀是一种电化学腐蚀，溶解氧在阴极还原和铁原子在阳极氧化而形成腐蚀原电池。因为在腐蚀电池中铁的电极电位比氧电极的电位低，所以铁是电池的阳极，铁发生氧化由原子变成离子而遭到腐蚀破坏。

2. 腐蚀特征

钢铁发生溶氧腐蚀时，在其表面往往形成直径为1～30mm的小鼓包，鼓包表层的颜色有黄褐色到砖红色，氧的浓度越高，颜色越偏黄；氧的浓度越低，颜色越偏黑。次层是黑色粉末状的腐蚀产物，去掉腐蚀产物后金属基体留有腐蚀坑。但在水流速较高的部位基本无腐蚀产物，在金属表面会出现不规则的坑洞或溃疡状的蚀面。

3. 腐蚀部位

在给水系统中，温度越低、水中的溶解氧浓度越高，氧腐蚀越严重。例如，凝汽器和低压给水系统溶解氧腐蚀比较严重，其钢铁表面呈砖红色。除氧器以后的设备其表面的颜色逐渐转为钢灰色甚至黑色。一般地，从除氧器后第一个高压加热器以后的设备不发生溶解氧腐蚀。这是因为，经除氧器除去水中的大部分溶解氧后，剩余的少量的溶解氧在除氧器后的第一个高压加热器已经消耗完，所以以后的设备在运行期间一般不会发生溶解氧腐蚀。但是如果除氧器运行不正常时，也可能包括省煤器甚至锅炉在内都发生溶解氧腐蚀。

（二）二氧化碳腐蚀

空气中的二氧化碳约占总体积的0.03%。二氧化碳溶解于水后会降低水的pH值，引起酸性腐蚀。低pH值会破坏金属表面的氧化膜，促进和加速金属的腐蚀速度。

二氧化碳腐蚀主要发生在低压给水系统中。二氧化碳的主要来源是补给水带入。将补给水喷淋到凝汽器中可以利用真空负压抽气系统除去补给水中的二氧化碳和溶解氧。

（三）防止运行中给水系统金属腐蚀的方法

为了抑制给水系统金属的一般性腐蚀和FAC（流动加速腐蚀），减少随给水带入锅炉的腐蚀产物和其他杂质，防止因减温水引起的混合式过热器、再热器和汽轮机积盐，除了尽量减少进入给水中的杂质外，还应对给水进行必要的处理。目前，给水处理的方法有三种，各电厂可根据机组的材料特性、炉型及给水纯度而采用不同的给水处理方式。详见DL/T 805.4—2004《火电厂汽水化学导则　第4部分：锅炉给水处理》和DL/T 805.1—2011《火电厂汽水化学导则　第1部分：直流锅炉给水加氧处理》

三、炉水系统金属的腐蚀及防止

虽然进入锅炉的给水都是经过净化并进行过处理的水，但是汽包锅炉的浓缩倍率高达几十倍甚至几百，微量的杂质也会在高度浓缩下析出，并在锅炉内聚集形成沉积物，因此，也会使金属发生腐蚀，尤其是局部腐蚀。汽水系统常见的几种腐蚀形式如下：

（一）沉积物下腐蚀

当锅炉金属表面附着有水垢或水渣时，在其下面会发生严重的腐蚀，称为沉积物下腐蚀，这是高压锅炉常见的一种腐蚀形式。

1. 沉积物下腐蚀原理

在正常运行条件下，锅内金属表面常覆盖的一层Fe_3O_4，这是金属在高温锅水中形成的，即

$$3Fe+4H_2O \longrightarrow Fe_3O_4+4H_2 \quad (>300℃)$$

这样的保护膜是致密的且具体良好的保护性能，如果遭到破坏，金属在高温锅水中很容易受到腐蚀，促使四氧化三铁保护膜被破坏的一个重要原因就是锅水的pH值不合适。

在pH<8的情况下，氢离子起了去极化作用，此时的反应产物都是可溶解的，不易形成保护膜。

在 pH＞13 的情况下，金属表面的四氧化三铁保护膜被破坏，则

$$Fe_3O_4+4NaOH \longrightarrow 2NaFeO_2+Na_2FeO_2+2H_2O$$

$$Fe+2NaOH \longrightarrow Na_2FeO_2+H_2$$

亚铁酸钠是可溶的，随着 pH 值的不断升高，腐蚀速度迅速增大。在一般条件下，由于锅水 pH 值常控制在 9～11，锅炉金属表面的保护膜是稳定的，不会发生腐蚀，但当金属表面有沉积物时，由于沉积物的传热性差，沉积物下金属管壁温度升高，渗透到沉积物下的锅水发生急剧蒸发浓缩，且由于沉积物的阻碍不易与锅水混合均匀，使沉积物下的浓溶液对锅炉造成侵蚀。

当锅水中有游离氢氧化钠时，由于参透到沉积物下的锅水高度浓缩，pH 值升得很高，pH＞13 时，对金属造成腐蚀。

当凝汽器泄漏时，锅水中存在有 $MgCl_2$ 和 $CaCl_2$，发生的反应为

$$MgCl_2+2H_2O \longrightarrow Mg(OH_2)\downarrow+2HCl$$

$$CaCl_2+2H_2O \longrightarrow Ca(OH)_2\downarrow+2HCl$$

生成物中的盐酸对金属产生腐蚀。

2. 沉积物下腐蚀的分类

沉积物下腐蚀分为酸性腐蚀和碱性腐蚀。

（1）酸性腐蚀。炉管沉积物下沉积一层沉积物，且锅水中含有氯化镁及氯化钙，在沉积物下积累了很多去极化剂氢离子，发生酸性腐蚀。阴极反应生成的氢气受到沉积物的阻碍不能扩散汽水中，因此在管壁与沉积物之间积累了大量氢气，这些氢一部分可能扩散到金属内部，和碳钢中的碳化铁（渗碳体）发生反应。因而造成碳钢脱碳，金相组织受到破坏，并且反应产物甲烷会在金属内部产生压力，使金属组织中产生裂纹。

（2）碱性腐蚀。如果锅水中有游离氢氧化钠，那么在沉积物下会浓缩有很高浓度的氢氧根，发生碱性腐蚀。

此时处于沉积物外部的锅水和沉积物相关，锅水的氢氧根离子浓度小，氢离子浓度大，因此阴极反应不是发生在沉积物下面，而是发生在没有沉积物的背火侧的管壁上，这时生成的氢气没有阻碍，可进入汽水系统中，所以不会发生钢的脱碳现象，只是在沉积物下形成一个个腐蚀坑。

3. 引起沉积物下腐蚀的运行条件

发生沉积物下腐蚀的必要条件是锅炉管壁上有沉积物且锅水有侵蚀性。造成这些条件的工况如下：

（1）结垢物质带入锅内。给水带有结垢性物质（主要是铁的腐蚀产物）是引起锅内发生沉积物下腐蚀的一个重要因素。因为在运行中，这些带入的结垢物质容易沉积在管壁的向火侧，所以腐蚀多半发生在向火侧。

（2）凝汽器泄漏。冷却水中的碳酸氢盐因凝汽器泄漏进入给水中后，到了锅内会发生化学反应，结果在锅水中产生游离的 NaOH，这就可能引起炉管的沉积物下碱性腐蚀。当冷却水中含有较多的水解后呈酸性的盐类时，如 $MgCl_2$ 和 $CaCl_2$，凝汽器的泄漏就容易引起脆性腐蚀。因此，当用海水或苦咸水做冷却水时，更应特别注意防止凝汽器的泄漏。

（3）补给水水质不良。锅炉给水中的某些杂质，会促进沉积物下的腐蚀。例如，当补给

水中含有的碳酸盐碱度较大时，将在锅内会转化为氢氧化钠，引起延性腐蚀。

4. 沉积物下腐蚀的防止

（1）新装锅炉要进行化学清洗，运行锅炉定期进行清洗，以除去沉积在金属管壁上的腐蚀产物。

（2）提高给水水质，防止给水系统腐蚀。

（3）尽量防止凝汽器的泄漏。

（4）调节锅炉水质，消除或减少锅水的侵蚀性杂质，如对锅水进行低磷酸盐处理，控制氢氧化钠的加入量，消除游离的氢氧化钠。

（5）做好锅炉停用保护工作，防止停用腐蚀，以免炉管金属表面上附着腐蚀产物。还可避免停用腐蚀产物增加运行时锅水的含铁量。

（二）氧腐蚀

在正常运行情况下，一般不会有大气侵入锅内，所以锅内一般不会发生氧腐蚀，但在下列情况下，有可能会发生氧腐蚀。

1. 除氧器运行不正常

如送入除氧器的蒸汽量调节不及时、除氧器负荷变动过大、间断性向除氧器中补加大量补给水、对溶解氧测定不准确等。腐蚀首先发生在省煤器进口端，并可能发展到省煤器中部和尾部，直至锅炉下降管。在锅炉上升管内一般不会发生氧腐蚀，这里的氧集中在汽泡中，不会到达金属表面。

2. 基建时和停用期间无防护锅炉

在锅炉基建和停用期间，如果没有采取保护措施，大气中的氧和水汽侵入锅炉，就会导致锅炉腐蚀。在基建中发生的腐蚀，可通过启动前的化学清洗进行清除，但如果形成腐蚀坑，会在运行中形成腐蚀电池，继续发生电化学腐蚀，因此在基建中好应做好防腐蚀工作。停炉时的氧腐蚀通常发生在整个水汽系统中，往往比运行时发生的氧腐蚀严重得多，由于腐蚀造成金属的表面损伤，在锅炉投入运行后会继续产生不良影响，所以停用腐蚀危害非常大，对停用锅炉要做好防腐蚀措施。

（三）水蒸气腐蚀

当过热蒸汽温度高达450℃时，会与碳钢发生反应，在450～570℃之间时，它们的反应生成物为四氧化三铁，即

$$3Fe+4H_2O \longrightarrow Fe_3O_4+4H_2$$

当温度达570℃以上时，生成物为三氧化二铁，即

$$Fe+H_2O \longrightarrow FeO+H_2$$

$$2FeO+H_2O \longrightarrow Fe_2O_3+H_2$$

这两种反应都是化学反应，所引起的腐蚀属于化学腐蚀，当产生这种腐蚀时，管壁均匀地变薄，腐蚀产物常常呈粉末状或鳞片状，多半是Fe_3O_4。

在锅内，发生的部位通常在汽水停滞部位或过热器中。

防止方法如下：

（1）消除锅炉中倾斜度小的管段，保证汽水正常循环。

（2）对于过热器，采用特种钢材制造，如耐热奥氏体不锈钢。

(四) 应力腐蚀

金属除了受某些侵蚀性介质作用之外，同时还受机械应力的作用时，会发生裂纹损坏，这种腐蚀称为应力腐蚀。应力腐蚀有以下几种类型：

1. 腐蚀疲劳

指在交变应力作用下发生的一种应力腐蚀。它所产生的裂纹有穿晶的，也有晶间的。这是由于锅炉金属材料在受不同方向、大小的应力时，与水相接触的金属表面上的保护膜被这种交变应力破坏，因而发生电化学不均一性，导致的局部腐蚀。常发生在汽包的管道连接处。如给水管接头、加药管接头、定期排污管接头与下联箱的连接处。

防止措施为消除应力。

2. 应力腐蚀开裂

应力腐蚀开裂指奥氏体钢在应力和侵蚀性介质作用下发生的腐蚀损坏。氯化、氢氧化钠、硫化物等物质都对奥氏体钢有很强的侵蚀性，是发生在高参数锅炉的过热器和再热器等奥氏体钢部件上的一种特殊的应力腐蚀。

防止措施为在制造、安装、检修时应尽可能消除应力。

3. 苛性脆化

苛性脆化指水中的氢氧化钠使受腐蚀金属发生的一种脆化。腐蚀的结果是金属晶粒间发生裂纹，也叫晶间腐蚀。发生苛性脆化的三个同时存在的必备因素如下：

(1) 锅水含有一定量的游离氢氧化钠。

(2) 锅炉是铆接或胀接，且这些部位存在不严密的地方，发生水质的局部浓缩。

(3) 金属中存在很大的应力。

防止措施为控制相对碱度，对锅水实施 pH 值—磷酸盐处理。

因为电厂锅炉由于不存在铆接或胀接结构，所以一般不会发生苛性脆化。

四、水垢与水渣及锅水的处理

锅炉运行一段时间后，由于水质不良，会在受热面与水接触的管壁上生成一层固态附着物，这一现象称为结垢，附着物叫水垢。

在锅水中析出的固体物质，有时会悬浮在锅水中，有时会沉积在汽包和联箱的底部等水循环缓慢的地方，形成水渣。

(一) 水垢的分类、性质及危害

1. 分类

水垢中有多种成分，往往以一种成分为主决定水垢种类。按主要化学成分常常将水垢分为钙镁水垢、硅酸盐水垢、氧化铁垢和铜垢等。

2. 性质

水垢的物理性质指标通常有坚硬度、孔隙率、导热性等，导热性差是水垢的重要特性。

3. 水垢的危害

(1) 结垢后导热性差，造成管壁温度升高、过热，引起鼓包、爆管事故。

(2) 水垢导热性能差，造成燃料浪费，降低了热效率，增加了电力生产成本。

(3) 结垢以后，影响了锅炉正常的水循环，严重时会造成爆管事故。

(4) 造成沉积物下腐蚀。

(5) 增加化学清洗次数，延长了停机时间，造成一定的经济损失。

(6) 缩短锅炉有效使用寿命。

(二) 水渣的组成、分类及危害

1. 组成

水渣的化学成分较复杂，主要有碳酸钙、氢氧化镁、碱式碳酸镁、磷酸镁、碱式磷酸钙、蛇纹石、金属的腐蚀产物等。

2. 分类

一种是不会粘在受热面上的水渣，这类水渣较松软，常悬浮在锅水中，容易随排污从锅内排出，如碱式磷酸钙、蛇纹石等；另一种是容易粘在受热面上的水渣，这类水渣会转变成二次水垢，如磷酸镁和氢氧化镁等。

3. 危害

水渣太多，不仅影响锅炉蒸汽品质，还会堵塞炉管，威胁锅炉安全运行。因此应尽可能防止磷酸镁和氢氧化镁水渣，以免生成二次水垢。

(三) 水垢的成因及防止

1. 钙镁水垢

(1) 形成原因。随水温的升高某些钙镁盐类（如硫酸钙）的溶解度反而下降；水不断浓缩，某些盐类从水中析出；水中的某些盐类发生化学反应生成不溶物等。碳酸盐水垢容易在省煤器、加热器、给水管道等处生成；硫酸钙、硅酸钙水垢主要在热负荷高的受热面上形成，如炉管、蒸发器及蒸汽发生器。

(2) 防止措施。

1) 彻底去除水中硬度；

2) 保证凝汽器不泄漏；

3) 控制生产返回水水质。

2. 硅酸盐水垢

(1) 形成原因。给水中铝、铁和硅的化合物含量高，是在热负荷高的炉管内形成硅酸盐水垢的主要原因。

(2) 防止措施。应尽可能降低给水中的硅化合物、铝和其他金属氧化物的含量。一方面要对补给水中的硅含量进行严格控制，另一方面要防止凝汽器泄漏。

3. 氧化铁垢

(1) 形成原因。

1) 水中铁的化合物沉积在管壁上形成氧化铁垢。水中氧化铁带一定的正电荷而高温下的炉管带一定的负电荷，造成水中的氧化铁逐步吸附到管壁上。

2) 炉管金属腐蚀的产物转化为氧化铁垢。

(2) 防止措施。

1) 减少锅水中的含铁量；

2) 防止锅炉金属腐蚀。

4. 铜垢

(1) 形成原因。热力系统中铜合金设备腐蚀后，铜的腐蚀产物随给水进入锅炉，铜离子在锅炉热负荷大、保护膜破损的地方（与其他地方产生电位差，带有负电量）不断析出金属铜。铜垢的形成速度与热负荷有关，热负荷最大的管段形成的铜垢量最多。

(2) 防止措施。

1) 防止炉管局部热负荷过高;

2) 要尽量减少给水的含铜量，防止给水及凝结水系统中铜设备的腐蚀。

(四) 易溶盐的隐藏现象

易溶盐的隐藏现象指当锅炉负荷增高时，锅水中的某些易溶盐类便从锅水中析出，沉积在金属管壁上，使它们在锅水中的浓度降低；而当锅炉负荷降低时，这些盐又重新溶解下来，使它们在锅水中的浓度升高的现象。锅水中的易溶盐通常有氢氧化钠、氯化钠、硫酸钠、硅酸钠、磷酸三钠等。

产生这一现象的原因，一方面，与锅炉水中易溶盐类的溶解特性有关；另一方面，与锅炉的负荷和运行工况有关。

因为氢氧化钠和氯化钠的溶解度随水温升高而增大，而且饱和溶液的沸点比纯水的沸点大得多，所以这两种盐不会发生暂时消失现象。而硫酸钠、硅酸钠、磷酸三钠在水中的溶解度，先是随温度升高而增大，当温度升高到200℃以上时，溶解度明显下降，而且这几种钠盐的饱和溶液的沸点都比较低，当锅炉管壁有局部过热现象时，这些盐类的水溶液就会很快被蒸干，并以固态附着物的形态在管壁上析出，引起暂时消失现象。

当锅炉负荷增大时，如果控制不好，就会在水冷壁上升管中产生膜状沸腾、汽水分层、自由水面等不正常工况，这些不正常工况都会使靠近管壁的水溶液很快被蒸干，而水溶液中的盐类在管壁上析出。当锅炉负荷降低时，这些不正常工况就会消失，管壁上附着的盐类又重新被水溶解和冲刷下来。

易溶盐的隐藏现象危害如下:

(1) 能与炉管上的其他沉积物，如金属腐蚀产物、硅化合物等发生反应，变成难溶水垢。

(2) 因炉管上形成易溶盐附着物造成传热不良，在某些情况下也可能直接导致炉管金属严重超温，甚至烧坏。

(3) 可能引起沉积物下的腐蚀。

(4) 造成锅水化验数据不能反映某些盐类的真实含量情况。

(五) 锅水的处理

为了防止锅炉的腐蚀，要从防止炉管形成沉积物和消除锅水侵蚀性两方面着手，必须选用合理的锅水处理方式，调节锅水成分，减轻或消除锅水的侵蚀性。

目前，锅水的处理方式有磷酸盐处理、氢氧化钠处理和全挥发处理，各个电厂根据本厂的实际情况选择合理的处理方式。

在DL/T 805.2—2004《火电厂汽水化学导则　第2部分：锅炉炉水磷酸盐处理》和DL/T 805.3—2013《火电厂汽水化学导则　第3部分：汽包锅炉炉水氢氧化钠处理》中对磷酸盐处理和氢氧化钠处理的使用做了详细的规定。

1. 磷酸盐处理

为了防止炉内生成钙镁水垢和减少水冷壁管腐蚀，向锅水中加入适量磷酸三钠进行处理。

在我国磷酸盐处理应用广泛，汽包锅炉采用这种处理方式约占90%以上。磷酸盐处理可在一定程度上防止锅水产生水垢，提高锅水的缓冲性并保持锅水呈弱碱性，中和因凝汽器泄漏在锅炉内产生的酸或碱。但因为磷酸盐处理会增加锅水的含盐量，有时会发生隐藏现象，导致锅炉发生酸性磷酸盐腐蚀，所以提出了锅水的低磷酸盐处理方式，即维持低浓度的磷酸盐含量，同时加入少量的氢氧化钠，以维持锅水的 pH 值达到要求，从而最大限度地避免了磷酸盐隐藏现象的发生。

2. 氢氧化钠处理的原理

在锅水中由于氢氧化钠与氧化铁反应生成铁的羟基络合物，使金属表面形成致密的保护膜。

3. 氢氧化钠处理的目的

在溶液中保持适量的 OH^-，抑制因锅水中氯离子、机械力和热应力对氧化膜的破坏作用。锅水采用氢氧化钠处理是解决锅水 pH 值降低的有效方法之一。氢氧化钠处理的应用要注意其适用条件的要求。

直流锅炉只能采用全挥发性处理。

五、蒸汽系统的防腐与防积盐

一般地，蒸汽系统不进行任何化学处理。为了防止蒸汽系统腐蚀和积盐，一般都是通过给水处理和锅水处理来间接控制蒸汽系统的腐蚀；通过控制锅炉的运行方式和锅水水质来间接控制蒸汽的品质。

蒸汽系统的腐蚀大多与金属材料和过热状况有关，而积盐一般与汽水分离装置和蒸汽品质有关。与锅水水质相比，蒸汽中杂质含量要少很多。尽管蒸汽中大多数杂质的浓度都只有锅水的 0.1‰～1‰，但是蒸汽系统没有任何处理和可排污的措施，杂质不管是以水滴的方式或是以溶解携带的方式带入蒸汽中，经过蒸干和降压之后，如果杂质在蒸汽中的浓度大于溶解度，它将沉积在过热器中，即产生积盐。

（一）蒸汽的污染

1. 过热蒸汽污染的原因

当过热蒸汽系统中的减温器正常运行时，过热蒸汽的品质取决于由汽包送出的饱和蒸汽。因此要使锅炉送出的过热蒸汽汽质好，关键在于保证饱和蒸汽的品质。防止过热蒸汽的污染，必须保证喷水减温器的水质或防止表面式减温器泄漏。对于亚临界压力锅炉的机组，必须防止因凝汽器泄漏而影响减温水水质。

2. 饱和蒸汽污染的原因

（1）蒸汽带水。即所谓的机械携带。就是锅水中的各种杂质以水溶液的形式带入蒸汽中。在实际工作中，常用机械携带系数 K_j 来表示饱和蒸汽的带水量。

（2）蒸汽溶解杂质。也就是所谓的溶解携带。蒸汽是一种介质，也有溶解某些物质的能力，蒸汽的压力越高，蒸汽的密度越大，溶解能力就越强。饱和蒸汽溶解某物质的能力可用分配系数 K_f 表示。

锅水中常见物质按其在饱和蒸汽中溶解能力的大小可分为三类，一类是硅酸（H_2SiO_3、$H_2Si_2O_5$ 等），其分配系数最大；二类是氯化钠、氢氧化钠等，它们的分配系数比硅酸低得多；三类是硫酸钠、磷酸三钠、硅酸钠等，它们在蒸汽中很难溶解。可见，饱和蒸汽的溶解携带是有选择性的，因此也称为选择性携带。

饱和蒸汽的污染杂质，是机械（水滴）携带与溶解携带之和。对于不同压力的锅炉蒸汽携带盐类物质的情况有以下几种：

(1) 低压锅炉中，溶解性携带小，蒸汽污染主要是由机械携带所致。

(2) 中压锅炉中，蒸汽中的各种钠盐主要由机械携带所致，含硅量为机械携带与溶解携带之和，且溶解携带量大大超过水滴携带量。

(3) 高压锅炉中，蒸汽含硅量主要取决于溶解携带，蒸汽中的各种钠盐主要为机械携带所致。

(4) 超高压锅炉中，蒸汽含硅量主要取决于溶解携带，由于超高压蒸汽能溶解携带氯化钠、氢氧化钠，所以蒸汽中的氯化钠和氢氧化钠为水滴携带与溶解携带之和，蒸汽中的硫酸钠、磷酸三钠、硅酸钠，因为它们的溶解携带很小，故主要由水滴携带所致。

(5) 亚临界锅炉中，饱和蒸汽溶解硅酸的能力很大，蒸汽中的含硅量主要取决于溶解携带。这种压力下，饱和蒸汽对各种钠化合物都有较大的溶解能力，蒸汽中的含钠量为溶解携带与水滴携带之和。

(二) 影响饱和蒸汽带水的因素

饱和蒸汽的带水量与锅炉的压力、结构类型、运行工况以及锅水水质等因素有关。

1. 锅炉压力对带水的影响

锅炉压力越高，蒸汽带水量越大。

因为压力提高时，锅水温度升高，水分子的热运动加强，削弱了水分子之间的作用，同时，压力提高时，蒸汽的密度增加，蒸汽对水分子的引力增大，使锅水的表面张力下降，容易形成较多的小水滴。另外，压力增高，蒸汽的密度增大，汽水密度差变小，汽流运载水滴的能力增强。

2. 锅炉的结构特点对蒸汽带水的影响

汽包内径的大小会影响到汽空间的高度，汽空间小，蒸汽引出管靠近水位位置，由于这里的蒸汽流速高，会带走更多的因蒸汽水膜破裂溅出的小水滴，汽空间大，水滴上升到一定空间后又会在重力作用落回汽包水室中。

汽包内如有局部蒸汽流速过高，也会造成带水量增大，在锅炉设计时应力求使蒸汽在汽包内均匀流动。

汽包内的汽水分离装置对水汽分离效果的好坏，也会影响到蒸汽的带水量。

3. 运行工况对蒸汽带水的影响

(1) 汽包水位。由于汽包内水温高于水位计中的水温，所以汽包内水的密度略高于水位计中水的密度，造成了汽包实际水位要比水位计中观察到的水位略高（水位膨胀现象）。水位上升，汽包上部的汽空间就小，缩短了水滴飞溅到蒸汽引出管口的距离，因此汽包的水位越高，蒸汽带水量越大。

(2) 锅炉负荷。负荷越大，汽水混合物的动能越大，蒸汽的流量增加，形成的水滴的动能及量也增大，同时因水室蒸汽泡增多，会加剧水位膨胀现象，使汽空间实际高度减小，不利于汽水分离，从而使蒸汽带水滴的量增大。

(3) 锅炉负荷、水位、压力等剧烈变动时，也会造成蒸汽带水量增大。

4. 锅水含盐量对蒸汽带水的影响

锅水含盐量增加，但未超过一定值时，蒸汽的带水量基本不变，蒸汽的含盐量增加是由于蒸汽带出水滴含盐量增加造成的。当锅水含盐量超过某一数值时，蒸汽的带水量增加，结果造成蒸汽含盐量急剧增加。造成蒸汽含盐量开始急剧增加时的锅炉含盐量，称为临界含盐量。

出现临界含盐量的原因有两个，一个是锅水含盐量增加时，会使锅水黏度增大，造成水位膨胀，使汽空间减小，不利于自然分离；另一个是锅水含盐量增加时，在汽水分界面处会形成泡沫层，泡沫层会引起蒸汽大量带水，因而使蒸汽含盐量急剧增加。当锅水中含有油脂、有机物或水渣较多或含有较多氢氧化钠和磷酸三钠等碱性物质时，更容易形成泡沫层。

（三）影响饱和蒸汽溶解携带的因素

（1）饱和蒸汽的溶解携带具有一定的选择性。当饱和蒸汽压力一定时，由于各种物质的分配系数不一样，也就是饱和蒸汽对各种物质的溶解能力不相同，其中二氧化硅在蒸汽中的溶解携带量最大。

（2）饱和蒸汽的溶解携带量随锅炉压力的提高而增大。这是因为压力越高，饱和蒸汽密度越大，蒸汽的性质越接近于液态水的性质，所以蒸汽的溶解携带量增大。

（3）锅水 pH 值对硅酸溶解携带系数的影响。饱和蒸汽对硅酸的溶携带系数与饱和蒸汽压力及锅水中硅的化合物的形态有关。

饱和蒸汽的溶解携带量随锅炉压力的提高而增大反映了饱和蒸携带的共同规律，当锅水 pH 值一定时，随饱和蒸汽压力的提高，硅酸的溶解携带系数迅速增大；锅水 pH 值对硅酸溶解携带系数的影响反映了硅酸溶解的特殊规律，因为饱和蒸汽溶解的主要是 H_2SiO_3、$H_2Si_2O_5$ 等，对硅酸盐（如硅酸钠）的溶解能力很小，所以硅酸的溶解携带系数与锅水中硅化合物的形态有关。而锅水中硅化合物的形态与锅水的 pH 值有关，所以锅水的 pH 值对硅酸溶解携带系数有一定影响。当提高锅水的 pH 值时，锅水中的氢氧根离子浓度增大，平衡向生成硅酸盐的方向移动，使锅水的硅酸减少。因此，随着锅水 pH 值的增大，饱和蒸汽对硅酸溶解携带系数减小；反之，当锅水 pH 值降低时，蒸汽对硅酸的溶解携带系数增大。

（4）蒸汽压力的影响。蒸汽压力越大，硅酸的溶解携带量越大。在高参数锅炉中硅酸的溶解携带系数很大，为了保证蒸汽含硅量不超过允许值，应严格控制锅水中的含硅量（指各种硅化合物的总含量，即全硅含量，常以 SiO_2 表示），只有当锅水含硅量很低时，蒸汽中的含硅量才能较小。因此，锅炉压力越高，锅水中的含硅量应越低，对高参数锅炉必须对给水进行彻底除硅，并严格防止凝汽器泄漏。

（四）蒸汽流程系统中盐类的沉积

从汽包送出的饱和蒸汽所含的盐类物质，有的会沉积在过热器中，有的会沉积在汽轮机中。对于中低压锅炉，饱和蒸汽中的钠的化合物主要沉积在过热器内，硅化合物主要沉积在汽轮机内，生成不溶于水的二氧化硅沉积物；对于高压、超高压锅炉，饱和蒸汽中的各种盐类除硫酸钠能部分沉积在过热器内外，都沉积在汽轮机中；对亚临界锅炉，无论是饱和蒸汽所含有的盐类物质还是减温水带入的盐类物质，都会沉积在汽轮机中。

（五）过热器内盐类的沉积及清除

由饱和蒸汽带出的各种盐类物质，在过热器中会发生两种情况：当某种物质的携带量大于该物质在过热蒸汽中的溶解度时，该物质就会沉积在过热器中，称为过热器积盐；如果饱和蒸汽中某种物质的携带量小于该物质在过热蒸汽中的溶解度，则该物质就会完全溶解于过热蒸汽中，带入汽轮机中。

过热器内沉积的盐类主要是钠盐，硅化合物主要沉积在汽轮机内。

高压锅炉中，过热器中的盐类主要是硫酸钠，其他钠盐含量较少。

超高压以上锅炉中，过热器盐类沉积物较少，因为过热蒸汽溶解携带的能力大，大多数杂质都转入过热蒸汽中带入汽轮机。

在各种压力的汽包锅炉过热器内，还可能因过热器本身的腐蚀而沉积有铁的氧化物。

由于沉积物主要是钠盐，可采用带温凝结水水洗方法进行清除，也可用除盐水或给水进行冲洗。

（六）获得清洁蒸汽的方法

要获得清洁蒸汽，首先要采取措施减少锅水中的杂质含量，还应设法减少蒸汽带水量及降低杂质在蒸汽中的溶解量。

（1）减少进入锅水中的杂质量，保证给水水质优良。

（2）锅炉排污。锅炉的排污是保证蒸汽品质的必要条件。高参数的机组，大多都用二级除盐水作为锅炉补给水。凝汽器无泄漏或凝结水100%精处理的机组，锅炉的排污量非常小。但是很多电厂由于没有做热化学试验，为了安全起见，锅炉连排控制在1%～2%。做过热化学试验的锅炉排污率大多数都定为0.3%。有定期排污的锅炉，一般地每周排1～2次即可。定期排污应在低负荷下进行。这是在保证机组安全的前提下，最大限度地节水、节能。

高参数的机组，污染蒸汽的主要杂质是二氧化硅。例如，350MW的机组，锅水最高允许含硅量只有60～100μg/L，这就要求补给水的含硅量要低，否则锅炉排污量就会增加。实际上，大多数锅炉的排污量大都是由锅水中的二氧化硅含量决定的。

（3）汽包内部装置设计合理，健康运行。

（4）汽包锅炉的各项运行参数应通过热化学试验来确定。锅炉的负荷、负荷变化速度和汽包水位等运行工况对饱和蒸汽的带水量有很大影响，因而也是影响蒸汽品质的重要因素。能够保证良好蒸汽品质的锅炉运行工况，应通过专门的试验来获得，这种试验称为锅炉的热化学试验。在运行中，应根据锅炉热化学试验的结果，调整锅炉的运行工况，使锅炉的负荷、负荷变化速度、汽包水位等不超过热化学试验所确定的允许范围，以确保蒸汽品质合格。

第四节　热力设备在停（备）用期间的腐蚀与防止

锅炉、加热器等热力设备在停运期间，如果不采取有效措施，水、汽侧的金属表面会发生严重的腐蚀，这种腐蚀称为停用腐蚀。氧腐蚀是停用腐蚀的主要形式之一。

一、停（备）用腐蚀概述

（一）发生停用腐蚀的原因

发生停用腐蚀的主要原因如下：

（1）空气中氧和二氧化碳进入水、汽系统内部。因为热力设备停用时，水、汽系统内部的温度、压力都逐渐下降，空气从设备不严处大量渗入内部。

（2）金属的表面有积水或非常潮湿。设备停用时内部有未排尽的水或蒸汽凝结的水。

（3）金属表面上的垢被水或潮气润湿，垢的成分又具有腐蚀性就会产生腐蚀。

（二）停（备）用腐蚀的特点

与运行工况相比，停用期间发生的氧腐蚀因为温度低，所以腐蚀产物是疏松的，附着力小，易被水带走，腐蚀产物的表层常常为黄褐色；由于氧的浓度高，并可以扩散到系统的各个部位，所以停运腐蚀的部位与运行锅炉发生的氧腐蚀有显著的差别。

(1) 过热器。锅炉运行时不会发生氧腐蚀，而停用时，在立式过热器的弯头处常常因积水而发生严重的氧腐蚀。

(2) 再热器。与过热器相同，运行时不会发生氧腐蚀，而停用时，在积水处常常发生严重的氧腐蚀。

(3) 省煤器。运行时基本不会发生氧腐蚀，而停用时，在积水处常常发生氧腐蚀。

(4) 锅炉本体。运行时基本不会发生氧腐蚀，而停用时，在汽包有积水的地方常常发生氧腐蚀。

(三) 停用腐蚀的影响因素

是否发生停用腐蚀与湿度、金属表面液膜的成分、温度等因素有关。一般相对湿度超过70%以上会快速腐蚀，低于50%基本不腐蚀，低于20%就能避免腐蚀。金属表面液膜的成分主要与水中的含盐量以及金属表面的清洁程度有关。当水中含有氯化物、硫酸盐等或表面有沉积物都会加剧腐蚀。气温越高，腐蚀越严重，如夏天比冬天严重，南方比北方严重。

(四) 停用腐蚀的危害

火力发电厂热力设备常因停备用而遭腐蚀损坏。尽管停用时间比运行时间短得多，但腐蚀却比运行严重得多。例如，某电厂2台500MW直流锅炉机组，水冷壁运行结垢速率只有15g/(m^2·a)，而停用腐蚀却达到20g/(m^2·a)以上。由于北方寒冷，机组停用后炉内的水蒸气首先在温度低的背火侧和翅片处结露，在氧的作用下发生锈蚀，导致背火侧的结垢量明显高于向火侧。所以，机组停备用保护非常重要。

二、停用保护方法的选用

为了防止停用腐蚀，热力系统停用期间必须采取保护措施，按其作用原理，可分为三大类：

(1) 防止空气进入水、汽系统的内部。包括保持蒸汽压力法，充氮法等。

(2) 降低热力设备内部的湿度。包括烘干法、干风法、热风法、干燥剂法。

(3) 缓蚀剂法。通过加入缓蚀剂使金属的表面生成保护膜，或者除去水中的溶解氧。所加的缓蚀剂有联氨、氨溶液、液相缓蚀剂、气相缓蚀剂。

在选择停用保护方法时，主要应考虑以下因素。

(一) 机组参数和类型

(1) 对于高参数机组，由于对水质要求严格，加上结构复杂，很难将系统内部的水放净，所以停用时不宜采用干燥剂法或固态碱液法保护。一般宜采用联氨＋氨的湿法保护，也可采用充氮法保护。

(2) 对于中低压锅炉，因为其对水质要求较低，而且水、汽系统简单，所以可以采用碱液法或干燥法。但对于有立式过热器的汽包锅炉，过热器弯头容易积水，如果不能将过热器的积水吹净或烘干，则不宜采用干燥法。

(二) 停用时间的长短

对于短期停用的锅炉，采用的保护方法应能满足在短时间启动的要求。例如，对于热备用锅炉，必须考虑能随时投入运行，这样要求所用的方法不能排掉锅水，也不宜改变锅水的成分，以免延误投入时间，一般采用保持蒸汽压力法或给水压力法。

对于长期停运的锅炉，所采用的方法防腐作用要持久，一般可采用干燥法、联氨法、充氮法、热力成膜法。

（三）现场条件

选择保护方法时，要考虑采用某种保护方法的现实可能性。如果采用某一方法虽然从机组的特点和停运时间考虑是合理的但现场条件不具备，也不能采用。现场条件包括设备条件、给水水质、环境温度、药品来源以及保护方法的经济性等。例如，采用湿法保护的各种方法，对于北方电厂，要具备防冻条件。

三、应用最广泛的停（备）用保护方法

（一）干法防腐

（1）热炉放水余热烘干。锅水的温度在140～180℃时快速放掉锅水，打开锅炉的空气排放门，利用锅炉的余热将锅炉烘干。

（2）热炉放水余热、负压烘干。锅水的温度在140～180℃时首先快速放掉锅水，然后将锅炉系统与凝汽器负压系统相连接，使锅炉系统内部的湿分快速抽出。

（3）热炉放水、加热烘干。锅水的温度在140～180℃时快速放掉锅水，利用点火设备在炉内点微火或利用邻炉热风烘干水汽系统的内表面。

（4）热炉放水、冷风干燥。锅水的温度在140～180℃时首先快速放掉锅水，然后利用除湿机将干燥的空气连续不断地送往锅炉系统，使排出的空气的相对湿度降到20%以下。

（5）缓蚀剂法。锅炉停运前0.5～1h首先加十八胺，然后热炉放水，余热烘干。

（二）湿法防腐

（1）氨水法。锅炉停运后不放水，向锅炉加氨水并使锅水循环均匀，要求锅水的pH＞10.5以上。

（2）氨水＋联氨法。锅炉停运后不放水，向锅炉加联氨50～150mg/L，用氨水将锅水的pH值调到10.0～10.5，并使锅水循环均匀。

（3）保持蒸汽压力法。适用于经常启停、处于热备用的锅炉。此法是停炉后采用间断点火升温的方法。保持蒸汽压力为0.98～1.47MPa，以防空气漏入锅内。

第五节　锅炉设备的化学监督

锅炉化学监督的目的是防止水、汽系统发生腐蚀、结垢和积盐，保证锅炉安全、经济运行。化学监督的主要任务是对水、汽品质，对设备结垢、腐蚀、积盐程度，对设备投运前金属表面的清洁程度以及停用时的防腐等进行全面的监督和指导。

锅炉化学监督是一项全过程的监督工作，涉及锅炉制造、安装、运行、检修和停备用各个阶段，只有在每一阶段都进行有效的化学监督，才能防止锅炉发生腐蚀、结垢，保证锅炉的安全运行。监督标准依据GB/T 12145—2008《火力发电机组及蒸汽动力设备水汽质量》。

一、建设和调试运行阶段的化学监督

建设和试运行阶段的化学监督包括锅炉设备进入安装现场前后，化学水处理系统的调整试运行；锅炉设备安装至水压试验、锅炉化学清洗、机组启动前的吹洗；启动过程中水、汽取样分析、在线监测系统调试等。

锅炉设备安装前应对设备的制造、保管情况进行详细的记录，并根据设备的防腐情况制定出保证正常安装和运行的措施。

要求锅炉制造厂供应的管束、管材和部件、设备均应经过严格的清扫，管子和管束及部件内部不允许有积水、污泥和明显的腐蚀现象，其中开口处均应用牢固的罩子封好。有些部件和管束应采取充氮、气相缓蚀剂等保护措施。

安装单位应按 DL/T 855—2004《电力基本建设火电设备维护保管规程》的规定进行验收和保管。锅炉正式投运生产前应做好停用保护和化学清洗、蒸汽吹扫等工作。

禁止锅炉进入不符合要求的水。对过热器、再热器进行水压试验，必须采用加氨的除盐水。不具备可靠的化学水处理条件时，禁止启动锅炉。

新安装的锅炉必须进行化学清洗，清洗的范围按 DL/T 889—2004《电力基本建热力设备化学监督导则》的规定执行。

新建锅炉化学清洗后应立即采取防腐措施，并尽可能缩短至锅炉点火的时间，一般不应超过 20 天。

锅炉启动试运行过程应做好水、汽系统的冷态、热态冲洗工作，保证锅炉给水品质符合要求。试运过程必须投入锅内加药处理系统，严格控制锅水、蒸汽品质。高参数的锅炉(300MW 及以上的机组）应进行洗硅试运行。

二、运行期间的化学监督

在锅炉运行过程中，为了防止锅炉产生结垢、腐蚀和积盐等故障，要求水、汽质量应达到一定的标准。因此，在运行期间对各种水和蒸汽的一些主要指标进行连续的或定期的分析监督，判断是否符合标准的要求。若不符合要求，则应及时提出调整措施，防止水、汽品质进一步劣化，影响锅炉乃至整个机组的安全运行。

锅炉的水汽品质监督项目如下：

（一）给水质量的监督

1. 采样点的位置

给水取样点一般设在锅炉给水泵之后、省煤器之前的高压给水管上。为了监督除氧器的运行情况，对除氧器出口给水也应取样。

2. 主要监督项目及意义

（1）硬度。为了防止锅炉和给水系统中生成钙、镁水垢，以及避免增加锅内磷酸盐处理的用药量和使锅水中产生过多的水渣，应监督给水硬度。

（2）油。给水中假如含有油，当它被带进锅内以后会产生以下危害：

1）油质附着在炉管壁上并受热分解生成一种导热系数很小的附着物，会危及炉管的安全。

2）会使锅水中生成漂浮的水渣、促进泡沫的形成，引起蒸汽品质的劣化。

3）含油的细小水滴若被蒸汽携带到过热器中，会因生成附着物而导致过热器的过热损坏。因此对给水中的含油量必须加以监督。

（3）溶解氧。为了防止给水系统和锅炉省煤器等发生氧腐蚀，同时为了监督除氧器效果，应监督给水中的溶解氧。

（4）联氨。给水中加联氨时，应监督给水中的过剩联氨，以确保完全消除热力除氧后残留的溶解氧，并消除因发生给水泵不严密等异常情况时偶然漏入给水中的氧。

（5）pH 值。为了防止给水系统腐蚀，给水 pH 值应控制在一定范围内。若给水 pH 值在 9.2 以上，虽对防止钢材的腐蚀有利，但是因为提高给水 pH 值通常用加氨法，所以给水

pH 值高就意味着水、汽系统中的含氨量较多，将在氨轻易集聚的地方引起铜制件的氨蚀，如凝汽器空气冷却区、射汽式抽气器的冷却器汽侧等处。因此给水最佳 pH 值的数值应通过加氨处理的调整试验决定，以保证热力系统、铜腐蚀产物最少为原则。

（6）全铁和全铜。为了防止在锅炉中产生铁垢和铜垢，必须监督给水中的铁和铜的含量。给水中铜和铁的含量，还可以作为评价热力系统金属腐蚀情况的依据之一。

（7）含硅量及电导率。为了保证锅水的含盐量、含硅量不超过控制值，并使锅炉排污率不超过规定值，应监督给水的含盐量（或含钠量）、含硅量。

（二）锅水质量的监督

1. 采样点的位置

锅水样品一般是从汽包的连续排污管中取出的，为了保证样品的代表性，取样点应尽量靠近排污管引出汽包的出口，并尽可能装在引出汽包后的第一个阀门之前。

2. 主要监督项目及意义

（1）磷酸根。锅水中应维持有一定量的磷酸根，这主要是为了防止钙垢。锅水中磷酸根不能太少或过多，应该把锅水中的磷酸根的量控制得适当。

（2）pH 值。锅水的 pH 值应不低于 9，原因如下：

1）pH 值低时，水对锅炉钢材的腐蚀性增强。

2）锅水中磷酸根与钙离子的反应，只有在 pH 值足够高的条件下，才能生成容易排除的水渣。

3）抑制锅水中的硅酸盐类的水解，减少硅酸在蒸汽中的溶解携带量。

但是，锅水的 pH 值也不能太高（例如对高压及高压以上锅炉，pH 值不应大于 11），当锅水 pH 值很高时，表明锅水中游离氢氧化钠较多，容易引起碱性腐蚀。

（3）含盐量和含硅量。限制锅水中的含盐量和含硅量是为了保证蒸汽品质。锅水的最大允许含盐量和含硅量不仅与锅炉的参数、汽包内部装置的结构有关，而且还与运行工况有关，不能统一规定，每台锅炉都应通过热化学试验来决定。锅水含盐量一般通过电导率来实现监测。

（4）氯离子含量。监督氯离子含量目的是为了监测腐蚀性离子的含量，氯离子含量长期偏高，易造成沉积物下的金属腐蚀。

（三）蒸汽品质的监督

1. 饱和蒸汽取样要求

蒸汽取样时，应将样品通过取样器进行冷却，使其凝结成水。为了使样品具有代表性，必须满足以下条件：

（1）取样点应设在蒸汽中水分分布均匀的管道上。

（2）取样器进口蒸汽速度应与管内蒸汽流速相等，否则，饱和蒸汽取样器附近会发生汽流转弯现象，汽流中的一些惯性较大的水滴会被甩出或抽进取样器，从而使杂质在样品中的含量偏高或偏低。

（3）取样器应装设在蒸汽流动稳定的管道内，并且应远离阀门、弯头等处。

2. 过热蒸汽取样要求

过热蒸汽取样点，一般设在过热蒸汽的母管上，一般采用乳头式或缝隙式取样器，只要保证取样孔中的蒸汽流速与蒸汽管道中的蒸汽流速相等即可。

3. 需要重点监督的指标

(1) 含钠量。因为蒸汽中的盐类主要是钠盐，所以可以用含钠量来代表蒸汽含盐量的多少。通常规定含钠量不得高于 10μg/kg。

(2) 含硅量。蒸汽中的硅会沉积在高压缸和中压缸上，影响汽轮机的安全经济运行。通常规定含硅量不得高于 20μg/kg。

(3) 氢电导率。是衡量蒸汽含阴离子的综合指标，具有检测方便、准确等优点。通常规定氢电导率不得高于 0.3μS/cm。

三、大修期间锅炉设备的化学监督

热力设备大修期间的检查是衡量化学监督工作质量、判断化学监督效果的主要手段。在设备检修前，锅炉和化学专业一起按锅炉化学监督的有关规定提出检查计划和检查项目。检查的方法、评判标准见 DL/T 1115—2009《火力发电厂机组大修化学检查导则》。

(一) 对汽包的检查

当汽包人孔门打开后，首先应有化学人员对汽包内壁、汽水分离装置，下降管，导汽管、进水布水装置、炉内加药管等进行直观检查，除用文字进行描述外还应进行外观拍照并加以说明。

(1) 汽包内壁。检查水、汽侧的颜色，有无黄点、水渣和沉积物的分布。

(2) 检查下降管附近水渣的集结程度、厚度、颜色及分布。

(3) 给水装置。检查出水孔（口）有无水渣、结垢及腐蚀程度。

(4) 百叶窗。检查有无铁锈、颜色及盐类的附着情况。

(5) 蒸汽孔板。检查有无铁锈、颜色及盐类的附着情况。

(6) 导汽管口。检查有无铁锈、颜色及盐类的附着情况。

(7) 旋风分离器。检查有无倾斜、倾倒、铁锈、颜色及盐类的附着情况。

(8) 连续排污管。检查管孔的污堵情况及外表面的锈蚀情况。

(9) 加药管。检查有无裂纹、断裂，管孔的污堵情况及外表面的锈蚀情况。

(10) 上升管。检查有无集结水渣、腐蚀坑等。

(二) 对水冷壁管的检查

1. 割管要求

锅炉大修时，应对水冷壁进行割管检查，割管根数不应少于 2 根（其中一根为监视管），每根长度气割不应少于 1m，锯割不应少于 0.5m。

火焰切割带鳍片的水冷壁时，为了防止切割热量影响管内壁垢的组分，鳍片的长度应保留 3mm 以上。

割取的管样应避免强烈振动和碰撞，割下的管样不可溅水，要及时标明管样的详细位置和割管时间。

火焰切割的管段，要先去除热影响区，然后进行外观描述和测量记录，包括内外壁结垢、腐蚀状况和内外径测量。

测量垢量的管段，要先去除热影响区，然后将外壁车薄至 2～3mm，再依据管径大小截割长约 40～50mm 的管段（适于分析天平称量）。

取水冷壁管垢样，进行化学成分分析，测量垢量。

更换监视管时，应选择内表面无锈蚀的管材，并进行垢量测量。垢量超过 30g/m^2 时要进行处理。

2. 割管部位

割管部位应按以下原则进行选择：

(1) 若已发生锅炉爆管，应在爆管附近。

(2) 经外观检查，有变色、胀粗、鼓包部位。

(3) 用侧厚仪发现有明显减薄的部位。

(4) 平时在线检测超温明显的管子。

(5) 一般在热负荷最高的部位或认为水循环不良处割取，如特殊部位的弯管、冷灰斗处的弯（斜）管。

3. 管样标记

对割取的管样应做好标记，表明向火侧、背火侧、水流方向、标高、位置等。

(三) 对水冷壁下联箱的检查

检查联箱内及管口处的颜色、腐蚀、结垢和结渣厚度以及水渣的堆积程度。

(四) 对省煤器割管的检查

(1) 割管要求

1) 机组大修时对省煤器管至少割管两根，其中一根应在监视管段，应选取易发生腐蚀部位割管，如入口段的水平管或易被飞灰磨蚀管。

2) 管样割取长度，锯割时至少 0.5m，火焰切割时至少 1m。

(2) 检查入口部位氧腐蚀和水平管段下半侧或立式下弯头有无停用腐蚀，记录内壁颜色。检查化学清洗后的管样有无明显腐蚀坑、蚀坑深度及单位面积蚀坑数量等，并照相存档。

(3) 省煤器割管的标识、加工及管样的制取与分析按水冷壁相关原则进行。

(五) 对过热器的检查

(1) 割管要求。

1) 根据需要割取 1～2 根过热器管，并按以下顺序选择割管部位：

首先选择曾经发生爆管及附近部位，其次选择管径发生胀粗或管壁颜色有明显变化的部位，最后选择烟气温度高的部位。

2) 管样割取长度，锯割时至少 0.5m，火焰切割时至少 1m。

(2) 检查过热器管内有无积盐，立式弯头处有无积水、腐蚀。对微量积盐用 pH 试纸测 pH 值，积盐较多时应进行化学成分分析。

(3) 检查高温段过热器、烟流温度最高处氧化皮的生成状况，记录氧化皮厚度及脱落情况。

(4) 对过热器管垢量进行测量时，管样的标识及加工方法按水冷壁相关原则进行。应描述其内表面的状态，并根据需要测量沉积量及成分。

(六) 对再热器的检查

(1) 割管要求。

1) 根据需要割取 1～2 根再热器管，并按以下顺序选择割管部位：

同上述（五）对过热器的检查（1）中的 1)。

2) 管样割取长度，锯割时至少 0.5m，火焰切割时至少 1m。

（2）检查再热器管内有无积盐，立式弯头处有无积水、腐蚀。对微量积盐用 pH 试纸测 pH 值。积盐较多时应进行成分分析。

（3）检查高温段再热器、烟流温度最高处氧化皮的生成状况，记录氧化皮厚度及脱落情况。

（4）对再热器管垢量进行测量时，管样的标识及加工方法按水冷壁相关原则进行。应描述其内表面的状态，并根据需要测量沉积量及成分。

上述所有检查均应留有照片等第一手资料，管样应良好保存，热力设备大修检查后，应进行总结和评价，提交报告，报告内容应包括对以前阶段的水、汽质量进行评价，按照腐蚀评价标准和结垢、积盐评价标准对热力设备进行评价，对存在的问题提出改进意见。

四、机组启动阶段的化学监督

（1）备用或检修后的机组投入运行时，应及时投入除氧器，并使溶解氧合格。新的除氧器投产后，应进行调整试验，以确定最佳运行方式，保证除氧效果。如给水溶解氧长期不合格，应考虑对除氧器结构及运行方式进行改进。

（2）机组启动时应冲洗取样器。冲洗后应按规定调节样品流量，保持样品温度在 30℃以下。

（3）锅炉启动后，发现锅水浑浊时，应加强锅内处理及排污，或采取限负荷、降压运行等措施，直至锅水澄清；锅水 pH 值偏低时，应加入 NaOH 进行处理。

（4）各种加热器和凝汽器灌水找漏时应使用凝结水或加氨的除盐水。

（5）机组启动前，要检查给水和锅水加药系统是否正常，并及时投入运行。要用加有氨和联氨的除盐水冲洗高低压给水管和锅炉本体，机组启动时，凝结水、疏水质量不合格不准回收，蒸汽质量不合格不准并汽。

（6）发现过热器有严重积盐的，在点火前应对过热器进行反冲洗。冲洗的除盐水应加氨调整，pH 值为 10.0～10.5，冲洗至出水无色透明。冲洗时要监督出水的钠、碱度和电导率。

（7）在冷态及热态水冲洗过程中，当凝汽器与除氧器间建立循环后，应投入凝结水泵出口加氨处理设备，控制冲洗水 pH 值在 9.0～9.5，以形成钝化体系，减少冲洗腐蚀。

（8）启动时各个阶段汽水质量符合 GB/T 12145—2008《火力发电机组及蒸汽动力设备水汽质量》要求。

（9）启动时水压实验用水要求。

1）锅炉整体水压试验应采用除盐水。

2）锅炉做整体水压试验时，除盐水中应加有一定剂量的联氨，用氨水调节 pH 值，加药量应根据水压试验后锅炉的停放时间选择。

3）对于有奥氏体钢的过热器、再热器，除盐水中的氯离子含量应小于 0.2mg/L。

五、水汽质量异常的处理

当化学人员发现水、汽质量劣化时，应迅速采取如下措施：

（1）迅速检查取样是否有代表性，化验结果或仪表指示结果是否正确。

（2）综合分析系统中水、汽质量的变化，确认判断无误后，应首先进行必要的化学处理。

（3）立即向有关负责人汇报，严重时应立即向本厂领导汇报情况，提出建议。

（4）电厂领导应责成有关部门采取措施，使水、汽质量在允许的时间内恢复到标准值。符合三级处理项目的按照三级处理原则进行。

三级处理值的涵义如下：

（1）一级处理值。有因杂质造成腐蚀、结垢、积盐的可能性，应在72h内恢复至相应的标准值。

（2）二级处理值。有因杂质造成的腐蚀、结垢、积盐，应在24h内恢复至相应的标准值。

（3）三级处理值。正在进行快速结垢、积盐、腐蚀，如果4h内水质不好转，应停炉。

在异常处理的每一级中，如果在规定的时间内还不能恢复正常，则应采用更高一级的处理方法。对于汽包锅炉，恢复标准值的办法之一是降压运行。

锅水异常时的三级处理值见表5-1。

表5-1　　锅水异常时的三级处理值

锅炉汽包压力（MPa）	处理方式	pH标准值（25℃）	处理值		
			一级	二级	三级
3.8～5.8	锅水固体碱化剂处理	9.0～11.0	＜9.0或＞11.0	—	—
5.9～10.0		9.0～10.5	＜9.0或＞10.5	—	—
10.1～12.6		9.0～10.0	＜9.0或＞10.0	＜8.5或＞10.3	—
＞12.6	锅水固体碱化剂处理	9.0～9.7	＜9.0或＞9.7	＜8.5或＞10.0	＜8.0或＞10.3
	锅水全挥发处理	9.0～9.7	9.0～8.5	8.5～8.0	＜8.0

注　锅水pH值低于7.0，应立即停炉。

当出现水质异常情况时，还应测定锅水中氯离子含量、含钠量、电导率和碱度，查明原因，采取对策。

第六节　锅炉的化学清洗

锅炉设备的化学清洗就其功能来说就是去除设备表面由于物理的、化学的或生物的作用而形成的污染或覆盖层，它的重要意义如下：

1. 节约能源、提高换热效率

锅炉及换热器等热力设备，由于自身的腐蚀和介质的沉积等原因，在其表面形成导热系数很低的垢层，严重影响设备的换热效率，造成大量的能源浪费。因此清洗除垢对于节约能源具有极其重要的意义。

2. 延长设备的使用寿命

对于机械零件，清洗可减少磨损，延长运转寿命。对于锅炉及换热器等换热设备，由于结垢使导热性能下降，管壁温度升高，局部过热可产生爆裂、爆炸，导致事故，对换热设备进行化学清洗可降低管壁温度，有效避免爆管事故，延长设备使用寿命。另外，沉积物下的金属容易进一步腐蚀，清除沉积可减缓设备机体的腐蚀，延长使用寿命。

3. 减少经济损失，取得更大效益

无论是提高传热效率，节约能源，还是延长设备使用寿命，清洗的最终目的都是为了取得更大的经济效益。

一、化学清洗工艺的确定原则

化学清洗工艺的确定包括清洗剂的选择和清洗工艺条件的确定。清洗剂应根据被清洗设备的材质及性能、被清洗设备的结构、结垢的类型、组成及垢量的大小进行综合考虑并进行选择，然后根据选定的清洗剂确定合理的清洗工艺条件。清洗剂的品种和清洗方法多种多样，被清洗设备与污垢也千差万别，但在选择与确定具体的清洗剂与清洗工艺时，有一些共同的原则可以遵循。只有遵循这些原则，才能选择出最有效、最安全、最经济的清洗方案。

（一）选用清洗剂应满足的技术要求

用于设备化学清洗的药剂，一般应满足下述的技术要求。用于不同的清洗目的与清洗对象的清洗剂，对于这些要求可以有所侧重和取舍。

（1）清洗污垢的速度快，溶垢彻底。清洗剂自身对污垢有很强的反应、分散和溶解清除能力，在有限的时间内，可较彻底地除去污垢。

（2）对被清洗设备的损伤应在相关标准的限制内，对金属可能造成的腐蚀有相应的抑制措施。电力系统锅炉清洗符合 DL/T 794—2012《火力发电厂锅炉化学清洗导则》要求，凝汽器清洗符合 DL/T 957《火力发电厂凝汽器化学清洗和成膜导则》要求。

（3）清洗所用药剂便宜易得，并立足于国产化，清洗成本低，不造成过多的资源浪费。

（4）清洗剂对生物与环境无毒或低毒，所生成的废液应能够处理到符合国家相关法规的要求。

（5）清洗条件温和，尽量不依赖于附加的强化条件，如对温度、压力、机械能等不需要过高的要求。

（6）清洗过程不在被清洗表面残留下不溶物，不产生新的污渍，不形成新的影响设备运行的覆盖层。

（7）不产生影响清洗过程及现场卫生的泡沫和异味。

（二）不同的材质选用不同的清洗剂与工艺条件

不同的设备其材质不同，有的设备甚至由多种材质组成，电力系统热力设备常见的金属材质主要有碳钢、不锈钢、合金钢、铸铁、铜及铜合金等。不同的材质有不同的性质及对清洗剂的相容性。为避免对设备造成危害必须对清洗剂及工艺条件进行严格的选择。

例如，由碳钢组成的设备可以安全地采用盐酸进行清洗，而含有不锈钢的设备用盐酸清洗就易造成点蚀和局部腐蚀，锅炉的炉前系统及过热器、再热器因含有不锈钢和合金钢而不能采用盐酸清洗。钢铁设备可以用在一定的 pH 值范围内的碱性清洗剂，而铝设备的清洗既不能用碱性清洗剂，也不能用非氧化性的酸性清洗剂，除非有特殊的缓蚀剂抑制其腐蚀。铜及铜合金设备尽量避免采用含氨的药剂。

（三）不同类型及程度的垢选用不同的清洗剂和清洗工艺

（1）不同组成的水垢（无机盐垢）应选用不同的酸作为清洗剂。例如，碳酸盐、磷酸盐垢可选用盐酸、硝酸、氨基磺酸等进行清洗。硅酸盐垢只能采用碱洗或选用含有氟离子的酸进行清洗。

（2）氧化物垢可以选用不同的酸或其他清洗剂清洗。

（3）油污通常采用碱洗液或表面活性剂清洗液清洗。例如，清洗过程中的碱洗主要是除去系统中的油污。使用表面活性剂作为清洗剂，也应根据油污的组成、量的大小等选择配方，一般很少使用单一的表面活性剂清洗液。

(4) 生物黏泥垢可采用氧化剂和杀生剂等进行清洗。

(5) 垢量的大小也影响清洗工艺的选择。不同的清洗工艺，其清洗能力和对设备的腐蚀性各有不同，一般情况下清洗能力强的清洗剂对设备的腐蚀性也较大，因此垢量大的设备必须选择清洗能力强的清洗剂，垢量很小的设备可以考虑清洗能力稍弱的清洗剂，清洗的安全性也将提高。

(四) 清洗剂和清洗工艺的确定

根据洗净程度和清洗时间的要求确定清洗剂和清洗工艺。洗净程度要求越高、洗净时间越短，对清洗剂的要求就越高，在清洗中越需要采用强化手段，如提高温度、加大流速、提高清洗剂浓度等。工期紧的清洗任务，不适宜采用低浓度、常温、静态清洗的工艺。常见化学清洗液对材质的适应性见表 5-2。

表 5-2　　常见化学清洗液对材质的适应性

材质	清洗液							碱洗液
	盐酸	硫酸	硝酸	氢氟酸	氨基磺酸	柠檬酸	EDTA（乙二胺四乙酸）	
碳钢或铸铁	✓	✓	✓	✓	✓	✓	✓	✓
低合金钢	△	✓	✓	✓	✓	✓	✓	✓
不锈钢	×	×	×	×	✓	✓	✓	✓
铜系合金	△	✓	✓	✓	✓	✓	✓	✓
钛及合金	×	△	✓	×	✓	✓	×	✓
铝及合金	×	×	✓	×	△	△	×	×
镍	✓	✓	×	✓	✓	✓	×	✓
混凝土	×	×	×	×	×	×	×	×

注　✓表示好，△表示可用，×表示不可用。

(五) 清洗时机的确定

当运行锅炉水冷壁管内的垢量达到表 5-3 规定的范围时，应安排化学清洗。当锅炉清洗间隔年限达到表 5-3 规定的条件时，可酌情安排化学清洗。DL/T 794—2012 中相关规定见表 5-3。

表 5-3　　锅炉应安排化学清洗的条件

炉型	汽包炉				直流炉
主蒸汽压力（MPa）	<5.9	5.9～12.6	12.7～15.6	>15.6	—
垢量（g/m^2）	>600	>400	>300	>250	>200
清洗间隔年限（年）	10～15	7～12	5～10	5～10	5～10

注　表中的垢量是指水冷壁垢量最大处、向火侧 180°部位割取管样测量的垢量。

二、化学清洗前的准备

锅炉的化学清洗是专业性很强的综合工程，涉及的设备多，需要考虑和解决的问题多，专业面广。因此，在实施清洗前必须做好充分的洗前准备，任何一个环节出现问题都会，使清洗工作无法顺利进行。清洗前准备工作如下：

（一）确定合理的清洗工艺、编制详细的清洗措施

根据被清洗设备的结构特点、材质、结垢类型，结合清洗小型试验结果确定准确、合理的清洗工艺。清洗阶段包括清洗剂的选择，清洗剂、缓蚀剂及其他助剂的使用浓度，清洗温度，清洗时间等。漂洗阶段的漂洗剂选择、使用浓度、漂洗温度、漂洗时间等。钝化阶段的钝化剂选择、浓度、温度、时间等。

清洗前必须编制详细的清洗措施，措施一定要有可操作性。清洗过程中严格按照措施执行。

（二）清洗系统的设计和清洗设备的准备

（1）清洗系统的设计对工艺质量和过程安全、效率、可靠性很重要。应按 DL/T 794—2012 规定的原则，由具有相应资质的专业化清洗公司进行设计安装。

（2）清洗设备应根据被清洗设备的具体情况来选择。清洗设备主要是指清洗泵和临时清洗管道、阀门、弯头、三通等。

（3）循环清洗泵与清洗介质接触部分的材质应耐腐蚀。清洗泵扬程根据泵出口的静压头和动压头进行计算，并考虑 1.1～1.2 的安全系数。清洗泵流量根据系统流通横截面积进行计算，流量应使循环回路内流速为 0.2～0.5m/s。例如，电厂 1000t/h 锅炉清洗一般选用扬程为 100m、流量为 300～400m^3/h 的耐腐蚀泵。

（4）准备足够的临时清洗管道，包括各种规格管道、阀门、弯头、三通等。

（5）专业化清洗队伍的清洗设备应尽量提高成套化程度，降低现场临时安装工作量，从而提高工作效率。

（三）其他准备工作

（1）清洗前临时系统按照措施设计的“设备清洗系统图”安装完毕，除盐水、工业水、加热蒸汽临时管道已经连通，处于备用状态。

（2）设备清洗用水量较大，一般锅炉清洗用水是系统容积的 10 倍左右。清洗前检查水量，确保满足化学清洗和冲洗的用水需要。另外，确保供水速度，以免拖延清洗时间。

（3）保证充足的蒸汽用量和蒸汽压力。

（4）化学清洗用药品应经纯度检验准确无误，并保证足够的药品用量。

（5）按照清洗措施的要求备足化验用的药品、仪器。腐蚀指示片、监视管段准备好，并安放到指定位置。

（6）废液处理设施及药品准备好，并能有效地处理废液。

（7）系统中阀门应按图纸编号、挂牌，管道应标明流动方向，并核对无误。

（8）清洗系统要有严格的隔离措施，进行锅炉清洗时过热器要注保护液。

（9）参加清洗人员的职责、分工明确，操作人员应有相应的操作措施和反事故措施。上岗人员经过严格培训，严防误操作。

三、锅炉化学清洗工艺步骤

工业设备清洗有静态浸泡清洗和循环清洗等方式。循环清洗是化学清洗最常用的一种方

法，具有易保持温度和浓度、能取得具代表性的样品、可控制流动方向、有助于清除疏松但不溶解的垢层等优点。

设备清洗工序因设备状况和积垢性质不同而不同，锅炉化学清洗一般的步骤为水冲洗、碱洗（碱煮）、碱洗后水冲洗、氨洗除铜、酸洗、酸洗后水冲洗、漂洗和钝化、废液处理等步骤。清洗系统无油污时碱洗除油和碱洗后水冲洗可以省略。

（一）水冲洗

化学清洗前的水冲洗，，对于新建设备和机械杂质较多的设备来说是非常重要的。在清洗前对系统进行彻底水冲洗可起到以下三方面的作用：

1. 临时清洗系统冲洗

对临时系统进行冲洗时，同时进行水压试验，检查系统的泄漏情况。另外，结合水冲洗可进行清洗泵和清洗回路试运行，让参加化学清洗的人员练习操作，是整个清洗系统清洗前的预演。

2. 设备内污物的冲洗

利用大流量水冲洗，可除去设备内泥砂以及管道内表面疏松的污物，减轻清洗除垢时的负担，使清洗取得更好的效果。

3. 辅助系统冲洗

有时为了使前面系统污物不带入后面系统中，水冲洗可以分段进行。如锅炉清洗时对炉前系统的凝水、给水、抽汽疏水等分别进行大流量多点排放冲洗，对保证系统清洁有很好的效果。

水冲洗阶段控制水质，目视无杂质排出即可。

4. 水冲洗的作用

水冲洗对于新建锅炉是为了去除安装后脱落的焊渣、尘埃和氧化皮等，对于运行后的锅炉是为了冲去运行中产生的可冲掉的沉积物。此外、水冲洗还可检验清洗系统是否严密。

可用过滤后的澄清水或工业水分段冲洗炉本体（不含奥氏体钢），水冲洗时流速应大于0.6m/s（一般为0.5～1.5m/s），一般冲洗至出水清澈透明，就可结束。这样设备冲洗的既干净，又节省水。有奥氏体钢部件的设备应用含氯量小于0.2mg/L的除盐水进行冲洗。

（二）碱洗（碱煮）

碱洗是用碱溶液清洗，碱洗的除油效果较好，但其除锈、除垢和除硅效果较差。要达到除锈、除垢和除硅的效果，必须采用碱煮。碱煮是首先在锅炉内加碱溶液，然后点火升压进行煮炉。这两种方法的使用，应根据锅炉的具体情况不同而定。

新建设备在酸洗前通常采用碱洗除油，目的是去除锅炉内部的防锈剂和安装沾染的油污等附着物，为下一步酸洗创造有利条件。典型的碱洗除油工艺：Na_3PO_4 为 0.2%～0.5%、Na_2HPO_4 为 0.1%～0.2%（或 NaOH 为 0.5%～1.0%、Na_3PO_4 为 0.5%～1.0%和表面活性剂 0.01%～0.05%）。因为游离氢氧化钠对奥氏体钢有腐蚀作用，所以在清洗奥氏体钢制成的部件时，不能用 NaOH。碱液用除盐水或软化水配制，碱液温度不低于 90℃～95℃，流速应大于 0.3m/s，循环时间为 8～24h。碱洗结束后，先放尽废液，然后再用除盐水或软化水冲洗，至出水 pH≤9.0、水清、无细微颗粒和油脂为止。

中、低压锅炉采用碱煮对除锈、除垢和除硅都有较好的效果，碱煮可以使铁锈脱落，使垢软化、硅垢溶解。典型的碱煮工艺：Na_2CO_3 为 0.3%～0.6%、Na_3PO_4 为 0.5%～1%、表面活性剂为0.01%～0.05%。升压至额定压力的30%左右，碱煮时间根据垢量情况决定，一般为24～72h。

运行炉一般也采用碱洗。当炉内沉积物多和含硅量大时，可采用碱煮；当锅炉内沉积物中含铜量较多时，在采用一般碱煮后，还要采用氨液清洗，称为氨洗。碱煮是为了除油、松动和清除部分沉积物，如垢中有二氧化硅，能生成易溶于水的硅酸钠，反应式为

$$SiO_2 + 2NaOH = Na_2SiO_3 + H_2O$$

松动水垢反应为

$$3CaSO_4 + 2Na_3PO_4 = Ca_3(PO_4)_2 + 3Na_2SO_4$$

碱煮一般是 NaOH 与 Na_3PO_4 混合使用，总浓度为1%～2%，有时还含有0.05%～0.2%的洗涤剂（如烷基磺酸钠等）。碱煮时，煮沸升压10～20kg/cm^2，排气量为额定蒸发量的5%～10%，煮12～24h，同时进行几次底部排污。当碱液浓度降至开始浓度的1/2时，应补加药品，煮炉后温度降至70～80℃时排废液，并检查和清理联箱等处的污物。

（三）碱洗后水冲洗

碱洗后水冲洗的目的是清除残留在系统内的碱洗液，降低管壁的 pH 值，用过滤澄清水、软化水或除盐水进行碱洗后水冲洗（被清洗的设备中含有奥氏体钢材的，碱洗后水冲洗只能用氯根小于0.2mg/L的除盐水）冲洗至出口水 pH≤9，磷酸根浓度低于10mg/L即可。

对于碱洗后水冲洗的控制时间有如下两种不同看法：

一种看法认为碱洗过程只起部分除垢和松动垢层的作用，对金属表面并不发生任何影响，因此对水冲洗流速无特殊要求，也没有必要要求冲洗到水质完全透明；另外，酸洗时还会有很多不溶物离开管壁，使清洗液变得很脏，水冲洗要求过高只会造成水的浪费和清洗时间的延长。

另一种看法认为只控制 pH 值为冲洗合格标准是不够的。因为要除去在碱洗时剥落的部分锈蚀物，而碱洗液流速又较低，就只能靠大量水冲洗才能将杂质除去至几乎不再流出为止。

上述两种看法均有一定道理，第一种看法更适用于中小型设备；而对于大型高温高压设备因其构造复杂，所以用第二种看法为宜。

（四）氨洗除铜

垢中铜一般在下层，氨洗除铜宜在酸洗后进行。见 DL/T 794—2012《火力发电厂锅炉化学清洗导则》。另氨洗除铜条件宜与 DL/T 794—2012 一致。

当运行炉中含铜时，应增加氨洗除铜工艺，氨洗的目的是为了除铜，否则酸洗时会在金属表面镀铜，促使金属腐蚀。

氨洗除铜的原理：沉积物中铜是以金属铜存在的，在加有氧化剂过硫酸铵$(NH_4)_2S_2O_8$的氨溶液中，铜形成氧化铜，再与NH_3形成稳定的铜氨络离子，反应式为：

$$(NH_4)_2S_2O_8 + H_2O = 2NH_4HSO_4 + [O]$$

$$Cu + [O] = CuO$$

$$CuO + H_2O + 4NH_3 = \left[\begin{array}{ccc} NH_2 & & NH_2 \\ & Cu & \\ NH_2 & & NH_2 \end{array}\right]^{2+} + 2OH^-$$

清洗液中NH_3 1.3%～1.5%、$(NH_4)_2S_2O_8$为0.5%～0.75%，温度为25～30℃，清洗时间为1～1.5h，氨洗后用除盐水或软化水进行冲洗。

（五）酸洗

酸洗除垢是整个化学清洗工序中最关键、最重要的环节，除垢效果的好坏关系到化学清洗的成败。

除垢清洗剂的组成视设备情况、积垢性质、工艺条件等参数不同而不同，绝大多数清洗液主要成分都由酸构成。在酸洗时，为了改善清洗效果，缩短清洗时间，减少酸对被清洗对象的危害，除了采用酸以外，还要根据情况，添加必要的缓蚀剂、表面活性剂、消泡剂、还原剂等。

（1）缓蚀剂是在低浓度下即能阻止和减缓金属在环境介质中腐蚀的物质。酸洗操作在加酸之前必须先加入缓蚀剂进行预缓蚀，并循环均匀，以确保设备安全。

（2）表面活性剂可降低被清洗表面的表面张力，使表面更快、更均匀地与清洗液接触。它具有润湿、渗透、乳化、增溶和去污等作用，可大大改善酸的清洗效果，缩短清洗时间，在加酸前加入清洗系统。

（3）消泡剂在清洗过程中根据泡沫的多少来决定添加量。

（4）在清洗钢铁设备时，如果清洗液中有Fe^{3+}存在，（Fe^{3+}大于300mg/L）时，必须加入一定量的还原剂，它能有效地降低设备的腐蚀。

循环酸洗应通过合理的回路切换，维持清洗液浓度和温度均匀，避免清洗系统有死角出现，每个循环回路的流速为0.2～0.5m/s，不得大于1m/s。开式酸洗应该维持系统内酸液流速为0.15～0.5 m/s，不得大于1m/s。

在酸洗过程中，每0.5h应该测定一次酸浓度和含铁量，用柠檬酸清洗时，还应测pH值。清洗中酸度降低到一定程度时，应适当补加酸和缓蚀剂。当酸洗到既定时间或清洗溶液中Fe^{2+}和酸含量无明显变化时，同时监视管段内垢已清除干净就可结束酸洗。

酸洗温度越高，清洗效果越好，但设备的腐蚀速度也随之增加，缓蚀剂的缓蚀效果随温度升高而降低，甚至遭到破坏。因此，酸洗时温度不可过高，无机酸的清洗温度一般为40～70℃之间，柠檬酸的清洗温度为90～95℃，EDTA的清洗温度有两种：低温清洗控制温度为80～90℃、高温清洗控制温度为（130±10)℃。

清洗过程的时间根据实际清洗的情况来确定，以除垢彻底又不过洗为原则。一般情况下，酸洗时间不超过10h，当运行炉垢量高时采用EDTA-Na清洗，时间可延长至20h。但腐蚀总量不得超标大于80g/m²。

（六）酸洗后水冲洗

酸洗后水冲洗的目的是清除系统内的酸洗液，提高管壁的pH值。冲洗初期由于清洗系统比较脏，可以采用工业水进行冲洗（除盐水充足时尽量不用)，冲洗后期一定采用除盐水冲洗。冲洗标准为冲洗到出口基本无悬浮杂质、pH值为4～4.5、总铁离子浓度小于50mg/L、水质透明为止。

由于酸洗过程中已经将垢和锈层除去，金属表面又处于活泼的状态，对水冲洗的要求较高。首先，冲洗时间要求越短越好，尽量减少被洗表面二次锈的产生。其次，冲洗水流量尽可能高，一方面可提高管内的流速，将管壁上不溶解的沉渣冲洗掉；另一方面可节约冲洗用水，并使水冲洗尽快合格。再次，避免在冲洗时清洗系统内出现死角。

为防止活化后的金属表面产生二次锈蚀，酸洗结束后，不宜采用将酸直接排空再上水的方法进行冲洗，可以用纯度大于97%的氮气在0.021～0.035MPa压力下将酸液（利用尽可能多的疏水阀使酸液在1h内排除）连续顶出，废酸液也可用除盐水或软化水排挤，以防止空气进入锅内引起金属腐蚀，然后进行冲洗。

冲洗尽可能提高流速，缩短冲洗时间到最低限度，以不影响最终的清洗效果为原则，一般水冲洗时间控制在2h内不会产生二次锈蚀。冲洗至排水pH值为4～4.5、含铁量小于20～50mg/L、排水清澈为止。

酸液排出后采用交变流量冲洗或在冲洗液中加一些还原剂EVC-Na（异抗坏血酸钠），在水冲洗的后期也可加入少量柠檬酸，更能防止产生二次锈蚀，冲洗合格后立即建立整体大循环，并用氨水将pH值调至9.0以上。

当冲洗水量不足时，可采用反复排空和上水的方法进行冲洗，至排水pH值为4～4.5为止。但采用此方法进行冲洗后，应接着对锅炉进行漂洗。

（七）漂洗和钝化

1. 漂洗的目的

漂洗的目的是去除被洗表面在酸洗后水冲洗时可能产生的二次浮锈，并将系统中的游离铁离子络合掩蔽，为钝化过程打好基础。

工业设备常用的漂洗方法主要有柠檬酸漂洗和磷酸、多聚磷酸盐漂洗。柠檬酸漂洗是采用0.2%～0.3%的柠檬酸，用氨水调节pH值为3.5～4，并加入少量（0.05%～0.1%）的缓蚀剂进行漂洗，漂洗温度一般为75～85℃，漂洗时间一般为2～3h。磷酸、多聚磷酸盐漂洗采用0.15%～0.25%磷酸+0.2%～0.3%三聚磷酸钠，并加少量（0.05%～0.1%）缓蚀剂，在pH值为2.5～3.5条件下进行漂洗，漂洗温度为40～50℃，漂洗时间为2～3h。除去残留在酸溶液中的二次锈（残留铁）。

漂洗液中总铁量应小于300mg/L。若超过该值，应用热的除盐水更换部分漂洗液至总铁量小于300mg/L。为钝化处理创造有利条件。采用漂洗工艺可适当缩短冲洗时间和减少冲洗用水量。

漂洗时采用水冲洗合格的水，也就是说冲洗阶段水不排放。清洗系统温度升至工艺要求温度后加药漂洗。漂洗过程检测漂洗液的pH值和总铁离子浓度，总铁离子浓度要求不超过300mg/L。

2. 钝化

钝化是在金属表面上生成保护膜，防止金属表面暴露在大气中发生腐蚀。目前，钝化有多种方法，例如：

（1）磷酸三钠钝化法。此法是用除盐水配制浓度为1%～2%$Na_3PO_4 \cdot 12H_2O$，钝化温度为80～90℃，钝化时间为8～24h。

（2）联氨钝化法。此法是用除盐水配制浓度为300～500mg/L的联氨溶液，用氨水调整pH值为9.5～10.0（或NH_3为10～20mg/L），温度为90～100℃，循环时间为24～30h。生成的保护膜为灰黑色或棕褐色。

（3）亚硝酸钠钝化。此法通常采用亚硝酸钠为0.5%～2.0%溶液，将氨水调整pH值为9.0～10.0，温度为50～60℃，循环时间为4～6h，然后排去钝化液（要注意排放液对环境的影响），再用除盐水冲洗，防止亚硝酸钠残留液在锅炉运行时产生腐蚀。此法产生的保护膜致密，呈钢灰色（或银灰色）。

（4）碱液钝化法。此法采用1%～2%的磷酸钠溶液或磷酸钠和氢氧化钠混合液进行钝化。方法是首先将配好的碱液加热到80～90℃，在酸洗回路中循环8～24h，再用除盐水或软化水冲洗至排水碱度、磷酸根与运行时的标准相近为止。此法产生的保护膜为黑色。用碱液钝化可以中和酸洗时残留在系统中的酸液。但因为生成保护摸的防腐性较差，所以只适用于中、低压锅炉。

1）过氧化氢钝化工艺：采用0.3%～0.5%$H_2O_2$❶，用氨水调pH值至9.5～10，在53～57℃温度下，钝化时间为4～6h。

2）丙酮肟钝化工艺：采用500～800mg/L丙酮肟，用氨水调pH值至大于或等于10.5，在90～95℃温度下，钝化时间大于或等于12h。

3）乙醛肟钝化工艺：采用500～800mg/L乙醛肟，用氨水调pH值至大于或等于10.5，在90～95℃温度下，钝化时间为12～24h。

4）多聚磷酸钠钝化工艺：H_3PO_4为0.15%～0.25%、$Na_5P_3O_{10}$为0.2%～0.3%，维持43～47℃，pH值为2.5～3.5，流速为0.2～1m/s，漂洗1h左右。用氨水调节pH值至9.5～10，再升温至80～90℃，循环1～2h。

5）微酸性除铜钝化工艺：$NaNO_3$❷1%～2%、$H_3C_6H_5O_7$为0.2%～0.3%、$CuSO_4$为100～200mg/L、Cl^-为50～100mg/L，在50～60℃温度下，钝化时间为4～6h。

（5）EDTA充氧钝化：游离EDTA为0.5%～1.0%，pH值为8.5～9.5，氧化还原电位为－700mV，钝化温度为60～70℃，氧化还原电位升至－100～－200mV终止。

（6）高温造膜法：维持锅水中联氨含量为400～500mg/L，并用氨水调节pH值至9.5～10.0，温度为230～260℃，然后锅炉升压至0.49、0.98、1.47、1.96、2.44MPa，分别维持5h，每5h在锅炉下部放水一次（维持锅炉压力为0.19MPa），当锅炉压力升至2.94MPa时，维持72h。当溶液中联氨含量下降为50mg/L以下时，需补加联氨。

（八）废液处理

无论是酸洗液、碱洗液还是钝化液，都必须进行严格处理才能排放，否则会造成环境污染。

总之，锅炉的清洗应根据各厂具体情况进行割管检查、小型试验，选择药品，确定清洗时药液的浓度和温度以及清洗步骤，作出切实可行的洗炉方案。

四、清洗质量检查及标准

清洗后，发电厂、清洗公司有关专业人员对汽包、水冷壁、联箱等清洗状况进行检查，并对系统内的沉积物进行彻底清理。

选取合适位置的水冷壁和省煤器进行割管（用手工锯管）检查，水冷壁割管长度大于800mm，省煤器割管长度大于500mm。被清洗表面应清洁干净，基本无残留氧化物，无过洗、二次浮锈及点蚀现象。

---

❶ 过氧化氢钝化前采用$H_3PO_4$0.15%＋$Na_5P_3O_{10}$0.2%＋酸洗缓蚀剂0.05%～0.1%漂洗液，pH值为2.9左右，维持43～47℃，漂洗时间为1～2h。

❷ 在0.2%～0.3% $H_3C_6H_5O_7$溶液中直接加入1%～2%$NaNO_2$，并添加100～200mg/L $CuSO_4$，维持Cl^-为50～100mg/L。

锅炉管清洗表面有钢灰色或黑色完整致密的钝化膜。凝汽器管内表面垢已除净，并在内表面形成均匀完整的保护膜。

DL/T 794—2012《火电厂锅炉化学清洗导则》要求：腐蚀速率小于 8g/(m^2·h)，总腐蚀量小于 80g/m^2。除垢率大于 90%为合格，除垢率大于 95%为优良。

DL/T 957—2005《火电厂凝汽器化学清洗及成膜导则》要求：腐蚀速率小于 1g/m^2.h，总腐蚀量小于 10g/m^2。除垢率大于 85%为合格，除垢率大于 95%为优良。

清洗效果检查后，做出综合评价，由电厂对清洗正式系统进行恢复。由清洗公司编写化学清洗报告。

五、清洗过程中的化学监督

（一）锅炉化学清洗中的监督项目

为掌握化学清洗的进程，及时判断清洗过程各阶段的清洗效果，在化学清洗中必须进行化学监督。

（1）化学清洗前检查并确认化学清洗用药品的质量、数量、监视管段和腐蚀指示片，腐蚀指示片应放入汽包和监视管内。时间应包括整个化学清洗过程（监督化学清洗过程腐蚀总量）。

（2）化学清洗中应监督加药、化验，控制各清洗阶段介质的浓度、温度、流量、压力等重要清洗参数。

（3）根据化验数据和监视管内表面的除垢情况判断清洗终点。

（4）化学清洗用药品质量和检定。

（5）新建炉的监视管段一般在清洗结束后取出。运行炉的监视管段应在预计酸洗结束时间前取下，并检查管内是否已清洗干净。若管段仍有污垢，应再把监视管段装回系统继续进行酸洗，直至监视管段全部清洗干净。若检查管段已清洗干净，酸液仍需再循环 1h，方可结束酸洗。化学清洗的测试项目见表 5-4。

表 5-4　　化学清洗的测试项目

工艺过程	取样点	监督		终点	说明
		项目	间隔		
碱煮和碱洗	汽包炉盐段和净段，直流炉出、入口	碱度	1次/2h	直到水样碱度和正常锅水碱度相近为止	结束时留样
碱洗后水冲洗	清洗系统出、入口	pH值	1次/15min	pH<9.0	30min取一次平均样
循环配酸	系统出、入口	酸度	1次/10min	出、入口酸浓度均匀一致，并达到指标，要求的浓度4%～7%	一般酸洗
		酸度	1次/3min	0.5%～1.0%HF（氢氟酸）	直流炉采用开式酸洗
酸洗		酸度 含铁量	1次/30min	酸度平衡，出现铁离子峰值后，含铁量趋于平稳（Fe^{2+}）	结束时留样汽包炉采用循环酸洗
		酸度 含铁量	1次/3min 1次/20min	HF浓度为0.5%～1.0%，出、入口含铁量几乎相等	直流炉采用开式酸洗
		酸度 含铁量	1次/30min	酸度、含铁量（Fe^{3+}、Fe^{2+}）趋于平衡	浸泡酸洗

续表

工艺过程	取样点	监督		终点	说明
		项目	间隔		
酸洗后水冲洗	清洗系统出口	pH值、电导率、酸度含铁量	1次/15min	pH>4.5 导电率≤50μS/cm Fe<50mg/L	接近终点时
稀柠檬酸漂洗	清洗系统出口	$H_3C_6H_5O_7$浓度、pH值、含铁量	1次/30min	$H_3C_6H_5O_7$<0.2% pH=3.5~4.0 Fe<300mg/L	结束时留样
钝化	清洗系统出口	浓度 pH值	1次/1h	按钝化工艺的要求进行监督	结束时留样
过热器水冲洗	锅炉饱和蒸汽取样点、锅炉过热蒸汽取样点	pH值、N_2H_4	1次/30min	pH=9.5~10.0 N_2H_4>200mg/L	

注 1. 碱洗留样主要用于测定碱度、二氧化硅和沉积物含量。

2. 稀柠檬酸留样主要用于测定沉积物含量。

（二）锅炉化学清洗中的质量要求

(1) 清洗后的金属表面应清洁，基本上无残留氧化物和焊渣，无明显金属粗晶析出的过洗现象，不应有镀铜现象。

(2) 用腐蚀指示片测量的金属平均腐蚀速度应小于8g/(m^2·h)，腐蚀总量应小于80g/m^2，除垢率大于或等于90%为合格，除垢率大于或等于95%为优良。

(3) 清洗后的表面应形成良好的钝化保护膜，不出现二次锈蚀和点蚀。

(4) 固定设备上的阀门、仪表等不应受到损伤。

（三）锅炉化学清洗中的废液排放标准

锅炉化学清洗废液的排放必须符合GB 8978—1996《污水综合排放标准》的规定，其中主要的有关指标和最高允许排放浓度见表5-5。

表5-5　污水综合排放标准（第二类污染物最高容许排放浓度）　mg/L

序号	有害物质或项目名称	最高容许排放浓度		
		新扩改（二级标准）	现有（二级标准）	三级标准
1	pH值	6~9	6~9	6~9
2	悬浮物	200	250	400
3	化学需氧量（重铬酸钾法）	150	200	500
4	氟化物	10	15	20（用氟离子计测定）

（1）严禁排放未经处理的酸、碱液及其他有毒废液，也不得采用渗坑、渗井和漫流的方式排放。

（2）清洗锅炉时，废液是大量连续排出的。因此，所有火力发电厂均应设计有足够容量和能充分混合废液的处理装置，或就近纳入当地的污水处理系统，经集中处理达标后，才允许排放。

第六章

防磨防爆相关的压力容器焊接知识

第一节　锅炉压力容器焊接知识

一、焊接的基本知识

（一）制造、安装中常用的焊接方法

1. 焊条电弧焊（SMAW）

焊条电弧焊是用焊条和焊件做电极，并利用其间产生的电弧热，将焊条及部分焊件熔化而形成焊缝的一种手工操作焊接方法，因此常称手工电弧焊。

（1）焊条电弧焊的优点：

1）使用的设备比较简单，价格相对便宜并且轻便。焊条电弧焊使用的交流和直流焊机都比较简单，焊接操作时不需要复杂的辅助设备，只需配备简单的辅助工具。因此，购置设备的投资少，而且维护方便，这是它被广泛应用的原因之一。

2）不需要辅助气体防护。焊条不但能提供填充金属，而且在焊接过程中能够产生保护熔池避免氧化的保护气体，并且具有较强的抗风能力。

3）操作灵活，适应性强。焊条电弧焊适用于焊接单件或小批量的产品，短的和不规则的、空间任意位置的以及其他不易实现机械化焊接的焊缝。凡焊条能够达到的地方都能进行焊接。

4）应用范围广，适用于大多数工业用金属和合金的焊接，焊条电弧焊选用合适的焊条不仅可以焊接碳素钢、低合金钢，而且还可以焊接高合金钢及有色金属，不仅可以焊接同种金属，而且可以焊接异种金属，还可以进行铸铁焊补和各种金属材料的堆焊等。

（2）焊条电弧焊的缺点：

1）对焊工操作技术要求高，焊工培训费用大。焊条电弧焊的焊接质量，除靠选用合适的焊条、焊接工艺参数和焊接设备外，主要靠焊工的操作技术和经验保证，即焊条电弧焊的焊接质量在一定程度上取决于焊工操作技术水平。因此，必须经常进行焊工培训，所需要的培训费用很大。

2）劳动条件差。焊条电弧焊主要靠焊工的手工操作和眼睛观察完成全过程，焊工的劳动强度大，并且始终处于高温烘烤和有毒的烟尘环境中，劳动条件比较差，因此要加强劳动保护。

3）生产效率低。焊条电弧焊主要靠手工操作，并且焊接工艺参数选择范围较小，另外，焊接时要经常更换焊条，并要经常进行焊道熔渣的清理，与自动焊相比，焊接生产率低。

4）不适于特殊金属以及薄板的焊接。对于活泼金属（如 Ti、Nb、Zr 等）和难熔金属（如 Ta、Mo 等），由于这些金属对氧的污染非常敏感，焊条的保护作用不足以防止这些金属氧化，保护效果不够好，焊接质量达不到要求，所以不能采用焊条电弧焊；对于低熔点金属如 Ti、Nb、Zr 及其合金等，由于电弧的温度对其来讲太高，所以也不能采用焊条电弧焊焊接。另外，焊条电弧焊的焊接工件厚度一般在 1.5mm 以上，1mm 以下的薄板不适于焊条电弧焊。

2. 埋弧焊（SAW）

利用焊丝和母材做电极而产生的在颗粒状焊剂下燃烧的电弧热能来熔化焊丝和部分母材的焊接方法，称为埋弧焊。若焊丝沿着焊缝移动，而且随着焊丝的燃烧熔化不断向焊缝送丝的过程均为自动化，则称为埋弧自动焊。

（1）与焊条电弧焊相比，埋弧自动焊有下列优点：

1）生产效率高。埋弧自动焊能采用大的焊接电流，电弧热量集中，溶深大，焊丝可连续送进，因此其生产率比焊条电弧焊高 5～10 倍。

2）焊接接头质量好。由于焊剂和熔渣严密包围着焊接区域，空气难以侵入，较高的焊接速度减小了热影响区，焊剂和熔渣的覆盖减慢了焊缝的冷却速度，这些都有利于使焊接接头获得良好的组织与性能，同时，自动操作使焊接规范参数稳定，焊缝成分均匀，外形光滑、美观，因此焊接质量较好。

3）节约焊接材料和电能。埋弧自动焊热量集中，熔深大，焊接金属没有飞溅损失，没有废弃的焊条头，工件厚度小时还可以不开坡口，减少了焊缝中焊丝的填充量，从而可以节省金属材料和电能。

4）降低劳动强度。埋弧自动焊施焊过程中看不到弧光，焊接烟雾很少，又是机械自动操作，因而劳动条件得到了很大的改善。

（2）与焊条电弧焊相比，埋弧自动焊有下列缺点：

1）设备比较复杂、昂贵，维修保养的工作量大。

2）由于电弧不可见，不能判定熔深是否足够，不能判断焊道是否对正焊缝坡口，容易产生焊偏和未焊透现象，因而对焊接接头的加工与装配要求严格。

3）只适用于平焊或在倾斜度不大的位置上进行焊接。

4）当电流小于 100A 时，电弧稳定性不好，不适合焊接薄板。

5）由于熔池较深，对气孔敏感性较大。

6）埋弧自动焊常用于焊接较长的直线焊缝及大直径的圆筒容器的环焊缝。

3. 氩弧焊

氩弧焊是以惰性气体氩气作为保护气体的一种电弧焊接方法，电弧发生在电极与焊件之间，在电弧周围通以氩气，形成连续封闭气流，保护电弧和熔池不受空气的侵害，而氩气是惰性气体，即使在高温之下，氩气也不与金属发生化学作用，且不熔于液态金属，因此焊接质量较高。

氩弧焊根据电极是否熔化分为非熔化极氩弧焊（GTAW）和熔化极氩弧焊（GMAW）。

（1）非熔化极氩弧焊通常称为钨极氩弧焊（GTAW）。它以钨棒作电极，在氩气保护下靠钨极与工件间产生的电弧热，熔化母材和焊丝，并同时利用焊炬喷嘴流出的氩气在熔池周围形成连续封闭的保护层进行焊接，在焊接过程中钨极不发生明显的熔化和消耗，只起发射电子、引燃电弧及传导电流的作用。钨极氩弧焊电弧稳定，可使用小电流焊接薄工件，并可单面焊双面成形，近年来在锅炉压力容器的制造和安装中得到了广泛的应用，特别是采用钨极氩弧焊打底，然后用焊条电弧焊和其他焊接方法形成的焊缝，可以避免根部未焊透等缺陷，提高焊接质量。

在钨极氩弧焊（GTAW）中，若采用手工移动焊炬，且手工添加焊丝，则称其为手工钨极氩弧焊；若采用机械方法自动移动焊炬或焊炬不动而工件自动移动且自动连续送丝，则称其为自动钨极氩弧焊。

钨极氩弧焊有下列优点：

1）适于焊接各种钢材、有色金属及合金，且电弧稳定、飞溅小，焊缝致密，成形美观，质量优良；

2）电弧和熔池用氩气保护，焊缝没有渣壳覆盖，熔池清晰可见，因而液态熔池容易控制，适于全位置焊接和自动化焊接；

3）氩气是单原子气体，热容量小，导热性差，热耗量少，电弧燃烧十分稳定，即使是小电流、长电弧也很稳定，由于电弧在气体的压缩作用下，热量特别集中，所以焊接熔池和其热影响区很小，容易控制焊接规范和质量。特别在厚度较薄的、导热性强的铜或铝的焊接中能获得性能优良的焊接接头，同时在细小管子的焊接中变形也很小；

4）氩气是最稳定的一种惰性气体，比空气重，焊接时能在电弧周围形成一圈稳定的气流层，可有效地阻止空气进入焊接区域，因此熔池金属中的氮和氧含量极微。同时，电弧在保护气流压缩下燃烧，热量集中，熔池较小，焊接速度较快，焊接热输入小，特别适合焊接超（超）临界锅炉用新型铁素体耐热钢，如 T23、T24、T91、T92、T122 钢，使其焊缝韧性远高于焊条电弧焊和埋弧焊方法。

5）氩气不熔于金属，不与熔池金属发生冶金反应，一般不会出现气孔、夹渣缺陷，合金元素的烧损也少。和电弧焊比较，焊缝纯净，特别适用于化学成分活泼的有色金属和焊接工艺要求严格的合金钢及优质碳素钢等金属材料的焊接。

6）氩弧焊是一种低氢型的焊接方法，焊接耐热钢或低合金高强度钢时，焊接接头的冷裂纹倾向比用焊条电弧焊的低。

（2）熔化极氩弧焊（GMAW）熔化极氩弧焊在气体保护原理上与钨极氩弧焊基本相同，所不同的是熔化极氩弧焊用焊丝做电极，在焊接过程中焊丝以一定速度连续送给、同时熔化，通过熔滴过渡补充焊缝金属，它与钨极氩弧焊（GTAW）焊相比的优点如下：

1）生产率高。GTAW 焊时，为防止钨极的熔化和烧损，焊接电流不能太大，因而焊缝的熔深受到限制，当焊件厚度大于 6mm 时，需要开坡口，采取多层、多道焊，有时还要预热和保温，不但恶化劳动条件，增加施工的困难，而且焊接效率大为降低。GMAW 焊由于用焊丝做电极，焊接电流可大大提高，不但适宜厚件焊接，而且有利于焊接过程的机械化和自动化。

2）熔滴过渡为射流过渡。

这种熔滴过渡具有熔深大、飞溅小、电弧稳定和焊缝成形良好的优点。

4. 二氧化碳气体保护焊

以二氧化碳气体作为保护气体的电弧焊接方法称为二氧化碳 CO_2 气体保护焊。它是以焊丝、工件做电极，靠两电极之间产生的电弧热熔化焊丝和工件形成焊接接头。

按照焊丝直径大小分为细丝（焊丝直径＜1.2mm）CO_2 气体保护焊和粗丝（焊丝直径≥1.6mm）CO_2 气体保护焊。按自动化程度分为半自动和自动两种。

焊接时焊丝由送丝机构经软管和焊炬导电嘴送出，与焊件接触后产生电弧，在电弧热作用下，焊丝和焊件熔化形成熔池。同时，气瓶送出 CO_2 气体，以一定的压力和流量从焊炬喷嘴流出，形成环形保护气流，将熔池和电弧区域与空气隔离，随着焊炬的移动，熔池冷却、凝固，形成焊缝。

5. 气焊（GW）

气焊是利用可燃气体与氧气混合燃烧时产生的火焰热能使两块分离的焊接金属融为一体的一种手工焊接方法。

可燃气体有乙炔、天然气、氢气及甲烷等，其中，乙炔在氧气中燃烧产生的热量最多，产生的火焰温度最高，所以氧-乙炔焊应用最广。

20 世纪 50～60 年代，气焊曾经应用于电厂锅炉安装中，因气焊热量低，且热量不集中，焊缝及热影响区易过热，焊接接头的力学性能差，满足不了大型火电机组合金钢的使用性能要求，而且焊接生产率低，因此，随着机组容量的增大，所用钢材合金钢的增多，在电厂锅炉制造、安装焊接中逐步被手工钨极氩弧焊和焊条电弧焊所代替。

（二）锅炉压力容器焊接方法的选择

1. 锅炉制造过程中主要承压部件的焊接方法选择

(1) 汽包。

1）纵缝。一般采用双面埋弧焊，特殊情况也采用带衬垫的单面埋弧焊，在完成接头焊接后去除衬垫，用焊条电弧焊补，用机械方法打磨至根部焊缝与母材表面平齐。

2）环缝。一般采用双面埋弧焊，个别情况内侧采用焊条电弧焊，外侧采用埋弧焊。

3）集中下降管角焊缝 。一般采用带衬垫的单面埋弧焊，最后去除衬垫后用机械方法打磨光滑，100MW 以下的机组汽包下降管，也有采用双面焊条电弧焊方法的。

(2) 受热面的焊接管子对接接头，均采用自动钨极氩弧焊，修复焊接缺陷时采用手工钨极氩弧焊。

1）水冷壁鳍片管均采用多头埋弧自动焊或多头自动气体保护焊。

2）联箱筒体对接环缝及筒体与端盖的环缝，均采用氩弧焊打底（打底焊缝厚度≥3mm），焊条电弧焊过渡填充（过渡填充焊缝厚度≥8mm），再采用埋弧焊填充和盖面。

3）联箱与管接头的焊接，角焊缝接头均采用手工电弧焊，坡口焊缝加角焊缝接头组合焊缝，采用氩弧焊打底加手工电弧焊填充、盖面，或全面采用手工电弧焊。

2. 锅炉安装焊接方法的选择（见表 6-1）

表 6-1　锅炉安装焊接方法的选择

类　别	制件名称	焊接方法
金属结构及附属设备	梁、柱结构框架、循环水管、各种存储器、型钢制成的部件等承重结构	(1) SMAW。 (2) 焊剂下半自动焊。适用平焊。 (3) 焊剂下自动焊。适用平焊，且有直线焊缝、环缝且其直径大于 800mm。 (4) CO_2 气体保护焊
	煤粉、烟风道	SMAW
	锅炉护板	SMAW、明弧半自动焊
	支吊架	SMAW

续表

类 别	制件名称	焊接方法
管件	中低压汽水管道、热工仪表管等	SMAW、GTAW
	锅炉受热面管、汽水连通管、主要热力管道、油管道、发电机冷却水管、抽气管等	(1) GTAW+SMAW。 (2) 厚度不超过 6mm，GTAW。 (3) SMAW

二、焊接接头的组织与性能

（一）焊接接头的组成及特点

焊接接头是由基本金属和填充金属在焊接高温热源的作用下，经过加热和冷却过程而形成的不同组织和性能的不均匀体。

1. 焊接接头的组成

焊接接头由焊缝区、熔合区和热影响区三部分组成。

(1) 焊缝区。焊缝是焊接接头的主体，焊缝金属通常由母材和焊材经过熔化、结晶凝固而形成，焊缝区的宽度主要取决于坡口形式和焊接热输入。

(2) 熔合区。熔合区是焊接接头中焊缝与母材交接的过渡区域，该处金属与焊缝金属间发生部分扩散，特别是在异种钢焊接中，当焊缝金属与母材金属化学成分相差较大时，熔合区化学成分复杂，在长期运行过程中，常在该区域早期失效断裂。熔合区一般很窄，为 0.1～0.5mm，因此，也常称熔合线。

(3) 热影响区。采用各种熔化焊方法，在焊接热源的作用下，焊缝两侧母材不可避免地要有一个发生组织和性能变化的区域，通常称这个区域为热影响区。热影响区的宽度和焊接方法、热输入、工件结构和焊接工艺有关。不同的焊接方法热影响区的平均尺寸见表 6-2。

表 6-2　不同的焊接方法热影响区的平均尺寸　mm

焊接方法	各区的平均尺寸			总宽
	过热	相变重结晶	不完全重结晶	
手工电弧焊	2.2～3.0	1.5～2.5	2.2～3.0	6.0～8.5
埋弧自动焊	0.8～1.2	0.8～1.7	0.7～1.0	2.3～4.0
电渣焊	18～20	5～7	2.0～3.0	25～30
氧-乙炔气焊	21	4.0	2.0	27
真空电子束焊	—	—	—	0.05～0.75

2. 焊接接头的特点

由于焊接热源周围的各个部位距热源中心的距离不同，其经受的焊接热循环和温度高低也不同，所以焊接接头各部位在组织和性能上存在着很大差异。

焊接接头还会产生各种缺陷，存在残余应力和应力集中，这些因素对焊接接头都有很大的影响。随着我国火电机组向着大容量、高参数的超临界、超超临界机组方向发展，高合金的新型耐热钢得到了广泛的应用。在这种情况下，焊接质量不仅仅决定于焊缝，同时还决定于焊接热影响区。如在电厂管道焊接接头中，从运行 16×10^4h 以上机组的管道焊接接头中抽取试样，做高温持久强度试验，试验结果表明热影响区持久强度比母材的低 10%～20%。

由此可见，热影响区是造成火力发电厂承压部件早期失效的薄弱环节。

（二）焊接热循环

焊接热循环是焊接工艺的重要理论基础，它从热输入的角度确定焊接工艺规范的合理性，从而控制焊接接头的组织和性能、焊接产生的应力和变形。

1. 焊接热循环的概念

焊接热循环是指在焊接热源的作用下，焊件上某点的温度随时间变化的过程。

在焊接的加热和冷却过程中，母材上不同位置所经受的热循环是不同的，靠近焊缝越近的位置被加热的最高温度越高；反之，越远的位置被加热的最高温度越低。

2. 影响焊接热循环的因素

影响因素主要有焊接规范及焊接热输入、预热温度和层间温度、焊接结构和钢材性能等。

（1）焊接规范及焊接热输入的影响。焊接规范是指焊接时的主要工艺参数，如焊接电流、电弧电压、焊接速度等。

焊接热输入是指单位长度焊缝内输入的热量。焊接热输入越大热影响区越宽，焊接热输入偏小时，不利于焊缝的熔透和成形。因此，焊接热输入必须控制在一个合理的范围内，才能保证焊接接头具有良好的性能。

一般通过焊接规范来调节焊接热输入。不同的焊接方法，在常规的规范下，焊接热输入的差别较大，埋弧焊时焊接热输入较大，手工电弧焊次之，钨极氩弧焊最小。

（2）预热与层间温度的影响。焊接冷裂纹倾向大的钢材，一般要采取预热和保持层间温度的方法来降低焊接接头的冷却速度，降低焊接过程中的淬硬倾向，防止冷裂纹的产生。同时，控制预热和层间温度，可以降低焊接接头在低温时的冷却速度，起到影响焊接热循环的作用。

（3）焊接结构和钢材性能的影响。焊接结构是由焊件的厚度和接头形式决定的。钢材的导热性能对焊接热循环有直接的影响。导热性能不同的钢材在相同的焊接热输入条件下，焊接接头的冷却时间是不同的。导热性能好的钢材，焊接接头的冷却时间均小于导热性能差的钢材。

（三）焊缝金属组织和性能

母材金属和填充金属在焊接热源的作用下熔化而形成熔池，当焊接热源离开熔池时，熔池中的液态金属因冷却而凝固，熔池中的金属从液态变成固态的过程称为一次结晶。熔池凝固后的焊缝金属从高温冷却到室温时，还会发生固态的相变，产生不同的组织，焊缝金属的这种固态相变过程称为焊缝金属的二次结晶。

焊缝金属组织不但与化学成分有关，而且在很大程度上与这两次结晶有关，而焊缝金属的性能又与其组织有密切的关系。

1. 焊缝金属的一次结晶

结晶最先发生在熔池中温度最低的熔合线部位，随着熔池温度的降低，晶粒逐渐长大，在长大过程中，由于相邻晶体的阻碍，晶体只能向熔池中心生长，从而形成柱状晶，当柱状晶长大至相互接触时，一次结晶过程即结束。

一次结晶过程中，由于冷却速度快，焊缝金属元素来不及扩散，会产生化学成分分布不均匀的现象，这种现象称为偏析。偏析有可能使焊缝金属的力学性能和腐蚀性能不均匀，还有可能产生缺陷，如热裂纹的产生就与偏析有关。

2. 焊缝金属的二次结晶

焊缝金属的二次结晶组织和性能与焊缝的化学成分、冷却速度及焊后热处理有关。低碳钢和低合金钢在平衡状态下的二次结晶组织是铁素体加少量的珠光体，随着冷却速度的加快，珠光体含量增多，铁素体含量减少，焊缝的强度和硬度有所提高，而塑性、韧性则下降。

含合金元素较少（含Cr<5%）的耐热钢，在焊前预热、焊后缓慢冷却的条件下得到珠光体和部分淬硬组织，高温回火后可得到完全的珠光体组织。

含合金元素较多（含Cr为5%～9%）的耐热钢，当焊接材料与母材相近时，在焊前预热、焊后缓慢冷却的条件下，焊缝组织通常为贝氏体组织，也可能出现马氏体组织，高温回火后可得到回火索氏体组织。当采用奥氏体不锈钢焊接材料时，焊缝组织主要为奥氏体。

奥氏体不锈钢的焊缝组织一般为奥氏体加少量的铁素体。

铁素体不锈钢焊缝组织与采用的焊接材料有关。焊接材料与母材金属化学成分相近时，焊缝组织为铁素体；焊接材料为镍铬奥氏体时，焊缝组织为奥氏体。

马氏体不锈钢焊缝组织与焊接材料和热处理的状态有关。焊接材料化学成分与母材金属相近时，焊缝组织为马氏体，回火后的组织为回火马氏体；焊接材料为镍铬奥氏体时，焊缝组织为奥氏体。

3. 焊缝金属组织与性能的关系

（1）一次结晶组织与性能的关系。焊缝一次结晶组织及其状态对焊缝金属的抗裂性、强度、塑性、韧性和耐蚀性能都有很大的影响。

焊缝一次结晶组织中细柱状晶比粗柱状晶好，胞状晶比树枝晶好。因为粗晶体金属的强度、塑性和韧性都较低，而且热裂纹的敏感性大，尤其是粗大的树枝晶对热裂纹的敏感倾向很大。偏析和化学成分不均匀，偏析越严重，力学性能和腐蚀性能的不均匀程度越大。偏析使S、P聚集在焊缝中心，极易导致热裂纹的产生。

（2）二次结晶组织与性能的关系。二次结晶组织的类型、特征和形态对焊缝金属的性能都有重要影响。

1）对焊缝强度的影响。马氏体比其他组织的强度都高，铁素体、奥氏体较低，贝氏体介于马氏体和铁素体加珠光体之间。

2）对焊缝塑性和韧性的影响。奥氏体在温度下降时无明显的脆性转变现象，塑性和韧性最好；铁素体加珠光体次之；粒状贝氏体具有较低的强度和较好的韧性；高碳马氏体硬而脆，几乎无韧性；低碳马氏体具有较高的强度和一定的塑性和韧性。

3）对焊缝抗裂性能的影响。铁素体加珠光体和奥氏体抗裂性好；奥氏体加少量铁素体的双相组织比单相奥氏体具有更好的抗裂性；贝氏体加马氏体抗裂性差，对冷裂纹的敏感性最大。

4）晶粒度对焊缝性能的影响。晶粒越细、组织越均匀，其性能越好，特别是细晶可使焊缝的韧性提高。改善焊缝二次结晶组织，是提高焊缝性能的重要途径。生产中常用的方法有焊后热处理、多层多道焊、锤击焊缝表面、跟踪回火处理等。

此外，气孔和夹渣也是焊缝中常出现的缺陷，这些缺陷不仅会减小焊缝的有效工作截面积，同时还会引起应力集中，显著降低焊缝金属的强度和韧性，有时气孔和夹渣还会引起裂纹。因此，焊接生产中要严防在焊缝中出现气孔和夹渣缺陷。

（四）影响焊接接头性能的因素

影响焊接接头性能的主要因素有焊接材料、焊接工艺方法、焊接操作方法、焊接热输入、焊后热处理等。

1. 焊接材料的匹配

焊接材料直接影响焊接接头的组织和性能，通常情况下，焊缝金属的化学成分及力学性能与母材相近，但考虑到焊缝金属的特点和焊接应力的作用，焊缝的晶粒比较粗大且存在着偏析，并有产生裂纹、气孔、夹渣的可能性，因此常通过调整焊缝金属的化学成分来改善焊接接头的性能。例如焊接低合金钢时，为提高焊缝的塑性和韧性，常在焊接材料中加入碳化物或氮化物形成元素，如 Mo、Nb、V、Ti、Si 等，以细化晶粒和焊缝组织；焊接奥氏体不锈钢时，为提高焊缝抗热裂能力，常在焊接材料中加入少量铁素体形成元素，以获得双相组织。

2. 焊接工艺方法

不同的焊接方法有不同的特点，因此对焊缝和焊接热影响区的性能也产生不同的影响。

从合金元素烧损和减少焊缝中的杂质元素及气体含量来看，气焊时熔池的保护效果较差，合金元素烧损多，焊缝中的气体及杂质元素含量较高，因此气焊焊缝金属的性能较差；焊条电弧焊和埋弧焊，由于分别采用气-渣联合保护和渣保护，合金元素烧损较少，所以焊缝金属性能也较好；手工钨极氩弧焊由于采用了氩气保护，在气体保护较好及操作合理的条件下，合金元素基本不会烧损，焊缝中气体及杂质元素含量极少，所以可获得较为纯净的焊缝。

从焊缝的组织特点看，气焊时由于加热速度较慢，易产生过热和过烧组织，致使焊缝性能恶化；手工钨极氩弧焊时，由于氩弧焊热能集中，焊接时冷却速度快，所以焊缝的结晶组织较细，性能也较好。

从焊接热影响区宽度来看，气焊较宽，焊条电弧焊次之，手工钨极氩弧焊最窄。结合其他要求综合考虑，为了提高焊接接头的质量，耐热钢管子的焊接中已不再采用气焊方法，小直径管采用全钨极氩弧焊接，大直径管采用手工钨极氩弧焊打底、焊条电弧焊填充和盖面焊接。

3. 焊接热输入

焊接热输入是由焊接规范确定的，它的大小对焊接接头性能的影响是明显的。当采用小电流、高速焊时，可减小热影响区宽度，减小晶粒长大倾向，提高焊缝的塑性、韧性。对每种焊接方法都应有一个最佳的焊接规范，对应确定出最合适的焊接热输入大小，如不按这个最佳的规范进行焊接，可能导致焊接接头性能变差。

4. 焊接操作方法

焊接操作方法有单道焊和多层多道焊之分。在手工操作时有小电流、快速、不摆动的焊法和大电流、慢速、摆动的焊法。这些操作方法对焊缝性能的影响不同，对操作方法的控制在保证焊缝性能上具有重要的作用。

（1）单道、大功率、慢速焊法。其特点是焊接热输入大，操作时，坡口两侧的高温停留时间长，热影响区加宽，焊接接头晶粒粗大，塑性、韧性降低，并且杂质元素易集中在焊缝中心，有导致热裂纹的可能。这种操作方法在焊接性差的材料中多不采用，在焊接性良好的材料中采用，可提高焊接生产率。

（2）多层多道、快速摆动、薄层焊法。其特点是焊接热输入小，后焊道对前一焊道焊缝及热影响区起热处理作用，从而改善了焊缝的二次结晶。这种操作方法的焊接接头热影响区窄，晶粒较细，综合力学性能好。因此，这种操作方法适用于焊接性差的材料。

5. 预热

预热就是在焊前对焊件坡口预先加热到某一温度范围（100～350℃）并保持这个温度进行焊接的工艺过程。

预热的目的是改善金属材料的焊接性。焊件预热可降低焊接接头区域的温差，减小焊接热影响区的淬硬倾向，有利于焊缝中氢的逸出，降低焊缝中含氢量，防止裂纹的产生。

6. 焊后热处理

把焊接接头均匀加热到一定温度，并经过一段恒温时间，然后以一定的速度冷却下来的工艺过程称为焊后热处理。

焊后热处理的方法有高温回火、消除应力退火、正火加回火。焊后热处理能使焊缝中的应力得到松弛，降低焊接残余应力峰值，使焊接接头软化，含氢量降低，同时提高焊接接头的韧性和蠕变强度等。焊后热处理方法应以所要达到的目的或最终获得的力学性能为原则选用。

三、焊接应力与变形

焊接是一个不均匀的加热过程，由于冶金方面、理化方面的作用，焊接接头中总是存在着不同水平的应力，并可能导致一定的变形。焊接应力和由此产生的变形直接降低了结构的制造质量和使用性能。

（一）焊接应力与变形的产生

1. 焊接应力与变形的概念

焊件在焊接时，因加热膨胀和冷却收缩不均匀及焊接过程中的冶金和理化作用，使焊接接头内部产生的应力总称为焊接应力。焊接工作完毕，焊接接头残存的应力称为焊接残余应力。焊件在焊接时要承受焊接应力的作用，在其作用下所发生的形状和尺寸的变化称为焊接变形。这种变形一般是相对焊件在焊前的形状和尺寸而言的，它表现为可见的几何尺寸的变化。

2. 焊接应力与变形产生的基本原因

焊接应力和变形是由许多因素同时作用造成的。其中最主要的因素有焊件上温度分布不均匀、熔敷金属的收缩、焊接接头金属组织转变及工件的刚性约束等。

焊接应力和变形还与焊接方法及焊接工艺参数有关。如气焊时，热源不集中，焊件上的热影响区面积较电弧焊大，产生的焊接变形和应力也大；又如电弧焊时，电流大或焊接速度慢会导致热影响区增大，产生的焊接变形和应力也增大。

3. 焊接应力与变形的危害

焊接接头存在的应力及构件发生的焊接变形所造成的危害有以下几个方面。

（1）对焊接接头质量的影响。焊接应力是产生焊接裂纹的主要原因之一。若焊接应力过大，超过母材的屈服点就会在焊接过程中或焊后发生裂纹。特别是在易淬火的金属材料或刚性较大的结构中表现最为明显。

（2）对焊接构件使用性能的影响。在低温或动载荷下工作的构件中存在焊接残余应力是十分不利的，它是造成压力容器脆性破坏的潜在因素，特别是在高度拘束、应力水平较高时，残余应力可导致裂纹的产生与扩展。在材料断裂韧性差的场合（或在低温或动载荷条件下），焊接残余应力与应力集中（包括焊接缺陷的影响）、外加应力等的叠加往往导致容器爆破，不但造成巨大的经济损失，而且威胁人的生命安全。

拉伸残余应力是造成设备和压力容器应力腐蚀的主要原因。无论在设备运行或停运中，这种应力一直起作用，因此而导致的压力容器与管道的破坏事故并非少见。

(3) 对焊件机械加工的影响。焊件中存在着焊接残余应力，在机械加工过程中，由于应力的释放和应力的平衡，就会使焊件的机械加工精度和尺寸发生变化。

(4) 焊接变形的影响。焊接变形不但造成构件几何尺寸误差，而且降低了焊接结构的承载能力，如角变形能引起较大的附加应力，当变形量超过允许范围时，矫正需要耗用大量的人力、物力和时间，造成经济上的损失。

（二）焊接应力与变形的分类

1. 按焊接应力分类

按形成的原因可将焊接应力分为以下 4 种：

(1) 热应力（温度应力）。热应力是因焊接加热的不均匀性、焊接接头各部位热膨胀不一而引起的一种应力。它与接头部位的温度分布有密切关系，因此也称温度应力。

(2) 组织应力。金属在发生相变时，由于显微组织体积的变化而引起的应力称为组织应力。例如，奥氏体分解为珠光体或转变为马氏体时，都会引起体积的膨胀，这种膨胀作用会受到周围金属的阻碍而产生应力，就是组织应力。

(3) 收缩应力。在焊接时，由于金属熔池从液态凝为固态，其体积收缩受到周围金属的限制而形成的应力称为收缩应力。

(4) 拘束应力。拘束应力是由焊件的刚性和外界附加拘束等因素造成的应力。按作用的形式拘束应力可表现为拉应力和压应力两种；按作用于焊缝的方向拘束应力可分为纵向应力和横向应力；按拘束应力所处的空间位置可分为线形（一维）应力、平面（二维）应力、体积（三维）应力 3 种。

2. 焊接变形分类

焊接变形可分为两大类：一是局部变形，如角变形、波浪变形等；二是整体变形，如扭曲变形、弯曲变形等。

变形的基本形态有六种：纵向收缩变形、横向收缩变形、角变形、弯曲变形、波浪变形、扭曲变形。

(1) 纵向与横向收缩变形。焊件沿焊缝长度方向或宽度方向几何尺寸变短，分别称为焊缝的纵向收缩变形和横向收缩变形。

(2) 角变形。角变形是由焊缝的横向收缩产生的。当焊缝界面不对称、施焊先后不一、顺序不恰当时使焊缝在厚度方向上的横向收缩不均匀，导致了角变形。焊件厚度越大，填充金属越多，则角变形越大；焊接规范越大，角变形也越大。

(3) 弯曲变形。弯曲变形是由焊缝的纵向收缩产生的。当焊缝位置在构件上布置不对称或焊件结构形状不对称时，如施焊次序不当就会引起弯曲变形。

(4) 波浪变形。波浪变形是构件的失稳变形之一。在薄板结构中，焊缝的纵向收缩对薄板边缘造成压应力，使焊件局部凸出，呈现为波浪变形。厚度较大的板材不易产生波浪变形。

(5) 扭曲变形。因装配和施焊程序不适当，焊接过程中引起焊缝的纵向收缩和横向收缩的变化没有一定的规律，造成构件整体尺寸和形状扭曲。

(三) 焊接应力的降低与消除

1. 降低焊接应力的措施

在结构与焊接方法确定的情况下，工艺技术是可以调节焊接应力的。合理的工艺能降低焊缝内应力的峰值，避免在大面积内产生较大的应力，并使内应力分布更合理。

(1) 焊前预热。被焊工件各部位的温差越大、焊缝的冷却速度越快则焊接接头的残余应力就越大。因为预热既能减小工件各部位的温差，又能减缓冷却速度，所以是降低焊接残余应力的有力措施之一。预热可分为局部预热或整体预热。对刚性大、厚度大的工件，采用整体预热降低残余应力的效果更佳。

(2) 合理的装配与焊接顺序。在装配和施焊的顺序安排上尽量使焊缝能比较自由地收缩，可有效地降低焊接应力。

(3) 选用较小热输入。较小的热输入可以缩小焊接受热区的范围，使焊缝金属收缩量变小，从而使焊接残余应力降低。

(4) 预留自由收缩量。在焊接封闭焊缝或其他刚性大、自由度小的焊缝时，事先留出保证焊缝能够自由收缩的余量，并用反变形法增加焊缝变形的自由度。

(5) 锤击焊缝。每一道焊缝用带有圆弧形的风枪或手锤，在红热状态下进行锤击，使焊缝金属得到延伸，降低收缩时的拉伸应力。锤击时，应适度、均匀，不要在多层焊的第一道焊缝和表面焊缝锤击，同时应避免在钢材脆性温度下锤击，以防产生根部裂纹和表面焊缝硬化。

(6) 开缓和槽。其目的是减小结构的接头局部刚性，起到缓和应力的作用。因此多用于刚度（厚度大）大的焊件。

(7) 冷焊法。冷焊法的原则是使焊件的温度分布尽可能均匀。也就是说，要求焊接部位的温度相对整体结构控制得低一些，而且所占面积小一些。冷焊法的要点有采用小的焊接规范；每次只焊一小段焊道，待焊缝冷却到不烫手时，再进行下一段焊道并伴随锤击。冷焊法常常用于补焊铸铁。

2. 消除焊接应力的方法

消除焊接应力的方法主要有热处理法、机械法和振动法。

(1) 热处理法。焊后热处理是消除残余应力的有效方法，也是广泛采用的方法，它可分为整体热处理和局部热处理。一般是将被焊工件加热到 A_{c1} 温度以下，保温均匀，再缓慢冷却，以降低焊接残余应力。

(2) 机械法。用机械的方法施加外力使冷却后的焊缝金属产生延展，以达到消除应力的目的，这种方法叫机械法消除应力，如锤击焊缝、在卷板机上压碾焊缝、对焊接结构实行有控制的过载等都是机械法消除应力。

(3) 振动法。以低频振动整个构件以达到消除应力的目的。一般钢结构件需要消除应力时常常采用。

(四) 焊接变形的防止与矫正

焊接变形防止与矫正的原则是设法减小或抵消变形的可能性，它可以从设计和工艺两个方面来考虑。

1. 防止焊接变形的工艺措施

（1）反变形法。焊前预计焊件变形的趋势和大小，在装配时预设一个反方向的对口变形，以便使焊接变形与之抵消。

（2）刚性固定法。将焊件在未焊前予以固定，增加变形的拘束度，限制变形的趋势。这种方法用来防止角变形和波浪变形是有效的。采用刚性固定法防止变形，可以不考虑焊接顺序，但去掉固定拘束后，焊件仍有少许变形。不利的是焊后残余应力较大，因此刚性固定法不宜用于焊接淬硬性大的金属材料。

（3）装配与施焊顺序的选择。施工中装配与施焊顺序对控制焊件的整体变形起着极其重要的作用，不同的方案产生不同的效果。一般对大型构件的装配焊接原则是用整体装配法组合构件，然后选择焊接顺序。对不能进行整体装配的构件或形状复杂的构件，可以分成组合件进行装配焊接。分体装配与焊接应使焊缝对称布置，对收缩量较大或不对称布置的焊缝，在焊接过程中应通过适当的焊接顺序使其处于自由收缩状态来控制变形量。

（4）焊接方向与顺序的选择。尽可能避免焊件局部不均匀受热与冷却，使焊件温差尽可能的小，以减小焊缝冷却收缩作用引起的变形。在现场焊接中，除了采用分段逆向焊、对称逆向分段跳焊法外，还可采用多人同规范的对称焊接方法。

（5）散热法。其目的是将焊接处的热量减小，使焊接接头金属受热面积大大减小，从而起到减少变形的作用。散热的方法有垫紫铜块和侵入冷水法两种。紫铜块应放在施焊处的背面；侵入冷水法是将焊件置于温度较低的冷水槽内，待焊处露出水面。散热法焊接变形很小，但只宜用于小型零件，淬硬性大的金属材料是不适用的。

（6）锤击法。锤击法防止变形与降低焊接应力的机理相同，经过锤击的焊缝金属所产生的塑性变形用以抵消焊接时的变形效应。其要求也与降低焊接应力所述的内容相同。

生产中防止变形的措施不是单一的，还要考虑到焊接应力问题。如刚性加固法有利于防止变形，但不利于降低应力，因此，多数情况下，防止变形与降低应力措施是联合选择的。为了满足控制应力变形的要求，又要省时、经济，焊接时应对焊件结构进行具体分析，不一定把所有的工艺措施都应用上。

2. 焊接变形的矫正方法

在实际施工中，即使采取了一些有效的预防变形的措施，但焊后还会产生形式不一、大小不等的焊接变形。当这种变形超出技术条件允许范围时，就需设法予以矫正。

矫正变形的方法有机械矫正法和火焰矫正法。

（1）机械矫正法。机械矫正法是根据焊接变形的特点、结构的尺寸和形状，用锤锻打、机械拉压等方法，通过力的作用使焊件变形的反方向产生一个新变形，并达到恰好与变形抵消的一种矫正方法。

（2）火焰矫正法。火焰矫正法的本质与焊接变形的机理是相近的，只是变形的趋势是相反的。因此掌握火焰局部加热的变形规律、正确判断加热位置、合理选择加热方式和火焰能率是火焰矫正工艺的关键。

第二节　焊接缺陷与检验

一、焊接缺陷的危害

焊接缺陷种类不同，其危害程度是有区别的。有尖角缺口的缺陷其危害性最大，特别是裂纹，次之如未焊透等。所以在许多工程中，将它们限定在很严格的范围内。对于重要构件，裂纹是绝对不允许存在的。无尖角缺口或尖角缺口敏感性小的缺陷危害性相对小一些，如气孔、局部夹渣及一些表面缺陷，在一定条件下或一定范围内是允许的。但是无论哪种缺陷都是不希望存在的，因为它们都有一定的危害性。

（一）发生爆管与脆性断裂

脆性断裂是结构在无塑性变形的情况下产生的快速突发的断裂现象。这种断裂总是从焊接接头缺陷开始，如有裂纹等严重缺陷时，压力容器及其管道在水压试验或机组运行中，可能引起泄漏脆性断裂，甚至发生爆管，造成停机停炉的巨大经济损失。

（二）降低焊缝强度

缺陷在焊缝中占有一定的体积，它的存在减小了焊缝的有效工作截面积，降低了焊缝的承载能力。缺陷越大，这种影响越严重。生产实际中，因焊接缺陷的截面尺寸过大，使焊接部件发生断裂的事故也是屡见不鲜的。

（三）引起应力集中

焊接接头中的应力分布十分复杂，凡是结构截面有突出的部位，应力分布就很不均匀。焊接缺陷导致截面尺寸变化，特别是裂纹、未焊透、带有尖角的夹渣等，在外力的作用下，将产生很大的应力集中，使某点的应力峰值高出平均应力许多。当应力超过缺陷前沿金属的断裂强度时，就会引起开裂。开裂的端部又产生应力集中，因此使缺陷不断扩展，直至构件破坏。在同一应力条件下，缺陷的尖锐程度越大，应力集中也越严重，产品的破坏倾向也就越大。

（四）缩短构件使用寿命

锅炉等压力容器以及汽轮机的高压缸等在运行过程中，承受着脉动载荷和蠕变应力，这些部件中存在的焊接缺陷，对承受疲劳应力的能力和蠕变性能都有影响，将缩短构件的使用寿命。

二、焊接缺陷的类型及产生原因

（一）外观缺陷

外观缺陷（表面缺陷）是指不用借助于仪器，从工件表面就可以发现的缺陷。常见的外观缺陷有咬边、焊瘤、凹陷及烧穿等，有时还有表面气孔和表面裂纹。单面焊的根部未焊透也位于焊缝表面。

1. 咬边

咬边是指沿着焊趾在母材部分形成的凹陷或沟槽，它是由于电弧焊将焊缝边缘的母材熔化后没有得到熔敷金属的充分补充所留下的缺口。

产生咬边的主要原因是电弧热量太高，即电流太大、运条速度太快，焊条与工件间角度不正确、摆动不合理、电弧过长等也都会造成咬边。采用直流焊时，电弧的磁偏吹也是产生咬边的一个原因。

咬边会减小母材的有效工作截面，降低结构的承载能力，同时还会造成应力集中，发展为裂纹源。

防止咬边的措施有矫正焊接操作姿势、选用合理的规范、采用正确的运条方式。

2. 焊瘤

焊缝中的液态金属流到加热不足未熔化的母材上或从焊缝根部溢出，冷却后形成的未与母材熔合的金属瘤即为焊瘤。

焊接规范过强、焊条熔化过快、焊条质量欠佳（如偏心）、焊接电源特性不稳定及操作姿势不当等都容易引起焊瘤。

焊瘤常伴有未熔合、夹渣缺陷，易导致裂纹。同时，焊瘤改变了焊缝的实际尺寸，会带来应力集中。管子内部的焊瘤减小了其内径，将造成流动介质堵塞。

防止焊瘤的措施有正确选用焊接规范、选用无偏心焊条、合理操作。

3. 凹坑

凹坑指焊缝表面或背面局部的低于母材的部分。

凹坑多是由于收弧时焊条（焊丝）未作短时间停留造成的（此时的凹坑称为弧坑）。仰、立、横焊时，常在焊缝背面根部产生内凹。

凹坑减小了焊缝的有效工作截面积，弧坑常带有弧坑裂纹和弧坑缩孔。

防止凹坑的措施有选用有电流衰减系统的焊机；尽量选用平焊位置；选用合适的焊接规范；收弧时让焊条在熔池内短时间停留或环形摆动，填满弧坑。

4. 烧穿

烧穿是指焊接过程中，熔深超过工件厚度，熔化金属自焊缝背面流出，形成穿孔性缺陷。

焊接电流过大、焊接速度过慢、电弧在焊缝处停留过久都会产生烧穿缺陷。工件间隙太大、钝边太小也容易出现烧穿现象。

烧穿是锅炉等压力容器产品上不允许存在的缺陷，它完全破坏了焊缝，使接头丧失其连接及承载能力。

防止烧穿的措施有选用较小电流并配合合适的焊接速度、减小装配间隙、在焊缝背面加设垫板、使用脉冲焊等。

（二）气孔和夹渣

1. 气孔

气孔是指焊接时，熔池中的气体未在金属凝固前逸出，残存于焊缝之中所形成的孔穴。熔池中的气体可能是熔池从外界吸收的，也可能是焊接冶金过程中反应生成的。

（1）气孔的分类。气孔按形状可分为球状气孔、条虫状气孔；按数量可分为单个气孔和群状气孔，群状气孔又分为均匀分布气孔、密集状气孔和链状分布气孔；按气孔内气体成分可分为氢气孔、氮气孔、二氧化碳气孔、一氧化碳气孔、氧气孔等。熔化焊气孔多为氢气孔和一氧化碳气孔。

（2）产生气孔的主要原因。

1）母材或填充金属表面有锈、油污等或焊条及焊剂未烘干，因为锈、油污及焊条药皮、焊剂中的水分在高温下分解为气体，增加了高温金属中气体的含量。

2）焊接线能量过小，熔池冷却速度过快，不利于气体逸出。

3）焊缝金属脱氧不足也会增加气孔。

(3) 气孔的危害。

1) 气孔减少了焊缝的有效工作截面积，使焊缝疏松，降低焊接接头的强度，降低塑性，还会引起泄漏。

2) 气孔也是引起应力集中的因素。

3) 氢气孔还能促成冷裂纹。

(4) 防止气孔的措施。

1) 清除焊丝、工件坡口及其附近表面的油污、铁锈、水分和杂质；

2) 采用碱性焊条、焊剂，并按要求烘干；

3) 采用直流反接并用短电弧施焊；

4) 焊前预热，减缓冷却速度；

5) 用偏强的焊接规范施焊。

2. 夹渣

夹渣是指焊后熔渣残存在焊缝中的现象。

(1) 夹渣的分类。

1) 金属夹渣：指钨、铜等金属颗粒残留在焊缝之中，习惯上称为夹钨、夹铜。

2) 非金属夹渣：指未熔的焊条药皮或焊剂、硫化物、氧化物、氮化物残留于焊缝之中。

(2) 夹渣的分布与形状。夹渣有单个点状夹渣、条状夹渣、链状夹渣和密集夹渣。

(3) 夹渣产生的原因。

1) 坡口尺寸不合理；

2) 坡口有污物；

3) 多层焊时，层间清渣不彻底；

4) 焊接线能量小；

5) 焊缝散热太快，液态金属凝固过快；

6) 焊条药皮、焊剂化学成分不合理；

7) 熔点过高，冶金反应不完全，脱渣性不好；

8) 钨极惰性气体保护焊时，电源极性不当，电流密度大，钨极熔化脱落于熔池中；

9) 手工焊时，焊条摆动不良，不利于熔渣上浮。

(4) 夹渣的危害。点状夹渣的危害与气孔相似，带有尖角的夹渣会产生尖端应力集中，尖端还会发展为裂纹源，危害较大。

(三) 裂纹

焊缝中原子结合遭到破坏，形成新的界面而产生的缝隙称为裂纹。

1. 裂纹的分类

(1) 根据裂纹尺寸大小分为三类。

1) 宏观裂纹：肉眼可见的裂纹。

2) 微观裂纹：在显微镜下才能发现。

3) 超显微裂纹：在高倍数显微镜下才能发现，一般指晶间裂纹和晶内裂纹。

(2) 从产生温度上看，裂纹分为两类。

1) 热裂纹：产生于A_{C3}线附近的裂纹。一般焊接完毕即出现，又称结晶裂纹。这种裂纹主要发生在晶界，裂纹面上有氧化色彩，失去了金属光泽。

2）冷裂纹：指在焊后冷却至马氏体转变温度 M_s 点以下产生的裂纹，一般是在焊后一段时间（几小时、几天甚至更长）才出现，故又称延迟裂纹。

2. 裂纹的危害

裂纹，尤其是冷裂纹，带来的危害是灾难性的。目前，世界上发生的压力容器事故大部分是由于裂纹引起的。

3. 热裂纹（结晶裂纹）

（1）结晶裂纹的形成机理。热裂纹发生于焊缝金属凝固末期，敏感温度区大致在固相线附近的高温区，最常见的热裂纹是结晶裂纹。结晶裂纹最常见的情况是沿焊缝中心长度方向开裂，为纵向裂纹，有时也发生在焊缝内部两个柱状晶之间，为横向裂纹。弧坑裂纹是另一种形态的热裂纹。

热裂纹都是沿晶界开裂的，通常发生在杂质较多的碳钢、低合金钢、奥氏体不锈钢等材料的焊缝中。

（2）影响结晶裂纹的因素。

1）合金元素和杂质。碳元素以及硫、磷等杂质元素的增加，会扩大敏感温度区，使结晶裂纹的产生机会增多。

2）冷却速度。冷却速度增大，一是使结晶偏析加重，二是使结晶温度区间增大，两者都会增加结晶裂纹的出现机会。

3）结晶应力与拘束应力。在脆性温度区内，金属的强度极低，焊接应力又使这部分金属受拉，当拉应力达到一定程度时，就会出现结晶裂纹。

（3）防止结晶裂纹的措施。

1）减小硫、磷等有害元素的含量，用含碳量较低的材料焊接。

2）加入一定的合金元素，减小柱状晶和偏析，如钼、钒、钛、铌等可以细化晶粒。

3）采用熔深较浅的焊缝，改善散热条件，使低熔点物质上浮至焊缝表面而不存在于焊缝中。

4）合理选用焊接规范，并采用预热和后热，减小冷却速度。

5）采用合理的装配顺序，减小焊接应力。

4. 再热裂纹

（1）再热裂纹的特征。

1）再热裂纹一般出现在焊接热影响区的过热粗晶区，产生于焊后热处理等再次加热的过程中。

2）再热裂纹的产生温度：碳钢与合金钢为500～700℃，奥氏体不锈钢约为300℃。

3）再热裂纹是沿晶界开裂，最易产生于沉淀强化的钢种中。

（2）防止再热裂纹的措施。

1）注意合金元素的强化作用及其对再热裂纹的影响。

2）合理预热或采用后热，控制冷却速度。

3）降低焊接残余应力，避免应力集中。

4）回火处理时尽量避开再热裂纹的敏感温度区或缩短在此温度区内的停留时间。

5. 冷裂纹

（1）冷裂纹的特征。

1）产生于较低温度，且在焊后一段时间以后才出现，故又称延迟裂纹。主要产生于热影响区，也有发生在焊缝区的。

2）冷裂纹可能是沿晶开裂、穿晶开裂或者两者混合出现。

3）冷裂纹引起的构件破坏是典型的脆断。

（2）冷裂纹产生机理。含氢量和拉应力是冷裂纹（这里指氢致裂纹）产生的两个重要因素。一般来说，金属内部原子的排列并非完全有序，而是有许多微观缺陷的。在拉应力的作用下，氢向高应力区（缺陷部位）扩散、聚集，当氢聚集到一定浓度时，就会破坏金属中原子的结合，金属内就出现一些微观裂纹。应力不断作用，氢不断聚集，微观裂纹不断扩展，直至发展为宏观裂纹，最后断裂。冷裂纹产生与否可通过临界含氢量和临界应力值来判断。当接头内氢的浓度小于临界含氢量或所承受应力小于临界应力时，将不会产生冷裂纹（即延迟时间无限长）。在所有的裂纹中，冷裂纹的危害性最大。

（3）防止冷裂纹的措施。

1）采用低氢型碱性焊条，按照焊条说明书上的规定严格烘干，在100～150℃下保存；施焊时，应放入80～120℃的便携式保温桶内，随取随用。

2）正确选择预热温度，并保证层间温度等于预热温度，选择合理的焊接规范，避免焊缝中出现淬硬组织。

3）选用合理的焊接顺序，减少焊接变形和焊接应力。

4）焊后及时进行消氢后热和焊后热处理。

（四）未焊透

未焊透是指母材金属未熔化，焊缝金属没有进行到接头根部的现象。

1. 产生未焊透的原因

（1）焊接电流小，熔深浅。

（2）坡口和对口间隙尺寸不合理，钝边太大。

（3）磁偏吹影响。

（4）焊条偏心度太大等。

2. 未焊透的危害

（1）减少了焊缝的有效工作截面积，使接头强度下降；

（2）引起的应力集中所造成的危害，比强度下降所造成的危害大得多，未焊透严重降低焊缝的疲劳强度。

（3）未焊透可能成为裂纹源，是造成焊缝破坏的重要原因。

3. 防止未焊透的措施

使用较大电流来焊接是防止未焊透的基本方法。另外，焊角焊缝时，用交流电源代替直流电源以防止磁偏吹，合理设计坡口并加强清理，用短弧施焊等措施也可有效防止未焊透的产生。

（五）未熔合

未熔合是指焊缝金属与母材金属或焊缝金属之间未熔化结合在一起的缺陷。按其所在部位，未熔合可分为坡口未熔合、层间未熔合、根部未熔合三种。

1. 产生未熔合缺陷的原因

（1）焊接电流过小。

（2）焊接速度过快。

（3）焊条角度不对。

（4）产生了磁偏吹现象。

（5）焊接处于下坡焊位置，母材未熔化时已被铁水覆盖。

（6）母材表面有污物或氧化物，影响熔敷金属与母材间的熔化、结合等。

2. 未熔合的危害

未熔合是一种面积性缺陷，坡口未熔合和根部未熔合对有效工作截面积的减小都非常明显，应力集中也比较明显，其危害性仅次于裂纹。

3. 防止未熔合的措施

防止未熔合的措施有采用较大的焊接电流、正确地进行施焊操作、注意坡口部位的清洁等。

（六）其他缺陷

1. 焊缝化学成分或组织不符合要求

焊材与母材匹配不当，焊接、热处理规范不当，焊接过程中元素烧损等，容易使焊缝金属的化学成分发生变化，或造成焊缝组织不符合要求。可能引起焊缝力学性能下降，影响焊接接头的耐蚀性能，致使焊接接头提前失效、断裂。

2. 过热和过烧

若焊接规范不当，热影响区长时间在高温下停留，会使晶粒变得粗大，即出现过热组织。若温度进一步升高，停留时间加长，可能使晶界发生氧化或局部熔化，出现过烧组织。过热可通过热处理来消除，而过烧是不可逆转的缺陷。

3. 白点

在焊缝金属的拉断面上出现鱼眼状的白色斑，即为白点。白点是由于氢聚集而造成的，危害极大。

三、焊接检验

焊接质量直接关系到电厂设备的安装质量及安全运行，焊接质量差，会使管子或设备破裂乃至爆炸，造成严重的经济损失和伤亡事故。为保证焊接质量，在施焊的全过程要进行监督。因此，焊接检验是必不可少的重要环节。

焊接检验包括焊前、焊接过程中和焊后检验三个阶段。这里重点叙述焊后检验。

焊后检验焊接质量，必须进行一系列的检查、试验、检验。归纳起来可分为两大类：一类是非破坏性检验；另一类是破坏性检验。根据检验结果，以相应的标准进行质量评定。

（一）非破坏性试验

非破坏性试验就是指不破坏焊件本身，通过检查和检验就能验证焊缝质量。其方法有外观检查、致密性试验、无损检验等。

1. 外观检查

焊工焊接一定数量的焊缝，清理自检后，焊接检验人员按照检验标准，用肉眼或低倍放大镜检查焊缝的外形尺寸及表面缺陷。焊缝的外形尺寸应符合要求，无超标的表面缺陷，方可继续进行其他检验。

2. 致密性试验

致密性试验主要用在各种储存、输送液体或气体的容器及管道上，常用的方法有渗油试验、真空试验、气密性试验和水压试验等。

(1) 渗油试验。渗油试验是利用煤油的渗透特性，检查焊缝致密性的试验方法。主要用于非受压容器及大型管道上。

检查时先在焊缝的一面涂上石灰浆水，在焊缝的另一面涂上煤油。经过一定时间，若发现涂有石灰浆水一面的焊缝上有煤油渗透痕迹，则该处有穿透性的焊接缺陷。根据油斑的大小、特征、及分布情况，可大致确定缺陷的性质及尺寸。焊缝没有煤油痕迹，则焊缝致密性合格。

(2) 真空试验。利用真空泵对焊缝做分段检查，用于容器的底部拼焊面焊缝的无损检验。

检查时，预先用透明材料做一个箱子，通过胶管连接到真空泵上，并将其置于待检查焊缝上，在被检查的焊缝上涂上肥皂水，再用真空泵抽真空。如发现焊缝上有肥皂泡，说明发泡处有穿透性缺陷；如无异常，检查的焊缝无穿透性缺陷。

(3) 气密性试验。用于压力较低的容器及管道焊缝的检查。试验时，将压缩空气或氮气通入容器或管道中，在焊缝表面涂上肥皂水，发现肥皂水发泡，表示发泡处有穿透性缺陷；若无异常现象，则焊缝密封性良好。

(4) 水压试验。用于承压容器及管道系统，不仅检验设备和系统的严密性，同时也检验焊缝的强度。

水压试验的压力一般为部件工作压力的 1.25～1.5 倍。用水泵逐步提高压力达到试验压力后，恒压 10～30min，随后降到部件的工作压力，对焊缝进行全面检查，检查时（特别是焊接操作困难的部位），若发现焊缝有水滴或渗水痕迹，表明该处焊缝不严密，若无渗漏，则认为焊缝合格。

3. 无损检验

无损检验是验证焊缝内部质量的常用方法，有磁力探伤、渗透探伤、射线探伤、超声波探伤等。

（二）破坏性检验

对所有焊缝，采用破坏焊口原形的方法进行的试验叫破坏性试验，主要有折断面检查、力学性能试验、金相分析等。

1. 折断面检查

在试样外表面开一尖槽（约为试件厚度的 1/3），加以外力，使其折断。这是常用的一种简易、迅速、准确检验焊接缺陷的方法。用肉眼或放大镜可直观地发现焊缝中存在的各种焊接缺陷，对焊缝质量作出正确的判断。

2. 力学性能试验

力学性能试验是检验焊缝金属或焊接接头内在质量以及评定性能的方法。从试验结果可以找出工艺和质量问题。试验内容包括拉伸、冷弯、冲击韧性、硬度、高温持久强度和蠕变性能等。

(1) 拉伸试验。把加工好的焊接试件夹持在拉力试验机上进行，可以测得焊接接头的屈服点、强度极限、断后伸长率和断面收缩率。

(2) 冷弯试验。主要测定焊缝金属的塑性。将试样摆放在材料试验机的压座上，以冲压头向试样施以压力，拉伸表面上出现第一道裂纹时（横向尺寸不得超过 1.5 mm、纵向尺寸不超过 3 mm)，停止试验，测量弯曲角度，这个角度称为冷弯角，以 α 表示，α 越大表明试样的塑性越好。通常根据不同的材料规定好试件的冷弯角，当试样压至规定的冷弯角时，试件拉伸面完好或出现缺陷在允许范围内，则冷弯试验合格；否则，该试件冷弯试验不合格。冷弯试验用于考核试件的塑性。

(3) 冲击韧性试验。用于测定焊接接头受冲击载荷时的抗断裂能力。将带有缺口的标准试样，放在冲击试验机上，在相反一侧加冲击载荷，迫使试件破坏，以考查其对动载荷的抵抗能力。

(4) 硬度试验。用于测定在焊接过程中，热循环对焊接接头的影响。通过测定硬度，确定焊后热处理工艺是否适当等。

硬度试验的基本原理：将极硬的球体或锥体，压入被测试件某一部位的表面，测定压痕的表面积或深度，计算硬度值。

(5) 高温持久强度和蠕变性能试验。高温持久强度和蠕变性能试验的目的是测定焊接接头在高温条件下工作的力学性能。

3. 金相分析

金相分析是用来检查焊接接头金相组织和内部缺陷的一种方法。通过金相分析，可以了解焊缝金属各种显微氧化物数量、晶粒度及组织状况，用以研究焊接接头各项性能和内部缺陷产生的原因，为改进焊接工艺、制定热处理规范和选择焊接材料等提供依据。金相分析一般分为宏观分析和微观分析两种。

(1) 宏观分析。试样研磨经化学试剂侵蚀，用肉眼或低于 30 倍的放大镜观察，可以查明焊接接头的焊缝区、热影响区、基本金属区的界限和存在的焊接缺陷。

(2) 微观分析。试样研磨达到一定精度，经化学试剂侵蚀后，在 100 倍以上的金相显微镜下观察，可以查明焊接接头各部分的组织特性、晶粒大小、碳化物析出情况和微观缺陷等。

第三节　锅炉压力容器焊接材料及其选用

焊接材料通常由焊条、焊丝、焊剂和保护气体等组成。因为焊接材料与焊接方法有着密切的配合关系，所以各种焊接方法都有它的对应焊接材料。

一、电焊条

(一) 电焊条的组成

电焊条是焊条电弧焊的主要焊接材料，它对焊接过程的工艺性和焊缝金属的组织性能起着很大的作用。

电焊条由焊芯和药皮组成。电焊条的工艺性是指电焊条操作时的性能，它包括电弧的稳定性、焊缝脱渣性、再引弧性能、焊接飞溅率、熔化系数、焊条熔敷效率、焊接发尘量和焊条耗电量。测定焊条工艺性时应按照 JB/T 8423—1996《电焊条焊接工艺性能评定方法》进行。

1. 焊芯

焊芯用钢已列入国家标准，均为高级优质钢，通过轧制成盘，再拔制成不同直径规格。常用规格有 ϕ1.6、ϕ2.0、ϕ2.5、ϕ3.2、ϕ4.0、ϕ5.0 等，长度为 200～550mm。

焊接时，焊芯一方面起着传导焊接电流的作用，另一方面在电弧热的高温作用下熔化，作为填充金属过渡到焊接坡口中，与母材金属熔合在一起形成焊缝。因此，焊芯的化学成分对焊缝金属的化学成分起着主导作用。

2. 药皮

药皮是用矿物质、铁合金、金属粉、有机物和化学原料等按一定配比制成的具有一定功能的涂料。通常将这种涂料经机械方法压结在焊芯上，要求药皮与焊芯具有较高的同心度，且包覆紧密、均匀，无鼓包等。

（二）电焊条的质量要求

为达到规定的技术标准，电焊条应具备如下质量要求：

（1）电焊条的熔敷金属应具有规定的化学成分和良好的力学性能。

（2）焊接过程中不易产生气孔、裂纹和夹渣等缺陷。

（3）容易引弧，能保证电弧燃烧的稳定性。

（4）焊接飞溅小。

（5）药皮熔化与焊芯熔化的速度相适应，能以套筒形状进行电弧燃烧，有利于熔滴过渡和保护气体的形成。

（6）熔化过程中药皮无块状脱落现象。

（7）熔渣的凝固温度比焊缝金属凝固温度低，流动性和黏度适宜，具有良好的脱渣性；

（8）便于操作，适宜各种焊接电源和焊接位置的使用。

（三）电焊条的分类

1. 按药皮类型分类（见表 6-3）

表 6-3　　电焊条按药皮类型分类列表

序号	药皮类型	药皮主要组分	适用焊接电源
1	钛型	氧化钛≥35%	交流或直流
2	钛钙型	氧化钛≥30%、钙镁碳酸盐≤20%	交流或直流
3	钛铁矿型	钛铁矿≥30%	交流或直流
4	氧化铁型	多量氧化铁和较多锰铁脱氧剂	交流或直流
5	纤维素型	有机物≥15%，氧化钛≈30%	交流或直流
6	低氢钾型	钙、镁的碳酸盐和萤石（钾水玻璃）	交流或直流
7	低氢钠型	钠、镁的碳酸盐和萤石（钠水玻璃）	直流
8	石墨型	多量石墨	交流或直流
9	盐基型	氯化物和氟化物	直流

2. 按熔渣的碱度分类

在焊条分类中，按焊条药皮熔化后熔渣的特性分为酸性焊条和碱性焊条两大类。当熔渣中酸性氧化物占主要比例时，此类焊条称为酸性焊条；当熔渣中碱性氧化物占主要比例时，此类焊条称为碱性焊条。这两类焊条在性能上和用途上有很大的差别。

3. 按焊条的用途分类

这类分法具有较大的实用性，通常分为 10 大类，见表 6-4。

表 6-4　　电焊条按用途分类列表

序号	焊条类型	代号	
		拼音	汉字
1	结构钢电弧条	J	结
2	铬及铬钼耐热钢电弧条	R	热
3	铬不锈钢焊条	Cr	铬
	铬镍不锈钢焊条	A	奥
4	堆焊焊条	D	堆
5	低温钢电焊条	W	温
6	铸铁电焊条	Z	铸
7	镍及镍合金电焊条	Ni	镍
8	铜及铜合金电焊条	T	铜
9	铝及铝合金电焊条	L	铝
10	特殊用途电焊条	TS	特

4. 按焊接的母材分类

国家标准（GB）将电焊条按焊接的母材分类见表 6-5。

表 6-5　　电焊条按焊接母材分类列表

序号	标准名	标准号	序号	标准名	标准号
1	碳钢焊条	GB 5117—2012《非合金钢及细晶粒钢焊条》	4	堆焊焊条	GB 984—2001《堆焊焊条》
2	低合金钢焊条	GB 5118—2012《热强钢焊条》	5	铜及铜合金焊条	GB 3670—1995《铜及铜合金焊条》
3	不锈钢焊条	GB 983—2012《不锈钢焊条》	6	铝及铝合金焊条	GB 3669—2001《铝及铝合金焊条》

（四）焊条的保管

为防止焊条损坏和变质，除避免在运输途中损伤外，还必须注意焊条的保存，以免影响焊接质量。

（1）各类焊条应分类、分牌号和分规格存放，避免混乱。

（2）焊条应存放在干燥且通风良好的库房内，室内温度应保持 10～25℃，相对湿度小于 50%。

（3）焊条储存时，必须放置在距地面垫高 300mm 的专用货架上，并离开墙壁 300mm。

（4）焊条应分堆横、竖交叉存放，中间留有间隔，达到上、下、左、右空气流通。

（5）堆放或搬运焊条时，应轻拿轻放，以免药皮脱落；严禁雨、雾天气在露天搬运焊条。

（6）使用焊条时，外包装应随用随拆。

（五）焊条的烘干

为保证电弧稳定燃烧，减少飞溅，使熔化金属内产生焊接缺陷的可能降到最低限度，各类焊条使用前应进行烘干。

1. 焊条烘干的技术参数

应按焊条厂家规定参数烘干，如无规定时，可参照下列数据进行：

（1）酸性焊条的烘干温度一般为150～250℃，保温1h。

（2）碱性焊条的烘干温度一般为300～350℃，保温1～2h。对含氢量有特殊要求的碱性焊条，烘干温度应提高到450℃。

2. 焊条烘干的注意事项

（1）焊条烘干时，不可将焊条突然放入高温中或突然拿出冷却，避免药皮
因骤热、骤冷产生开裂、剥落。

（2）焊条烘干时应徐徐升温、保温，并缓慢冷却。

（3）经烘干的碱性焊条，使用前应放入温度控制在80～100℃的焊条保温筒内，以便随用随取。

（4）当天用多少焊条烘干多少，剩余焊条再用时，仍需烘干。焊接重要部
件的焊条反复烘干的次数不应多于2次。

二、焊丝

焊丝分为实芯焊丝和药芯焊丝两类。实芯焊丝包括气体保护电弧焊用焊丝、埋弧焊用焊丝、气焊用焊丝以及手工钨极氩弧焊专用焊丝四种；药芯焊丝包括自保护药芯焊丝、气保护药芯焊丝和渣保护药芯焊丝三种。

三、焊剂

我国早在1985年就将埋弧焊用碳钢焊丝和焊剂组合起来统一编写“焊丝-焊剂”型号，以便更好地选用焊丝和焊剂，确保焊缝金属的力学性能符合技术要求。常用焊剂主要有埋弧焊用碳钢焊剂、低合金钢埋弧焊用焊剂、埋弧焊用不锈钢焊剂等。

四、焊接用钨棒及气体

（一）钨棒

1. 规格

焊接对象不同，钨棒的规格是不一样的。通常以钨棒的直径作为规格的大小。在管子打底焊时宜用ϕ2～ϕ2.5的钨棒；焊接发电机冷却水用铜管或铝导线母管宜用ϕ4～ϕ6的钨棒。

2. 钨棒的类型

钨棒有纯钨棒、钍钨棒和铈钨棒三种类型。其中因为纯钨棒烧损严重，许用电流小而不为焊接所应用。焊接用钨棒主要指钍钨棒和铈钨棒两类。

3. 焊接钨棒的性能

在钨的基本体中含有一定量的氧化钍或氧化铈，不仅具有高熔点金属的耐熔性，而且具有较高的热电子发射能力。其允许的电流大，需要电源的空载电压低。特别是铈钨棒弧束细长，热量集中，电流密度比钍钨棒还高出5%～8%。同时，烧损率低，容易引弧，电弧稳定。钍钨棒在磨削和焊接时，有微量放射性粉尘，而铈钨棒辐射剂量则小得多。

（二）焊接用气体

表6-6列出了气体保护焊常用的保护气体成分与特性。

表 6-6 气体保护焊常用的保护气体成分与特性

气体	成分	弧柱电位梯度	电弧稳定性	熔滴过渡特性	化学性	焊缝熔深形状
Ar	纯度 99.95%	低	好	满意	无氧化性	蘑菇形
He	纯度 99.99%	高	满意	满意	无氧化性	扁平
N_2	纯度 99.9%	高	差	差	产生气孔或生成氮化物	扁平
CO_2	纯度 99.9%	高	满意	满意但有时飞溅大	强氧化性	扁平，熔深较大
Ar+He	He≤75%	中等	好	好	无氧化性	扁平，熔深较大
$Ar+H_2$	H_2：5%～15%	中等	好	好	还原性	熔深较大
$Ar+CO_2$	CO_2：5%～20%	低至 中等	好	好	弱氧化性；中等氧化性	扁平，熔深较大
$Ar+O_2$	O_2：1%～5%	低	好	好	弱氧化性	蘑菇形，熔深较大
$Ar+CO_2+O_2$	CO_2：20% O_2：5%	中等	好	好	中等氧化性	扁平，熔深较大
CO_2+O_2	O_2≤20%	高	稍差	满意	强氧化性	扁平，熔深大

第四节 焊接安全技术

从事焊接工作经常与各种易燃易爆气体、压力容器和电气设备接触，焊接过程中又存在有害气体、粉尘、弧光辐射、高频电磁场、噪声和射线等对人体与环境不利的因素，稍有疏忽就会发生爆炸、火灾、烫伤、触电等事故，也容易引起人身中毒、尘肺、电光性眼炎及皮肤病等职业病。因此，焊接安全及劳动卫生应当引起人们的足够重视。

综上所述，焊接是一种事故多发的专业工种，一旦发生事故就会影响正常生产、危害职工健康，甚至造成人身伤亡和设备损坏。但是，只要施焊人员从思想上重视安全工作，遵守安全作业规程，熟悉焊接安全技术要求，采取有效防范措施，避免焊接事故的发生还是可能的。

一、个人防护用品

焊工的防护用品较多，主要有电焊面罩、头盔、防护眼镜、防噪声耳塞、安全帽、工作服、耳罩、焊工手套、绝缘鞋、防尘口罩、安全带、防毒面具及披肩等。在焊接过程中，必须根据具体焊接要求加以正确选用，搞好个人卫生保健工作；焊工应进行作业前的体检和每年的定期体检；应设有焊接作业人员的更衣室和休息室；作业后要及时洗手、洗脸，并经常清洗工作服及手套等。

1. 电焊面罩

电焊面罩是为了焊接时便于观察熔池，防止弧光、飞溅、高温对焊工面部及颈部灼伤的工具。有手持式和头盔式两种。要求电焊面罩轻而坚固、不漏光、不反光，夹持玻璃要牢固，更换玻璃要方便。

2. 工作服

工作服是防止弧光及火花灼伤人体的防护用品，在穿着时应扣好纽扣、袖口、领口、袋口，上衣不要束在裤腰内 。焊工一般穿白色帆布工作服。

3. 焊工手套

焊工手套是保护焊工手臂和防止触电的专用护具。工作中不要戴手套直接拿灼热焊件和焊条头，破损时应及时修补或更换。

4. 工作鞋

焊工工作鞋是用来防止脚部烫伤、触电的，应使用绝缘、抗热、不易燃、耐磨损、防滑的材料制作。

5. 防尘口罩

口罩是用来减少焊接烟尘吸入危害的防护用品。

二、工作现场的安全措施

1. 现场劳动保护设施

从事焊接工作时，为了保证安全，必须有必要的劳动保护设施。

(1) 夹具。主要起固定焊件作用。

(2) 排风机。排放室内有毒气体、烟尘、蒸汽。

(3) 防护屏。防止他人在电焊作业时受到弧光伤害。

(4) 防火设备。如砂箱、灭火器材、消火栓、水桶等 。

2. 现场安全技术措施

(1) 焊接作业前要认真检查工作场地周围是否有易燃易爆物品（如棉纱、油漆、汽油、煤油、木屑等），如有易燃易爆物品，应将这些物品移至距离焊接作业地点10m以外。

(2) 在焊接作业时，应注意防止金属火花飞溅而引起火灾。

(3) 严禁在有压力的设备上进行焊接或切割，带压设备一定要先解除压力（卸压），并且焊接或切割前必须打开所有孔盖。未卸压的设备严禁操作，常压而密闭的设备也不许进行焊接或切割。

(4) 凡被化学物质或油脂污染的设备都应进行清洗后再进行焊接或切割。

(5) 在进入容器内工作时，焊接或切割工具应随焊工同时进出，严禁将焊接或切割工具放在容器内而焊工擅自离去，以防混合气体燃烧和爆炸。

(6) 焊条头及焊好的焊件不能随意乱扔，要妥善管理，更不能扔在易燃、易爆物品的附近，以免发生火灾。

(7) 离开施焊现场时，应关闭气源、电源，将火种熄灭。

三、防火、防爆、防毒、防触电的措施

1. 防火及防止灼伤的措施

(1) 焊工在工作时必须穿好工作服，上衣不要束在裤腰里，口袋应盖好，戴好工作帽、手套。

(2) 禁止在储有易燃、易爆物品的场地或仓库附近进行焊接。

(3) 焊接工作地点应使用屏风板，避免其他人员受弧光伤害。

2. 防爆防毒的措施

(1) 禁止焊接有液体压力、气体压力及带电的设备。

（2）对容器及管道焊接前，必须事先检查并经过冲洗，除掉有毒、有害、易燃、易爆物质，解除容器及管道压力，再进行焊接，密封的容器不准焊接。

（3）在锅炉或容器内工作时，应有监护人或两人轮换作业。严禁将漏乙炔气的割炬及胶管带入容器内，防止遇明火爆炸。

3. 防止触电的措施

（1）焊工要使用完好的防护手套、绝缘鞋。

（2）在潮湿的地方工作时，应穿胶鞋或用干燥木板垫脚。

（3）电焊机和开关外壳接地良好。

（4）在金属容器、管道内焊接时，照明用的行灯电压要采用12V，并设监护人。

四、意外事故的紧急处理措施

1. 眼睛受伤

（1）迷眼。点眼药水。

（2）电光性眼炎。俗称“打眼”。需用眼药水或母乳点眼，用冷毛巾外敷。

（3）腐蚀性损伤。立刻用清水冲洗，然后请医生治疗。

2. 烫伤、烧伤

轻微的烫伤可用凉水冲洗，涂些肥皂水。

3. 中毒

立刻把中毒者送到空气清新的地方，使之呼吸新鲜空气。

4. 触电

立即切断电源，使触电人员脱离带电体。人触电后会出现呼吸中断、心脏停止跳动等情况，注意外表面昏迷不醒，不应该认为是死亡，必须立即进行抢救。

第五节　锅炉常用材料的焊接

一、钢材的焊接性

（一）焊接性的含义

钢材的焊接性是指被焊钢材在采用一定的焊接方法、焊接材料、焊接规范参数及焊接结构形式的条件下，获得优质焊接接头的难易程度和焊接接头在使用条件下安全可靠运行的一种评价程度。

焊接性可分为工艺焊接性和使用焊接性。

（1）工艺焊接性是指在一定焊接工艺条件下能否获得优质致密、无缺陷焊接接头的能力。由于焊接缺陷中裂纹危害最大，所以工艺焊接性也可称为裂纹敏感性或抗裂性。

（2）使用焊接性是指焊接接头或整体结构满足技术条件所规定的各种使用性能的程度，如常规的力学性能、低温韧性和抗脆断性能、高温力学性能和耐蚀性、耐磨性、抗疲劳等。不同的钢材焊接性不同，同一种钢材采用不同焊接方法、焊接材料，其焊接性也可能有很大差别。所以钢材的焊接性是在一定条件下相对的概念。

（二）焊接性的评价

当采用新的金属材料焊制构件时，了解及评价材料的焊接性，是构件设计、施工准备及正确拟定焊接工艺，保证焊接质量的重要依据。评价焊接性的方法分为间接评估法和直接试验法两大类。

1. 间接评估法

钢材的焊接性主要取决于钢材的化学成分，取决于钢中碳及各种合金元素的含量，其中碳对焊接性的影响最大，钢中含碳量增加，其强度增加，塑性及韧性下降，淬硬倾向增大，焊接热影响区被淬硬后，极易产生裂纹，使钢材的焊接性显著降低。钢中其他合金元素对钢材的焊接性也有不同程度的影响。

工程上通常用碳当量 Ceg 估算钢材的焊接性，即以钢中碳的百分含量为基础，将其他合金元素的百分含量折算成碳的含量，其总和即为钢的碳当量。国内外估算碳当量的经验公式很多，公认比较有代表性的是国际焊接学会推荐的公式为

$$\mathrm{Ceg}=\mathrm{C}+\mathrm{Mn}/6+(\mathrm{Cr}+\mathrm{Mo}+\mathrm{V})/5+(\mathrm{Cu}+\mathrm{Ni})/15$$

碳当量公式的适用范围见表 6-7。

表 6-7　碳当量公式的适用范围

碳当量符号	推荐者	适用条件
Ceg	IIW（国际焊接学会）	W（C）≥0.18%的非调质低合金高强钢（Rm=400～900MPa）
Ceg	JIS（日本工业标准）	W（C）≥0.18%的低碳调质低合金高强钢（Rm=500～1000MPa）

一般经验认为，当碳当量 Ceg＜0.4%时，钢材的淬硬倾向不明显，焊接性较好，在一般焊接条件下施焊即可，不必预热焊件。

当碳当量 Ceg=0.4%～0.6%时，钢材的淬硬倾向逐渐明显，焊接时需要采用预热等适当的工艺措施。

当碳当量 Ceg＞0.6%时，钢材的淬硬倾向很强，难于焊接，需采用较高的焊件预热温度和严格的工艺措施。

碳当量法主要是对焊接产生的冷裂纹倾向及脆化倾向的一种估算方法，难于全面及准确的衡量钢材的焊接性。钢材焊接性还受钢板厚度、焊后应力条件、氢含量等因素的影响。当钢板厚度增加时，结构刚度变大，焊后残余应力也增大，焊缝中心将出现三向拉应力，此时实际允许碳当量值将降低。

2. 直接试验法

因为钢材焊接性影响因素很复杂，所以评定钢材焊接性的试验方法也很多，每一种方法得到的结果只能从某一方面说明钢材的焊接性。因此，往往要进行一系列试验才能全面说明某种钢材的焊接性，说明结构形式是否合理，说明应该选用什么焊接方法、焊接材料、焊接规范以及需要采取哪些工艺措施等。

从获得无焊接缺陷又有所需要使用性能的焊接接头这一目的出发，钢材焊接性试验的主要内容如下：

（1）焊接接头的抗裂纹能力。热裂纹是一种比较常见的焊接缺陷，特别是在焊接铬镍不锈钢和某些镍基合金时，热裂纹的问题是焊接性中的主要问题。

（2）焊接接头的抗冷裂纹能力。焊接接头的焊缝和热影响区都可能产生冷裂纹，这是一种普遍且严重的焊接缺陷，对低合金高强钢来说，更是其焊接性中的关键问题。

（3）焊接接头的抗脆性转变能力。焊接接头的局部或全部有可能在焊接过程中脆化，需

要考虑焊接接头金属抗脆性转变的能力。

（4）焊接接头的使用性能。包括焊接接头的力学性能和产品所要求的其他特殊性能，如耐蚀性、耐热性、低温韧性等。

（5）根据母材、焊接工艺规范、焊接材料和焊接结构的特点，凡是认为在焊接过程中对产品的质量可能会有影响的问题，都属于焊接性试验要弄清的问题。

3. 焊接性试验常见的方法

（1）刚性固定对接焊抗裂试验（巴顿试验法）。主要用来检验焊缝金属的裂纹敏感性。

（2）斜 Y 形坡口焊接裂纹试验（小铁研试验）。用来检验热影响区冷裂纹敏感性。

（3）十字接头裂纹试验。主要用来检验热影响区的冷裂倾向，也可用来试验焊接材料和焊接工艺是否合理。

（4）CTS（搭接接头）裂纹试验。主要用于低合金钢搭接接头角焊缝的冷裂纹试验。

（5）插销试验。主要用来定量地研究焊接冷裂纹的敏感性，也可用于研究再热裂纹和层状撕裂等。

（6）“窗型”拘束焊缝裂纹试验。主要用于考核多层焊时焊缝的横向裂纹敏感性以及选择防止这类裂纹所需采用的焊接材料和工艺措施。

上述试验方法都是通过在特定的结构刚性和工艺措施条件下，测定焊缝及热影响区出现的裂纹率来确定焊接性的。

二、焊接工艺评定

焊接工艺评定是在钢材焊接性试验的基础上，结合锅炉压力容器结构特点、技术条件，在制造单位具体条件下进行的焊接工艺验证性试验，它的作用是评定施焊单位制定的焊接工艺指导书是否合适，施焊单位是否有能力焊制出符合安全法规和产品技术条件要求的焊接接头。

（一）焊接工艺评定流程及需要进行焊接工艺评定的焊缝

1. 焊接工艺评定流程

焊接工艺评定应在制定焊接工艺指导书以后，焊接产品以前进行，其流程如下：

（1）制定焊接工艺指导书。

（2）由技术熟练的焊工依据焊接工艺指导书焊制试件。

（3）对试件焊接接头进行外观检查及无损探伤。

（4）在上述检查的试件上切取力学性能试验的试样，包括拉力、弯曲及冲击试样。

（5）测定试样是否具有所要求的力学性能。

（6）提出焊接工艺评定报告。

2. 需要进行焊接工艺评定的焊缝

（1）受压元件焊缝。

（2）与受压元件相焊的焊缝。

（3）上述焊缝的定位焊缝。

（4）受压元件母材表面的堆焊、补焊焊缝。

以上接头包括对接接头、角接接头、组合接头等各种焊接接头形式。

（二）焊接工艺评定与焊接性试验的关系

焊接性试验在研究或确定金属的焊接性、分析和改进焊接工艺、研究和选择焊接材料等方面具有十分重要的意义。它是金属材料焊接技术探索和焊接工艺开发性的研究工作，因此，焊接性试验对提高产品焊接质量起着极为重要的指导作用。

焊接工艺评定则是将焊接性试验所推荐的焊接工艺在具体施焊产品上进行验证，从而体现施工企业的焊接能力。

焊接工艺评定与焊接性试验不能相互代替，焊接性试验是焊接工艺评定的主要依据，焊接工艺评定是焊接性的完善和补充。

（三）焊接工艺评定的方法

1. 焊接工艺评定参数

焊接工艺评定参数包括重要参数、附加重要参数和次要参数。

2. 重新评定的原则

（1）当重要参数改变或重要参数超出规定的适用范围时，应重新评定。

（2）当重要参数已经评定，对要求做冲击试验的焊件，只需在原重要参数适用条件下，焊制补充试件（或利用原评定剩余试件），仅做冲击韧性试验即可。

（3）变更次要参数只需修订焊接工艺（作业）指导书，不必重新进行评定。

（四）焊接工艺评定资料适用范围

经审查批准后的焊接工艺评定资料可在同一个资料管理体系内通用。

三、低合金耐热钢的焊接

低合金耐热钢是指主要以Cr、Mo为基本合金元素的低合金钢，通常以退火状态或正火状态加回火状态供货。在供货状态下具有珠光体加铁素体组织，故称珠光体耐热钢，如12Cr1MoV等；在供货状态下具有贝氏体加铁素体组织，亦称贝氏体耐热钢，如12Cr2MoWVTiB钢。

（一）焊接性分析

为保证钢材具有良好的焊接性，低合金耐热钢碳含量均应控制在0.2%以下，某些合金总量较高的低合金耐热钢的碳含量规定不高于0.15%。由于焊接元素Cr、Mo、V、Nb、Ti等强烈的碳化物形成元素的作用，使焊接存在如下问题。

（1）各种耐热钢均有不同程度的淬硬倾向，焊后在焊缝和热影响区易出现淬硬组织，焊接过程中氢的扩散，若附加有其他较大的应力叠加，容易引起近缝区的冷裂纹。

（2）具有热裂纹倾向，尤其是对弧坑裂纹比较敏感。

（3）具有再热裂纹倾向，对某些成分的钢材，尤其含V、含B、含Nb的钢种，经过再加热时容易产生再热裂纹。

（二）焊接工艺

1. 焊接方法

目前，国内在小口径薄壁管上采用全钨极氩弧焊焊接，对壁厚较大的小口径管和大口径管普遍采用钨极氩弧焊打底、焊条电弧焊焊接填充层的联合施焊方法。

2. 焊接材料的选用

焊条和焊丝的化学成分与母材相当，以保证焊缝的高温性能。为减少焊缝中氢的含量，选用焊条以低氢型焊条为宜。在检修工作中，对某些不便进行热处理的焊缝，也可选用具有一定高温性能、塑性较好的铬镍不锈钢焊条。

3. 预热规范

预热是焊接 Cr、Mo 耐热钢的重要工艺之一，主要目的是防止裂纹产生。对薄壁小口径管，由于接头刚性小，一般可不预热。但对厚壁大口径管，则必须预热，通常预热温度为 250～350℃。尤其在点焊和氩弧焊打底时，因为母材熔合比大，焊道的刚性拘束力大，为防止根部焊缝开裂，必须预热。

4. 层间温度

焊接中应使焊接接头始终保持在预热温度，有利于改善焊接性和焊缝中氢的逸出。大口径厚壁管口的焊接应连续完成，如必须中断时，则应用石棉布包扎焊口，使其缓冷，再焊时仍应加热到预热温度。对小口径管的焊接，往往焊完第一层后，焊口部位温度很高，甚至发红，若再连续施焊，容易过热。因此焊完第一层后，待焊口温度降至 300℃左右，才可继续焊接下一层。

5. 操作方法要点

焊条电弧焊时尽量采用短弧操作，注意层间清理和检查，因为耐热钢焊条产生的熔敷金属黏度大，容易产生气孔和夹渣缺陷。发现缺陷后应及时清除重焊，以减少缺陷引起开裂的可能性。

6. 不得强迫对口

强迫对口会增加接头的拘束度，因此组对焊口时应尽量使焊接操作处于管件的自由状态，避免焊缝受外加应力的影响。

7. 焊后缓冷

整个焊口全部焊完后，立即用石棉布包扎或采取其他保温措施。焊后缓冷，一方面减小淬硬倾向，另一方面起消氢作用。

8. 焊后热处理

对电弧焊的焊缝一般进行高温回火处理，焊后热处理的恒温温度及恒温时间参见 DL/T 869—2004《火力发电厂焊接技术规程》中的表 5。

奥氏体不锈钢的管子，采用奥氏体材料焊接，其焊接接头不推荐进行焊后热处理。

对于进行热处理的焊口，热处理时应注意焊件的自重影响。为了减少焊件自重在热处理过程中对焊缝的附加应力，不得拆卸施焊时的夹具和吊链。

对具有再热裂纹敏感性的钢种，热处理时应避开其敏感的温度区域。如钢 102 (12Cr2MoWVTiB)，其再热裂纹敏感温度为 720℃左右，焊后热处理时应在此温度升速快一些，并不能在该温度下恒温，或者采用较低温度的消氢处理。对用这种钢制造的过热器和再热器管，焊后可取消热处理。薄壁小口径管在高温运行条件下，可以自行松弛残余应力。

四、奥氏体不锈钢的焊接

奥氏体不锈钢是具有良好抗高温氧化性能的钢种，高温下热强性和抗氧化性都很好。稳定性的 18-8 铬镍不锈钢抗氧化极限温度为 850℃，因此常常被用在高参数锅炉的过热器上。

（一）焊接性分析

1. 焊接性

奥氏体不锈钢是以铬镍为主要合金元素的高合金钢，一般含碳量较低。尽管它的合金总量高，但在加热和冷却过程中（从室温到熔点）金属组织都是没有相变的奥氏体。因此，奥氏体不锈钢的屈强比低，塑性和韧性好，具有较高的冷加工变形能力。由于没有组织转变，故无淬硬性，与马氏体耐热钢相比具有较好的焊接性。

2. 焊接特点

奥氏体不锈钢焊接主要有两个问题，一是晶间腐蚀，二是热裂纹。

(1) 晶间腐蚀。它是一种极危险的破坏方式，其特点是腐蚀沿晶界深入至金属内部，并引起力学性能显著下降。

晶间腐蚀是不锈钢在450～750℃下停留一定时间后，由于碳化铬的析出造成晶界贫铬，产生晶间腐蚀。当母材、焊材及焊接工艺条件不当时，有可能产生焊缝层间贫铬和热影响区“刀蚀”。

产生晶间腐蚀的不锈钢，从外表看与正常钢材没什么不同。但是被腐蚀的晶间几乎完全丧失强度，在应力作用下会迅速产生沿晶界间的断裂。在奥氏体不锈钢焊接接头中，晶间腐蚀可以发生在热影响区，也可以发生在焊缝表面或熔合线上。

(2) 热裂纹。热裂纹在奥氏体不锈钢中出现的概率比在低合金钢中的多。由于奥氏体柱状晶方向性很强，有利于杂质的偏析及晶格缺陷的聚集，加上奥氏体线膨胀系数大（比碳钢大1/3），冷却时收缩应力大，因此，容易出现热裂纹。

3. 防止晶间腐蚀的措施

(1) 控制焊缝的含碳量。碳是造成焊缝晶间腐蚀的主要元素。当含碳量在0.08%以下，能够析出的碳较少；当含碳量在0.08%以上时，则析出的数量迅速增加。所以焊条、焊丝的含碳量和母材一样，都应在0.08%以下，如0Cr18Ni9Ti、E0-19-10-15（A107）、E0-19-Nb-15（A137）等。

室温下，碳在奥氏体中的溶解度为0.02%～0.03%。若含碳量在0.02%～0.03%以下，即使在敏化区温度（450～850℃）下也不会产生晶间腐蚀。因此，为提高焊接接头的抗晶间腐蚀能力，可选用超低碳焊丝或焊条，如H00Cr18Ni10、E00-19-10-X（A002）等。

(2) 添加稳定剂。在钢和焊接材料中，加入钛、铌等与碳亲和力比铬强的元素，能够首先形成稳定的碳化物，避免在奥氏体晶界造成贫铬层。因为钛、铌等元素在晶界起着稳定化作用，对抗晶间腐蚀性能是十分有利的。常用的不锈钢和焊接材料都含有钛和铌元素。

(3) 固溶处理。固溶处理的方法是在焊后把焊接接头加热到1050～1100℃，此时，碳又重新熔入奥氏体，然后迅速冷却稳定了奥氏体组织。这种方法在施工现场一般不具备条件，但可以进行850～900℃、保温2h的稳定化处理。稳定化处理可以使奥氏体晶粒内部的铬逐渐扩散到晶界，晶界处的铬含量重新恢复到大于12%，因此不会产生晶间腐蚀和破坏。

(4) 采用双相组织焊缝。选择焊接材料时，应使焊缝金属含有铁素体形成元素，如铬、硅、铝、钼等，以使产生奥氏体加铁素体的双相组织。这种双相组织可使铬在铁素体中扩散，使碳化铬在铁素体内部及其附近析出，减轻奥氏体晶界的贫铬现象。一般焊缝金属中铁素体含量为5%～10%，也不能过多，否则将使焊缝金属变脆。

(5) 减少焊接热输入的热量。焊接热量越大，晶界的贫铬程度越高，因此，焊接热量宜低一些。焊接工艺上，其规范应是小电流、快焊速、多层多道焊、焊条不横向摆动，要等先焊一层焊道完全冷却下来后再焊下一层；或者用铜垫板甚至用冷水浇的措施，加速焊道的冷却，以减少焊接接头在危险温度的停留时间。此外，还要注意焊接顺序，与腐蚀介质接触的焊缝应最后施焊，尽量不使热影响区受重复的热循环作用，以免敏化区的叠加而降低抗腐蚀的能力。

4. 防止焊接热裂纹的措施

（1）减少母材与焊接材料中的杂质含量（硫、磷），选用低氢型的焊接方法，如氩弧焊、低氢型焊条焊接；焊前用丙酮清洗焊丝和坡口，防止焊缝中氢含量的增高。

（2）选用双相组织焊条。在双相组织中，少量铁素体可以细化晶粒，防止杂质偏析。在多层焊第一道时，母材的熔入量多，铁素体含量相应减少，可能产生热裂纹。为此，第一道焊时，应选用铁素体含量更高的焊接材料。

（3）在操作工艺上采用直流反接的碱性焊条，以小电流快速焊进行多层多道施焊，避免熔池金属过热。特别应注意的是收弧要慢，弧坑金属要饱满。

（二）奥氏体不锈钢的焊接工艺

奥氏体不锈钢可采用焊条电弧焊、氩弧焊、埋弧自动焊、等离子焊等方法焊接。

1. 焊条电弧焊

（1）焊前准备。不锈钢焊件的坡口加工应认真细致，可以用机械方法加工坡口，也可以用等离子切割、碳弧气刨方法加工坡口，但切割和气刨后要用砂轮机打磨以消除热影响区对焊接接头耐蚀性的影响。焊前应将焊接坡口附近的油污清除干净，并用丙酮擦洗，然后在坡口两侧各 100mm 范围内涂上白垩粉，以防钢材表面飞溅金属和擦伤。

（2）焊条选择。不锈钢焊条的药皮通常有钛钙型和低氢型两种。钛钙型不锈钢焊条用得较多，低氢型不锈钢焊条的抗热裂纹性能较高，但耐蚀性较差。

应根据构件的性能要求、化学成分和工作条件来选择焊条。当对耐蚀要求较高时，可采用超低碳奥氏体不锈钢焊条，如 A002（E00-19-10-16）；或采用含稳定剂元素的奥氏体不锈钢焊条，如 A132（E0-19-10Nb-16）。使用温度不高（300℃以下）、耐蚀要求一般时，可选用 A120（E0-19-10-16）等普通奥氏体不锈钢焊条。对厚度较大、刚性较大的构件，为防止热裂纹，可选用碱性低氢型不锈钢焊条。

（3）焊接工艺要点。为了防止焊接接头在危险温度范围（450～850℃）停留时间过长而产生贫铬区，防止接头过热而产生热裂纹，焊接奥氏体不锈钢要采用小电流、快速焊。为避免母材过热及加强熔池保护，施焊时要用短弧焊，焊条不横向摆动，以窄焊道为宜。

焊接电流要比焊低碳钢低 20%左右，起焊时不可随意在钢板上引弧，以免造成弧坑。施焊中运条要稳，收弧则应填满弧坑。

多层焊时，每焊完一层要彻底清除熔渣，仔细检查焊接缺陷并及时处理。待前道焊缝冷却到 150℃以下时再焊后一道焊缝。

为了防止晶间腐蚀和热裂纹，条件允许时可以采取强制冷却，必要时，焊后进行热处理，以改善焊接接头的组织与性能。

2. 氩弧焊

对于厚度较小的不锈钢焊件，常采用氩弧焊，其中以手工钨极氩弧焊应用较多。其突出的优点是焊接熔池保护好、焊缝质量可靠、电弧稳定、没有熔渣、热能量集中、焊接变形小等。

（1）焊前准备。常用的接头形式有对接及卷边焊接。坡口准备一般采用机械加工方法进行。焊前要将接头处点固焊好，或用夹具压紧。接头处 20～30mm 内的工作表面及焊丝要清理干净，如有油污可用丙酮清洗。

（2）焊丝选择。由于氩弧焊时焊接熔池中无剧烈的氧化、还原等冶金反应，合金元素烧损少，所以可用与母材成分相同的焊丝；或者根据母材成分及工作条件来确定焊丝。保护气体可用工业纯氩，其纯度要求不低于99.6%。

（3）焊接工艺要点。施焊时，在保证焊透的情况下焊速要适当快些，以减小焊件的变形和焊缝中的气孔，防止焊接接头过热，焊接中焊矩不应横向摆动。

3. 埋弧自动焊

对于厚焊件的平直焊缝，最好采用埋弧自动焊接，不仅可以提高生产率，而且也可以显著提高焊接质量。

采用埋弧自动焊焊接奥氏体不锈钢，可根据构件的化学成分和工作条件选择焊丝和焊剂。0Cr18Ni9Ti 钢可选用 H0Cr18Ni9Ti 或 H00Cr22Ni10 焊丝，配合 HJ260 使用。1Cr18Ni9Ti 钢可选用 H0Cr21Ni10Ti 或 H00Cr22Ni10 焊丝，配合 HJ260 使用。00Cr18Ni10 钢可选用 H00Cr22Ni10 焊丝，配合 HJ260 使用。0Cr17Ni13Mo3Ti 可选用 H00Cr17Ni13Mo2 焊丝，配合 HJ260 使用。

埋弧自动焊的焊接工艺要点基本与焊条电弧焊相同。需要提出的是焊前要将焊剂烘干，烘干温度为350～400℃，保温2h。由于奥氏体钢电阻系数大，热导率小，焊接中焊丝不宜伸出过长，否则焊丝会发红自熔。焊丝伸出长度通常为30～40mm。在保证焊透的条件下尽可能采用小电流、快速焊。

第六节　锅炉焊接技术的现状及发展方向

一、锅炉焊接技术的现状

（一）锅炉新产品发展趋势

（1）大容量、高参数：600、1000MW超（超）临界锅炉。

（2）清洁燃烧技术：200 、300、600MW的循环流化床（CFB）锅炉。

（二）锅炉发展给材料提出的挑战

（1）G102材料是12Cr1MoV（SA213-T22）与SA213-T91和不锈钢之间很好的过渡材料，一旦取消该材料的使用，存在12Cr1MoV（SA213-T22）与SA213-T91和不锈钢焊接接头高温运行早期失效问题。

（2）12Cr1MoV制作联箱和管道只能用于550℃，不能满足超临界锅炉的需要，即使用于亚临界锅炉，壁厚达110mm，增加焊接生产的难度。

（3）SA213-T91和常规不锈钢用于超临界锅炉高温段，其壁厚较大。需要强度更高、抗氧化腐蚀性能更好的不锈钢材料取代。

（4）SA213-T2、SA213-T12用于超临界锅炉（SC）和超超临界锅炉（USC）的膜式壁，其壁厚较大，给水压和焊接都带来困难，同时焊接时需要预热和热处理，增加制造难度和成本。

（5）期待等级更高的新材料。

（三）新的结构给焊接带来的挑战

（1）超临界锅炉中ϕ190.7×47mm小联箱的制造，其焊接变形控制和小联箱环缝焊接存在问题。

(2) 超临界锅炉中螺旋水冷壁的焊接，焊透要求高，用传统的方法存在焊接难度。

(3) 超超临界中汇集联箱存在大量大口径管座，其焊接量和焊接变形控制难度较大。

(4) 大型 CFB 锅炉中的膜式再热器的制造，将解决 T91 管屏的膜式壁焊接问题。

(5) 大型 CFB 锅炉中的关键部件旋风分离器的制造。

(6) 超超临界锅炉中 155mm 厚壁联箱的制造。

(四) 日本、欧洲、美国锅炉用新材料的开发

(1) SA213-T23/SA335-P23、SA213-T24/SA335-P24。替代钢 102 材料用于 550～580℃的管道和联箱。

(2) SA213-T91/SA335-P91、E911、SA213-T92/SA335-P92、SA213-T122/SA335-P122。用于 600～650℃管道和联箱。

(3) SUPER304、HR3C。用于 650～700℃受热面高温段部件。

(4) NF704、NR709、SAVE25。用于 700℃以上的受热面高温段部件。

(5) 欧洲开发适用于 700℃锅炉蒸汽参数的镍基材料。

(五) 锅炉关键部件焊接技术现状

锅炉主要关键部件包括汽包、联箱、膜式壁和蛇形管（过热器、再热器和省煤器）等部件。因此，焊接技术现状主要体现在以下四个方面：锅炉汽包主要焊缝的焊接、锅炉膜式壁主要焊缝的焊接、锅炉蛇形管主要焊缝的焊接、锅炉联箱主要焊缝的焊接。

图 6-1　汽包的焊接

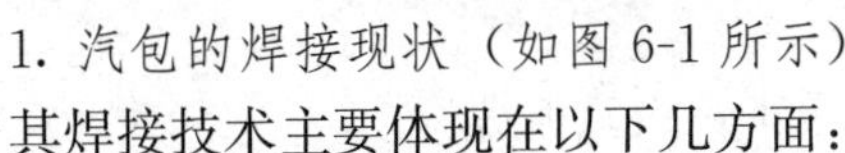

1. 汽包的焊接现状（如图 6-1 所示）

其焊接技术主要体现在以下几方面：

(1) 汽包筒节纵缝焊接。

焊接方法：常规埋弧焊和电渣焊。

(2) 汽包环缝焊接。

焊接方法：常规埋弧焊、窄间隙埋弧焊。

(3) 下降管角焊缝焊接。

焊接方法：马鞍埋弧自动焊和焊条电弧焊。

(4) 大管座（≥ϕ108）角焊缝焊接。

焊接方法：马鞍埋弧自动焊、焊条电弧焊和气体保护焊。

(5) 其余连接管座。

焊接方法：马鞍埋弧自动焊、焊条手工电弧焊和气体保护焊。

(6) 其他附件角焊缝焊接。

焊接方法：气体保护焊和焊条手工电弧焊。

2. 锅炉膜式壁的焊接现状（如图 6-2、图 6-3 所示）

膜式壁的焊接主要有：

(1) 管子对接焊。

焊接方法：热丝 TIG 焊、全位置热丝 TIG 焊、手工钨极氩弧焊、手工钨极氩弧焊＋焊

条电弧焊。

(2) 管子与扁钢焊接。

焊接方法：MPM气体保护自动焊、半自动CO_2气体保护焊。

(3) 其余附件焊接。

焊接方法：半自动CO_2气体保护焊、焊条电弧焊。

图6-2　锅炉膜式壁焊接吊装图

图6-3　锅炉膜式壁焊接安装图

3. 蛇形管焊接的现状

蛇形管是锅炉中重要部件，金属重量最重的部件。包括过热器、再热器和省煤器等部件。其结构是将各种规格和材料的管子通过对接接长，再弯制成形，最后组装而成。

锅炉蛇形管焊接主要有：

(1) 管子对接焊。

焊接方法：热丝TIG焊、全位置热丝TIG焊、手工钨极氩弧焊。

(2) 附件焊接。

焊接方法：气体保护焊、焊条电弧焊。

4. 联箱的焊接现状

联箱是锅炉中焊接难度最大的部件。其材质从碳钢、低合金钢、高合金耐热钢，规格从ϕ190～ϕ1100，壁厚从20～157mm，其结构如图6-4所示。主要焊缝为筒身环缝、大管座角焊缝、小管座角焊缝。

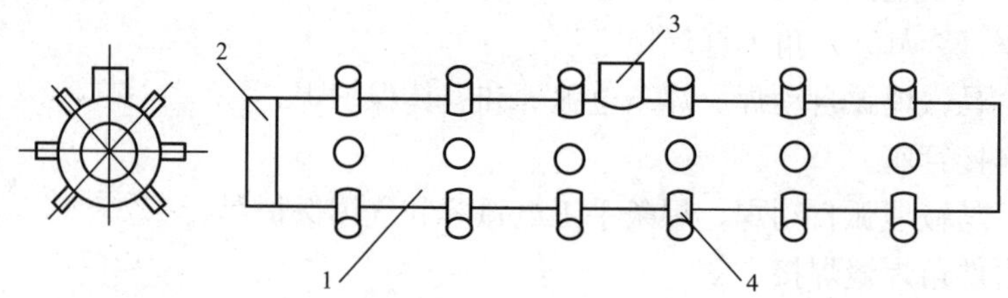

图6-4　联箱结构图

锅炉联箱焊接主要有：

(1) 联箱筒身拼接环缝。

焊接方法：窄间隙热丝TIG焊、常规埋弧焊、窄间隙埋弧焊、窄间隙热丝TIG焊＋埋弧焊、窄间隙热丝 TIG 焊＋窄间隙埋弧焊。

（2）大管座（≥ϕ108）焊接。

焊接方法：药芯焊丝气体保护焊、焊条电弧焊（针对没有药芯焊丝的材料）。

（3）小管座（<ϕ108）焊接。

焊接方法：内孔氩弧焊＋焊条手工电弧焊、焊条手工电弧焊。

（4）附件角焊缝焊接。

焊接方法：焊条手工电弧焊、药芯焊丝气体保护焊。

（六）锅炉焊接新技术、新工艺介绍

1. 先进的窄间隙埋弧焊技术

窄间隙埋弧焊设备，用于大型筒体纵缝和环缝的焊接，如图 6-5 所示，主要优点如下：

（1）由于坡口窄，焊接效率高，节约焊接材料。

（2）焊接质量好，特别是焊缝性能好。

（3）可实现自动焊接。

2. 高效的马鞍埋弧焊焊接技术

马鞍焊接设备主要优点：

（1）实现自动焊接，降低劳动强度。

（2）焊接质量好，合格率 98%以上。

（3）焊接效率高，提高效率 1 倍左右。

（4）改善作业环境，没有弧光。

（5）改善表面质量，不需要打磨。

图 6-5　窄间隙埋弧焊示意图

3. 高效的 MPM（多头焊）焊接技术

MPM 焊接是当今世界膜式壁管屏焊接的主要方法之一，首先由日本三菱公司开发和运用，根据需要可以配备 4 头、6 头、8 头、12 头、20 头 MAG 焊枪，如图 6-6 所示。具有以下优点：

（1）焊接效率高。

（2）采用气体保护焊，可实现上下同时焊接，焊接变形小。

（3）焊接作业环境好。

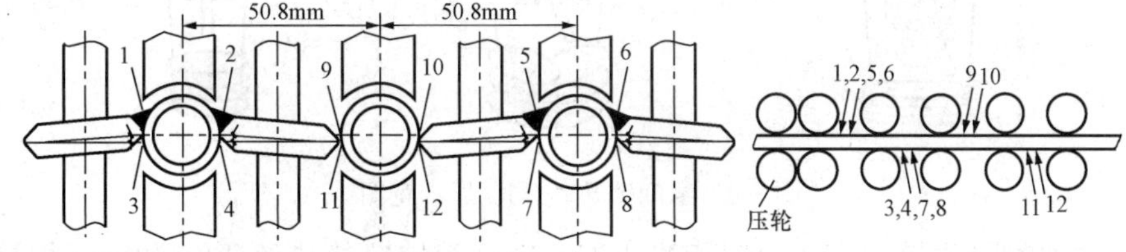

图 6-6　配备 MAG 焊枪示意图

4. 高效的 CO_2 气体保护焊技术

CO_2 气体保护焊根据产品不同分别采用实心焊丝、药芯焊丝气体保护焊，主要特点和优点：

（1）采用 80%Ar＋20%CO_2 或 100%CO_2 气体保护。

（2）主要用于碳钢、合金钢的焊接。

（3）焊接效率高，是手工电弧焊的2倍。

（4）焊接质量好，对油、锈敏感性低，不易产生气孔，焊接热输入低利于控制焊接变形，低氢型焊接方法，抗冷裂性好。

（5）焊接适应性强，便于观察熔池，能实现各种位置。

（6）操作简单和易于掌握，培养焊工容易。

5. 先进的热丝非熔化极惰性气体钨极保护焊（Tungsten Inert Gas Welding，TIG；如图6-7所示）

图6-7 热丝TIG焊示意图

用于锅炉管子的自动对接焊，主要优点：

（1）焊接效率高——送丝速度可达到4～5m/min。

（2）接头性能好——合格率达到99%以上。

（3）材料适应性广——可实现碳钢、低合金钢、不锈钢及其异种钢的焊接。

（4）分固定位置和全位置两种。

（5）热丝TIG焊接效率比冷丝TIG高2～3倍。

6. 先进的窄间隙热丝TIG焊（如图6-8～图6-10所示）

主要优点：

（1）焊接质量好，合格率99%以上。

（2）焊材消耗低，是原来的1/3。

（3）适应难焊的高合金材料的焊接。

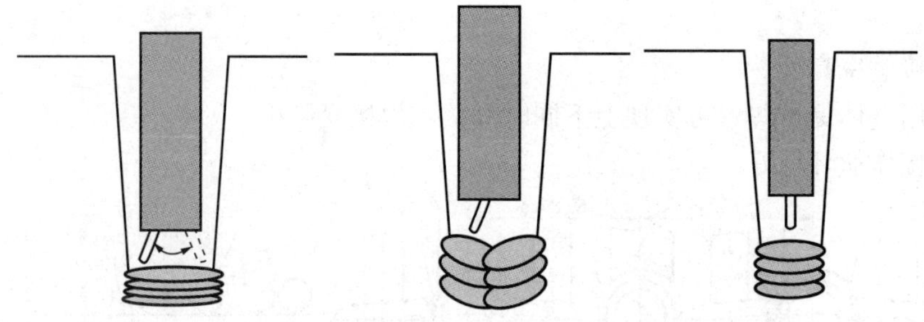

图6-8 窄间隙热丝TIG焊示意图

焊接坡口对提高产品质量和生产效率相当重要。窄间隙坡口的热丝TIG和埋弧焊接是联箱环缝焊接的方向。

7. 管座内孔氩弧焊技术

用于锅炉联箱管座的封底焊接。主要优点是：

（1）管座根部焊透，满足锅炉法规要求。

（2）内填丝焊接，内部焊接质量好。

(3) 替代手工焊接，焊接合格率高。

8. 管座角焊缝自动焊接技术

管座角焊缝自动焊接技术如图 6-11～图 6-13 所示。

图 6-9　焊口成型图

图 6-10　窄间隙热丝 TIG 焊焊口成型图

图 6-11　照片 1

图 6-12　照片 2

图 6-13　照片 3

二、锅炉焊接技术的发展方向

随着大容量、高参数锅炉的发展，其焊接质量要求越来越高，同时为了适应我国锅炉行业走向国际市场和国内人力资源成本的变化，当前的焊接工艺和手段还不能适应发展的需要，应继续围绕提高焊接效率、焊接质量，降低成本，改善焊接作业环境等课题，推广应用新工艺，提高焊接自动化、机械化、数字化水平。

（一）气体保护焊在锅炉上的发展

气体保护焊接是一种高效、优质、节能的焊接工艺，在国外广泛使用。为了节约能源，降低消耗，该工艺还有很大的使用空间，特别是药芯焊丝气体保护焊接和自动气体保护焊接是未来的发展方向。但需解决高等级锅炉材料药芯焊丝的研发和供应。同时，对于手工半自动气体保护焊接需从电源动特性、抗飞溅能力、引弧特性以及规范调节方便性上不断改进，特别是数字控制、数字显示电源是未来锅炉厂所欢迎的。

（二）自动化焊接和机器人焊接

锅炉联箱和汽包的焊接技术水平还较落后，自动化水平较低，必须大力采用自动化水平较高的焊接工艺，提高焊接效率和质量。机器人或机械手工作站是未来解决联箱上管座焊接的方向，锅炉制造厂应大力推进。窄间隙热丝 TIG 焊或窄间隙热丝 TIG 焊＋埋弧焊是联箱、管道、汽水分离器等部件环缝焊接的方向。管屏自动画线和附件自动焊接是未来锅炉制造企业需要考虑的工艺手段。

（三）锅炉焊接技术的发展对焊接电源的要求

随着社会的发展和焊接技术的进步，对锅炉焊接自动化程度的需求日益提高，对焊接电源的可靠性、稳定性、降低能耗和控制精度方面提出了更高的要求。数字化控制逆变电源是发展方向，操作面板要人性化，维修要简单化，焊接规范数值显示，便于监控和管理。

（四）焊接保护剂或自保护焊丝的使用

随着锅炉高参数大容量发展，锅炉用材料发生了很大变化，大量使用 9Cr1Mo 材料以上的高合金耐热钢和不锈钢，焊接过程中接头内保护问题成了制约生产效率的重要因素，采用何种高效优质的焊接保护介质和手段特别关键。

（五）焊接环境的改善

锅炉上大量的焊接作业都依靠手工电弧焊或气体保护焊，焊接烟尘较大，作业环境较差，特别是容器内焊接。局部烟尘处置设施、作业区或整个车间烟尘处理设施的配置是改善焊接作业环境的未来方向。

第七节　锅炉上常用材料的焊接工艺

一、焊材选择原则

（一）选择焊条的基本原则

1．按焊件的力学性能和化学成分选择

（1）根据等强度的观点，选择满足母材力学性能的焊条，或结合母材的可焊性，改用非等强度而焊接性好的焊条。但考虑焊缝结构形式，以满足等强度、等刚度要求为主。

（2）使其合金成分符合或接近母材。

（3）母材含碳、硫、磷有害杂质较高时，应选择抗裂性和抗气性能较好的焊条。建议选用氧化钙型、钛铁矿型焊条，如果不能解决，可选用低氢型焊条。

2. 按焊件的工作条件和使用性能选择

(1) 在承受动载荷和冲击载荷的情况下，除保证强度外，对冲击韧性、延伸率均有较高要求，应依次选用低氢型、钛钙型和氧化铁型焊条。

(2) 接触腐蚀介质的，必须根据介质种类、浓度、工作温度以及区分是一般腐蚀还是晶间腐蚀等，选择合适的不锈钢焊条。

(3) 在磨损条件下工作时，应选择相应的保证低温或高温力学性能的焊条。

3. 按焊件的结构特点和受力状态选择

(1) 形状复杂、刚性大或大厚度的焊件，焊缝金属在冷却时收缩应力大，容易产生裂纹，必须选用抗裂性好的焊条，如低氢型焊条、高韧性焊条或氧化铁型焊条。

(2) 受条件限制不能翻转的焊件，有些焊缝处于非平焊位置，必须选用能全位置焊接的焊条。

(3) 焊接部位难清理的焊件，选用氧化性强、对铁锈、氧化皮和油污不敏感的酸性焊条。

4. 按施焊条件及设备选择

(1) 在没有直流焊机的地方，不宜选用直流电源的焊条，而应选用交直流电源的焊条。

(2) 某些钢材(如珠光体耐热钢)需焊后消除应力热处理，但受设备条件限制(或本身结构限制)不能进行热处理时，应改用非母体金属材料焊条(如奥氏体不锈钢焊条)，可不必焊后热处理。

(3) 在狭小或通风条件差的场所，应选用酸性焊条或低尘焊条。

(二) 异种钢、复合钢板焊接时焊条选择原则

1. 一般碳钢和低合金钢的焊接

(1) 应使焊接接头的强度大于被焊钢材中最低的强度。

(2) 应使焊接接头的塑性和冲击韧性不低于被焊钢材。

(3) 为防止焊接裂缝，应根据焊接性较差的母材选取焊接工艺。

2. 低合金钢和奥氏体不锈钢的焊接

(1) 一般选用铬、镍含量比母材高，塑性、抗裂性较好的奥氏体不锈钢焊条。

(2) 对于不重要的焊件，可选用与不锈钢相应的焊条。

3. 不锈钢复合钢板的焊接

(1) 推荐使用基层、过渡层、复合层三种不同性能的焊条。

(2) 一般情况下，因为复合钢板的基层与腐蚀性介质不直接接触，常用碳钢、低合金钢等结构钢，所以基层的焊接可选用相应等级的结构钢焊条。

(3) 过渡层处于两种不同材料的交界处，应选用铬、镍含量比复合钢高，塑性、抗裂性较好的奥氏体不锈钢焊条。

(4) 复合层直接与腐蚀性介质接触，可选用相应的奥氏体不锈钢焊条。

二、锅炉典型材料的焊接工艺措施

(一) BHW35 (13MnNiMo54、DIWA353)、P355GH (19Mn6) 钢的焊接工艺措施

1. 化学成分、机械性能 (见表 6-8、表 6-9)

表 6-8　　BHW35、P355GH 钢材料的化学成分

项目	C	Si	Mn	P	S	Ni	Mo	Cr	Nb
BHW35	≤0.15	0.1/0.5	1.00/1.60	≤0.025	≤0.025	0.6/1.0	0.2/0.4	0.2/0.4	0.005/0.02
P355GH	0.10/0.22	≤0.60	1.00/1.70	≤0.025	≤0.015	≤0.30	≤0.08	≤0.30	≤0.01

注　P355GH Cu ≤0.30、Ti ≤0.03、V ≤0.03，Cr、Cu、Mo、Ni 总含量≤0.7。

表 6-9　　BHW35、P355GH 钢材料的机械性能

项　　目	下屈服强度 R_{el}（MPa）	抗拉强度 R_m（MPa）	冲击吸收功 A_{kv}（J）	延伸率 δ（%）
BHW35	≥390	570～740	≥39	≥18
P355GH	≥335	510～650	≥34	≥20

2. 焊接方法及材料

（1）母材为 BHW35＋BHW35 对接，采用焊条电弧焊＋埋弧焊的焊接方法。

（2）焊接材料选用 H08Mn2Mo 焊丝（ϕ4）＋SJ101 焊剂和 J607 焊条（ϕ4、ϕ5）。

（3）焊前进行 150～200℃预热。

3. 定位焊

在定位焊焊缝处及其周围清理锈蚀和氧化皮，露出金属光泽。采用 J607 焊条，双层焊。可采用拉紧板进行定位焊，采取短弧操作。不允许在母材上引弧，不允许在已有的焊缝上进行定位焊，预热温度为 200～250℃ 。

4. 焊接操作过程及工艺参数

（1）内环缝采用焊条电弧焊，多层多道焊，直流反接。采用短弧焊和分段退焊方式，可减少飞溅和电弧偏吹。不得在母材上任意引弧，要连续焊完三层，首层采用 ϕ4 焊条施焊，其他层采用 ϕ4、ϕ5 焊条焊满，收弧时，需填满弧坑。焊接时，层间温度不得过低，应控制在 200～300℃ ，否则易产生裂纹。每层焊完后要清渣，防止产生咬边、未熔合等缺陷。运条时要求不摆动、窄道焊。

（2）焊条电弧焊后，要立即局部后热至 200℃左右，保温 1～2h，后热时加热温度一定要均匀，防止裂纹产生，然后立刻进行外环缝埋弧焊。

（3）外环缝焊接采用埋弧焊，首层焊一道，其他层分两道施焊。预热的宽度为焊缝周围 150～200mm，焊接层间温度不能低于预热温度。为了保证焊透和熔合良好，应选用偏上限的参数，焊接工艺参数见表 6-10 表。焊后及焊接中断时应立即进行（300～350)℃×2h 消氢处理。

表 6-10　　BHW35 钢的焊接参数

焊接方法	焊层	焊接材料	焊材直径（mm）	焊接电流（A）	焊接电压（V）	焊接速度 v（mm/min）
焊条电弧焊	1	J607	4	160～180	22～24	160
焊条电弧焊	2～3	J607	5	220～240	24～28	160
埋弧焊		H08Mn2Mo＋SJ101	5	600～650	28～32	380～420

（4）焊后热处理及焊后检验后进行（600～650)℃×2.5h 退火热处理。做外观检查，要求焊缝外表面美观，不允许有咬边、气孔、裂纹、夹渣等缺陷。焊缝要进行 100％超声波探伤和磁粉探伤，并进行有关力学性能检验，检验结果见表 6-11。

表 6-11　　BHW35 钢的焊后力学性能试验

R_m（MPa）	R_{el}（MPa）	伸长率 A（%）	断面收缩率 ψ（%）	侧弯（180°，$d=4a$）	冲击吸收功 A_{kv}（J）	
					焊缝	HAZ
635	554	26	56.9	合格	184	252

（二）10CrMo910 耐热钢的焊接工艺

1. 化学成分及力学性能

10CrMo910 为德国标准（DIN17175）珠光体耐热钢，近似于我国 12CrMo 钢。钢中以 Cr、Mo 为主要合金元素，含碳量较高，适宜 600℃以下的工作温度，具有抗高温氧化性能。其主要化学成分及力学性能见表 6-12、表 6-13。

表 6-12　　10CrMo910 钢的主要化学成分　　%

C	Mn	Si	Cr	Mo	S	P
0.08～0.15	0.40～0.70	≤0.5	2.0～2.5	0.9～1.2	≤0.035	≤0.035

表 6-13　　10CrMo910 钢的力学性能

R_{el}（MPa）	R_m（MPa）	A_{kv}（J）	延伸率 δ_5（%）	硬度（HB）
269～280	455～600	48	20	170

2. 焊材选择

因为焊缝的组织和性能在很大程度上取决于焊接材料，所以在选用焊材时，都要求与母材适当的匹配。氩弧焊打底焊丝为 TIG-R40，规格为 ϕ2.5，其化学成分及力学性能见表 6-14～表 6-16。

表 6-14　　焊丝化学成分　　%

牌号	C	Mn	Si	S	P	Cu	Ti	Mo	Cr
TIG-R40	0.063	0.90	0.62	0.01	0.035	0.14	0.03	1.04	2.42

表 6-15　　焊条主要化学成分　　%

焊条规格（mm）	C	Mn	Si	S	P	Mo	Cr
ϕ3.2	0.055	0.63	0.17	0.013	0.008	2.25	0.90～1.20
ϕ4.0	0.052	0.66	0.22	0.012	0.009	2.21	1.106

表 6-16　　焊条熔敷金属力学性能

焊条规格（mm）	R_{el}（MPa）	R_m（MPa）	A_{kv}（J）	延伸率 δ_5（%）	含水量（%）
ϕ3.2	408	599	168	24.7	≤0.11
ϕ4.0	490	617	162	19.2	≤0.13

焊条使用前，必须经 350℃×1.5h 烘干，使用过程中，应装在焊条保温筒内，以免受潮。

3. 焊接工艺

（1）焊前预热。预热温度可选：氩弧焊为 200～250℃，焊条电弧焊为 250～300℃。

（2）焊接层次。首层采用钨极氩弧焊打底，其余各层均采用焊条电弧焊完成。

焊接工艺参数见表 6-17。

表 6-17　　焊接工艺参数

层次	焊接方法	焊材规格（mm）	电源种类	焊接电流（A）	电弧电压（V）	焊接速度（cm/min）
1	氩弧焊	ϕ2.5	直流正接	90～100	10～12	3.2～4.0
2～4	焊条电弧焊	ϕ3.2	直流反接	100～120	20～24	6.0～6.6
5		ϕ4.0	直流反接	120～150	22～26	7.0～8.1

在焊接过程中，层间温度要保持和焊前预热温度一致。每道焊缝要求一次焊完，如果中途停止焊接，再进行焊接时，还应按预热温度重新进行预热，并应检查层间焊道，以免产生裂纹。

4. 焊后热处理

每道焊缝焊接完成后，应立即进行消氢处理。一般采用火焰加热，消氢处理规范为 300～350℃、1～2h，然后保温缓冷。整体消除应力热处理规范为 680～720℃、1.5h。

（三）SA213-T91/SA335-P91 材料的焊接工艺

1. T91/P91 钢的化学成分、常温力学性能见表 6-18、表 6-19。

表 6-18　T91/P91 钢的化学成分

钢种	成分（%）												
	C	Si	Mn	P	S	Ni	Cr	Mo	W	V	N	Al	N
T91/P91	0.08～0.12	0.20～0.50	0.30～0.60	≤0.02	≤0.01	≤0.4	8.0～9.5	0.85～1.05		0.18～0.25	0.06～0.10	≤0.04	0.06～0.07

表 6-19　T91/P91 钢的常温力学性能

钢种	常温力学性能			
	R_m（MPa）	R_{el}（MPa）	A%	A_{kv}（J）
T91/P91	＞585	＞415	≥20	220
EM12	590～740	＞390	20	28

2. 焊前准备

坡口制备、焊前清理、充氩保护

3. 焊接材料选择

选用碱性低氢型、焊接工艺性能良好、保证焊缝金属韧度的焊接材料，注意使熔敷金属的 Ni＋Mn≤1.5%。

选用 ϕ2.5 的焊丝打底，用 ϕ2.5、ϕ3.2 的小直径焊条进行填充和盖面焊。

4. 焊接工艺参数

GTAW 打底工艺参数见表 6-20。

表 6-20　GTAW 打底工艺参数

钨　极	焊丝牌号及规格	焊接电流（A）	电弧电压（V）	焊接速度（mm/min）
Wce-20	BW41BC9MV-1G ϕ2.4	95～115	9～11	60～80

注　若 GTAW 打底焊层只焊一层，则打底焊层的厚度应大于或等于 3.0mm。

SMAW 填充和盖面工艺参数见表 6-21。

表 6-21　SMAW 填充和盖面工艺参数

焊条直径（mm）	ϕ2.5	ϕ3.2	ϕ4.0
焊接电流（A）	80～100	110～150	140～180
焊接电压（V）	20～22	20～24	20～25

焊前预热温度为 200～250℃，层间温度为 200～300℃。焊后消氢处理温度为 300～350℃，保温时间 2h，焊后热处理温度范围为（750±20)℃，热处理保温时间范围为 2～

2.5h。采用摆动焊，最大摆幅小于20mm，打底焊道和中间焊道的清理采用手动砂轮和钢丝刷。必须严格控制焊接热输入，切忌使用大焊接工艺条件焊接。采用多层多道焊，采用薄焊层，焊层厚度等于焊条直径为宜，焊道宽度以焊条直径的3倍为宜，最大不超过4倍。

（四）SA335-P92材料的焊接工艺

1. T92/P92母材和焊缝金属化学成分、力学性能

T92/P92母材和焊缝金属化学成分、力学性能见表6-22、表6-23。

表6-22　T92/P92母材和焊缝金属化学成分（质量分数）　%

成分	C	Mn	P	S	Si	Cr	W	Mo	V	Nb	N	B	Al	Ni
母材	0.07～0.13	0.3～0.6	≤0.02	≤0.01	≤0.5	8.5～9.5	1.5～2.0	0.3～0.6	0.15～0.25	0.04～0.09	0.03～0.07	0.001～0.006	≤0.004	≤0.04
Chromer92焊缝	0.11	0.6	0.01	0.01	0.25	9	1.7	0.45	0.2	0.05	0.05	0.003	<0.01	0.6
9CrW焊缝	0.11	0.7	0.01	0.01	0.3	9	1.7	0.45	0.2	0.06	0.05	0.003	<0.01	0.5
MTS616焊条焊缝	0.11	0.6			0.2	8.8	1.6	0.5	0.2	0.05	0.05			0.7
MTS616焊丝焊缝	0.1	0.45			0.38	8.8	1.6	0.4	0.2	0.06	0.04			0.6

表6-23　T92/P92母材和焊缝金属力学性能（室温）

力学性能	R_{el}（MPa）	R_m（MPa）	A_5（%）	A_{kv}（J）	HB（硬度）
母材	≥440	≥620	20		250
Chromer92焊缝	630	740	19	60	230～260
9CrWV焊缝	700	800	19	220	265
MTS616焊条焊缝	560	720	15	41	
MTS616焊丝焊缝	560	720	15	41	

注　焊缝经750～760℃、2～4h焊后热处理。

2. 焊接材料

英国曼彻特公司（Metrode）和德国伯乐蒂森公司（Bohler-Thyssen）开发了T92/P92钢的焊接材料，见表6-24，焊条电弧焊和钨极氩弧焊焊缝金属的化学成分和力学性能也见表6-24。

表6-24　T92/P92钢焊接材料

焊接方法	Metrode产品名称	Bohler-Thyssen产品名称
焊条电弧焊焊条	Chromer92	Thermanit MTS616
钨极氩弧焊丝	9CrWV	Thermanit MTS616
熔化极气体保护焊焊丝	—	Thermanit MTS616
埋弧焊焊丝及焊剂	9CrWV（焊丝） LA491（焊剂）	Thermanit MTS616（焊丝） Marathon543（焊剂）
药芯焊丝	Supercore F92	

3. 预热及层间温度

（1）预热温度。在焊接马氏体钢时，若焊接时的预热温度过高，对于焊接质量和焊工的操作都不利，尤其是预热温度过高将使焊缝及热影响区的韧性下降，影响锅炉的安全运行。经过综合考虑，确定手工电弧焊的最低预热温度为 200℃，埋弧焊的最低预热温度为 180℃，由于手工氩弧焊为低氢焊接方法，所以其最低预热温度为 100℃，预热方法采用煤气作为燃料（最好采用天然气作为燃料）。

（2）层间温度。焊接层间温度控制不当与预热温度一样会引发同样的问题，根据有关文献资料介绍及生产经验，P92 钢焊接时，应控制最高层间温度不超过 300℃，有些资料甚至要求控制最高层间温度不超过 250℃。手工氩弧焊、焊条电弧焊容易控制，埋弧自动焊较难控制，影响生产进度，焊接 2～3 层就需停下。

4. 焊接规范参数

为了提高焊接接头的力学性能，焊接时不宜采用过大的焊接热输入（热输入小于 25kJ/cm），宜采用多层多道焊，焊道厚度不超过焊条直径，单道焊缝宽度不超过焊条直径的 4 倍，埋弧焊单焊道厚度不超过 5mm，宽度不超过 20mm。P92 钢属高合金钢，为避免合金元素烧损和氧化，焊接时必须充氩进行背面保护，氩气流量为 12L/min。P92 焊接规范参数见表 6-25。

表 6-25　　P92 焊接规范参数

焊接方法		预热	道间温度	电流（A）	电压（V）	焊接速度（mm/min）
GTAW		100℃	≤300℃	90～150	10～15	
SMAW	ϕ3.2	200℃	≤300℃	90～120	23～26	120～180
	ϕ4.0			140～170	23～26	120～180
SAW	ϕ3.0	180℃	≤300℃	350～420	32～36	400～600

注　焊接工作结束后，需加热到 200～400℃、保温 2h，然后缓慢冷却到室温。使焊缝金属完全转变成马氏体后方可进行热处理。

5. 焊后热处理

在焊缝金属的合金成分、焊接热输入、预热温度及层间温度已定的情况下，焊接接头的综合性能主要取决于焊后热处理，因此，中、低合金耐热钢焊接接头的焊后热处理是至关重要的。

目前，还没有 SA355-P92 钢的最佳回火参数数据，通过试验确定 SA 355-P92 钢的最佳回火参数为 780℃×4h。预热 200℃左右进行，焊接后，将温度冷却到低于 100℃是非常必要的，以实现向马氏体完全转变。焊后热处理必须随后尽快进行，因为这样高硬度的马氏体在潮湿的环境下，形成应力腐蚀裂纹的敏感性极高。

实际工程中，预热和层间温度可根据不同类型的焊接部件而做一些变化。像薄壁小口径管道对接焊等内应力较低的接头，预热和层间温度可以控制在 200℃以下。如果管子壁厚小于或等于 50mm，焊后可以冷却到室温。可是，厚壁的锻制件或铸造管的预热和层间温度就应控制在 200℃以上，并且焊后冷却温度应限制在不低于 80℃，以避免产生裂纹。

（五）SA335-P22＋P91 异种钢焊接工艺

1. 材料

SA335-P91、SA335-P22 均按照 ASME 第Ⅱ卷（A 篇）标准采购，供货状态为正火＋

回火。其化学成分、力学性能见表 6-26～表 6-29。

表 6-26　SA335-P91 钢的化学成分

C	Si	Mn	Cr	Mo	P	S	Ni	Al	Nb	N	V
0.08～0.12	0.2～0.5	0.3～0.6	8.0～9.5	0.85～1.05	≤0.025	≤0.02	≤0.4	≤0.004	0.06～0.1	0.03～0.07	0.18～0.25

表 6-27　SA-335P91 钢的力学性能

抗拉强度 MPa	屈服强度 MPa	纵向伸长率（%）	冲击吸收功 A_{kv}（J）	硬度 HB
≥585	≥415	≥30	—	≤250

表 6-28　SA335-P22 钢的化学成分

C	Si	Mn	Cr	Mo	P	S
0.05～0.15	≤0.5	0.3～0.6	1.90～2.6	0.87～1.13	≤0.025	≤0.025

表 6-29　SA-335P22 钢的力学性能

抗拉强度 MPa	屈服强度 MPa	纵向伸长率（%）	冲击吸收功 A_{kv}（J）	硬度 HB
≥415	≥205	≥20	—	—

2. 焊接性分析

（1）SA335-P91 钢的焊接性分析。SA335-P91 钢是一种改进型的 9Cr1Mo 钢，是一种新型的马氏体耐热钢。该材料的焊接性较差，有较大的淬硬倾向，易出现冷裂纹、焊接接头脆化、HAZ 区软化等问题。另外，由于马氏体钢的导热性差，焊接残余应力较大，当焊接工艺参数选择不当时，易产生冷裂纹。所以，为防止产生裂纹，并保证焊接接头的韧性，焊前应进行预热，预热温度为 250～300℃。另外，在焊接过程中控制焊接区的组织转变进程是控制焊接质量的关键，严格控制焊件的层间温度，使其保持在预热温度左右，焊后应立即进行 300～350℃、2～3h 消氢处理。

（2）SA335-P22 钢的焊接性分析。SA335-P22 钢为贝氏体耐热钢，钢中的主要合金元素 Cr、Mo 含量较高，Cr、Mo 元素提高了钢材的淬硬性，它们推迟了钢在冷却过程中的转变，提高了过冷奥氏体的稳定性，对于给定成分的合金钢，淬硬程度取决于从奥氏体相转变的冷却速度。当焊缝中扩散氢含量过高、焊接热输入较小时，由于淬硬组织和扩散氢的作用，常在焊接接头中出现氢致延迟裂纹。另外，在焊后进行热处理或长期高温工作中，易在热影响区熔合线附近的粗晶区内发生再热裂纹。因此，为防止冷裂纹的产生，在焊前应进行 200～250℃预热，焊后进行 300～350℃、2～3h 消氢处理。另外，为避免再热裂纹的产生，在焊接过程中严格控制焊件的层间温度，使其保持在预热温度左右。

3. P91＋P22 异种钢焊接时应注意的问题

（1）焊接材料。P91 钢属于马氏体耐热钢，而 P22 钢属于贝氏体耐热钢，两者不论是在化学成分上还是在力学性能上都有较大差距。根据 DL/T 752—2010《火力发电厂异种钢焊接技术规程》，宜选用与钢材级别低的一侧相配的或成分介于两侧母材之间的焊丝或焊条。因此 P91＋P22 焊接选用焊丝为 ER62-B3、焊条为 E6015-B3。

（2）根部焊缝金属氧化。P91 钢属于高合金钢，而 P22 钢的合金元素总量也在 4%以上，在焊缝金属中 Cr、Mo 等的合金元素较多，当合金元素达到一定含量时，在高温下会与氧气发生化学反应，生成金属氧化物，大大降低了焊缝金属的力学性能，因此在焊接时必须对焊缝背面进行氩气保护。

（3）熔合区母材稀释问题。所选用焊材与P22钢材的化学成分相当，熔敷金属与P22母材侧的熔合区不存在合金元素的稀释。对于P91侧，因合金元素相差较大，易产生合金元素的稀释。可以通过采用小规范操作来减小母材的熔合比，以减少合金元素的稀释。

4. 焊接工艺

（1）焊前采用火焰预热，预热温度为200～250℃；层间温度控制在200～300℃范围内；焊后立即进行300～350℃、2～3h消氢处理。焊接工艺参数见表6-30。

表6-30　焊接工艺参数

焊接层次	焊接方法	电流极性	焊接材料及规格（mm）	焊接电流（I）	焊接电压（V）	焊接速度（cm/min）
打底	GTAW	直流正接	ER62-B3 ϕ2.4	120～140	10～15	5～7
1	SMAW	直流反接	E6015-B3 ϕ3.2	100～115	22～24	10～13
2～5	SMAW	直流反接	E6015-B3 ϕ4.0	165～175	24～26	12～14
6	SMAW	直流反接	E6015-B3 ϕ5.0	210～220	28～30	12～14

焊接时采用自制工具对焊缝背面进行充氩保护，氩气流量8～9L/min。

（2）焊接控制要点。打底焊接时，要注意不能像焊接一般钢材那样，送丝一定要均匀，同时在收头时特别要注意把焊接电流衰减下来，填满弧坑后移向坡口边沿收弧，防止产生弧坑裂纹；

焊条电弧焊填充时，第一道应尽可能减小焊接电流，防止打底层由于电流过大被击穿；

层道间需进行仔细清理，可利用角向砂轮机进行清理，不可用榔头錾子过重地敲击焊缝，防止产生裂纹；

在施焊过程中，焊道的分布要合理，采用多层多道焊，在保证填充金属与母材金属熔合良好的情况下，尽量提高焊接速度，以减小焊接热输入，降低熔池的温度，以避免增大焊缝的淬硬性。

5. 焊后热处理

热处理工艺参数：温度为（740±10）℃、恒温3h、升降温速度为小于或等于150℃/h、降至350℃后自然冷却。

三、锅炉主要材料的焊接工艺

（一）同种钢管子对接焊（采用热丝焊和手工钨极氩弧焊）

同种钢管子对接焊（采用热丝焊和手工钨极氩弧焊）见表6-31。

表6-31　同种钢管子对接焊（采用热丝焊和手工钨极氩弧焊）

材　料	焊接方法	焊接材料	预热（℃）	焊后热处理（℃）
20G，SA-210C	热丝TIG焊	H08Mn2SiA，ϕ1.0	—	600～650
	GTAW+SMAW	H05MnSiAlTiZrA，ϕ2.5+CHE507	—	

续表

材 料	焊接方法	焊接材料	预热（℃）	焊后热处理（℃）
15CrMoG，SA-213T2/T11/T12（1Cr0.5Mo）	热丝 TIG 焊	H08CrMnSiMoA，JGS-1CM，ϕ1.0	—	650～700
	GTAW+SMAW	JGS-1CM，ϕ2.4+CHH307		
12Cr1MoVG（1Cr0.25MoV）	热丝 TIG 焊	H08CrMoVA，ϕ1.0	100～150	650～700
	手工钨极氩弧焊	JGS-1CM，ϕ2.4+CHH307		
SA-213T22（1.9-2.6Cr1Mo）	热丝 TIG 焊	JGS-2CM，ϕ1.0	200～250	700～760
	手工钨极氩弧	JGS-2CM，ϕ2.4 +CHH407		
SA-213T23（2.25Cr1.6WVNb）	热丝 TIG 焊 手工钨极氩弧焊	Union I P23/T-HCM2S，ϕ1.0、ϕ2.4	200～250	700～760
12Cr2MoWVTiB（2Cr0.5MoWVTiB）	热丝 TIG 焊 手工钨极氩弧焊	H10Cr2MnMoWVTiBA，ϕ1.0、ϕ2.4	200～250	750～780
SA-213T91（9Cr1MoV）	热丝 TIG 焊 手工钨极氩弧焊	TGS-9Cb，ϕ1.0、ϕ2.4	200～250	750～780
SA-213TP304H（18-20Cr8-13Ni）	热丝 TIG 焊 手工钨极氩弧焊	H0Cr19Ni9A，TIG308，ER308，ϕ1.0、ϕ2.4	—	1000～1100
SA-213TP347H（17-20Cr9-13NiNb）	热丝 TIG 焊 手工钨极氩弧焊	ER-347，ϕ1.0、ϕ2.4	—	1150～1200
SUPER304H（0.1C18Cr9Ni3CuNbN）	热丝 TIG 焊 手工钨极氩弧焊	YT-304H	—	1100～1150
HR3C（25Cr20NiNbN）	热丝 TIG 焊 手工钨极氩弧焊	T-HR3C，ERNiCr-3	—	1180～1220

（二）异种钢管子对接焊

（1）不同强度等级铁素体或珠光体类钢，除 T91、T92 钢按照强度等级高的选择焊接材料外，其余的可按照强度等级高的或低的选择焊接材料（我们通常就低选材）；

（2）奥氏体与非奥氏体钢之间的焊接难度较大，原因是这两种钢在化学成分、金相组织、物理性能等方面存在较大差异（奥氏体不锈钢的热膨胀系数比碳钢等材料大 30%～50%，而导热系数却只有碳钢等材料的 1/3）。主要存在的问题有熔合区化学成分的稀释、碳的迁移、残余应力较大等，一般采用镍基焊接材料，可防止软化带产生，降低焊接残余应力。

（3）目前，火力发电厂中珠光体钢和铁素体钢的异种钢焊接接头有 T91/12Cr1MoV、T91/钢 102、T91/10CrMo910、P91/10CrMo910、P91/15Cr1MoV、P91/F12 等，今后还可能会有 T92/T91、T122/T91 等，其中 T91/12Cr1MoV、T91/钢 102、T91/10CrMo910、

T92/T91、T122/T91 是炉内管，P91/10CrMo910、P91/15Cr1MoV、P91/F12 是炉外蒸汽管。

（4）珠光体耐热钢与奥氏体钢焊接时，采用 Cr25Ni13 型奥氏体钢焊接材料，可以获得良好的焊接接头性能。

珠光体耐热钢的焊接特点：珠光体耐热钢的焊接与低碳调质高强钢相近，焊接中存在的主要问题是热影响区的硬化、冷裂纹、软化以及焊后热处理或高温长期使用中的再热裂纹。如果焊材选择不当，焊缝还有可能产生热裂纹。珠光体耐热钢一般是在热处理状态下焊接，焊后大多数要进行高温回火处理。

四、锅炉常用材料的预热、焊后热处理、焊材选用

（1）焊件的焊前预热参见表 6-32。

表 6-32　焊件的焊前预热

钢种	钢　号	厚度 δ (mm)	预热温度 (℃)
碳素钢	Q235A、10、15、20、Q245R、20G、SA-106A、SA-106B、St45.8、SB410、SB450、SM41B	>90	80～150
	SB480、SA-106C、SA-210C	≥32	
低合金结构钢	12Mng、16Mn、Q235R、SM50B、Q345、P355GH(19Mn6)		
	15MnV、15MnVCu	>25	
	SA-299	25～75	
		>75	150～200
	20MnMo	≥15	100～150
	[DIWA353、13MnNiMoNbg、13MnNiMoR](BHW35)、14MnMoV、18MnMoNb、20MnMoNb	>10	150～200
耐热钢	12CrMo、15CrMo、20CrMo、SA-204、13CrMo44、15Mo3、SA-209Tia、SCM415、SA-335P11、SA-335P12、SA-213T2、SA-213T11、SA-213T12、SA-387Gr11、SA-387Gr12	≥15	100～150
	13CrMoV42、12Cr1MoV、10CrMo910、12Cr2MoWVTiB、12Cr3MoVSiTiB、SA-335P22、SA-213T22、SA-387Gr22、STBA24	>6	200～250
	SA-213T91、STBA25、SA-335P91 STBA26	任意厚度	

（2）焊件的焊后热处理参见表 6-33。

表 6-33　焊件的焊后热处理

钢种	钢　号	厚度 δ (mm)	电弧焊
碳素钢	Q235A、10、15、20、Q245R、20G、St45.8、SB410、SB450、SM41B SB480、SA-106、SA-210C	>30	600～650℃ 消除应力热处理

续表

钢种	钢　　号	厚度δ（mm）	电弧焊
低合金结构钢	12Mng、16Mn、Q345、Q345R、SM50B、P355GH(19Mn6)	≥20	520～630℃ 消除应力热处理
	15MnV、SA-299、15MnVCu		600～680℃ 消除应力热处理
	20MnMo、14MnMoV		580～660℃ 消除应力热处理
	[DIWA 353、13MnNiMoNbg、13MnNiMoR](BHW35)18MnMoNb、20MnMoNb		580～650℃ 消除应力热处理
耐热钢	12CrMo、15CrMo、20CrMo 13CrMo44、SA-335P11 SA-335P12、SCM415 SA-213T2、SA-213T11 SA-213T12、SA-387Gr11 SA-387Gr12	>10	650～700℃ 消除应力热处理
	15Mo3、SA-209Tia、SA-204		
	12Cr1MoV、10CrMo910 SA-335P22、13CrMoV42 SA-213T22、SA-387Gr22 STBA24	>6	700～760℃ 消除应力热处理
	12Cr2MoWVTiB	任何厚度	750～780℃ 消除应力热处理
	12Cr3MoVSiTiB		720～780℃ 消除应力热处理
	SA-213T91、STBA25、STBA26、SA-335P91		750～780℃ 消除应力热处理

（3）常用钢种的焊接材料选用（旧牌号）见表6-34、表6-35。

表6-34　　常用钢种的焊接材料选用表

钢号	焊条电弧焊	埋弧自动焊		电渣焊		气体保护焊	气焊
		焊丝	焊剂	焊丝	焊剂		
Q235-A 10	J422	H08A	HJ431	H08MnA	HJ431	H08Mn2Si(co2)	H10Mn2
20 20g 15g 22g 25 ST45.8	一般结构 受压元件 J422 J507	H08A H08MnA()	HJ431	H10Mn2	HJ431	H08Mn2Si（Ar） H05MnSiAlTiZr （打底）	H10Mn2

续表

钢号	焊条电弧焊	埋弧自动焊		电渣焊		气体保护焊	气焊
		焊丝	焊剂	焊丝	焊剂		
16Mn16Mng 16MnR 25Mn SM50B	一般结构 受压元件 J502 J507	H10Mn2	HJ431	H08MnMoA	HJ431	H08Mn2Si (Ar) H10Mn2	
15MnV 15MnVCu 15MnVN 19Mn6 20MnMo	一般结构 受压元件 J502 J557	H08MnMoA H08Mn2SiA	HJ350	H08Mn2SiA H08Mn2MoA	HJ431		
18MnMoNb 13MnNiMo54 14MnMoV	母材正火＋ 回火 J607 母材调质 J707	H10Mn2 NiMoA	HJ350	H10Mn2MoVA H10Mn2NiMoA	HJ431		
12CrMo 13CrMo44 15CrMo	12CrMo 用 R207 15CrMo 用 R307	H08CrMoA	HJ260			H08CrMoA H08CrMoMn2Si	H08CrMoVA
20CrMo 30CrMoA	R307	H08CrMoVA H13CrMoA	HJ260	H08CrMoVA	HJ260	H08CrMoVA (Ar) H05CrMoVTiRe （打底）	
21/4Cr-1Mo	R407	H08Cr2MoA	HJ250				
12CrMoV 15CrMoV 20CrMoV	R317	H08CrMoVA	HJ260			H08CrMoVA (Ar) H05CrMoVTiRe （打底）	H08CrMoVA
10CrMo910 10CrSiMoV7	R407 R317	H08CrMoVA	HJ260			H05CrMoVTiRe (Ar)	H08CrMoVA
12Cr2MoWVTiB	R347					H10Cr2MnWVMo TiB(Ar)	
0Cr18Ni9 1Cr18Ni9	A107	H0Cr18Ni9	HJ260			H0Cr18Ni9 E308(Ar)	
1Cr18Ni9Ti	A132 A137	H0Cr18Ni11Mo	HJ260			H0Cr18Ni9Ti E308(Ar)	
0Cr19Ni9(304)	A102	H0Cr21Ni10	HJ151			H0Cr21Ni10	
00Cr19Ni11(304L)	A002	H00Cr21Ni10	HJ172			H00Cr21Ni10	
0Cr18Ni11Ti(321)	A132	H0Cr20Ni10Ti	HJ151			H0Cr20Ni10Ti	
0Cr17Ni12Mo2(316)	A202	H0Cr19Ni12Mo2	HJ151			H0Cr19Ni12Mo	

续表

钢号	焊条电弧焊	埋弧自动焊		电渣焊		气体保护焊	气焊
		焊丝	焊剂	焊丝	焊剂		
00Cr17Ni14Mo2（316L）	A022	H00Cr19Ni12Mo2	HJ172			H00Cr19Ni12Mo	
0Cr18Ni11Nb(347)						ER347	
1Cr9Mo1(T91)						CM-9ST	
1Cr6Si2Mo	A307						
Cr20Ni14Si2	A402						

表 6-35　　常用异种钢的焊接材料选用

钢　号	焊条电弧焊	氩弧焊
15Mo3＋	J507	H08MnSi
15CrMo 13Cr44 20CrMo＋碳钢	J507　R307	H08MnSi H05MnSiAlTiZr
12Cr1MoV 10CrMo910 10CrSiMoV7＋碳钢	J507　R307	H08Mn2Si H05MnSiAlTiZr
15CrMo＋15Mo3	R307　R207	H08CrMoA
12Cr1MoV＋15CrMo	R307	H13CrMo H08CrMoV
12Cr2MoWVTiB＋12Cr1MoV（15CrMo）	R317	H08CrMoV
304＋12Cr2MoWVTiB（12Cr1MoV）	A307　镍 307	Inconel-82
347＋12Cr2MoWVTiB	A307　镍 307	H0Cr21Ni10
347＋304	A132	ER347

第七章

锅炉用钢在高温长期运行过程中的变化

第一节 失效分析的意义和作用

一、失效分析的概念和特点

1. 失效分析的概念

失效又称故障、损坏、事故等。被认为失效的部件应具备以下三个条件之一：

（1）完全不能工作，例如：一根轴发生了断裂，完全不能使用，这就是失效。

（2）已严重损伤，不能继续安全可靠运行，需修补或更换，例如：电力锅炉中，受热面管出现腐蚀磨损，壁厚减薄，不能安全可靠运行，这也是失效。

（3）虽然仍能工作，但不能再完成所规定的功能。例如：一部机床失去了加工精度，这也是失效。

2. 失效分析的发展过程

失效分析是一门综合性的技术，它涉及整个机械工业、电力工业、石化、航天航空等领域。它的发展是在20世纪50～60年代发展起来的。失效分析的最初目的就是为了找出失效的原因，以避免同类事故的出现而进行的。

失效分析的发展最早可追溯到19世纪中期。由于当时制造出的宝剑很容易发生脆断，为了制造出不易脆断的宝剑，提出了失效分析。这一问题的提出，反过来也推动了金属学的发展。

到本世纪初期，火车的出现推动了失效分析的发展。由于当时火车的车轴容易发生低应力断裂事故，为解决这个问题，众多研究人员对疲劳断裂进行了研究，并提出了疲劳极限的概念。

再后来，到第一次、第二次世界大战时期和火箭、导弹等航天技术出现后，频繁出现断裂事故，从这一方面推动了断裂力学的发展，同时促进了失效分析的发展。

到20世纪50～60年代，随着电子显微镜、扫描电镜的出现及应用，给失效分析提供了先进的分析手段，使失效分析逐步成熟起来。

在最近的几十年中，科学技术有了迅猛的发展，如材料科学、断裂力学、工程力学、断口金相学、摩擦学、腐蚀学、无损探伤和科技手段有了飞跃式的发展，使失效分析有了良好的科学基础，能使失效分析真正的找到失效的原因，并提出解决措施。现在失效分析已成为各个行业中的重要技术之一。

我国的失效分析技术是在20世纪70～80年代才开始走上正轨的。从新中国成立到20世纪60年代，我国的主要行业虽也有很多失效事故，但还未引起人们的重视。直到20世纪

80年代，我国成立了材料学会时才在全国范围内集中讨论了失效分析技术。具有关人员统计，当时的会议提出了311篇论文，其中有300篇是关于失效分析的。从此，我国的失效分析工作走上正轨。

3. 失效分析的特点

失效分析是一门综合性的技术学科，它涉及的领域很多，如电力、机械、农机业、航空、航天、制造等。它涉及的技术有材料科学、断裂力学、工程力学、断口金相学、摩擦学、腐蚀学、无损探伤等。因此，失效分析的特点就要求失效分析技术人员的知识面要广，要有一定的生产经验。而且往往一个失效分析由一个人并不能完成，要由多专业多学科的技术人员共同完成。

【例1】 轴的断裂问题，技术分析人员要懂得材料学、加工工艺学、断口金相学、热处理、力学等知识。

【例2】 锅炉小管爆管问题，技术分析人员应懂得材料学、断口金相学、腐蚀学等。此外还应懂得与运行有关的知识，如锅炉燃烧问题等。

对于电力行业的失效分析还有一个显著的特点是：要求失效分析的时间很短。某一部件出现失效问题，造成停机或维修、更换，要找出失效原因，往往只给一两天或四五天的时间。对于常见的失效形式，还比较容易，如炉内小管爆管，凭平时积累的经验和爆口形貌即可初步断定问题所在。但对于有些情况，就很难在短时间内找出真正的原因，而需要较长时间的查询、研究等。

【例3】 某电厂发生了一起发电机转子断裂事故，转子材料为30Ni3MoV，发电机转子额定转速为3000r/min，断裂部位在靠近中心线处，断口上有一椭圆形夹杂物（$\phi 50 \times 127$mm)，断口呈木纹状断口，经过分析，转子的化学成分和力学性能均符合标准要求。后经过进一步研究发现，断裂的裂纹源是在夹杂物聚集区内开始的。

另外，电厂是庞大的能源转换系统，任何一个部件的失效，都应考虑其原因可能与整个系统的状态有关，不能只局限于一个狭窄的专业的范围内。

还有，电厂锅炉的失效具有一定的复杂性。

二、失效分析的作用

锅炉部件的失效分析中利用各种手段，通过研究部件失效的特征、过程、形式等，查明部件破坏的直接原因，以提出预防事故的措施和对策。因此，失效分析对保证部件正常运行和安全生产有着重要的意义和重大的作用。

任何部件的失效，都会造成经济损失，如报废一根转子，直接经济损失就是几十万元，如果再考虑停机造成的间接损失，其数目极为巨大。失效分析的作用极为重要。

其作用主要有以下几点：

1. 提出预防措施

通过分析，查明失效的原因，包括直接原因和间接原因，或者主要原因和次要原因。这样就可以针对这些原因找到防止同样失效的相应措施。

（1）从设计、选材、加工、装配、维护不完善而造成失效的教训中，找到改进的具体措施。

（2）从部件质量不良引起的教训中，找到改变部件制造工艺、消除缺陷的具体措施。

（3）从部件使用不当发生事故的教训中，找到正确操作、合理维护的具体措施。

（4）理顺设备管理上的疏忽，制定具体的管理措施。

【例 4】 锅炉过热器管 U 形弯处，经常发生爆管，其运行时间为 3 万～6 万 h，材料为 102 钢，经分析结论为长期过热，经过调整锅炉的燃烧，结果不佳，仍然爆管，后将 U 形弯处更换为 T91 钢管，结果爆管明显减少。

2. 查明责任主体

失效分析可以查明失效原因，并根据问题性质、情节轻重、损失大小对责任主体进行处理。对于质量问题，还可以为仲裁提供依据。为用户赔偿要求提供技术证据。

（1）失效分析还可为材质鉴定和在役锅炉的寿命预测提供重要的技术依据。

例如：利用测量过热器管内壁氧化皮厚度预测过热器寿命的技术，就要充分了解过热器历史上的爆管情况和分析结果，为寿命预测提供依据。

（2）失效分析可以积累宝贵数据为制定标准提供依据。

（3）失效分析可以为企业提高技术管理水平提供依据。

三、部件失效的统计分析

部件事故失效分析有统计分析和事故过程（直接原因）分析两类。统计分析以某一类设备或某一部门或地区为分析目标，根据事故统计的原因数据资料，从所发生的大量事故案例中分析探索这一类设备或地区的各种事故因素，并总结出预防设备事故发生的有效措施。

统计分析是宏观分析方法，有关管理部门或领导机构可以从大量的设备事故中进行分类统计，摸清事故规律，找出主要矛盾，最后作出决策。

主次图方法又称排列图，因为最先是意大利经济学家 Pareto 用以统计社会财富的占有分布情况，所以也称为 Pareto 曲线。这种分析方法目前已在质量管理分析、可靠性分析、事故统计分析等许多方面得到广泛的应用。

统计分析按以下步骤进行

（1）要统计分析的事故按不同的目的进行分析、统计，并分类列出，分类的方法则根据分析的目的而定，例如，按技术原因分类或管理原因分类，也可以按失效设备或构件的用途或形式分类。

（2）计算出各类项目的相对百分数和按大小顺序的累积百分数。计算方法为

某一事故项的相对百分数 = 某项事故构件数 / 累积事故总数 × 100%

累积百分数 = 前若干项的事故件数 / 累积事故总数 × 100%

累积事故总数 = 统计分析范围内的总事故件数

（3）作出失效主次图。在横坐标上列出各分类项目，在纵坐标上标注事故件数和累积相对百分数，在坐标内用直方图表示各分类项目的件数，并按各若干项目的累积相对百分数的坐标点连成折线。

（4）从主次图上可以直接分出事故的主次因素。通常的划分方法是：累积百分数在 80%以内的为主要因素、80%～90%之间的为次要因素、90%～100%之间为一般因素。

（5）针对主要因素制定预防事故的主要措施或方法。

四、失效分析的发展方向

失效分析是一门综合性的技术学科，在各行各业中，起着越来越重要的位置。因为，失效分析的结果可以避免同样事故的发生，其根本上减少经济损失。因此失效分析与先进的检测手段相结合，为失效分析开拓了广阔的发展前景。

失效分析的发展方向主要有以下几方面：

（1）断口的定量分析应用于失效分析。断口的特征花样与应力状态、环境和材料的断裂韧性有关，如果事先清楚这些关系，那么，在失效分析中，只要测量出断口的特征花样的数值就可以分别估算材料的断裂韧性、疲劳裂纹扩展速率、裂纹尖端的应力状态。

（2）分析材料质量、受力状态、结构、环境和表面状态对部件失效的影响，以便把失效类型和失效原因分析得更彻底，提出更有效的预防、改进措施。

（3）研究复合断裂机理及影响因素。

（4）把“故障树”分析方法应用于失效和未失效的分析，用该方法对已失效的部件分析失效原因，对未失效的部件估算失效的可能性。

什么叫“故障树”？

一个部件的失效分为几级：

第一级：顶事件，即失效或故障事故。

第二级：导致顶事件发生的直接原因的故障事件。

第三级：导致第二级故障事件发生的直接原因的故障事件。

如此进行下去，一直到底事件。

这就叫“故障树”。

（5）近期兴起的失效分析的另一分支——失效预测或寿命估算，包括可靠性损害分析等，失效分析是针对零部件失效之后，而失效预测是在失效之前估算它的失效损伤程度，预测残余寿命。

五、失效分析的注意事项

（1）失效分析应以科学为依据，做到实事求是。

（2）对失效分析的原因应有主要原因和次要原因，避免分析技术上的局限性。

例如：长期过热爆管，其主要原因要分析金属微观组织，爆口形貌；次要原因要分析化学成分、力学性能等，以排除其他原因，如是否因错用钢材而爆管等。

（3）全面了解事故的背景资料，失效分析者应亲自参加所有残骸的分析，选取有代表性的样品。

这一点有时很难做到，因为电力事故一般都很着急，允许分析的时间很短，一般是送到分析单位分析，使分析者不能看到现场的情况，而是委托单位自己取样送到分析单位，不能保证样品具有代表性。

（4）在破坏性取样以前，应认真制定一个失效分析的程序，以避免因没有试样，而无法继续进行失效分析。

（5）克服失效分析者本身的知识的局限性，重大的事故分析，往往需要多学科联合研究才能解决。

（6）重视失效分析的反馈作用和社会效益。

第二节　锅炉主要部件的失效形式

电站金属部件的失效通常是先从部件的某个最薄弱部位开始，而使整个部件失去原有的功能。部件失效的部位保留着部件失效过程中的宝贵信息。通过对失效部件的分析，可以明确失效类型，找出失效原因，采取改进和预防措施。

失效类型的分类很多，也比较复杂。但针对电站锅炉的特殊性，可以分为过量变形、疲劳、腐蚀、蠕变、磨损、脆性断裂、塑性断裂等。

一、过量变形失效

部件承受的载荷增大到一定程度，变形量超过设计的极限值，使部件失去原有的功能而失效。过量变形失效又可分为过量弹性变形失效和过量塑性变形失效。过量塑性变形失效较为常见，如汽轮机转子，当长期停机不盘车时，转子的自重使轴发生弯曲过量变形而无法正常使用。过量弹性变形失效在锅炉安全门的弹簧中也较常见。如锅炉安全门的弹簧经长期运行后高度降低，弹力减小。在过量变形失效中一般常见的有扭曲、拉长、高低温下的蠕变、弹性元件发生永久变形等。

其主要影响因素如下：

(1) 热冲击。突然升温或降温，产生的热应力。

(2) 部件自重。部件自重可产生永久变形，放置大型部件时应注意合理放置。

(3) 残余应力。存在残余应力的大型部件在高温运行中，由于残余应力发生变化，破坏了原来部件内部的应力平衡，造成永久变形。

(4) 异常工况的影响。如转子超速运行会造成弯曲；主汽门门杆的卡涩会造成门杆变形。

(5) 材料问题。高温材料下降后，会造成屈服强度下降。如：εИ-723 钢螺栓，长期运行，会使汽缸漏汽。

(6) 设计的安全系数不够，会使部件发生变形。

二、疲劳失效

部件在工作过程中承受交变载荷或循环载荷的作用，引起部件内部的应力叫交变应力。在这种交变应力的作用下发生断裂的现象叫疲劳断裂。部件在疲劳载荷的作用下，其应力水平低于材料的抗拉强度，有时也低于材料的屈服强度。

疲劳失效种类很多，分类方式极为复杂，按载荷分，有拉伸疲劳、拉压疲劳、弯曲疲劳、扭转疲劳和各种混合受力的疲劳；按载荷交变频率分，有高周疲劳和低周疲劳；按应力大小分，有高应力疲劳和低应力疲劳；在复杂环境条件下还有腐蚀疲劳、高温疲劳、热疲劳、微振疲劳、接触疲劳等。

引起疲劳断裂的交变载荷最大值，一般均小于材料的屈服强度，因此疲劳断裂部件无明显塑性变形。疲劳断裂也有一个时间过程，即裂纹的萌生、裂纹的扩展和最终的瞬时断裂三个阶段。一个典型的断口都是由这三个部分组成的，其具有典型的“贝壳”或者“海滩”状条纹，如图 7-1 所示。这种特征给失效分析带来了极大的帮助。在这三个阶段内，载荷经历了一定的循环周次。需要指出的是，疲劳的最终断裂是瞬时的，它的危害性极大。

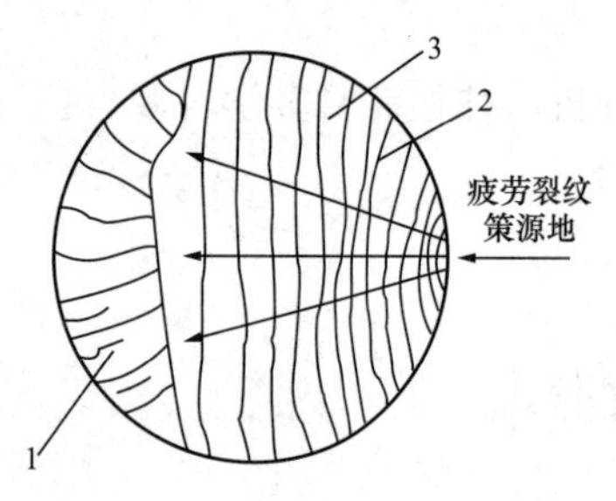

图 7-1　疲劳断口的宏观形貌
1—最后断裂区；2—前沿线；3—扩展区

断口中的贝壳状条纹如图 7-2 所示。

疲劳断裂的特征一般表现为：一定存在交变载荷，否则就不会发生疲劳断裂；对于高周疲劳，交变载荷的最大值低于材料的屈服强度，并无明显的残余宏观变形；疲劳断裂有裂纹萌生，扩展和最后断裂过程，这个过程有时会很长；用扫描电镜观察疲劳宏观断口，可以明显看到疲劳特征辉纹。在疲劳失效分析中，应重视疲劳源产生条件的分析。部件表面或内部凡是造成应力集中的部位均可能成为疲劳源。

例如：部件截面发生突变的部位；加工刀痕处或加工中形成的微裂纹；材料表面或内部的夹杂物；腐蚀裂纹诱导出的疲劳裂纹；铸件的疏松处和锻件的白点发纹出；焊接的引弧处和焊接裂纹；运输和安装时的碰撞处；表面处理缺陷处；化学成分的微区偏析处等。

图 7-2　断口中的贝壳状条纹

下面介绍几种在电站锅炉中常见疲劳断裂的形式：

1. 高周疲劳断裂

低应力、高循环次数（>105）。高周疲劳一般寿命较长，断裂时没有塑性变形，也称应力疲劳。高周疲劳一般具有穿晶特征，在裂纹金相试样上，裂纹呈波动状，裂纹中间没有腐蚀介质和腐蚀产物，裂纹尖端往往较尖锐，疲劳条纹间距小。

2. 低周疲劳断裂

高应力、低循环次数（为 102～105）。低周疲劳一般寿命较短，断裂时长伴随应变的发生，也称应变疲劳。断口较为粗糙，断口周围往往有残余宏观变形。断口仍具有逐渐扩展区和瞬时破断区的特征，逐渐扩展区的“海滩”标志部明显或消失。

3. 腐蚀疲劳断裂

在腐蚀介质和循环应力同时作用下，部件会发生腐蚀疲劳。其断口与一般的高周疲劳断口类似，不同之处是腐蚀断口曾受到腐蚀介质的侵蚀。裂纹源附近往往有多个腐蚀坑，并生产微裂纹。这些微裂纹在扩展过程中会出现小的分支。分支裂纹尖端较尖锐，裂纹走向为穿晶或沿晶。

4. 高温疲劳断裂

部件在高温下工作出现的疲劳失效为高温疲劳断裂。其有如下几个特征：

（1）当应力幅度起主要作用时，断口具有一般疲劳断口的特征。

（2）当平均应力值起主要作用时，断口具有蠕变疲劳的特征。

（3）断口周围的残余变形伴随着应力幅度和平均应力值比值的升高而减少。

（4）高温疲劳的断口表面氧化明显，开裂时间越早，氧化层越厚。

（5）在裂纹金相试样中，裂纹中充满了氧化产物，裂纹尖端较钝，裂纹走向表现为穿晶。

5. 热疲劳断裂

当部件承受交变热应力的作用时会出现热疲劳断裂。热疲劳断裂具有如下特征：

（1）断口具有一般疲劳断口的宏观断裂特征，一般为横向断口。

（2）有时呈明显的纤维状断口特征，有的疲劳扩展区断面粗糙，并有类似解理的小刻面。热疲劳裂纹走向为穿晶型，缝隙中充满氧化物。

三、腐蚀失效

金属材料受周围环境介质的化学与电化学作用而引起的损坏叫腐蚀失效。腐蚀对部件损坏的表现为失重、破坏材料表面完好状态和生产裂纹。

(一）腐蚀类型

腐蚀种类非常多，按腐蚀机理分类可将腐蚀失效分为两大分类：化学腐蚀和电化学腐蚀。

1. 化学腐蚀

化学腐蚀指金属表面与非电解质直接发生纯化学作用而引起的破坏。在化学腐蚀中部产生电流。化学腐蚀的特点是腐蚀产物直接在参与反应的金属表面形成，腐蚀产物往往形成连续的膜。腐蚀产物能减缓腐蚀速度。膜越完整、致密及与基体结合力强时，膜的保护作用越强。

2. 电化学腐蚀

金属表面与电解质相互作用，阳极发生溶解的现象，称为电化学腐蚀。电化学腐蚀发生两个过程，一个是阳极过程，即

$$Me \longrightarrow Me^{2} + 2e^{-}$$

另一个是阴极过程，即当电解液中存在氧时有

$$O_2 + 2H_2O + 4e^{-} \longrightarrow 4OH^{-}$$

当电解液呈酸性时，则

$$2H^{+} + 2e^{-} \longrightarrow H_2 \uparrow$$

电化学腐蚀的阳极和阴极过程可在电解液和金属界面的不同区域进行。电化学腐蚀产物在电解液中形成，对阳极不起保护作用。电化学腐蚀的特点是阳极和阴极过程可在电解液和金属界面的不同区域局部进行；电化学腐蚀产物在电解液中形成，对阳极金属不起保护作用。在电化学腐蚀中电极电位高的金属不受腐蚀；反之，受腐蚀。在金属部件中造成不同电极电位差的原因有局部化学成分的差异、钝化膜的不均匀与破裂、残余应力的影响、腐蚀介质的浓度不均匀和物理条件的不均匀等。

按腐蚀机理分类方法有助于理解金属材料腐蚀的机理。

还有其他分类方式。按照腐蚀环境可分为工业介质的腐蚀和自然环境的腐蚀；按照腐蚀形貌可分为全面腐蚀和局部腐蚀。分布于整个金属部件表面上腐蚀称为全面腐蚀。从金属表面萌生以及腐蚀的扩展都是在很小的区域内有选择的进行的腐蚀称为局部腐蚀。在实际腐蚀案例中，局部腐蚀要比全面腐蚀多得多，有资料统计，局部腐蚀约占90%以上。常见的局部腐蚀类型有点蚀、缝隙腐蚀、晶间腐蚀、应力腐蚀开裂、腐蚀疲劳、磨损腐蚀等。

(二）常见腐蚀失效的主要类型

1. 高温氧化

高温氧化反应方程式为

$$2Me + O_2 \longrightarrow 2MeO$$

一般温度低于570℃，铁的氧化物为 Fe_2O_3 和 Fe_3O_4。温度高于570℃生成 FeO。影响金属高温氧化的因素有以下几点：

(1) 材料的化学成分和组织状态不同，金属与氧化膜的结合牢固程度也不同，直接影响金属的氧化速率。

(2) 介质的组成将决定氧化物的组成和结构。

(3) 随着温度的升高，金属和介质通过氧化膜的扩散加快，界面反应速度加快。

(4) 各类金属和合金存在一个临界应力值，当外加负荷超过临界应力值时，将加速界面反应速度，促进晶界和氧化膜的破裂和脱落。

2. 低熔点氧化物的腐蚀（高温腐蚀）

劣质燃料中含有 V_2O_5、Na_2O、SO_3 等低熔点氧化物，它们与金属反应生产新的氧化物。这些低熔点氧化物又与金属表面的氧化物发生反应，生成结构松散的钒酸盐。V_2O_5 的化学反应式为

$$4V + 5O_2 \longrightarrow 2V_2O_5$$

$$4Fe + 3V_2O_5 \longrightarrow 2Fe_2O_3 + 3V_2O_3$$

$$V_2O_3 + O_2 \longrightarrow V_2O_5$$

$$2Fe_2O_3 + 2V_2O_5 \longrightarrow 4FeVO_4$$

$$8FeVO_4 + 7Fe \longrightarrow 5Fe_3O_4 + 4V_2O_3$$

$$V_2O_3 + O_2 \longrightarrow V_2O_5$$

TiO_2、Al_2O_3、SiO_2 都具有抗 V_2O_5 腐蚀的作用。

3. 烟气腐蚀

含有较高 SO_2、SO_3 和 CO_2 的烟气，当遇到较冷的物体（省煤器、空气预热器）时，温度降到烟气的露点以下。部件表面凝结的水膜与 SO_2、SO_3 和 CO_2 结合形成酸性溶液，导致锅炉尾部受热面严重低温腐蚀。

4. 应力腐蚀

应力腐蚀是材料在腐蚀环境中和静态拉应力的同时作用下产生的破裂。它是断裂中最广泛、最严重的一种破坏形式。应力腐蚀的三个特定条件：特定的腐蚀环境、足够大的拉应力和特定的合金成分和结构。

应力腐蚀有以下几个特征：

(1) 裂纹的宏观走向基本上与拉应力垂直。只有拉应力才能引起应力腐蚀，压应力会阻止或延缓应力腐蚀。

(2) 应力腐蚀断裂存在着孕育期。

(3) 产生应力腐蚀的合金表面都会存在钝化膜或保护膜。腐蚀只在局部区域，破裂时金属腐蚀量极小。

(4) 断口呈脆性形貌，裂纹走向为穿晶、沿晶或混合型。裂纹一般起源于部件表面的蚀孔。

(5) 应力腐蚀断裂一般发生在活化-钝化的过渡区的电位范围，即在钝化膜不完整的电位范围内。

(6) 大多数应力腐蚀断裂体系中存在临界应力腐蚀断裂强度因子 KISCC。当应力腐蚀断裂强度因子低于 KISCC 时，裂纹不扩展；大于 KISCC 时，应力腐蚀裂纹扩展。

应力腐蚀开裂有三个阶段：

1) 材料表面生成钝化膜或保护膜；

2) 保护膜局部破裂，形成蚀孔或裂缝源；

3）缝隙内环境发生变化，裂纹向纵深方向发展。

5. 点蚀或孔蚀

在构件表面出现个别孔坑或密集斑点的腐蚀称为点腐蚀，又称孔蚀或小孔腐蚀。点腐蚀是一种由小阳极、大阴极腐蚀电池引起的阳极区高度集中的局部腐蚀形式。每一种工程金属材料，对点腐蚀都是敏感的，易钝化的金属在有活性侵蚀离子与氧化剂共存的条件下，更容易发生点腐蚀。如不锈钢、铝和铝合金等在含氯离子的介质中，经常发生点腐蚀，碳钢在表面的氧化皮或锈层有孔隙的情况下，在含氯离子的水中也会发生点腐蚀。缝隙腐蚀是另一种更普遍且与点腐蚀很相似的局部腐蚀。

点腐蚀具有如下特征：

(1) 点腐蚀的蚀孔小，点蚀核形成时一般孔径只有 20～30μm，难以发现。点蚀核长大到超过 3μm 后，金属表面才出现宏观可见的蚀孔。蚀孔的深度往往大于孔径，蚀孔通常沿着重力或横向发展。一块平放在介质中的金属，蚀孔多在朝上的表面出现，很少在朝下的表面出现，蚀孔具有向深处自动加速进行的作用。

(2) 点腐蚀只出现在构件表面的局部地区，有较分散的，也有较密集的。若腐蚀孔数量少并极为分散，则金属表面其余地区不产生腐蚀或腐蚀很轻微，有很高的阴阳极面积比，腐蚀孔向深度穿进速度很快，比腐蚀孔数量多且密集的快得多，这是很危险的。密集的点蚀群，腐蚀深度一般不大，且容易发现，危险低。

(3) 点腐蚀伴随有轻微或中度的全面腐蚀时，腐蚀产物往往会将点蚀孔遮盖，把表面覆盖物除去后，即暴露出隐藏的点蚀孔。

(4) 点蚀孔从起始到暴露经历一个诱导期，但长短不一。

(5) 在某一给定的金属介质中，存在特定的阳极极化电位门槛值，高于此电位则发生点腐蚀，此电位称为点蚀电位或击穿电位。此电位可提供给定金属材料在特定介质中的点蚀抗力及点蚀敏感性的定量数据。

(6) 当构件受到应力作用时，点蚀孔往往易成为腐蚀开裂或腐蚀疲劳的裂纹源。

点蚀的表面形貌可分为开口型和闭口型。开口型的点蚀孔没有覆盖物，闭口型的点蚀孔被腐蚀产物所覆盖。点蚀孔的剖面形貌可分为窄深形、宽浅形、杯形、袋形等。也有由几种形式复合而成的不规则形貌的。各种点蚀孔的形貌如图 7-3 所示。

6. 晶间腐蚀

晶间腐蚀是指部件材料的晶界及其邻近部位优先受腐蚀，而晶粒本身不被腐蚀或腐蚀很

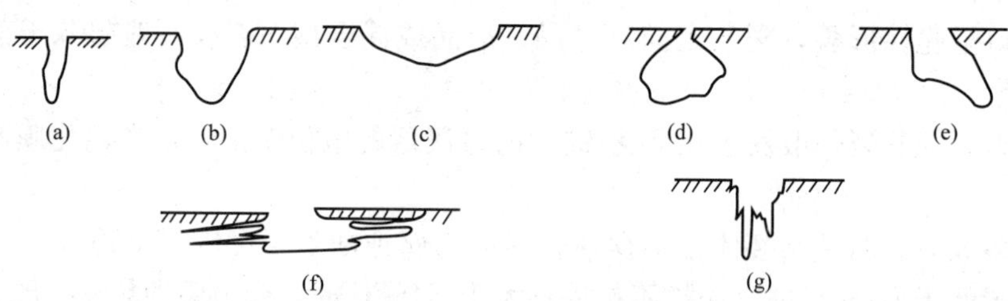

图 7-3 各种点蚀孔的形貌

(a) 窄深形；(b) 杯形；(c) 宽浅形；(d) 袋形；
(e) 斜向扩展形；(f) 水平扩展形；(g) 垂直扩展形

轻的一种局部腐蚀。不锈钢的晶间腐蚀要比普通碳钢和合金钢较为普遍。发生晶间腐蚀是由于晶界物质的物理化学状态与晶粒本体的不同所造成的。主要是晶界能量高，易吸附溶质和杂质原子、晶界有异相析出，形成晶界边缘的溶质元素贫乏区、晶界新相本身容易腐蚀、晶粒新相的析出造成晶界的内应力和晶粒与晶界的平衡电位不同。

晶间腐蚀具有如下特征：

（1）腐蚀只沿着金属的晶粒边界及其邻近区域狭窄部位按规则取向扩展。

（2）发生晶间腐蚀时，晶界及其邻近区域被腐蚀，而晶粒本身不被腐蚀或腐蚀很轻微，整个晶粒会因晶界被腐蚀而脱落。

（3）腐蚀使晶粒间的结合力大为削弱，严重时使部件完全丧失力学性能。对于不锈钢来说，如果发生了晶间腐蚀，其表面看起来还很光泽，但敲击时声音沙哑，其内部已经发生了相当严重的晶间腐蚀。

（4）晶间腐蚀的敏感性通常与部件成形热加工有关。

（5）部件在服役期间和检修期间都难于发现晶间腐蚀。一旦出现晶间腐蚀，导致的失效是很危险的。

7. 黄铜的脱锌腐蚀

黄铜在脱锌过程中会存在阳极反应和阴极反应。在阳极反应中，锌、铜同时溶解；在阴极反应中，溶液中的 O_2 和铜离子的还原和再沉积的结果是在脱锌的黄铜表面出现多孔的铜层。

8. 氧的浓度差电池腐蚀

含氧的水溶液中，由于溶解氧的浓度不同而引起的腐蚀称为氧的浓度差电池腐蚀，如水线处易出现腐蚀。氧浓度高的地方为阴极，浓度低的地方为阳极。阳极会受到腐蚀。

9. 垢下腐蚀

由于锅炉给水质量不佳，杂质在高温区的水冷壁管内沉积并形成盐垢，导致此处壁温升高，锅水在沉积物母体中蒸发，使非挥发成分变浓，使垢下的金属材料成为浓差电池和温差电池的阳极而受到腐蚀。垢下腐蚀实际上是高压水下的电化学腐蚀。

垢下腐蚀的主要影响因素如下：

（1）锅炉给水质量不佳是产生垢下腐蚀的主要条件。

（2）管内沉积物中如果含有氧化铁和氧化铜，在垢下发生反应，使垢下腐蚀加重。

（3）使垢下腐蚀加重。

（4）污脏的锅炉易遭受腐蚀。

（5）调峰机组水冷壁管易形成沉积物。

（6）凝汽器管泄漏，水质变坏，在锅炉的高温区形成一种矿物酸，导致严重的锅内腐蚀。

（7）由于设计和运行原因，受热面局部热负荷过高或汽水循环不良，加速垢的形成。

10. 氢腐蚀

氢对金属的作用往往表现在使金属产生脆性，因而有时把金属的氢损伤统称为氢脆。习惯上把氢对钢的物理作用所引起的损伤叫做钢的脆性，而把氢与钢的化学作用引起的损伤叫做氢腐蚀。高压含氧环境中，由于氢原子扩散进入钢中，与钢中的碳结合生成甲烷，使钢出现沿晶裂纹，引起钢的强度和塑性下降的腐蚀现象称为氢腐蚀。

(1) 氢腐蚀有下列特点：

1) 氢与碳生成甲烷的反应是不可逆的。反应式如下：

氢原子与游离碳的反应为

$$4H^+ + C \longrightarrow CH_4$$

氢分子与游离碳的反应为

$$2H_2 + C \longrightarrow CH_4$$

氢分子与渗碳体的反应为

$$2H_2 + Fe_3C \longrightarrow 3Fe + CH_4$$

2) 当微隙中聚集了许多氢分子和甲烷分子，就会形成高达数千兆帕的局部高压，使微隙壁承受很大的应力而产生微裂纹。从氢原子在钢构件表面吸附至微裂纹的形成氢腐蚀的孕育期，此阶段越长，金属耐氢腐蚀的能力越强。孕育期后由于甲烷反应的持续进行，微裂纹逐渐长大、连接、扩展成大裂纹，裂纹的迅速扩展使钢材的力学性能急剧下降，最明显的是断面收缩率的下降，钢材塑性逐渐丧失，而脆性增加，这就是氢腐蚀的快速腐蚀阶段。若钢构件一直置于氢介质中，甲烷反应将耗尽钢材的碳。在氢腐蚀的某一时段，若构件强度不足，则脆性失效。

3) 氢腐蚀的主要起因是氢原子与钢材中的渗碳体的碳作用生成甲烷，产生氢腐蚀的构件的脱碳层从表面开始向心部或内部生长，因此，通过测定脱碳层的深度与受氢腐蚀构件的厚度的关系，可分析氢腐蚀的严重性。

(2) 影响氢腐蚀的因素如下：

1) 温度和压力。提高温度和氢的分压都会加速氢腐蚀。温度升高，氢分子离解为氢原子浓度高，渗入钢中的氢原子就多，氢、碳在钢中的扩散速度快，容易产生氢腐蚀，而氢压力提高，渗入钢中的也多，且由于生成甲烷的反应使气体体积缩小，因此提高氢分压有助于生成甲烷的反应，缩短氢腐蚀孕育期，加快了氢腐蚀进程。

2) 钢的成分。氢腐蚀的产生主要是氢与钢中的碳的作用，因而钢中含碳量越高，越容易产生氢腐蚀。

3) 热处理与组织。碳化物球化的热处理可以延长氢腐蚀的孕育期，球化组织表面积小、界面能低、对氢的附着力小，球化处理越充分，氢腐蚀的孕育期就越长。淬硬组织会降低钢的抗氢腐蚀性能，碳在马氏体、贝氏体中的过饱和度都较大，稳定性低，具有析出活性炭原子的趋势，这种碳很容易与氢反应。焊接接头出现淬硬组织有同样作用，冷加工变形使钢中产生组织及应力的不均匀性，提高了钢中碳、氢的扩散能力，使氢腐蚀加剧。

四、蠕变失效

(一) 蠕变的概念

蠕变是指金属材料在恒应力长期作用下而发生的塑性变形现象。蠕变可以在任何温度范围内发生，只不过温度高，变形速度大而已。

(二) 蠕变曲线

在恒定温度下，一个受单向恒定载荷（拉或压）作用的试样，其变形 ε 与时间 t 的关系可用如图 7-4 所示的曲形的蠕变曲线表示。曲

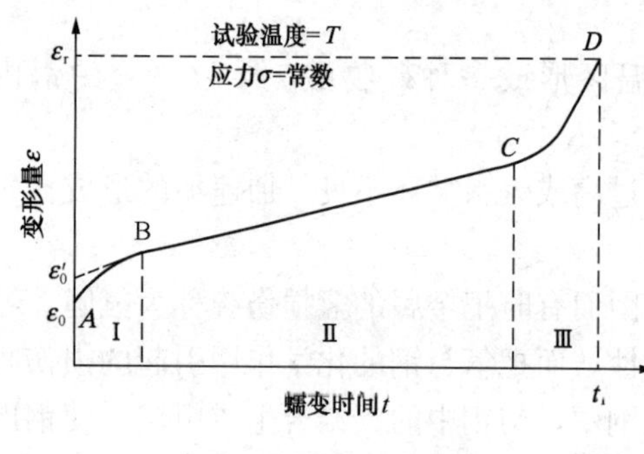

图 7-4 典型的蠕变曲线

线可分下列几个阶段：

第Ⅰ阶段：减速蠕变阶段（图中 AB 段），在加载的瞬间产生了的弹性变形 ε_0，以后随加载时间的延续变形连续进行，但变形速率不断降低；

第Ⅱ阶段：恒定蠕变阶段，如图中曲线 BC 段，此阶段蠕变变形速率随加载时间的延续而保持恒定，且为最小蠕变速变；

第Ⅲ阶段：曲线上从 C 点到 D 点断裂为止，也称加速蠕变阶段，随蠕变过程的进行，蠕变速率显著增加，直至最终产生蠕变断裂。D 点对应的 t_r 就是蠕变断裂时间，ε_r 是总的蠕变应变量。

温度和应力也影响蠕变曲线的形状。在低温（$<0.3T_m$，T_m 指熔点温度）、低应力下实际上不存在蠕变第Ⅲ阶段，而且第Ⅱ阶段的蠕变速率接近于零；在高温（$>0.8T_m$）、高应力下主要是蠕变第Ⅲ阶段，而第Ⅱ阶段几乎不存在。

（三）蠕变过程中金属组织的变化

1. 蠕变和室温变形的基本区别

蠕变中晶内和晶界都参与变形，室温变形时晶界阻碍变形。在蠕变期间，形变硬化和再结晶回复软化同时进行，室温变形没有再结晶过程。低温形变机制是滑移和孪生；蠕变中不发生孪生变形，而扩散大大促进变形。

2. 晶界滑动

温度较高时，晶界滑动和迁移时蠕变的一个组成部分，也是导致蠕变沿晶断裂的主要原因之一。由于晶界滑移，使与外力垂直的晶界显著粗化。

3. 滑移

在蠕变整个过程中滑移是蠕变的重要机制。在较低温度的蠕变第一阶段，其形变机制主要是显微镜下易于观察到的粗滑移。随着温度升高，滑移带将逐步加宽，滑移带之间充满着精细滑移，此类滑移带在显微镜下不易观察到，蠕变伸长量绝大部分来自精细滑移。

4. 亚结构的形成

在高温下，由于形变不均匀和滑移比较集中，有利于多边化的进行，从而形成亚结构。蠕变第一阶段末期就已形成不完整的亚结构。蠕变第二阶段形成了完整和稳定的亚结构，并保持到蠕变第三阶段。

5. 新相的析出

由于高温下持续应力的作用，加速新相的形核和长大。

6. 碳化物的聚集、球化和合金元素的再分配

由于应力感生扩散，合金中的固溶原子将沿应力梯度发生定向流动，其结果是使第二相沿某应力方向优先溶解或聚集。

（四）蠕变断裂类型

1. 基本形变型蠕变断裂（M 型蠕变断裂）

部件受到大的应力作用，在较短的时间内发生的蠕变断裂为基本型蠕变断裂。断裂前整个基体发生形变。断裂部位金属流变明显，形成颈缩，断裂为穿晶型，断口的微观特征是韧窝。这类蠕变断裂对缺口应力集中不敏感。

2. 楔型裂纹蠕变断裂（W 型蠕变断裂）

高温下晶界是黏滞性的，在较大外力作用下，晶界将产生滑动，在晶粒的交界处产生应

力集中。如果晶粒的形变不能由于应力集中得到松弛，且应力集中达到晶界开裂的程度，则在晶粒的交界处产生楔型裂纹。

3. 孔洞型蠕变裂纹（R型蠕变断裂）

在形变速率小、温度较高的低应力蠕变中，首先在晶界上形成孔洞，然后孔洞在应力作用下继续增多、长大、聚合，连接成微裂纹，微裂纹连通形成宏观裂纹，直至断裂。

(1) 晶界上形成孔洞的原因。

1) 晶界滑动时，在晶界弯曲与硬质点分布处形成孔洞；

2) 滑移带与滑动晶界的交割处形成孔洞；

3) 空位由压应力区扩散和沉淀；

4) 晶界上的夹杂或第二相质点与母体分离。

(2) 孔洞型蠕变断裂形貌特点。

1) 属于沿晶断裂；

2) 断口处无明显塑性变形；

3) 垂直于拉应力轴晶界上的孔洞是其形成原因。

(3) 蠕变过程中临界裂纹的形成。临界的宏观裂纹产生前，在一个宏观应力集中的区域内，有利于形成孔洞的晶界上都可产生孔洞、孔洞链和裂纹。它们可独立产生和发展，而且与金属表面不连通。较大的微裂纹通过合并邻近的小裂纹而长大。形成临界宏观裂纹后，它将成为主裂纹而加速扩展，直至断裂。蠕变裂纹与表面连通后，氧化形成的楔形氧化物，将促进蠕变裂纹扩展。

4. 过热失效

过热失效是材料在一定时间内的温度和应力作用而出现的失效形式。它是蠕变失效在电站锅炉高温部件的具体表现形式。它主要发生在受热面管道上。过热与超温的概念不同，超温就是材料超过其额定使用温度范围运行。主要针对锅炉运行温度而言，而过热主要是针对材料的金相组织和机械性能的效果而言。过热是锅炉超温运行的结果，超温是过热的原因。

过热失效一般分为长期过热和短期过热。主要表现形式是锅炉管子发生爆破。长期过热是管子在长时间的应力和超温作用下导致的爆管。长期过热一般超温幅度不大，过程缓慢。一般常发生在过热器和再热器管上。短期过热是超温幅度较高，在较短的时间内发生的失效现象。有的短期过热的超温幅度会高于相变点，一般发生在水冷壁管上。

五、磨损失效

磨损分为粘着磨损、磨蚀磨损、冲蚀磨损、腐蚀磨损和表面疲劳磨损五类。

决定磨损方式的三个因素为零件所处的运动学和动力学状态，零件表面的几何形貌和转配质量。零件的使用工况及所处的环境状态。零件材质状态，摩擦副材料的匹配情况，以及材料在磨损过程中的变化等。

下面简述冲蚀磨损和磨蚀磨损的失效方式：

（一）冲蚀磨损

固体、液体、气体不断地向固体靶面进行撞击而产生的磨损现象称为冲蚀磨损。

1. 固体粒子冲蚀

(1) 冲蚀机制为固体粒子对固体表面撞击造成的损伤。

(2) 按冲蚀机制分为脆性冲蚀和延性冲蚀两种。

1）脆性冲蚀。固体粒子冲击靶面，形成环形裂纹，从表层向表面张开成喇叭形。环形裂纹的半径比接触区的半径要大些。进一步撞击，裂纹相互作用形成碎片而被磨去。只有撞击产生的应力超过靶材的弹性极限时，表面才会损伤。

2）延性冲蚀，可分为两种如下情况：

a. 锋利的颗粒以切削方式把材料从表面削去；

b. 靶材被固体粒子撞击，使表面材料的挤压唇和唇边材料碎化。

2. 汽蚀

液体相对固体表面急速流动，在某些部件压强下降低于液体的蒸汽压时，就可能导致汽泡形核并长大到一稳定尺寸。当汽泡随液体流到高压区时，汽体会突然凝结而使汽泡急速破裂，向周围液体发出振动波。当含有一连串汽泡的液体向固体表面撞击时，汽泡在固体表面破裂，强大的液体冲击波作用于极小的固体表面积上。反复冲击引起固体表面局部变形和被磨去，这一现象称为汽蚀。

（二）腐蚀磨损

机械作用和环境介质的腐蚀作用同时存在所引起的磨蚀称为腐蚀磨损。腐蚀磨损的机制可认为由两个固体摩擦表面和环境的交互作用而引起的，交互作用是循环的和逐步的。在第一阶段是两个摩擦表面和环境发生反应，形成腐蚀产物；在第二阶段是在两个摩擦表面相互接触过程中，腐蚀产物被磨去，露出活性的新鲜金属表面，接着又开始第一阶段。如此不断反复，造成腐蚀磨损。常见的腐蚀磨损是氧化磨损。

六、脆性断裂失效

1. 产生条件

材料的脆性是指材料的其他力学性能变化不大，而韧性急剧下降的现象。部件的脆性断裂是指几乎没有塑性变形，断裂过程极快而吸收能量极低的突发性破坏现象。只有处于脆性状态的零件才能发生脆性损坏。产生脆性断裂的加载条件是静载或冲击。部件发生脆断时的应力大大低于材料的屈服强度，属于平面应变条件下的裂纹失稳扩展。

2. 影响部件处于脆性状态的因素

（1）缺口效应。应力集中、三维拉应力、形变约束、局部的应变速度。

（2）材料的韧性。韧性高的材料，有利于防止脆性断裂，脆性相的析出、条带状组织、偏析、大量夹杂物都会使韧性急剧下降。

（3）温度。对于体心立方金属，降低温度将增大脆性断裂敏感性。部件在脆性转变温度以下工作，容易发生脆性破坏。

（4）形变速度。形变速度升高，使一般体心立方形钢的脆性倾向增大。冲击载荷比静载荷容易使零件发生脆性破坏。

（5）零件尺寸。零件尺寸增大，发生脆性损坏的可能性也增加。其原因如下：

1）构件大，冶金的不均匀性增大；

2）当存在应力集中时，大构件的应力状态较不利，容易产生严重的三维应力状态。

（6）应力状态。除了缺口产生三维拉应力外，残余拉应力高的部件容易脆断。

七、塑性断裂失效

1. 产生条件

当部件所承受的应力大于材料的屈服强度时，将发生塑性变形。如果应力进一步增加，就可能发生断裂。这种失效，称为塑性断裂失效。它一般发生于静力过载或大能量冲击的恶劣工况情况下。

2. 塑性断裂的特征

(1) 损坏特征与拉伸、冲击、扭转、弯曲和剪切试验断口相似。

(2) 在裂纹或断口附件有宏观塑性变形。

(3) 断口微观形貌主要是韧窝。

(4) 在裂纹和断口附近有明显的金属流变特征。

3. 塑性变形的判断依据

(1) 宏观的塑性变形。

(2) 部件表面覆盖的脆性膜开裂。

(3) 部件断口面与部件表面呈45°角。

(4) 断口四周有与部件表面呈45°角的剪切唇。

(5) 具有塑性断口的宏观特征，如断口表面粗糙、色泽灰暗并呈纤维状。

第三节　失效分析的主要分析方法和主要分析设备

一、宏观分析和金相分析方法

1. 宏观分析

宏观分析是把金属的表面或金属的纵断面或横截面磨制后，经过侵蚀或不经侵蚀，用肉眼或在放大镜下观察的方法。宏观分析可发现下列缺陷：

(1) 金属中缺陷，如部件中的气孔、裂纹、缩孔、疏松等。

(2) 铸件中的树状晶体及铸件的晶粒大小以及晶粒度是否均匀。

(3) 锻件中的纤维状组织以及存在于锻件中的裂纹、夹层等。

(4) 金属中的化学成分不均匀，如硫、磷等的区域性偏析。

(5) 焊接金属的质量问题，如未焊透、气孔、夹杂、裂纹等。

(6) 化学热处理层的深度，如氮化层、渗碳层等。

在进行宏观分析时，样品表面应清洁。有时常将磨制面进行酸浸，这样可以发现比较细小的缺陷。常用的酸浸方法有热酸浸，浸蚀温度一般为65～80℃。酸液成分为50%盐酸水溶液（盐酸为工业用盐酸，比重为1.19）。对于合金结构钢酸浸时间为15～40min，对于碳素钢酸浸时间为15～25min，对于不锈钢酸浸时间为10～20min。热酸浸后的冲洗液为10～15%的硝酸水溶液。对于不锈钢还可用盐酸5L＋硝酸0.5L＋重铬酸钾250g＋水5L的溶液进行热酸浸，时间为10～15min，相应的冲洗液为硫酸1L＋重铬酸钾500g＋水10L。通过热酸浸可发现钢中的裂纹、折叠、缩孔、气孔、疏松、偏析、白点等缺陷。对于白点可用两种酸浸蚀：先用15%的过硫酸铵水溶液，然后再用10%的硝酸水溶液浸蚀。

2. 金相分析

金相分析的基本任务是研究金属和合金的组织和缺陷，以确定其性能变化的原因，在火力发电厂中，金相检验的主要任务如下：

(1) 在安装中，检验金属部件质量。例如，金属部件的组织和焊缝的组织和质量。

(2) 在运行中，检验金属在运行过程中的组织变化，如组织的球化、老化、显微裂纹等。

（3）在事故分析中，根据组织变化情况分析事故的产生原因。

（4）在制造和修配中，检验产品质量，以确定热处理工艺是否合理。

二、断口的宏观分析

断口宏观分析的作用是寻找断裂源和裂纹发展的路径，判断部件是塑性断裂还是脆性断裂，判断引起部件失效的受力状态（含组合应力状态），粗略地评价设计、制造、运行工况、材质和介质等因素对断裂的影响。

在失效分析中，常按断裂的宏观塑性变形量、裂纹扩展路径、断裂面与最大应力的方向、断裂的速度、断裂的机理、应力状态等进行分类。其中较为重要的是前两项。

按断裂前的宏观塑性变形量分类可分为塑性断裂和脆性断裂。塑性断裂断裂前变形大，断面呈暗灰色和纤维状。断裂是材料或部件的应力超过强度极限所引起的。塑性断口分为平断口和斜断口两种：平断口，断面与最大拉力按应力方向垂直；斜断口，断面与最大拉力应力方向成45°交角。脆性断裂断裂前没有或只有少量塑性变形（一般认为不大于1%），断口较平整而光亮。发生脆断时的工作应力往往低于材料的屈服强度。部件脆性断裂的危害极大，因为断裂是突发性的，很难预测。

按裂纹扩展的路径分类可分为穿晶断裂和沿晶断裂。穿晶断裂是裂纹扩展穿越晶粒。沿晶断裂是裂纹沿着晶界发展。脆性断裂和塑性断裂都可以是穿晶断裂，而沿晶断裂往往是脆性断裂。裂纹的路径决定于在断裂的条件下材料内部晶界、晶内的强度。

在以下条件下易产生沿晶断裂：断裂时环境温度高于等强温度、晶界的夹杂、低熔点物质偏聚、脆性相析出等均降低晶界的结合力、晶界有选择性腐蚀时。

下面介绍几种常见形式的断口：

（一）静载拉伸断口

1. 断口三要素概念

圆形光滑拉伸试样的纤维状断口，由形貌不同的纤维区、放射区和剪切唇区构成这三个宏观断口区域特征为断口三要素，如图7-5所示。

（1）纤维区

光滑试样受拉伸时，在形变的缩颈区，由于形变约束的作用，缩颈的中央处在三维应力状态。该区首先形成显微空洞，孔洞的增多、长大、相互连接，形成裂纹，断面呈粗糙的纤维状，属于正断。在三区中该区的裂纹扩展速度最慢。

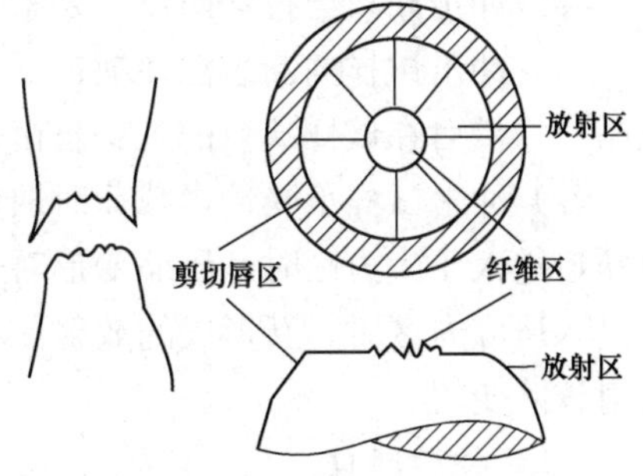

图7-5　圆形光滑拉伸试样断口三要素

（2）放射区

在缩颈中央形成纤维区后，裂纹向快速不稳定扩展转变，断面上呈放射状纹路。放射纹路与裂纹扩展方向平行，并逆向断裂源。放射纹路越粗大，塑性变形越大，吸收能量越高。对于完全脆性断裂或沿晶断口，放射纹路消失。随着材料的强度升高，塑性降低或试验温度降低，放射纹路由粗变细。在平面应变条件下，当裂纹扩展到临界尺寸后，由快速不稳定的低能量撕裂而形成放射区。

（3）剪切唇区

剪切唇区是拉伸断裂的最后区域，与最大拉应力成 45°交角。呈环形斜断口，属于切断。剪切唇区是在平面应力条件下裂纹快速不稳定扩展的结果。

一些试样或零件的静载拉伸断口可能由断口三要素中的一个或两个要素构成，如全剪切断口、纤维区＋剪切唇区。

2. 断口三要素在断裂原因分析中的作用

根据三要素中纤维区先断而剪切唇最后断的原则，可判断断裂源和断裂的发展方向。根据三要素的分布位置、大小和形态特征，可分析试样或部件断裂时的应力状态、应力大小、试样（或部件）尺寸和缺口效益、温度状态和材料质量。

3. 影响断口三要素的因素

（1）温度的影响。随着试验温度的升高、材料塑性的增加，纤维区和剪切唇区也增大；反之，放射区增大。

（2）试样尺寸的影响。随着试样尺寸的增大，试样的自由表面与体积的比值减少，塑性也相应地降低，放射区面积增大。

（3）试样形状的影响。光滑矩形试样拉伸断口三个区域的特征不同于圆形试样。正方形试样的纤维区呈椭圆形，放射区出现人字形花样，人字形的尖顶指向裂源-纤维区。

（4）缺口的影响。缺口处的三维应力和应力集中的作用，使纤维区在缺口处及其附近形成，但断口三要素的断裂顺序仍未变。长方形试样的两侧缺口，放射区的人字形方向与没有缺口的试样相反，人字形尖顶指向裂纹扩展方向。

（5）材料强度的影响。在材料确定的条件下，随着材料强度极限的升高，韧性降低，宽阔的纤维区和放射区减少，而剪切唇区增大。

静力载荷的类型与断面取向的关系：根据断面的取向和材料的韧性可确定材料断裂的应力状态。判断应力状态的基本原则是，材料在拉伸、扭转和压缩的静载条件下，材料的应力分为最大拉伸主应力和最大剪切应力。当材料处于脆性状态（即平面应变条件）时，最大切应力引起断裂，断裂面与最大拉伸主应力方向呈 45°交角，而平行于最大切应力方向。

（二）冲击断口

导致冲击断口与拉伸断口三要素差异的两个因素：

（1）冲击试样的断裂源在缺口处形成，并产生纤维状断口，接着裂纹快速扩展形成放射状断口，最后在试样缺口的三个自由表面形成剪切断口。

（2）冲击试样承受冲击载荷时缺口侧受拉应力，对应的一侧受压应力。当受拉应力的放射断口进入压应力区时，压缩变形对裂纹扩展起阻滞作用，放射状断口消失。但是，当放射区进入压应力区时，新形成的放射区和拉应力区的放射区不在一个平面上，而且新放射区的放射纹路变粗。

（三）疲劳断口

疲劳断口有疲劳源、疲劳裂纹扩展区和瞬时破断区三个区域。

1. 疲劳源

（1）疲劳源的特点：疲劳源是疲劳断裂的起点。通常产生于表面。该区尺寸较小，一般为 10mm 数量级。

（2）疲劳源的影响因素：表面残余拉应力有助于疲劳源的产生，使疲劳第一阶段变短。交变应力幅度大、缺口应力集中系数高以及腐蚀和磨损均会产生多个疲劳源。

2. 疲劳裂纹扩展区

疲劳裂纹扩展区的基本特点：常呈海滩标记（或称贝壳纹），它标志若设备启停时，疲劳裂纹的前沿位置（或称疲劳前沿线）垂直于疲劳裂纹扩展方向，呈弧形向四周推进，常见于低应力高周疲劳断口。根据海滩标记的特征，可定性地评定裂纹扩展速度和循环经历。

疲劳台阶在多源疲劳断裂中，各裂源处在不同的平面上。随着裂纹的扩展，不同平面的裂纹相互连接成台阶，称为一次疲劳台阶。一次疲劳台阶多，表示部件受力水平高或应力集中系数大。在一些轴类部件中，多源疲劳断口呈棘轮标记。在疲劳裂纹扩展的后期，会出现疲劳裂纹加速发展区，在该区会产生二次疲劳台阶，这是静载和疲劳两种破裂方式交替进行的结果。

3. 瞬时破断区（最终破断区、静力破断区）

裂纹扩展到临界尺寸后，发生快速失稳破断，其特征与静载拉伸断口中快速破坏的放射区及剪切唇区相同，有时仅出现剪切唇区，对于非常脆的材料，此区为解理或结晶状的脆性断口。瞬时破断区的塑性和脆性断裂特征决定于材料、截面大小和环境因素。

（四）解理和晶间断口

晶间断裂与解理断裂均属脆性断裂，其宏观特征如下：纯解理或纯晶间断裂的断口不存在纤维区和剪切唇区，而且断面上的放射纹消失。粗晶材料晶间断裂的断口呈冰糖块特征；细晶材料的断口呈结晶状，颜色较纤维断口明亮，比解理断口灰暗。

解理断口由许多结晶面（或称小刻面）构成，当断口在强光下转动时，可见到闪闪发光的特征。

（五）断口宏观特征的分析

断口宏观特征的分析依据以下八个方面：

1. 准确地找到断裂源点

根据断口的宏观特征、部件几何形状和应力状态等资料，正确找到断裂源的位置，从断裂源的性质，可初步评价各种因素对断裂的影响。

2. 观察断口上是否存在裂纹不稳定扩展或快速扩展的特征

解理断口显示着快速的失稳扩展。放射线和人字纹，除显示裂纹快速扩展外，还可以沿逆射线方向或沿人字纹尖顶追溯到断裂源的位置。

3. 估算断口上放射区与纤维区相对比例

断口中纤维区越大，韧性越好；放射区增大，脆性越大。根据冲击断口上纤维区的大小，可粗略地推测材料的韧性水平。

4. 观察断口上是否存在弧形线

断口上的弧形线显示裂纹在扩展过程中应力状态和环境影响的变化。根据弧线的特征，可确定断裂的性质、载荷的均匀性。裂纹以恒定的方式扩展时，断口上无此种特征。

5. 比较断口的相对粗糙程度

不同的材料、不同的断裂方式，其粗糙度有极大的差别。断口越粗糙（即表征断口的特征花纹越粗大），则剪切断裂所占比重越大；如果断口细平、多光泽或者特征花样较细，则晶间断裂和解理断裂起主导作用。

6. 断口的光泽与色彩

构成断面的许多小断面往往具有金属所特有的光泽和色彩，当不同断裂方式所造成的这些小断面集合在一起时，断口的光泽和色彩将发生微妙的变化。

7. 估算断裂面与最大正应力方向的交角

不同的应力状态、不同的材料及外界环境，断口与最大正应力方向的交角是不同的。在平面应变或平面应力条件下，断口与最大正应力方向垂直或呈 45°交角，可依此来推测部件断裂时的应力状态。

8. 材料缺陷在断口上所呈现的特征

材料内部存在缺陷，则缺陷附近存在应力集中，影响裂纹的扩展，因而在断口上留下缺陷的痕迹。不同的断裂方式，材料缺陷在断口上所呈现的特征不同。

三、断口的微观分析

1. 韧窝

金属部件或试样因超载而产生塑性变形，在径缩处由于材料内部存在夹杂、第二相质点和材料的弹塑性差异，形成显微孔洞。初期孔洞较少，并相互隔断。随着变形量的增加，孔洞不断增多、长大、聚集和连通，最终造成断裂。其断口的微观形貌由许多凹坑组成，称为韧窝。在韧窝坑底往往存在夹杂和第二相粒子。

2. 滑移

其显微特征为晶体材料受到外力作用时，晶体会沿着一定的结晶面发生滑移，滑移流变导致线状花样，夹杂不影响断裂途径，纯滑移开裂与最大主应力呈 45°交角。多晶体材料，因晶粒间的位向不同，滑移受到约束和牵制，结果在约束严重处产生开裂。

3. 解理

解理断裂是金属材料在正应力作用下，由于原子间结合键的破坏而造成的穿晶断裂。通常沿一定的晶面（解理面）断裂，有时也可沿滑移面或孪晶界解理断裂。

解理断裂是沿着一簇相互平行的、位于不同高度的晶面解理。不同高度的平行解理面之间的连接产生的台阶称为解理台阶。

在解理断裂过程中，还伴随着舌状花样和鱼骨状花样。解理裂纹扩展过程中，众多的台阶相互汇合，形成河流状花样。在河流“上游”存在许多较小的台阶，在“下游”存在许多较大的台阶，形成河流花样。河流的流向与裂纹扩展方向一致。

在分析断口时，常在电子显微镜下寻找这些典型特征。不同的显微组织形态的解理断口特征也不同。铁素体的解理断口具有典型的河流特征；贝氏体的解理面比铁素体圆些，而外形不规则；马氏体的解理面由许多小刻面组成，每个小刻面表示一个马氏体针叶的断面。珠光体和贝氏体的断裂路径受铁素体控制。在珠光体、贝氏体和马氏体的解理面断口上常常呈现显微组织的特征。层状显微组织的解理形貌，有时易与疲劳条纹混淆。

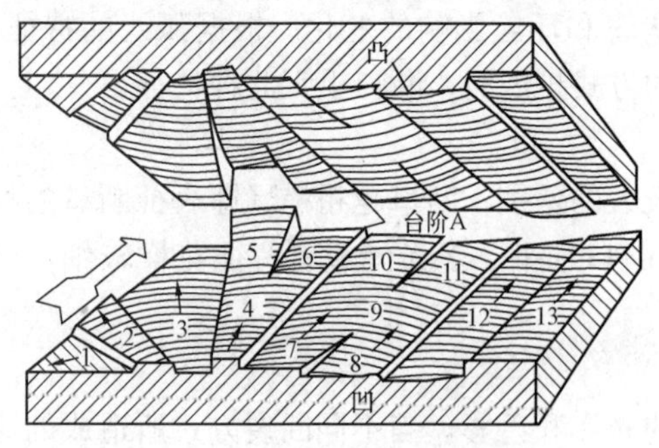

图 7-6　疲劳条纹和疲劳斑片

4. 准解理

准解理断裂包含显微孔洞聚集和解理的混合机理，属解理断裂范畴。

5. 疲劳断口

疲劳断口的主要特征表现在扩展区上，其主要特征是存在疲劳条纹（辉纹、条带）和疲劳斑片（小断面）。疲劳条纹和疲劳斑片如图7-6所示。疲劳斑片一般呈长条状，长度方向就是裂纹的扩展方向。疲劳条纹分布在疲劳斑片上，每一条纹代表一次循环载荷。

6. 沿晶断口

沿晶断口的最基本特征是有晶界小刻面的冰糖状形貌。

7. 混合断裂

实际的失效断口，不会是单一的断裂过程，它一般包含着两种或两种以上的断裂机理的交互作用。

(1) 韧窝＋解理；

(2) 韧窝＋撕裂；

(3) 解理＋撕裂；

(4) 疲劳条纹＋韧窝；

(5) 疲劳条纹＋解理；

(6) 疲劳条纹＋沿晶断裂；

(7) 沿晶断裂＋撕裂；

(8) 疲劳条纹＋撕裂；

(9) 沿晶断裂＋解理；

(10) 沿晶断裂＋韧窝。

四、光学显微镜

光学显微镜是一种利用透镜产生光学放大效应的显微镜。由物体入射的光被至少两个光学系统（物镜和目镜）放大。首先物镜产生一个被放大实像，然后人眼通过作用相当于放大镜的目镜观察这个已经被放大了的实像。一般的光学显微镜有多个可以替换的物镜，这样观察者可以按需要更换放大倍数。

18 世纪，光学显微镜的放大倍率已经提高到了 1000 倍，使人们能用眼睛看清微生物体的形态、大小和一些内部结构。直到物理学家发现了放大倍率与分辨率之间的规律，人们才知道光学显微镜的分辨率是有极限的，分辨率的这一极限限制了放大倍率的无限提高，1600 倍成了光学显微镜放大倍率的最高极限，使得形态学的应用在许多领域受到了很大限制。

金相显微镜与生物显微镜的主要不同之点在于生物显微镜是透射光的，试样介于光源与物镜之间；而金相显微镜则由于金属试样不透明因而只能是反射光的，即光源与物镜位于试样的同一侧，光线通过物镜投射到试样上，然后由试样反射回到物镜。

随着电子技术的发展，数码成像已经广泛地应用于光学显微镜中了。通过电荷耦合器件（Charge Coupled Device，CCD）摄像头，将图像转化成数码信号，存入计算机中。金相显微镜按其试样的放置方法可以分为上载物台式（即倒立式光程）和下载物台式（即直立式光程）两种。

上载物台式是试样的磨光面直接放在载物台上，物镜朝上地置于载物台下，并从载物台的孔中观察磨光面的组织。其优点是试样很容易放平，观察方便，但由于磨光面与载物台接触，当载物台上有灰尘时，容易使试样的磨光面损坏。

下载物台式是试样磨光面向上，物镜向下，并位于磨光面上面。这种装置的优点是试样磨光面由于不和其他物件接触，因此易于保证其清洁和完好。其缺点是当试样下表面与磨光面不平行时，往往要将试样用软塑料（如橡皮泥等）垫衬，以使得磨光面能位于水平位置，这样比较麻烦。

金相显微镜种类繁多，大致还可以分为卧式和立式两类。卧式显微镜一般都是多用途的，它可以用于明场、暗场、偏光等多种操作。

光学显微镜由于受照明光线（可见光）波长的限制，无法分辨出小于 0.2μm 的图像及显微结构。

五、电子显微镜

电子显微镜是根据电子光学原理，用电子束和电子透镜代替光束和光学透镜，使物质的细微结构在非常高的放大倍数下成像的仪器。

电子显微镜的分辨本领虽已远胜于光学显微镜。分辨能力是电子显微镜的重要指标，它与透过样品的电子束入射锥角和波长有关。可见光的波长为 300～700nm，而电子束的波长与加速电压有关。当加速电压为 50～100kV 时，电子束波长为 0.0053～0.0037nm。由于电子束的波长远远小于可见光的波长，所以即使电子束的锥角仅为光学显微镜的 1%，电子显微镜的分辨本领仍远远优于光学显微镜。

电子显微镜按结构和用途可分为透射式电子显微镜、扫描式电子显微镜、反射式电子显微镜和发射式电子显微镜等。透射式电子显微镜常用于观察那些用普通显微镜不能分辨的细微物质结构；扫描式电子显微镜主要用于观察固体表面的形貌，也能与 X 射线衍射仪或电子能谱仪相结合，构成电子微探针，用于物质成分分析；发射式电子显微镜用于自发射电子表面的研究。

透射式电子显微镜因电子束穿透样品后，再用电子透镜成像放大而得名。它的光路与光学显微镜相仿。在这种电子显微镜中，图像细节的对比度是由样品的原子对电子束的散射形成的。样品较薄或密度较低的部分，电子束散射较少，这样就有较多的电子通过物镜光栏，参与成像，在图像中显得较亮；反之，样品中较厚或较密的部分，在图像中则显得较暗。如果样品太厚或过密，则像的对比度就会恶化，甚至会因吸收电子束的能量而被损伤或破坏。有的透射式电子显微镜还附带有电子衍射附件，可用于研究金属中的第二相粒子的结构。

透射式电子显微镜镜筒的顶部是电子枪，电子由钨丝热阴极发射出，通过第一、第二两个聚光镜使电子束聚焦。电子束通过样品后由物镜成像于中间镜上，再通过中间镜和投影镜逐级放大，成像于荧光屏或照相干版上。

中间镜主要通过对励磁电流的调节，放大倍数可从几十倍连续地变化到几十万倍；改变中间镜的焦距，即可在同一样品的微小部位上得到电子显微像和电子衍射图像。为了能研究较厚的金属切片样品，法国杜洛斯电子光学实验室研制出加速电压为 3500kV 的超高压电子显微镜。

扫描式电子显微镜的电子束不穿过样品，仅在样品表面扫描激发出二次电子。放在样品旁的闪烁体接收这些二次电子，通过放大后调制显像管的电子束强度，从而改变显像管荧光屏上的亮度。显像管的偏转线圈与样品表面上的电子束保持同步扫描，这样显像管的荧光屏就显示出样品表面的形貌图像，这与工业电视机的工作原理相类似。

扫描式电子显微镜的分辨率主要决定于样品表面上电子束的直径。放大倍数是显像管上扫描幅度与样品上扫描幅度之比，可从几十倍连续地变化到几十万倍。扫描式电子显微镜不需要很薄的样品；图像有很强的立体感；能利用电子束与物质相互作用产生的二次电子、吸收电子和 X 射线等信息分析物质成分。

扫描式电子显微镜的电子枪和聚光镜与透射式电子显微镜的大致相同，但是为了使电子束更细，在聚光镜下又增加了物镜和消像散器，在物镜内部还装有两组互相垂直的扫描线圈。物镜下面的样品室内装有可以移动、转动和倾斜的样品台。

目前，主流的透射电镜镜筒是电子枪室和由 6～8 级成像透镜以及观察室等组成。阴极灯丝在灯丝加热电流作用下发射电子束，该电子束在阳极加速高压的加速下向下高速运动，经过第一聚光镜和第二聚光镜的会聚作用使电子束聚焦在样品上，透过样品的电子束再经过物镜、第一中间镜、第二中间镜和投影镜四级放大后在荧光屏上成像。电镜总的放大倍数是这四级放大透镜各级放大倍数的乘积，因此，透射电镜有着更高的放大范围。

20 世纪 70 年代，透射式电子显微镜的分辨率约为 0.3nm（人眼的分辨本领约为 0.1mm）。现在电子显微镜最大放大倍率超过 300 万倍，而光学显微镜的最大放大倍率约为 2000 倍，因此通过电子显微镜就能直接观察到某些重金属的原子和晶体中排列整齐的原子点阵。

1. 在试样制备过程中，电子显微镜对试样的要求

试样可以是块状或粉末颗粒，在真空中能保持稳定，含有水分的试样应先烘干除去水分，或使用临界点干燥设备进行处理。表面受到污染的试样，要在不破坏试样表面结构的前提下进行适当清洗，然后烘干。新断开的断口或断面，一般不需要进行处理，以免破坏断口或表面的结构状态。有些试样的表面、断口需要进行适当的侵蚀才能暴露某些结构细节，在侵蚀后应将表面或断口清洗干净，然后烘干。对磁性试样要预先去磁，以免观察时电子束受到磁场的影响。试样大小要适合仪器专用样品座的尺寸，不能过大，样品座尺寸各仪器均不相同，一般小的样品座为 $\phi3$～$\phi5$，大的样品座为 $\phi30$～$\phi50$，以分别用来放置不同大小的试样，样品的高度也有一定的限制，一般在 5～10mm。

2. 扫描电子显微镜的块状试样制备

扫描电子显微镜的块状试样制备是比较简便的。对于块状导电材料，除了大小要适合仪器样品座尺寸外，基本上不需进行制备，用导电胶把试样黏结在样品座上，即可放在扫描电镜中观察。对于块状的非导电或导电性较差的材料，要先进行镀膜处理，在材料表面形成一层导电膜。以避免电荷积累，影响图像质量。并可防止试样的热损伤。

3. 粉末试样的制备

先将导电胶或双面胶纸黏结在样品座上，再均匀地把粉末样撒在上面，用洗耳球吹去未黏住的粉末，再镀上一层导电膜，即可上电镜观察。

4. 镀膜

镀膜的方法有两种，一种是真空镀膜，另一种是离子溅射镀膜。

5. 扫描电镜的特点和光学显微镜及透射电镜相比具有的特点

（1）能够直接观察样品表面的结构，样品的尺寸可大至为 120mm×80mm×50mm。

（2）样品制备过程简单，不用切成薄片。

（3）样品可以在样品室中作三度空间的平移和旋转，因此，可以从各种角度对样品进行观察。

（4）景深大，图像富有立体感。扫描电子显微镜的景深较光学显微镜大几百倍，比透射电子显微镜大几十倍。

（5）图像的放大范围广，分辨率也比较高。可放大十几倍到几十万倍，基本上包括了从

放大镜、光学显微镜直到透射电镜的放大范围。分辨率介于光学显微镜与透射电子显微镜之间，可达 3nm。

（6）电子束对样品的损伤与污染程度较小。

（7）在观察形貌的同时，还可利用从样品发出的其他信号作微区成分分析。

扫描电子显微镜的特点

扫描电子显微镜主要用于表面形貌的观察，在失效分析工作中具有非常重要的作用。它有如下特点：

（1）分辨率高，可达 3～4nm。

（2）放大倍数范围广，从几倍到几十万倍，且可连续调整。

（3）景深大，适用观察粗糙的表面，有很强的立体感。

（4）可对样品直接观察，而无需特出制样。

（5）可以加配电子探针（能谱仪或波谱仪），将形貌观察和微区成分分析结合起来。

六、X 射线衍射仪

X 射线衍射仪主要由 X 射线发生装置、测角仪、记数（记录）装置、控制计算装置组成，具有快速、准确等优点，是进行晶体结构分析的主要设备。它既利用分析晶体将不同波长的 X 射线分开，也可以利用硅渗锂探测器与多道分析器把能量不同的 X 射线光子分别记录下来。

仪器主要功能及其用途为 X 射线定性物相分析、X 射线定量物相分析、点阵常数的精确测定、晶体颗粒度和晶格畸变的测定、单晶取向的测定。

在电厂部件事故失效分析中，X 射线衍射仪可用来分析长期运行后钢中碳化物的变化、金属间化合物的析出等；断口腐蚀产物的结构；还看用来测定部件的残余应力，相结构分析、相含量分析、亚晶尺寸分析及微观座力分析、晶胞参数测定，高温相变分析、薄膜结构分析等。

第四节　失效分析步骤

一、原始情况的调查与技术资料收集

1. 技术资料

（1）材料的技术要求、强度计算等。

（2）制造及热处理工艺、生产工艺流程和标准的要求。

（3）失效部件在设备中的位置，与周围领部件的关系。如爆管的位置是否为燃烧过热的位置等。

（4）设备型号、参数等。

（5）有关的设备出厂资料、检验记录等。

2. 运行历史

工作温度、工作压力、工作介质、累计运行时间、停机次数、水质情况、故障前后的运行情况、修补或更换情况等。

3. 现场调研

最好分析人员亲自到现场（有时难以做到），只听用户的介绍往往可能忽视某种至关重

要的细节。可以对故障现场进行拍照。应了解的情况如：

（1）事故前后的工况和异常情况。

（2）炉管爆管时，要查清有无管内堵塞和管外结焦。

（3）疲劳断裂时，是否存在异常的振动。

（4）轴类事故时，要了解轴承情况和对中情况。

（5）此外，要了解事故是特例还是经常发生的。

4. 取样

在对故障有一定了解的基础上，进行取样。取样应考虑取样部位、取样方法和取样数量等。

取样时，应注意对样品的保护，避免人为的机械损伤、腐蚀和氧化等。应标明取样部位。对于重大或疑难问题，有可能存在多个失效起始部位和存在几种不同的失效方式，对此应特别予以注意。

取样的选择原则如下：

（1）能足以表达失效特征。

（2）品数量应足够。

（3）应把失效部件与未失效部件进行比较。

（4）应检查与失效部件相接触的部件。

（5）应注意收集沉积物和腐蚀产物。

二、样品的检查、试验与分析

（一）外观检查和宏观分析

对样品的外观，如氧化腐蚀表面、磨损表面、断裂表面及部件变形情况进行肉眼或低倍放大镜的观察，往往可以给出失效原因和失效方式的重要线索，有时可以得出初步结论。

例如：某一断裂表面存在宏观疲劳条纹，便可初步判断该故障为疲劳所致。

（二）金相检查

1. 金相检查的作用

（1）判断失效部件的组织是否符合规定的要求，如不符合，就要分析这种组织与不适当的化学成分或热加工是否有关，这种组织是否是导致部件早期失效的原因。

（2）提供部件的冶炼、加工、热处理、表面处理的信息。

（3）提供运行工况效应的信息，如腐蚀、氧化、磨损等。

（4）如果异常组织与服役条件有关，则要研究组织与服役条件的关系，这对于预防部件失效和提高安全可靠性起到重大作用。

（5）提供裂纹存在的特性和扩展路径。

（6）可配合显微硬度试验检查表面处理效果、疑难组织的判断。

（7）含有裂纹末端的试样可提供裂纹扩展是沿晶还是穿晶。

2. 检查种类

（1）金相低倍检查：疏松、缩孔、偏析、裂纹等，对于焊件还可以发现气孔、夹渣、未熔合、未焊透等缺陷。

（2）金相高倍检查：显微组织、晶粒度、第二相、表面处理、磨损、氧化、腐蚀、断裂表面沿深度方向的变化与其显微组织的关系、裂纹扩展与显微组织的关系、蠕变孔洞等有关信息。

(3) 夹杂物的检查：确定夹杂物的类型、数量、大小、分布和等级评定。

(三) 成分检查

(1) 化学成分：定性定量地分析钢材宏观化学成分；定量测定钢中微量元素含量；定量测定钢中气体含量；测定钢中第二相、夹杂物含量等。

(2) 能谱分析：钢中基体、第二相、夹杂物成分分析；表面层（磨损、氧化、腐蚀、涂层、表面处理和断裂表面）成分分析。

(3) 波谱（电子探针）分析：除能谱分析项目外，可对钢中轻元素进行定性分析。

(4) 俄歇谱仪表面分析：进行晶界微区微量合金元素偏聚成分分析。

(5) 离子探针分析：可定性地对极薄层的表层进行全元素分析。

(四) 力学性能检查

室温、高温拉伸、冲击、硬度、扭转、疲劳、断裂力学、磨损、蠕变、持久等。

(五) 电子显微镜检查

电子显微镜检查包括断口、故障表面微观形态与组织的关系等。

在试验中要注意断口的保护，避免受到碰撞、过热、和腐蚀。运输中，应覆盖一层布或棉花。避免用手触摸和擦拭断口，也不要试着将两个断口相配对齐。

(六) 无损探伤检查

(七) 其他

如应力测量、相结构分析等。

三、结论与反事故措施

失效分析的结论要简洁、明确。失效分析的目的不仅在于查明故障类型、原因，而且应当提出预防故障的措施。在提出反事故措施时要注意以下几个方面：

(1) 根据故障原因的分析结果，提出相应的改进措施。合理选材、改进设计；进行正确热处理，避免加工制造缺陷；改进冶金质量。

(2) 根据部件服役情况，系统地研究材料的成分、组织、工艺、结构设计等对部件各种抗失效能力的影响，以期获得的部件耐用、可靠。

(3) 对重大技术部件如锅炉、压力容器、汽轮机等进行严格的质量检验，防患于未然。

(4) 对超期运行的部件施行监视、使用措施。

四、编制报告

1. 基本要求

(1) 条理清晰、简洁，叙述和分析符合逻辑，不能自相矛盾。

(2) 无关的数据应删去，采用的数据应经得起质疑。

(3) 结论要明确，应把基于试验的测试结果和基于推测的结论区别开来。

(4) 反失效措施的建议应结合现场实际，明确具体。

2. 基本内容

(1) 事故的背景材料，如设备概况、失效部件在设备中的位置及作用、失效前的服役史。

(2) 事故过程和事故前的运行工况。

(3) 事故现场损伤检查情况。

（4）失效部件的材质鉴定资料。

（5）失效机理的叙述。

（6）断裂金相分析资料。

（7）分析载荷、环境、形状尺寸和材料等方面的因素对失效的影响。

（8）断裂失效部件的应力状态分析、强度校核和断裂力学分析。

（9）防止同类事故发生的反失效措施和建议。

第五节　机组主要部件的失效

一、汽包的失效

下面简述汽包失效的几种形式和失效的特征、原因和防止措施。

（一）苛性脆化

1. 苛性脆化的特征

（1）主要发生在中低压锅炉汽包，汽水品质较低；

（2）产生裂纹的部位：铆钉和管子胀口处，铆钉孔和胀口的汽包钢板上；

（3）腐蚀具有缝隙腐蚀的特征，为阳极溶解型的应力腐蚀；

（4）初始裂纹从缝隙处产生，从表面不能看到；

（5）初始裂纹具有沿晶和分叉的特点，裂纹的缝隙处没有坚固的腐蚀产物；

（6）金属组织未发生变化；

（7）断口具有冰糖状花样，为脆断。

2. 苛性脆化的原因

局部的应力超过材料的屈服点，其中有胀管和铆接产生的残余应力、开孔处的边缘应力和热应力；锅水的碱性大，缝隙部位因锅水杂质的浓缩作用而使 NaOH 的浓度高。

3. 苛性脆化的防止措施

（1）改进汽包结构，把铆接和胀管改为焊接结构，消除缝隙；

（2）改善锅炉启停和运行工况，减少热应力；

（3）提高汽水品质。

（二）脆性爆破

1. 脆性爆破的特征

（1）断裂速度极快，汽包往往破碎成多块；断裂源为老裂纹，例如焊接裂纹、应力腐蚀裂纹和疲劳裂纹，老裂纹尺寸往往较大；

（2）爆破时的汽包温度较低，往往在水压试验时发生，属于低应力脆断；

（3）一些中、低压锅炉汽包曾在运行时发生爆破；

（4）宏观断口具有放射纹和人字形纹路特征，断口的宏观变形小；

（5）断口的微观形貌为解理花样。

2. 脆性爆破的原因

汽包的老裂纹尺寸超过临界裂纹尺寸，发生低应力下的脆断，断裂部位的应力集中和形变约束严重。

3. 脆性爆破的防止措施

(1) 防止汽包在运行中产生裂纹;

(2) 加强汽包的无损探伤,及时发现裂纹并处理;

(3) 提高汽包材料的质量,使脆性转变温度低于室温;

(4) 改善汽包结构,防止严重的应力集中;

(5) 提高汽包焊接工艺,消除焊接裂纹,降低焊接后的残余应力。

(三) 低周疲劳

1. 低周疲劳的特征

(1) 在启停频繁和工况经常变动的锅炉汽包中易产生疲劳裂纹;

(2) 容易在给水管孔、下降管孔处产生,且与最大应力方向垂直;

(3) 在纵焊缝、环焊缝及人孔焊缝处也可能产生;

(4) 断口宏观形貌具有一般疲劳断口的特征;

(5) 腐蚀对裂纹的产生和扩展起很大作用。

2. 低周疲劳的原因

(1) 汽包的温差造成的热应力是主要原因,启动、停炉的温度变化越快,热应力越大,越容易造成疲劳裂纹;

(2) 汽包局部区域的应力集中;

(3) 焊接的缺陷和裂纹往往是低周疲劳裂纹的源点。

3. 低周疲劳的防止措施

(1) 降低热冲击,正常启停;

(2) 锅炉运行平稳,避免温度和压力大幅度的波动;

(3) 降低启动次数;

(4) 改进汽包结构,降低应力集中;

(5) 采用抗低周疲劳的材料;

(6) 提高焊接质量。

(四) 应力氧化腐蚀裂纹

1. 特征

(1) 在汽包水汽波动区的应力集中部位产生裂纹,如人孔门焊缝;

(2) 断口不具备疲劳特征;

(3) 裂纹缝隙处充满坚硬的氧化物,楔形的氧化物附加应力对裂纹扩展起很大作用;

(4) 在裂纹边缘有脱碳、晶粒细化、晶界孔洞等特征;

(5) 裂纹尖端和周围有沿晶的氧化裂纹;

(6) 裂纹发源于焊接缺陷和腐蚀坑处。

2. 原因

(1) 由高压水引起的应力腐蚀断裂;

(2) 局部的综合应力超过屈服点;

(3) 使表面的 Fe_3O_4 膜破裂,发生 $3Fe+4H_2O \longrightarrow Fe_3O_4+8H^+$ 和 $C+4H^+ \rightarrow CH_4$ 反应;内表面的缺陷,在水汽界面波动区,易造成缝隙处的锅水杂质的浓缩。

3. 防止措施

（1）提高焊接质量；

（2）降低焊接处的残余应力；

（3）控制启停时的温度变化速度；

（4）保证汽包中的汽水品质；

（5）保证焊缝表面的平滑，发现焊缝处有尖角腐蚀坑，可修磨成圆滑过渡。

（五）内壁腐蚀

1. 内壁腐蚀的特征

（1）主要发生于汽包下部内表面与水接触的部位；

（2）点蚀易发生在焊缝和下降管的内壁上。

（3）腐蚀区没有过热现象，基本上没有结垢覆盖；

（4）在应力集中区域，腐蚀坑沿管轴方向变长，可产生腐蚀裂纹；

（5）单独的点腐蚀发展会引起穿透而泄漏。

（6）点蚀的进一步发展可能诱导出应力腐蚀裂纹或疲劳裂纹。

2. 内壁腐蚀的原因

（1）管内的水，由于氧的去极化作用，发生电化学腐蚀，在管内的钝化膜破裂处发生氧腐蚀；

（2）从制造到安装、运行都可能发生氧腐蚀；

（3）应力集中区域会促使点蚀的产生；

（4）受到热冲击时，会使内壁中性区域产生疲劳裂纹；

（5）在停炉时存在积水也会产生内壁腐蚀。

3. 内壁腐蚀的防止措施

（1）加强炉管使用前的保护；

（2）新炉启动前，应进行化学清洗，去除铁锈和脏物；

（3）新炉启动前管内壁应形成一层均匀的保护膜；

（4）运行中，保持水质的纯洁，严格控制 pH 值和含氧量；

（5）注意停炉保护。

二、主蒸汽管道的失效

主蒸汽管及管件蒸汽管系受力情况比较复杂。管系在运行中承受三类应力：由内压和持续外载产生的一次应力；由热胀冷缩等变形受约束而产生的二次应力；由局部应力集中而产生的一次应力和二次应力的增量——峰值应力。

在火力发电厂高温、高压管系中，一次应力加峰值应力过高是造成蠕变损坏的主要原因；多次交替的二次应力加峰值应力过高是造成疲劳损坏的主要原因。

（一）石墨化

1. 特征

（1）碳钢在 450℃以上，钼钢在 485℃以上长期运行，会发生石磨化；

（2）石墨化和珠光体的球化同时进行，石磨核心优先在三晶界处形成，长大的石墨呈团絮状；

（3）焊缝热影响区的不完全重结晶区，石磨化最严重；

(4) 粗晶钢比细晶钢石墨化倾向小。

2. 原因

(1) 在长期运行中，钢中的渗碳体分解为铁和石墨；

(2) 铝、硅促进石墨化。

3. 防止措施

(1) 在钼钢中加入0.3%～0.5%Cr；

(2) 炼钢时不用铝和硅脱氧；

(3) 防止超温运行；

(4) 定期进行石墨化检查，更换石墨化超标的管子。

(二) 内壁的点蚀

(1) 易在水平段直管和弯头处产生蚀坑；

(2) 腐蚀的性质、原因和防止措施同汽包的内壁腐蚀；

(3) 蚀坑的进一步发展可诱导出热疲劳裂纹或应力腐蚀裂纹。

(三) 蠕变断裂

1. 特征

(1) 蠕变断裂主要发生于弯头的外弯面、三通的内壁肩部和外壁腹部、阀壳的变截面处；

(2) 蠕变裂纹分布于应力集中区域，表面层有许多小裂纹，只有少数几根大裂纹向内扩展；

(3) 蠕变裂纹走向为管系的轴向；

(4) 蠕变开裂的断口一般为沿晶断口，断口处无明显变形，垂直于拉应力轴向的晶界孔洞成核较多；

(5) 断裂处蠕胀较小。

2. 原因

(1) 由于一次应力和峰值应力过高，造成蠕变断裂；

(2) 错用等级较低的钢管，发生早期蠕变断裂；

(3) 表面缺陷成为蠕变裂纹的起源。

3. 防止措施

(1) 调整支吊架，尽量降低管件的局部应力；

(2) 提高管件的制造质量，消除表面缺陷；

(3) 改进管件的结构，使截面变化圆滑；

(4) 采用中频弯管，控制椭圆度；

(5) 正确进行热处理，保证管件的性能；

(6) 正确选用钢材；

(7) 防止超温运行。

(四) 疲劳断裂

1. 特征

裂纹主要产生于管孔处、裂纹沿周向发展，管件的应力集中区域，管道内、外壁受水侵入的区域。前两者属于低周疲劳，后者为热疲劳。

（1）低周疲劳裂纹的走向一般是垂直于气流方向的，热疲劳裂纹往往呈龟裂纹；

（2）断口具有一般疲劳断口的特征；

（3）断裂的路径为穿晶型，裂纹缝隙中充满氧化腐蚀产物。

2. 原因

（1）在应力集中区域由于反复的二次应力作用，产生低周大应变的疲劳断裂；

（2）腐蚀对裂纹扩展的促进作用。

3. 防止措施

（1）管道外表应加包镀锌铁皮保护层，防止水穿透保温层；

（2）防止从排气管中返回凝结水；

（3）调整支吊架，尽量降低管件的局部应力；

（4）稳定运行工况，防止热冲击。

（五）焊缝裂纹

1. 特征

（1）焊接裂纹易发生的部位。大、小管之间的角焊缝，不同管径之间的对接焊缝，管段与铸锻件之间的焊缝，异种钢之间的焊缝。

（2）疲劳裂纹的类型

1）应力松弛裂纹，在热影响区的粗晶贝氏体区出现，呈环向断裂，因残余应力松弛产生裂纹；

2）焊缝横向裂纹，走向沿管道轴向，裂纹数量较多，与焊缝的成分偏析、热处理不适及韧性有关；

3）R 型裂纹，主要发生在热影响区的低温相变区，为蠕变孔洞型断裂，由系统应力造成。

2. 原因

（1）焊接质量不佳，存在较大的残余应力，成分偏析，热处理不良，焊接缺陷和裂纹；

（2）焊接接头的结构不良，造成较大的应力集中；

（3）由一次应力、二次应力和峰值应力构成的组合应力值过高；焊接接头处存在材料的强度或韧性的薄弱环节。

3. 防止措施

（1）提高焊接质量，消除表面缺陷和裂纹；

（2）改善焊接接头的结构，降低应力集中；

（3）焊前预热，焊后处理；

（4）采用合适的焊条，避免异种钢之间的增、脱碳现象；

（5）分析产生焊缝裂纹的主要应力类型，并采取针对性措施，降低该应力值；

（6）加强焊后的无损探伤，不合格的焊缝应重焊。

（六）铸件泄漏

1. 特征

（1）主要发生在铸造三通的肩部和阀壳等铸件应力集中处；

（2）发生泄漏处存在严重的疏松；

（3）疏松处盐垢浓度高。

2. 原因

(1) 铸造质量不良，存在严重的疏松；

(2) 应力集中；

(3) 启停的热冲击及停炉期间的氧腐蚀使疏松处产生裂纹而泄漏。

3. 防止措施

(1) 采用热压三通；

(2) 提高铸件的质量；

(3) 对铸件的疏松采取挖补处理；

(4) 改进结构，降低应力集中。

三、受热面的失效

锅炉“四管”爆漏是造成电厂非停的最普遍、最常见的形式。一般占机组非停的50%以上，最高可达80%。由于其严重影响了机组的安全性和经济性，因而备受电厂重视。要防止锅炉“四管”爆漏，首先要了解“四管”爆漏的种类和形式，这样才能有针对性地提出预防措施。

(一) 过热爆管

过热爆管分为长期过热和短期过热。虽然都是由于超温造成的，但其性质完全不同。

1. 短期过热

短期过热的特征如下：

(1) 在水冷壁管的向火面发生爆管；

(2) 管径有明显的胀粗，管壁减薄呈刀刃状，一般爆口较大，呈喇叭状、典型薄唇形爆破；

(3) 断口微观为韧窝；

(4) 管壁温度在 A_{C1} 以下，爆管后的组织为拉长的铁素体和珠光体，管壁温度为 A_{C1}～A_{C3} 或超过 A_{C3}，其组织决定于爆破后喷射出来的汽水的冷却能力，可分别得到低碳马氏体、贝氏体及珠光体和铁素体；

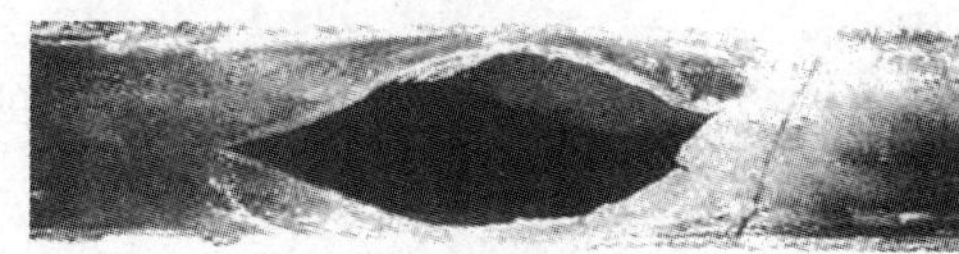

图 7-7 短期过热爆管宏观形貌

(5) 爆破口周围管材的硬度显著升高。

短期过热最常发生在水冷壁管上。其爆口边缘锐利、减薄明显，张口很大，呈喇叭状，如图 7-7 所示。其主要原因是锅炉工质流量偏小，炉膛热负荷过高或炉膛局部偏烧、管子堵塞等。短期过热也会发生在过热器管、再热器管上。

2. 长期过热

长期过热的特征如下：

(1) 在过热器、再热器管的烟汽侧发生爆管；

(2) 管径没有明显的胀粗，管壁几乎不减薄，一般爆口较小，呈鼓包状，断口呈颗粒状，爆口周围存在纵向开裂的氧化皮，典型的厚唇形爆破；

(3) 典型的沿晶蠕变断裂，在主断口附近有许多平行的沿晶小裂纹和晶界孔洞，珠光体区域形态消失，晶界有明显的碳化物聚集特征。

长期过热主要发生在过热器管、再热器管上。其爆口粗糙、不平整，开口不大，爆口边缘无明显减薄，管子内、外壁存在较厚的氧化皮，如图 7-8 所示。其金相显微组织可见明显球化、蠕变孔洞和蠕变裂纹，如图 7-9 所示。其主要原因是运行工况异常而造成的长期超温或管子超寿命状态服役等。

图 7-8　长期过热爆管宏观形貌

长期过热也会发生在水冷壁管上。

3. 原因

锅炉管长期处于超设计温度下运行，超温的原因如下：

(1) 过负荷；

(2) 汽水循环不良；

(3) 蒸汽分配不均匀；

(4) 燃烧中心偏差；

(5) 内部严重结垢；

(6) 异物堵塞管子；

(7) 错用钢材。

图 7-9　长期过热组织微观特征

4. 防止措施

(1) 稳定运行工况；

(2) 去除异物；

(3) 进行化学清洗，去除沉积物；

(4) 改善炉内燃烧；

(5) 改进受热面，使汽水分配循环合理；

(6) 防止错用钢材料，发现错用应及时采取措施。

(二) 原始缺陷

近年来，各单位都采取很多措施控制管材的质量，但材料缺陷造成的泄漏还是时常发生。

1. 焊口爆漏

焊口爆漏的主要原因是焊接质量不佳，在焊缝上存在焊接缺陷；或者焊缝成形不良，造成过大的应力集中所致。

图 7-10　由于管材缺陷造成泄漏的外观形貌

2. 管材缺陷

管材质量不好，如重皮、过大的加工沟槽，会产生较大的应力集中，在高温、高压下工作，会造成管子开裂，直至泄漏。如图 7-10 所示。其爆口特征一般纵向开裂，爆口较直，无减薄、胀粗，张口极小，并在裂纹两端可见开裂现象。由于在拔制加工中，管子两端温度较低，易出现此类型缺陷。

(三) 垢下腐蚀

1. 氢脆腐蚀

氢脆腐蚀的特征如下：

(1) 盐垢为比较致密的沉积物；

(2) 盐垢下有沿管轴方向的裂纹产生；

(3) 微裂纹旁脱碳明显，当腐蚀严重时，表面出现全脱碳层；

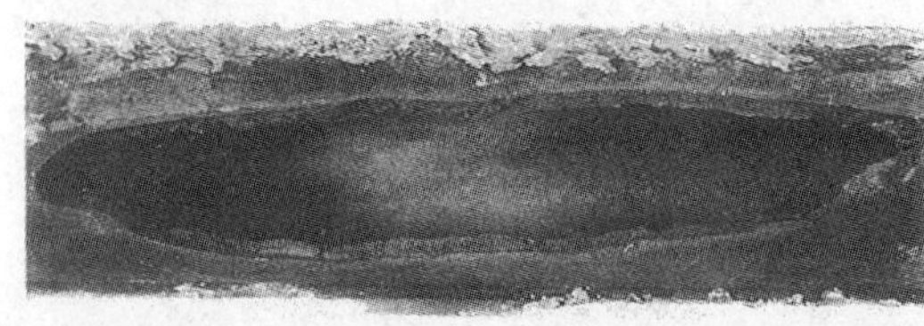
图 7-11 氢脆腐蚀形成的“窗口式”爆口

(4) 爆口呈窗口状，没有塑性变形和胀粗现象，为脆性损坏；

(5) 腐蚀裂纹区的氢含量明显升高，机械性能下降。

氢脆腐蚀造成的泄漏一般出现在水冷壁管上，其爆口特征一般无明显减薄，管子内部存在裂纹，裂纹两侧有脱碳现象。爆口形状像开了窗户一样，如图 7-11 所示。发生氢腐蚀的原因是管子内壁产生垢下酸性腐蚀，这一般与不适当的酸洗或不合格的水质有关。

2. 延性腐蚀

延性腐蚀的特征如下：

(1) 盐垢为多孔沉积物；

(2) 垢下腐蚀呈坑穴状，为均匀腐蚀；

(3) 腐蚀坑处没有裂纹；

(4) 在腐蚀过程中，金属的组织和机械性能没有明显的变化；

(5) 大多数发生在锅水高碱度处理状态。

3. 原因

垢下腐蚀产生的原因是由于凝结水和给水 pH 值不正常，锅水受酸或碱污染，使盐垢在蒸发面管子内壁沉积，产生垢下腐蚀。

延性腐蚀和氢脆腐蚀损坏具有相似的腐蚀条件，不同之处是氢脆腐蚀的腐蚀速度快，使阴极反应的氢来不及被水流带走，而进入金属基体所致。

4. 防止措施

(1) 保持管内壁的洁净，使均匀的保护膜不受破坏；

(2) 保证给水品质，防止凝结器泄漏；

(3) 定期进行锅内的化学清洗，去除管内壁的沉积物；

(4) 稳定工况，防止炉管的局部汽水循环不良和超温。

(四) 高温腐蚀

1. 高温腐蚀的特征

在过热器、再热器及其吊挂和定距离零件的向火面发生腐蚀，腐蚀沿向火面的局部浸入，呈坑穴状，严重的，腐蚀速度达 0.5～1mm/年。腐蚀区的沉积层较厚，呈黄褐色到暗褐色，比较疏松和粗糙，其他区域为浅灰褐色沉积物，比较坚实。腐蚀处金属组织没有明显的变化，可能发生表面晶界腐蚀现象，腐蚀层中有硫化物存在。

图 7-12 高温腐蚀造成泄漏的外观形貌

对于水冷壁管，当受到火焰冲刷时，管子外部出现一层厚厚的沉积物，沉积物下面的管壁表面呈黑色或孔雀蓝，同时管子明显减薄，金相组织明显老化。在沉积物中可发现较高的含硫量。这就是在高温和硫的作用产生的高温腐蚀，如图 7-12 所示。

2. 原因

燃煤或燃油含有较高的硫、钠、钒等的化合物，金属管壁温度高，腐蚀严重。

3. 防止措施

（1）控制金属壁温不超过600～620℃；

（2）使烟气流程合理，尽量减少烟气的冲刷和热偏差；

（3）在煤中加入$CaSO_4$和$MgSO_4$等附加剂；

（4）在油中加入Mg、Ca、Al、Si等盐类附加剂；

（5）采用表面防护层。

（五）点蚀

1. 特征

（1）省煤器、过热器、给水管的内壁产生点状或坑状腐蚀；

（2）腐蚀区没有过热现象，基本上没有结垢覆盖；

（3）在弯头内壁的中性区附近容易产生腐蚀坑，弯头的椭圆度大，应力集中明显，腐蚀坑沿管轴方向变长，可能产生腐蚀裂纹；

（4）省煤器和给水管主要在运行中产生这类腐蚀，过热器和再热器主要在停炉时产生；

（5）单独的点腐蚀发展会引起穿透而泄漏。

当管子内壁或外壁存在腐蚀介质时（含硫量高、水的含氧高），管子表面在腐蚀产物下面出现点状的腐蚀坑，如图7-13所示。

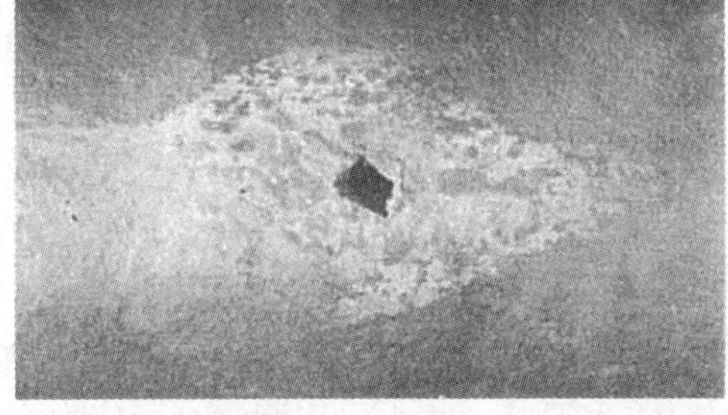

图7-13　管子的点蚀坑

点蚀在停炉时，由于保护不好，会时有发生。

2. 原因

（1）管内的水，由于氧的去极化作用，发生电化学腐蚀，在管内的钝化膜破裂处发生氧腐蚀；

（2）从制造到安装、运行都可能发生氧腐蚀；

（3）弯头的应力集中，促使点蚀的产生；

（4）弯头处受到热冲击，使弯头内壁中性区产生疲劳裂纹；

（5）下弯头在停炉时积水。

3. 防止措施

（1）加强炉管使用前的保护；

（2）新炉启动前，应进行化学清洗，去除铁锈和脏物；

（3）新炉启动前管内壁应形成一层均匀的保护膜；

（4）运行中，保持水质的纯洁，严格控制pH值含氧量；

（5）注意停炉保护。

（六）低温腐蚀

1. 特征

空气预热器管的受热面发生溃蚀性大面积的腐蚀，属于化学腐蚀。腐蚀最严重的区域为水蒸气凝结温度附近（低酸浓度强腐蚀区）；酸露点以下10～40°区域（高浓度强腐蚀区）；

腐蚀区黏附灰垢，堵塞通道。

2. 原因

燃用含硫量高的煤或油，烟气露点较高，空气预热器的低温段管温度低于露点而凝结酸液，使管壁腐蚀。

3. 防止措施

(1) 提高预热器冷段温度；

(2) 采用低氧燃烧，减少 SO_2生成量，降低烟气露点；

(3) 定期吹灰，保持受热面洁净；

(4) 采用耐腐材料，如表面渗铝；

(5) 在燃料中掺加 MgO、CaO、白云石等，抑制 SO_2生成量，降低烟气露点。

(七) 腐蚀疲劳

1. 特征

(1) 在向火面产生裂纹，裂纹沿管圆周发展，局部区域往往有许多相互平行的疲劳裂纹，从外表面向里发展；

(2) 裂纹短而粗，裂纹中充满腐蚀介质和产物，呈楔形；

(3) 腐蚀介质中含有较高的硫，在裂源处有熔盐和煤灰沉积，具有硫腐蚀的特征；

(4) 裂纹处金属组织的球化程度比背火侧严重，向火面管壁超温；

(5) 裂纹走向为穿晶型，当裂纹扩展慢而腐蚀作用加强时，可观察到晶间侵入裂纹；

(6) 在裂纹边缘和前端可观察到铁素体的亚晶。

2. 原因

(1) 锅炉管遭受低周（由启停引起的热应力）、中周（由汽膜的反复出现和消失引起的热应力）和高周（由振动引起）交变应力而发生疲劳损坏；

(2) 高温硫腐蚀，促进损坏；

(3) 超温导致管材的疲劳强度严重下降；

(4) 按带基本负荷设计的机组带调峰负荷。

3. 防止措施

(1) 改进交变应力集中区域的部件结构；

(2) 改变运行参数以减少压力和温度梯度的变化幅度；

(3) 设计时考虑间歇运行造成的热胀冷缩；

(4) 避免运行时的机械振动；

(5) 防止管壁超温；

(6) 定期清除管子受热面的结垢。

(八) 应力腐蚀

1. 特征

(1) 裂纹的宏观走向基本上与拉应力垂直；

(2) 只有拉应力才能引起应力腐蚀，压应力会组织或延缓应力腐蚀；

(3) 应力腐蚀断裂存在着孕育期；

(4) 产生应力腐蚀的合金表面都会存在钝化膜或保护膜；

(5) 腐蚀只在局部区域，破裂时金属腐蚀量极小；

(6) 断口呈脆性形貌，裂纹走向为穿晶、沿晶或混合型；

(7) 裂纹一般起源于部件表面的蚀孔；

(8) 应力腐蚀断裂一般发生在活化一钝化的过渡区的电位范围，即在钝化膜不完整的电位范围内；

(9) 大多数应力腐蚀断裂体系中存在临界应力腐蚀断裂强度因子 KISCC。当应力腐蚀断裂强度因子低于 KISCC 时，裂纹不扩展；大于 KISCC 时，应力腐蚀裂纹扩展。

2. 原因

(1) 含氯离子的水质、高的温度和高应力；

(2) 奥氏体不锈钢管在库存时可能受到湿空气的作用；

(3) 启、停炉时，可能有含氯和氧的水团进入钢管；

3. 防止措施

(1) 加强库存和安装期的保护；

(2) 去除管子的残余应力；

(3) 注意停炉时的防腐；

(4) 防止凝结器泄漏，降低汽水中的氯离子和氧的含量。

(九) 热疲劳

1. 特征

(1) 热疲劳裂纹容易出现在热应力大和应力集中部位；

(2) 带周期性负荷的机组间歇启动时，省煤器进口联箱的温度为汽包的饱和温度（约350℃），而低温给水温度为 38～149℃，产生严重的热冲击，从而在联箱和管接头内壁产生热疲劳裂纹，其他联箱也可能产生这类裂纹；断口具有一般疲劳断口的宏观断裂特征，一般为横向断口；

(3) 有时呈明显的纤维状断口特征，有的疲劳扩展区断面粗糙，并有类似解理的小刻面；

(4) 热疲劳裂纹走向维穿晶型，缝隙中充满氧化物。

2. 原因

(1) 由于温度变化引起热胀冷缩，产生交变的热应力；

(2) 机械约束作用，在应力集中处产生裂纹；

(3) 裂纹中的楔型氧化物会促使裂纹发展。

3. 防止措施

(1) 改进部件的结构，以适应热负荷的强烈变化；

(2) 启停时，提高进入联箱的给水温度；

(3) 控制减温器的减温幅度；

(4) 降低机械约束，使应力集中程度减轻。

(十) 磨损

1. 特征

(1) 高温段省煤器磨损较严重；

(2) 磨损的性质属于固体粒子冲蚀，主要磨粒是 SiO_2、Fe_2O_3、Al_2O_3 等；

(3) 与飞灰冲角为 30°～45°时，磨损最大；

(4) 磨损的局部性较明显，在飞灰堵塞的附近冲蚀严重；

(5) 磨损减薄，直至爆管；

(6) 在过热器、再热器烟气进口处，有时也发生磨损失效。

磨损是“四管”泄漏中非常常见的一种形式。在管排与管排之间、管排与加持卡之间，或者加持不牢由振动引起的摩擦、吹灰器对管子的吹损、喷燃器摆动角度不当造成的吹损、炉膛漏风漏烟引起的吹损等，都会造成非停。如图 7-14、图 7-15 所示。

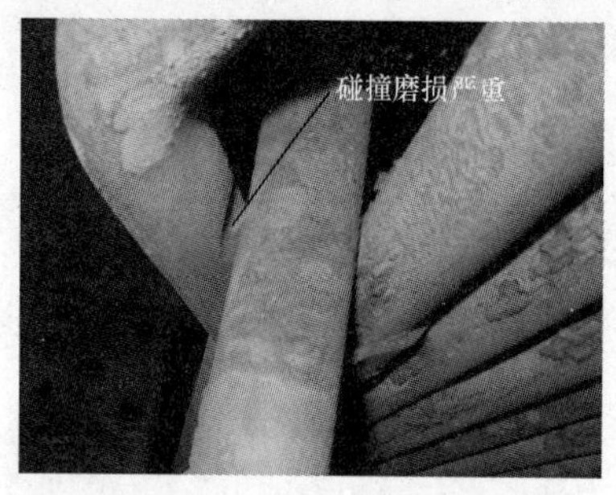

图 7-14　管子与管子的磨损

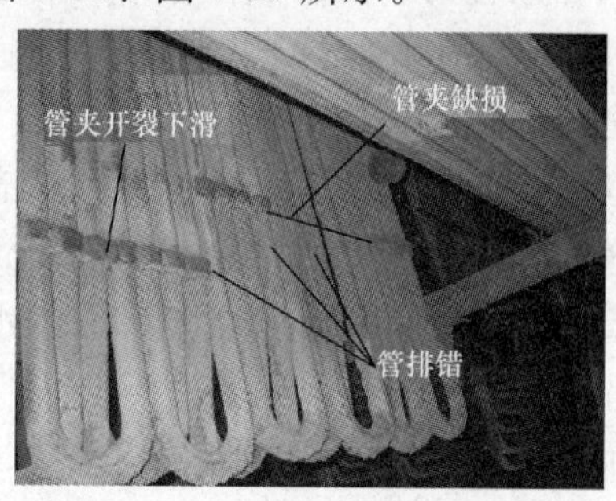

图 7-15　管子与关卡的磨损

2. 原因

燃煤锅炉（尤其是烧劣质煤锅炉），飞灰中夹带坚硬颗粒，冲刷管子表面，当烟气速度高达 30～40m/s 时，磨损相当严重，$1\sim5\times10^4$h 就会使管子磨穿。

3. 防止措施

(1) 选用适于煤种的锅炉；

(2) 合理设计省煤器的结构；

(3) 消除堵灰，杜绝局部烟速过高；

(4) 加装均流挡板；

(5) 加装炉内除尘器；

(6) 避免过载运行，把过量空气系数控制在设计值内；

(7) 管子搪瓷、涂防磨涂料，采用渗铝管；

(8) 在管子表面加装防磨盖板等。

(十一) 设计、安装、运行不当造成的泄漏

1. 焊口拉裂

在安装中，经常出现把关卡焊在管子上的情况。在管子上施焊，增大了管壁的应力，如存在膨胀不利，就会拉裂管子，形成泄漏。

2. 异种钢焊接接头拉裂

随着大机组的投产，新材料如 TP304H、TP347H、SUP304H 等不断在我国使用，难以避免地会出现异种钢的焊接。如 102 钢+TP304H、12Cr1MoV+ TP347H 等。但由于异种钢的耐热性能和膨胀系数不一样，常在接头处出现热胀差，在低等级材料部分出现轻微蠕胀，引发裂纹，如图 7-16 所示。

图 7-16　异种钢接头的焊口拉裂

(十二) 疲劳开裂

锅炉在运行中如果产生振动，在管子某些部位会形成高周机械疲劳。开裂特征是沿

管子横断面开裂，如图 7-17 所示。如果吹会急冷就会引发热交变应力，而形成热疲劳，其开裂特征为在管子外表面分布密布的多出横向裂纹。如图 7-18 所示。

图 7-17　机械疲劳产生的横向断裂

图 7-18　热疲劳产生的横向开裂

（十三）错用钢材

（1）管理和检验上的失误，易造成错用钢材。

（2）对于超（超）临界机组，新材料的大量使用，也常会出现错用材料的现象。如使用看谱镜容易造成 CrMoV 钢与 T91 钢的区分。再如，对于不锈钢，光谱分析已经不能区分普通不锈钢和细晶不锈钢了。

附录A 摘录DL 612—1996《电力工业锅炉压力容器监察规程》

1 范围

本规程适用于额定蒸汽压力等于或大于3.8MPa供火力发电用的蒸汽锅炉、火力发电厂热力系统压力容器及主要汽水管道。额定蒸汽压力小于3.8MPa的发电锅炉可参照执行。

规程监察范围：

a）锅炉本体受压元件、部件及其连接件；

b）锅炉范围内管道；

c）锅炉安全保护装置及仪表；

d）锅炉房；

e）锅炉承重结构；

f）热力系统压力容器：高、低压加热器、除氧器、各类扩容器等；

g）主蒸汽管道、主给水管道、高温和低温再热蒸汽管道。

2 引用标准

下列标准所包含的条文，通过在本标准中引用而构成为本标准条文。在标准出版时，所示版本均为有效。所有标准都会被修订，使用本标准的各方应探讨使用下列标准最新版本的可能性。

GB 150—1989	钢制压力容器
GB 151—1989	钢制管壳式换热器
GB 9222—1988	水管锅炉受压元件强度计算
GB 12145—1989	火力发电机组及蒸汽动力设备水汽质量标准
DL 435—1991	火力发电厂煤粉锅炉燃烧室防爆规程
DL 438—1991	火力发电厂金属技术监督规程
DL 439—1991	火力发电厂高温紧固件技术导则
DL 441—1991	火力发电厂高温高压蒸汽管道蠕变监督导则
DL 5000—1994	火力发电厂设计技术规程
DL 5007—1992	电力建设施工及验收技术规范（火力发电厂焊接篇）
DL 5031—1994	电力建设施工及验收技术规范（管道篇）
DL/T 515—1994	电站弯管
DL/T 561—1995	火力发电厂水汽化学监督导则
DLJ 58—1981	电力建设施工及验收技术规范（火力发电厂化学篇）
DL/T 5047—1995	电力建设施工及验收技术规范（锅炉机组篇）
DL/T 5054—1996	火力发电厂汽水管道设计技术规定
SD 135—1986	火力发电厂锅炉化学清洗导则
SD 223—1987	火力发电厂停（备）用热力设备防锈蚀导则

SD 246—1988　化学监督制度
SD 263—1988　焊工技术考核规程
SD 268—1988　燃煤电站锅炉技术条件
SD 340—1987　火力发电厂锅炉压力容器焊接工艺评定规程
SDJ 68—1984　电力基本建设热力设备维护、保管规程
SDJ 279—1990　电力建设施工及验收技术规范（热工仪表及控制装置篇）
SDGJ 6—1978　火力发电厂汽水管道应力计算技术规定
SDJJS 03—1988　电力基本建设热力设备化学监督导则
JB/T 3375—1991　锅炉原材料入厂检验规则

3　总则

3.1　为保证电力工业发电锅炉、火力发电厂热力系统压力容器和主要汽水管道的安全运行，延长使用寿命，保护人身安全，特制定本规程。

3.2　电力工业锅炉压力容器监察工作必须贯彻“安全第一，预防为主”的方针，实行分级管理，对受监设备实施全过程监督。有关设计、制造、安装、调试、运行、修理改造、检验等部门应遵守本规程。在编制受监设备有关规程制度时，应符合本规程的规定。

3.3　电力工业各级锅炉压力容器监察机构和锅炉压力容器安全监察工程师（以下简称锅炉监察工程师）负责监督本规程的贯彻执行。

3.4　由于采用新技术（如新结构、新材料、新工艺等）而不符合本规程要求时，应进行必要的试验和科学论证，经集团公司或省电力公司审查同意，并报劳动部门备案，在指定单位试用。

3.5　由于采用国外锅炉建造规范而与本规程规定不一致时，应在全面执行国外系列标准的情况下，方可按国外标准执行，并应经集团公司或省电力公司同意。

5　锅炉结构

5.1　锅炉结构应安全可靠，基本要求为：

a）各受热面均应得到可靠的冷却；

b）各部件受热后，其热膨胀应符合要求；

c）各受压部件、受压元件有足够的强度；

d）炉膛、烟道有一定的承压能力和良好的密封性；

e）承重部件应有足够的强度、刚度、稳定性和防腐性，并能适应所在地区的抗震要求；

f）便于安装、维修和运行操作。

5.2　启停频繁、参数波动较大的锅炉和大容量高参数锅炉的主要受压元件，应进行疲劳强度校核。

5.3　液态排渣锅炉和燃用煤种中硫、碱金属等低熔点氧化物含量高的固态排渣锅炉，应采取防止高温腐蚀的措施。

5.4　循环流化床锅炉应有防止受热面磨损的措施。

5.5　汽包锅炉水循环应保证受热面得到良好的冷却。在汽包最低安全水位运行时，下降管供水应可靠；在最高允许水位运行时，保证蒸汽品质合格。

5.6　直流锅炉蒸发受热面与高比热区水动力工况应可靠。

各平行管间工质流量分配应与各回路的吸热量和结构尺寸相对应。管屏间的温差热应力应进行计算。

变压运行的超临界压力锅炉，在亚临界区运行时，蒸发受热面内不应发生膜态沸腾和水平管圈的汽、水分层流动。

5.7　控制循环锅炉、低循环倍率锅炉、超临界压力复合循环锅炉蒸发受热面的水动力工况应可靠。锅水循环泵及其进水管的布置应能避免管内汽化。

5.8　水冷壁管进口装有节流圈时，节流圈前过滤器的网孔直径应小于节流孔的最小直径。节流圈应便于调整更换，并有防止装错的措施。

5.9　超高压和亚临界压力锅炉的水冷壁受热面应进行传热恶化验算，传热恶化的临界热负荷应大于设计最大热负荷并留有裕度。

5.10　亚临界压力和直流锅炉的水冷壁管屏大型开孔（如人孔门、燃烧器、抽炉烟口等）应注意核查外边缘水冷壁管受热偏差和对管壁冷却的不利影响。

5.11　锅炉省煤器应有可靠的冷却。为保证汽包锅炉省煤器在启停过程中的冷却，可装设再循环管或采取其他措施。

汽包锅炉省煤器不应有受热的下降管段。

5.12　各级过热器、再热器应有足够的冷却。必要时应进行水力偏差计算，并合理选取热力偏差系数。计算各段壁温应考虑水力、热力和结构偏差的影响。使用材料的强度应合格，材料的允许使用温度应高于计算壁温并留有裕度，且应装设足够的壁温监视测点。

为避免过热器、再热器在锅炉启动及机组甩负荷工况下管壁超温，应配备有蒸汽旁路、向空排汽或限制烟温的其他措施。

5.13　尾部受热面计算烟速应按管壁最大磨损速度小于0.2mm/a选取，含灰气流应考虑壁厚附加磨损量。在布置时，应防止由于烟气走廊造成的局部磨损。管排应固定牢靠，防止个别管子出列。

5.14　受热面的管卡、吊杆、夹持管等应设置合理可靠，防止烧坏、拉坏和引起管子相互碰磨。

5.15　大型锅炉炉顶联箱布置高度应根据联箱管束的柔性分析确定。

炉膛水冷壁四角、燃烧器大滑板、包覆管、顶棚管和穿墙管等，应防止膨胀受阻或受到刚性体的限制，避免管子拉裂、碰磨。

5.16　非受热面部件（如吊杆、梁柱、管卡、吹灰器等），其所在部位烟温超过该部件最高许用温度时，必须采取冷却措施。

在设计烟温为600℃～800℃的烟道中布置受热联箱时，联箱壁厚不应大于45mm。

5.17　大型锅炉集中降水管系统应进行应力分析和导向设计，必要时应对二次应力进行校核。

5.18　锅炉应有热膨胀设计。悬吊式锅炉本体的膨胀图中应有明确的中心，并注明部件膨胀的方向和膨胀量，为实现以膨胀中心为起点按预定方向膨胀，并保持膨胀中心位置不变，应设置膨胀导向装置。汽包和水冷壁下联箱上应装设膨胀指示器。

5.19　水冷壁与灰渣斗联接采用密封水槽结构时，应有防止在密封水槽内积聚灰渣的措施或装设有效的冲洗设施。

5.20 膜式水冷壁的膜片间距应相等。膜片与水冷壁管材料的膨胀系数应相近。运行中膜片顶端的温度应低于材料的许用温度。

5.21 喷水减温器联箱与内衬套之间，以及喷管与联箱之间的固定方式应能保证自由膨胀，并能避免共振。喷水减温阀后应有足够的直管段。减温器的内衬套长度应满足水汽化的需要。

喷水减温器的结构和布置应便于检查与修理。

5.22 空气管、疏水管、排污管、仪表管等小口径管与汽包、联箱连接的焊接管座，应采用加强管座。排污管、疏水管应有足够的柔性，以降低小管与锅炉本体相对膨胀而引起的管座根部局部应力。

5.23 锅炉受压元件、受压部件的强度按 GB 9222《水管锅炉受压元件强度计算》设计。

5.24 锅炉范围内不受热的受压管道，其外径在 76mm 以上者，工作压力为 9.8MPa 及以上的管道，弯管圆度不应大于 6%；工作压力小于 9.8MPa 的管道，弯管圆度不应大于 7%。

5.25 锅炉受热面管子弯管圆度不应超过表 1 的规定。

表 1 受热面管子弯管最大允许圆度

弯曲半径 R	$1.4D_o<R<2.5D_o$	$R\geqslant 2.5D_o$
圆度 %	12	10
注：D_o 为管子公称直径。		

5.26 管子与汽包、联箱、管道的焊接处，应采用焊接管座。焊接接头应有足够的强度。额定压力为 9.8MPa 及以上的锅炉，外径等于或大于 108mm 的管座应采用全焊透的型式。亚临界和超临界压力锅炉，外径小于 108mm 的管座，原则上也应采用全焊透型式，如设计时考虑了应力集中对强度的影响，可以采用部分焊透的型式。

支吊受压元件用的受力构件与受压元件的连接焊缝亦应采用全焊透型式。

5.27 厚度不同的焊件对接时，应将较厚焊件的边缘削薄，以便与较薄的焊件平滑相接。被削薄部分长度至少为壁厚差的 4 倍。焊件经削薄后如不能满足强度要求的，则应加过渡接头。

5.28 管接头的焊接管孔应尽量避免开在焊缝上，并避免管接头的连接焊缝与相邻焊缝的热影响区互相重合。如果不能避免，可在焊缝或其热影响区上开孔，但应满足以下要求：管孔周围 100mm（当量孔径大于 100mm 时，取管孔直径）范围内的焊缝经探伤合格，且管孔边缘处的焊缝没有缺陷；管接头连接焊缝经焊后热处理消除应力。

在弯头和封头上开孔应满足强度要求。

5.29 管道和受热面管子对接接头的布置位置应符合下列规定：

5.29.1 管子的对接接头应位于管子的直段部分。压制弯头允许没有直段，但应有足够的强度裕度以补偿附加到焊缝上的弯曲应力。

5.29.2 受热面管子的对接接头中心，距管子弯曲起点或汽包、联箱外壁及支吊架边缘的距离应不小于 70mm。

5.29.3 管道对接接头中心距弯管的弯曲起点不得小于管道外径，且不小于 100mm；距管道支吊架边缘不得小于 50mm。对于焊后需作热处理的接头，该距离不小于焊缝宽度的 5 倍，且不小于 100mm。

5.29.4 管道、受热面管子两对接接头之间的距离不小于150mm，且不应小于管子外径。

5.29.5 疏、放水及仪表管等的开孔位置应避开管道接头，开孔边缘距对接接头不应小于50mm，且不应小于管子外径。

5.29.6 接头焊缝位置应便于施焊、探伤、热处理和修理。

5.30 应避免在主要受压元件的主焊缝及其热影响区上焊接零件。如果不能避免，该零件的连接焊缝可以穿过主焊缝，但不应在主焊缝上或其热影响区内终止。

5.31 与汽包、联箱相接的省煤器再循环管、给水管、加药管、减温水管、蒸汽加热管等，在其穿过管壁处应加装套管。

5.32 汽包内给水分配方式，应避免造成汽包壁温度不均和水位偏差。

5.33 火室燃烧锅炉的炉膛与烟道应具有一定的承压能力，在承受局部瞬间爆燃压力和炉膛突然灭火引风机出现瞬间的最大抽力时，不因任何支撑部件的屈服或弯曲而产生永久变形。额定蒸发量220t/h及以上的锅炉，当采用平衡通风时，炉膛承压能力不小于±3.92kPa。但设计预留有除硫装置的锅炉除外。

5.34 大型锅炉顶部应采用气密封全焊金属结构，在保证自由膨胀的前提下又要有良好的密封。

5.35 水冷壁刚性梁应避免采用搭接焊缝，对接焊缝应有足够的强度。刚性梁与炉墙结构应满足下列要求：

a）刚性梁能自由膨胀且不影响水冷壁的膨胀，圈梁局部结构连接可靠；

b）正常运行中炉墙无明显晃动；

c）炉墙有良好的密封及保温性能；

d）在炉膛设计压力下，炉墙各部分不应有凹凸、开裂、漏烟。

5.36 锅炉及尾部烟道上装设的防爆门，应具有良好的密封性，动作可靠。动作时有可能危及人身安全的防爆门，其出口应加引出管。

装有炉膛安全保护的锅炉，炉膛可以不装设防爆门。

5.37 锅炉构架的各受力构件应满足强度、刚度和稳定性条件的要求。构件应避免受热。

悬吊式锅炉炉顶主梁的挠度不应超过本身跨距的1/850。

5.38 悬吊式锅炉的吊杆螺母应有防止松退措施。尽量采用带承力指示器的弹簧吊杆，以便使吊杆受力状况控制在设计允许范围之内。吊杆应选用与其计算温度相适应的材料制造。承载能力应经计算合格。

5.39 用锅炉构架承受外加的非设计荷重时，应征得锅炉设计部门的同意。

5.40 冷灰斗支撑结构应有足够强度与稳定性，在承受炉膛设计压力时，应该核算还可能承受的堆渣静载及落渣动载的能力。

5.41 在地震烈度7度～9度的地区，锅炉构架应符合下列要求：

a）新设计的锅炉应装设能满足抗震要求的抗震架；

b）悬吊式锅炉应有防止锅炉晃动的装置，此装置不应妨碍锅炉的自由膨胀；

c）锅炉汽包应安装牢固的水平限位装置。

5.42 锅炉构架与锅炉房构架之间的支吊架、平台等应采用一端固定，另一端为滑动的支承方式。滑动支承端应有足够的搭接长度。

搭接在锅炉构架上的设备支架，在结构上应能防止设备位移，不允许靠自重摩擦固定。

5.43 锅炉结构应便于安装、检修、运行和内外部清扫。锅炉上开设的人孔、手孔、检查孔、看火孔、通焦孔、仪表测孔的数量、尺寸与位置应满足运行与检修的需要。

微正压锅炉各部位的门孔应采用压缩空气或其他方法可靠地密封，看火孔应有防止火焰喷出的联锁装置。

受压元件的人孔盖、手孔盖应采用内闭式结构。炉墙上的检查孔、通焦孔、看火孔的孔盖应采用不易被烟气冲开的结构。人孔门外的上方，应有供人员进出的扶手。

5.44 锅炉应根据燃料特性，配备必要的吹（除）灰装置，吹（除）灰时不应导致受热面管壁吹损。程序控制的吹灰器应具有自动疏水的功能。

5.45 锅炉再热器及其连接管的结构上应具备在安装和检修时进行水压试验的条件。

5.46 额定蒸汽压力大于 5.9MPa 的锅炉，应有供化学清洗用的管座。采用充氮或其他方法进行停炉保护的锅炉应设相应的管座。汽包锅炉过热器联箱应设有供过热器反冲洗用的管座。

5.47 汽包内壁设置的安装汽包内部装置的预焊件，应与汽包同时加工、焊接和热处理。预焊件及其焊材应与汽包材料相似。

汽包内部装置应安装正确、牢固，以防止运行中脱落。

汽包事故放水管口应置于汽包最低安全水位和正常水位之间。

6 压力容器与管道的设计、制造

6.1 压力容器的设计和制造应符合 GB 150《钢制压力容器》、GB 151《钢制管壳式换热器》等有关规范、标准。

6.2 压力容器的设计应有符合标准的总图、受压元件图和主要受压元件的强度计算书。

制造单位在供货时应提供有关图纸、资料。

6.3 压力容器应严格按照经审查批准的图纸和技术要求制造。如改变受压元件的材料、结构时，应征得原设计单位的同意，并取得证明文件，改动的部分应作详细记录。

6.4 除氧器壳体材料宜采用 20g 或 20R，不应采用 16Mn 和 Q235，对于匹配直流锅炉的除氧器，除氧头壳体材料宜采用复合钢板。压力式除氧器本体结构、附件、外部汽水系统的设计以及除氧器制造按《电站压力式除氧器技术规定》执行。

高低压加热器的进汽参数应与其设计参数相匹配。

6.5 压力容器出厂前应按设计要求进行超水压试验。

6.6 每台锅炉应有独立的排污、放水导出管并应直接接人排污母管。发电容量 125MW 及以上的机组，每台锅炉应有一套排污扩容器系统。

6.7 锅炉事故放水管宜直接接至定期排污扩容器。排污扩容器人口母管上不得装设截止阀。扩容器的设计强度应考虑到事故放水工况下扩容器可能出现的最高压力。

6.8 应根据疏水的温度、压力和可能出现的最大疏水量确定疏水扩容器的容积和设计压力。

6.9 管道设计按 DL/T 5054—1996《火力发电厂汽水管道设计技术规定》执行。做到选材正确，布置合理，补偿良好，疏水通畅，流阻较小，支吊合理，安装维护方便，并应降低噪声，避免汽水冲击和共振。

使用国外管材，应采用相应标准或生产厂保证的性能数据进行强度计算。

露天布置的管道应考虑风载，并有良好的防雨设施。

6.10 管道应力计算按 SDGJ 6《火力发电厂汽水管道应力计算技术规定》进行。管系各部应力和连接点所承受的力和力矩应保持在允许范围内。整个管系任意一点的应力不应超限。

高温管道上应装设热位移指示器，在管道冲洗前调整指示在零位。设计单位应提供位移值的合格范围。

6.11 蒸汽温度为 500℃及以上的每一条主蒸汽和高温再热蒸汽管道上，应装设蠕变监视段和蠕变测点。其位置应在靠近过热器或再热器出口联箱的水平管段上，并应设置测量平台。

6.12 管道的配制和加工，应由具备必要的技术力量、检测手段和管理水平的专业单位承担。

弯管制作的技术要求、圆度规定、试验方法和检验规则等按 DL/T515《电站弯管》的规定执行。

用作弯管的管子，除检查端部尺寸外，还应沿整个长度检查其厚度以及弯制后与弯曲半径有关的壁厚变化。弯曲部位最小实际厚度不应小于直管最小壁厚。

6.13 对淬硬倾向较大的合金钢管，热弯时不得用喷水方法冷却二合金钢管热弯后应进行热处理，并按有关规定进行检验。

6.14 管道焊接坡口宜用机械方法加工。用火焰切割时应清除淬硬层和热影响区，对于合金钢材，应进行裂纹检查。

在管道上开孔应采用机械方法。

6.15 厚度不同的管道对接时，坡口型式按 DL 5007《电力建设施工及验收技术规范》（火力发电厂焊接篇）的规定执行。如对接处强度不能满足要求时，应加过渡接管。

6.16 管道配制和管件加工时，应做好技术记录，包括几何尺寸、材质检验、无损探伤和水压试验等。

6.17 异型管件和其他复杂部件，制造时应编制加工和检验程序，明确各部件的加工、检验步骤和要求。

管件制造时要避免过厚的壁厚，过渡区要圆滑平整，应表面光洁，无缺口、裂纹、分层、夹渣、过烧、漏焊、疤痕等缺陷。

6.18 汽水管道应有足够的坡度。

由主管道引出但不经常运行的分支管段，其引出点应在主管道的下部或侧面，以保证疏水的要求。

7 金属材料

7.1 锅炉、压力容器及管道使用的金属材料应符合国家标准、行业标准或专业标准。

7.2 锅炉、压力容器及管道使用的金属材料质量应符合标准，有质量证明书。使用的进口材料除有质量证明书外，尚需有商检合格的文件。

质量证明书中有缺项或数据不全的应补检。其检验方法、范围及数量应符合有关标准的要求。

7.3 安装、修理改造中使用于工作压力等于或大于 9.8MPa 和工作温度等于或大于 540℃工况的金属材料，入厂应复检。检验项目按 JB/T 3375《锅炉原材料入厂检验规则》执行。

7.4 用于锅炉、压力容器及管道的常用金属材料按以下规定选用：

7.4.1 钢板

表2 板　　材

钢的种类	钢　号	标准编号	适用范围	
			工作压力 MPa	壁温 ℃
碳素钢	20R[1]	GB 6654	≤5.9	≤450
	20g 22g	GB 713	≤5.9[2]	≤450
合金钢	12Mng，16Mng	GB 713	≤5.9	≤400
	16MnR[1]	GB 6654	≤5.9	≤400

1）应补做时效冲击试验合格。

2）制造不受辐射热的锅筒时，工作压力不受限制。

7.4.2 钢管

表3 管　　材

钢的种类	钢　　号	标准编号	适用范围		
			用　　途	工作压力 MPa	壁温 ℃
碳素钢	10，20	GB 3087	受热面管子	≤5.9	≤450
			联箱、蒸汽管道		≤425
碳素钢	20g	GB 5310	受热面管子	不限	≤450
			联箱、蒸汽管道		≤425
合金钢	12CrMog 15CrMog	GB 5310	受热面管子	不限	≤560
			联箱、蒸汽管道		≤550
	12CrlMoVg	GB 5310	受热面管子	不限	≤580
			联箱、蒸汽管道		≤565
	12Cr2MoWVTiB	GB 5310	受热面管子	不限	≤600
	12Cr3MoVSiTiB				≤600

7.4.3 锻钢件

表4 锻　钢　件

钢的种类	钢　　号	标准编号	适用范围		
			用　　途	工作压力 MPa	壁温 ℃
碳素钢	20，25	GB 699	大型锻件、手孔盖、联箱端盖、法兰盘	≤5.9[1]	≤425
合金刚	12CrMo 15CrMo 12CrMoV	GB 3077	大型锻件	不限	≤540 ≤550 ≤565

1）对于不受辐射热的锻件，工作压力不限。

7.4.4 铸钢件

表5 铸 钢 件

钢的种类	钢 号	标准编号	适 用 范 围	
			公称压力 MPa	壁温 ℃
碳素钢	ZG200～400	GB 5676	≤6.3	≤425
	ZG230～450		不限	≤425
低合金刚	ZG20CrMo	JB 2640	不限	≤510
	ZG20CrMoV		不限	≤540
	ZG15Cr1Mo1V		不限	≤570

7.4.5 螺栓用钢

表6 螺栓用钢

钢的种类	钢 号	标准编号	最高使用温度 ℃
碳素钢	25	GB 699	350
	35	DL 439—91	400
合金钢	20CrMo	DL 439—91	480
	35CrMo	DL 439—91	480
	25Cr2MoV	DL 439—91	510
	25Cr2Mo1V	DL 439—91	550
	20Cr1Mo1Vl	DL 439—91	550
	20Cr1Mo1VNbTiB	DL 439—91	570
	20CrMo1VTiB	DL 439—91	570
	20Cr12NiMoWV	DL 439—91	570
注：用作螺母时，可比表列温度高 30℃～50℃，硬度比螺栓 HB20～50。			

7.5 锅炉、压力容器及管道制造、安装时使用代用材料应征得原设计单位的同意，并办理设计变更通知书。修理改造中使用代用材料，原则上采用与原设计相类似的材料。代用材料时应有充分的技术依据，并符合下列规定：

a）选材性能优于原材料；

b）按所选用材料制订焊接、热处理工艺；

c）必要时进行强度核算；

d）经锅炉监察工程师同意并经总工程师批准；

e）做好详细记录、存档。

7.6 合金钢部件和管材在安装及修理改造使用时，组装前后都应进行光谱或其他方法的检验，核对钢种，防止错用。

7.7 锅炉、压力容器及管道使用国外钢材时，应选用国外锅炉、压力容器规范允许使用的钢材，其使用范围应符合相应规范，有质量证明书，并应要求供货方提供该钢材的性能数据、焊接工艺、热处理工艺及其他热加工工艺文件。国内尚无使用经验的钢材，应进行有关试验和验证，如高温强度、抗氧化性、工艺性能、热脆性等，经工程试用验证，满足技术要求后，才能普遍推广使用。

7.8 制造压力容器的钢材除符合一般规定外，在使用范围、检验方法、检验数量以及钢中含碳量要求等应符合劳动部《压力容器安全技术监察规程》的规定。

7.9 仓库、工地储存锅炉、压力容器及管道用的金属材料除要做好防腐工作外，还应建立严格的质量验收、保管和领用制度。经长期储存后再使用时，应重新进行质量检验。

8 受压元件的焊接

8.1 一般规则

8.1.1 用焊接方法制造、安装和修理改造受压元件时，应按SD 340《火力发电厂锅炉压力容器焊接工艺评定规程》的规定进行焊接工艺评定，并依据批准的焊接工艺评定报告，制定受压元件的焊接作业指导书。

8.1.2 受压元件的焊接工作，应由经培训并取得与所焊项目相对应的考试合格的焊工担任。并在被焊件的焊缝附近打上焊工的代号钢印。

8.1.3 焊接设备，的仪表应定期进行校验，不合格不得继续使用。

8.1.4 受压元件的焊接质量应按本规程要求和有关规定进行检验。无损检验报告由Ⅱ级或Ⅲ级无损检验员签发。焊接质量检验报告及检验记录应妥善保管（至少5年）或移交使用单位长期保存。

8.1.5 受压元件的焊接应有焊接技术记录。焊接技术记录的内容应包括元件编号、规格、材质、位置、检验方法、抽检比例及数量、检验报告编号、返修部位、返修检验报告编号、焊后热处理记录和焊接作业指导书编号等。

8.2 焊接材料

8.2.1 焊接材料（包括焊条、焊丝、钨棒、氩气、氧气、乙炔气、电石、焊剂等）的质量应符合国家标准、行业标准或有关专业标准。焊条、焊丝应有制造厂的质量合格证书，并经验收合格方能使用。凡对质量有怀疑时，应按批号复验。

8.2.2 焊接材料的选用应根据母材的化学成分和机械性能、焊接材料的工艺性能、焊接接头的设计要求和使用性能等统筹考虑。

8.3 焊工和无损检测人员考核

8.3.1 焊接受压元件的焊工，按SD 263《焊工技术考核规程》和劳动部《锅炉压力容器焊工考试规则》进行考试，并取得合格证，方可担任相应的受压元件的焊接工作。

8.3.2 从事受压元件焊接质量检验的无损检测人员，按部颁《电力工业无损检测人员资格考核规则》和劳动部《锅炉压力容器无损检测人员资格考核规则》进行考试。经取得相应技术等级的资格证书后，方可进行该技术等级的检验工作。

8.4 焊接工艺的规定

8.4.1 受压元件的焊接工艺和焊接接头焊后热处理的规范，按DL 5007《电力建设施工及验收技术规范》（火力发电厂焊接篇）的规定执行。

在受压元件焊接工艺设计之后，并在实施产品焊接前，按SD 340《火力发电厂锅炉压力容器焊接工艺评定规程》的规定进行焊接工艺评定。下列受压元件的焊接接头应进行焊接工艺评定：

a）受压元件的对接焊接接头；

b）受压元件的角接焊接接头；

c）受压元件与承载的非受压元件之间的T形接头。

8.4.2 除设计规定的冷拉焊口外，焊件装配时不允许强力对正，以避免产生附加应力。焊接和焊后热处理时，焊件应垫牢，禁止悬空或受外力作用。安装冷拉焊口使用的冷拉工具，应待整个焊口焊完并热处理完毕后方可拆除。

8.4.3 对于工作压力等于或大于9.8MPa的受压元件，其管子或管件的对接接头、全焊透管座的角接接头，应采用氩弧焊打底电焊盖面工艺或全氩弧焊接。

8.4.4 为降低焊接接头的残余应力，改善焊缝和热影响区金属的组织和性能，应严格按照有关规定进行焊后热处理。

对于需要作焊后热处理的受压元件、部件，全部焊接和校正工作，应在最终热处理前完成。

有应力腐蚀可能性的焊接接头，不论其厚度多少，均应进行焊后热处理。

8.4.5 对异种钢焊接接头焊后热处理的加热温度，应按两侧钢种和焊缝统筹考虑。对珠光体、贝氏体和马氏体热强钢，一般应按较低的下临界点 A_{c1} 选取。

8.4.6 对焊后有产生延迟裂纹倾向的钢种，应按焊接工艺评定确定的工艺，及时进行后热或焊后热处理。

8.5 受压元件缺陷的焊补

8.5.1 受压元件缺陷的焊补包括局部缺陷焊补、局部区域的嵌镶焊补和焊缝局部缺陷的挖补。

受压元件及其焊缝缺陷焊补应做到：

a）分析确认缺陷产生的原因，制定可行的焊接技术方案，避免同一部位多次焊补。主要受压部件（如汽包）的焊接技术方案，应报集团公司或省电力公司锅炉监察机构审查备案；

b）焊补前应按焊接技术方案进行焊补工艺评定；

c）宜采用机械方法消除缺陷，并在焊补前用无损探伤手段确认缺陷已彻底消除；

d）焊补工作应由有经验的合格焊工担任。焊补前应按焊接工艺评定结果进行模拟练习；

e）缺陷焊补前后的检验报告、焊接工艺资料等应存档。

8.5.2 受压元件采用嵌镶板块方法进行焊补的要求如下：

a）不得将嵌镶板块与受压元件用搭接角缝连接；

b）嵌镶板块应削成圆角，其圆角半径不宜小于100mm；

c）嵌镶板块与受压元件的连接焊缝不应与原有焊缝重合；

d）嵌镶板块金属材料的成分和性能，应与受压元件相同或相近。

8.5.3 受压元件因应力腐蚀、蠕变和疲劳等产生的大面积损伤不宜用焊补方法处理。

8.5.4 受压元件及其焊缝缺陷焊补后，应进行100%的无损探伤，必要时进行金相检验、硬度检验和残余应力测定。

8.5.5 受压元件焊补后的热处理宜采用整体热处理。

采用局部热处理时，应整段加热，同时要控制周向和壁厚方向的温度梯度，以减少温差应力。

8.5.6 同一部位不宜多次焊补，一般不宜超过三次。当钢材有再热裂纹倾向或热应变脆化倾向时，更应严格限制焊补次数。

8.6 焊接检验与质量标准

8.6.1 受压元件的焊接质量检验包括以下项目：

a）外观检查；

b）无损探伤检查；

c）割样检查（机械性能、金相、断口）；

d）硬度检查；

e）合金钢焊缝光谱复查。

8.6.2 受压元件焊接接头的分类方法、各类别焊接接头的检验项目和抽检百分比及质量标准，按DL 5007《电力建设施工及验收技术规范》（火力发电厂焊接篇）执行。但对超临界压力锅炉的受热面和一次门内管子的Ⅰ类焊接接头，应进行100％无损探伤，其中射线透照不少于50％。

8.6.3 受压元件不合格焊口的处理原则：

a）外观检查不合格的焊缝，不允许进行其他项目检查。但可进行修补。

b）无损探伤检查不合格的焊缝，除对不合格的焊缝返修外，在同一批焊缝中应加倍抽查。若仍有不合格者，则该批焊缝以不合格论。应在查明原因后返工。

c）焊接接头热处理后的硬度超过规定值时，应按班次加倍复查。当加倍复查仍有不合格者时，应进行100％的复查，并在查明原因后对不合格接头重新热处理。

d）割样检查若有不合格项目时，应做该项目的双倍复检。复检中有一项不合格则该批焊缝以不合格论。应在查明原因后返工。

e）合金钢焊缝光谱复查发现错用焊条、焊丝时，应对当班焊接的焊缝进行100％复查。错用焊条、焊丝的焊缝应全部返工。

8.6.4 受压元件焊接后应进行水压试验。水压试验应在热处理和无损探伤合格后进行。规定如下：

a）联箱及其类似元件，应以设计压力的1.5倍在制造厂进行水压试验。在试验压力下保持5min。

b）对接焊接的受热面管子及管件，应在制造厂逐根逐件进行水压试验。试验压力为设计压力的两倍。在试验压力下保持10～20s。对于额定蒸汽压力不大于13.7MPa的锅炉，此试验压力可为1.5倍。

c）锅炉受压元件的组件水压试验在组装地进行。试验压力：再热器为设计压力的1.5倍；过热器、省煤器为设计压力的1.25倍。在试验压力下保持5min。

d）锅炉整体水压试验及水压试验的合格标准按本规程第14章的有关规定进行。

10 锅炉化学监督

10.1 锅炉化学监督的任务是：防止水汽系统和受压元件的腐蚀、结垢和积盐，保证锅炉安全经济运行。锅炉的水汽品质应按GB 12145《火力发电机组及蒸汽动力设备水汽质量标准》和DL/T 561《火力发电厂水汽化学监督导则》的规定执行。

10.2 锅炉制造厂供应的管束、管材和部件、设备均应经过严格的清扫，管子和管束及部件内部不允许有存水、泥污和明显的腐蚀现象，其开口处均应用牢固的罩子封好。重要部件和管束，应采取充氮、气相缓蚀剂等保护措施。安装单位应按 SDJ 68《电力基本建设火电设备维护保管规程》的规定进行验收和保管。锅炉正式投入生产前应做好停用保护和化学清洗、蒸汽吹扫等工作。

管材、管束及设备部件封闭的密封罩，在施工前方允许开启。

10.3　汽包内部汽水分离装置和清洗装置出厂前应妥善包装、保管和防护，并应采取措施，防止运输途中碰撞变形或遭雨淋而发生腐蚀。

10.4　锅炉部件制造完毕进行水压试验后，应将存水排净、吹干，并采取防腐措施。

10.5　禁止锅炉上质量不符合标准要求的水。不具备可靠化学水处理条件时，禁止锅炉启动。

10.6　额定蒸汽压力为 9.8MPa 以上锅炉整体水压试验时，应采用除盐水。水质应满足下列要求：

a）氯离子含量小于 0.2mg/L；

b）联氨或丙酮肟含量为 200～300mg/L；

c）pH 值为 10～10.5（用氨水调节）。

10.7　新装的锅炉应进行化学清洗，清洗的范围按 SDJJS03《电力基本建设热力设备化学监督导则》的规定执行。

过热器整体清洗时，应有防止垂直蛇形管产生汽塞、铁氧化物沉淀和奥氏体钢腐蚀的措施。未经清洗的过热器、再热器应进行蒸汽加氧吹洗。

锅炉经化学清洗后，一般还应进行冷态冲洗和热态冲洗。

新建锅炉化学清洗后即应采取防腐措施，并尽可能缩短至锅炉点火的间隔时间，一般不应超过 20 天。

10.8　锅炉停用备用时，应按 SD 223《火力发电厂停（备）用热力设备防锈蚀导则》采取有效的保护措施。采用湿法防腐时，冬季应有防冻措施。

锅炉安装、试运行阶段应按 SDJJS 03《电力基本建设热力设备化学监督导则》搞好化学监督。

10.9　运行单位应按 SD 246《化学监督制度》和 DL/T 561《火力发电厂水汽化学监督导则》的规定做好各项工作：

a）建立加药、排污及取样等监督制度；

b）保持正常的锅内、炉外水工况；

c）健全锅炉化学监督的各项技术管理制度和各种技术资料；

d）进行热化学试验和汽水系统水质查定；

e）努力降低汽水损失。

10.10　水汽取样装置探头的结构型式和取样点位置应保证取出的水、汽样品具有足够的代表性，并应经常保持良好的运行状态（包括取样水温、水量及冷却器的冷却能力），以满足仪表连续监督的需要。

10.11　锅炉采用喷水减温时，减温水质量应保证减温后的蒸汽钠离子、二氧化硅和金属氧化物的含量均符合蒸汽质量标准。

10.12　饱和蒸汽中所含盐类在过热器管内聚集会影响过热器安全运行，必要时应安排过热器反冲洗。

10.13 运行锅炉化学清洗按SD135《火力发电厂锅炉化学清洗导则》规定执行。应定期割管检查受热面管子内壁的腐蚀、结垢、积盐情况。当受热面沉积物（按酸洗法计算）达到表9的数值时，或锅炉化学清洗间隔时间超过表9中规定的极限值时，应安排锅炉的化学清洗。以重油作燃料的锅炉和液态排渣炉，按高一级蒸汽参数标准要求。

表9 锅炉化学清洗间隔

锅炉类型	工作压力 MPa	沉淀物 g/m^2	清洗间隔年
汽包锅炉	＜5.88	600～900	12～15
	5.88～12.64	400～600	10
	≥12.7	300～400	6
直流锅炉		200～300	4

采用酸洗法进行锅炉化学清洗时，应注意不锈钢部件（如节流圈、温度表套、汽水取样装置等）的防护，防止不锈钢的晶间腐蚀。

对于额定蒸汽压力大于5.9MPa的锅炉，在系统设计时应考虑：

a）清洗设备的安装场地和管道接口；

b）清洗泵用的电源；

c）废液排放达到合格标准应具备的设备和条件。

10.14 为防止锅炉酸性腐蚀，当锅水pH值低于标准时，应查明原因采取措施。凝汽器有漏泄时应及时消除，并密切注意给水水质。

一旦发现水冷壁向火侧内壁有腐蚀迹象时，应采取预防进一步发展为氢脆的措施。

10.15 胀接锅炉锅水中的游离NaOH含量，不得超过总含盐量（包括磷酸盐）的20%。为了防止锅炉的碱性腐蚀，当采取协调磷酸盐处理时，锅水钠离子与磷酸根离子的比值，一般应维持在2.5～2.8。

14 检验

14.1 锅炉、压力容器和管道按部颁《电力工业锅炉压力容器安全性能检验大纲》、GB 150《钢制压力容器》、GB 151《钢制管壳式换热器》、劳动部《在用压力容器检验规程》、DL 5031《电力建设施工及验收技术规范》（管道篇）和DL 438《火力发电厂金属技术监督规程》等规定进行检验。

进口锅炉、压力容器和管道按合同规定的标准进行监造和商检。

14.2 锅炉、压力容器的检验工作应纳入安装、设备检修计划。未经检验合格的锅炉、压力容器不准安装和投入运行。

14.3 锅炉、压力容器及管道的安全性能检验包括：

a）锅炉产品制造质量监检；

b）锅炉安装阶段检验；

c）在役锅炉定期检验；

d）压力容器产品质量监检；

e）压力容器安装阶段检验；

f）在役压力容器定期检验；

g）管道配制过程的监检；

h）管道安装阶段检验；

i）在役管道的定期检验。

14.4 运行锅炉应进行定期检验。定期检验的种类和检验间隔：

a）外部检验：每年不少于一次。

b）内部检验：结合每次大修进行，其正常检验内容应列入锅炉“检修工艺规程”，特殊项目列入年度大修计划。新投产锅炉运行一年后应进行内部检验。

c）超压试验：一般二次大修（6～8年）一次。根据设备具体技术状况，经集团公司或省电力公司锅炉监察部门同意，可适当延长或缩短间隔时间。超压试验结合大修进行，列入该次大修的特殊项目。

14.5 锅炉除定期检验外，有下列情况之一时，也应进行内、外部检验和超压试验：

a）新装和迁移的锅炉投运时；

b）停用一年以上的锅炉恢复运行时；

c）锅炉改造、受压元件经重大修理或更换后，如水冷壁更换管数在50％以上，过热器、再热器、省煤器等部件成组更换，汽包进行了重大修理时；

d）锅炉严重超压达1.25倍工作压力及以上时；

e）锅炉严重缺水后受热面大面积变形时；

f）根据运行情况，对设备安全可靠性有怀疑时。

14.6 锅炉外部检验的主要内容：

a）锅炉房安全措施、承重件及悬吊装置；

b）设备铭牌、管阀门标记；

c）炉墙、保温；

d）主要仪表、保护装置及联锁；

e）锅炉膨胀状况；

f）安全阀；

g）规程、制度和运行记录以及水汽质量；

h）运行人员资格、素质；

i）其他。

14.7 锅炉内部检验主要内容：

a）汽包、启动分离器及其连接管；

b）各部受热面及其联箱；

c）减温器；

d）锅炉范围内管道及其附件；

e）锅水循环泵；

f）安全附件、仪表及保护装置；

g）炉墙、保温；

h）承重部件；

i）大修后检验及调整工作；

j）工作压力下水压试验；

k）其他。

14.8 在役锅炉超压试验一般在锅炉大修最后阶段进行。超压试验应具备以下条件：

a）具备锅炉工作压力下的水压试验条件；

b）需要重点检查的薄弱部位，保温已拆除；

c）解列不参加超压试验的部件，并采取了避免安全阀开启的措施；

d）用两块压力表，压力表精度不低于1.5级。

14.9 锅炉超压试验的压力，按制造厂规定执行。制造厂没有规定时按表10规定执行。

表10 锅炉超压试验压力

名　　称	超压试验压力
锅炉本体（包括过热器）	1.25倍锅炉设计压力
再热器	1.50倍再热器设计压力
直流锅炉	过热器出口设计压力的1.25倍且不得小于省煤器设计压力的1.1倍

14.10 锅炉进行超压试验时，水压应缓慢地升降。当水压上升到工作压力时，应暂停升压，检查无漏泄或异常现象后，再升到超压试验压力，在超压试验压力下保持20min，降到工作压力，再进行检查，检查期间压力应维持不变。

水压试验时，环境温度不低于5℃。环境温度低于5℃时，必须有防冻措施。水压试验水温按制造厂规定的数值控制，一般以30～70℃为宜。

14.11 超压试验的合格标准：

a）受压元件金属壁和焊缝没有任何水珠和水雾的漏泄痕迹；

b）受压元件没有明显的残余变形。

14.12 在役压力容器的定期检验种类和周期规定如下：

a）外部检验：每年至少一次。

b）内外部检验：结合大修进行。压力容器安全状况等级1～3级，每隔6年检验一次；3～4级，每隔3年检验一次。

14.13 有以下情况之一时，压力容器内外部检验周期应适当缩短：

a）多次返修过的压力容器；

b）使用期限超过15年，经技术鉴定确认需缩短周期的；

c）检验员认为该缩短的。

14.14 压力容器耐压试验是超过最高工作压力的液压试验或气压试验，其周期为10年至少一次。耐压试验的要求、试验压力、合格标准按劳动部《压力容器安全技术监察规程》执行。有以下情况之一时，经内外部检验合格后，必须进行耐压试验：

a）修理或更换主要受压元件；

b）对安全性能有怀疑时；

c）停用两年重新使用前；

d）移装；

e）无法进行内部检验的。

14.15 在役压力容器的外部、内外部检验内容按部颁《电力工业锅炉压力容器安全性能检验大纲》和劳动部《在用压力容器检验规程》执行。除氧器按《电站压力式除氧器技术规定》执行。

14.16　在役主蒸汽管、再热蒸汽管和主给水管及其附件的技术状况应清楚明了。若无配制、安装等原始资料或对资料有怀疑时，应结合大修尽快普查，摸清情况。

14.17　主蒸汽管、高温再热蒸汽管的蠕变测量应由专人负责。测量工具应定期校验，并及时正确地记录测量和计算结果。测量间隔、测量和计算方法按 DL 441《火力发电厂高温高压蒸汽管道蠕变监督导则》执行。

主蒸汽管、高温再热蒸汽管的检验周期、更换标准按 DL 438《火力发电厂金属技术监督规程》的规定执行。

14.18　工作温度为 450℃的中压碳钢主蒸汽管应加强石墨化检验。运行 10 万 h 后应进行石墨化检查。当有超温记录、运行 15 万 h 或正常工况下运行达 20 万 h 时必须割管检查。

焊接接头、管材石墨化达 3～4 级时应进行更换。

14.19　主蒸汽管、高温再热蒸汽管弯头运行 5 万 h 时，应进行第一次检查，以后检验周期为 3 万 h。

若发现蠕变裂纹、严重蠕变损伤或圆度明显复圆时应进行更换，如有划痕应磨掉。

给水管的弯头应重点检验其冲刷减薄和中性面的腐蚀裂纹。

14.20　管道运行中应检查支吊架有无松脱、卡死以及管道的膨胀情况，检修时应按设计要求进行调整和修复，并做出记录。

14.21　在役锅炉和主要受压管道检验后应将检验结果记入锅炉和管道技术档案，并填写锅炉登录簿。在役压力容器检验后应验填写在用压力容器检验报告书。

附录B 摘录DL/T 438—2009《火力发电厂金属技术监督规程》

1 范围

本标准规定了火力发电厂金属监督的部件范围，检验监督的项目、内容及相应的判据。

本标准适用于以下金属部件的监督：

a）工作温度大于等于400℃的高温承压部件（含主蒸汽管道、高温再热蒸汽管道、过热器管、再热器管、联箱、阀壳和三通），以及与管道、联箱相联的小管。

b）工作温度大于等于400℃的导汽管、联络管。

c）工作压力大于等于3.82MPa汽包和直流锅炉的汽水分离器、储水罐。

d）工作压力大于等于5.88MPa的承压汽水管道和部件（含水冷壁管、蒸发段、省煤器管、联箱和主给水管道）。

e）汽轮机大轴、叶轮、叶片、拉金、轴瓦和发电机大轴、护环、风扇叶。

f）工作温度大于等于400℃的螺栓。

g）工作温度大于等于400℃的汽缸、汽室、主汽门、调速汽门、喷嘴、隔板和隔板套。

h）300MW及以上机组带纵焊缝的低温再热蒸汽管道。

2 规范性引用文件

下列文件中的条款通过本标准的引用而成为本标准的条款。凡是注日期的引用文件，其随后所有的修改单（不包括勘误的内容）或修订版均不适用于本标准，然而，鼓励根据本标准达成协议的各方研究是否可使用这些文件的最新版本。凡是不注日期的引用文件，其最新版本适用于本标准。

GB 713—2008 锅炉和压力容器用钢板

GB 5310—2008 高压锅炉用无缝钢管

GB/T 9222—2008 水管锅炉受压元件强度计算

GB/T 19624—2004 在用含缺陷压力容器安全评定

GB/T 20410—2006 涡轮机高温螺栓用钢

DL/T 439—2006 火力发电厂高温紧固件技术导则

DL/T 440—2004 在役电站锅炉汽包的检验及评定规程

DL/T 441—2004 火力发电厂高温高压蒸汽管道蠕变监督规程

DL 473—1992 大直径三通锻件技术条件

DL/T 505 汽轮机主轴焊缝超声波探伤规程

DL/T 515—2004 电站弯管

DL/T 531—1994 电站高温高压截止阀闸阀技术条件

DL 612—1996 电力工业锅炉压力容器监察规程

DL/T 616—2006 火力发电厂汽水管道与支吊架维修调整导则

DL 647—2004 电站锅炉压力容器检验规程

DL/T 654　火电机组寿命评估技术导则
DL/T 674—1999　火电厂用 20 号钢珠光体球化评级标准
DL/T 695—1999　电站钢制对焊管件
DL/T 714　汽轮机叶片超声波检验技术导则
DL/T 715　火力发电厂金属材料选用导则
DL/T 717　汽轮发电机组转子中心孔检验技术导则
DL/T 734　火力发电厂锅炉汽包焊接修复技术导则
DL/T 752—2001　火力发电厂异种钢焊接技术规程
DL/T 753　汽轮机铸钢件补焊技术导则
DL/T 773—2001　火电厂用 12Cr1MoV 钢球化评级标准
DL/T 786—2001　碳钢石墨化检验及评级标准
DL/T 787—2001　火力发电厂用 15CrMo 钢珠光体球化评级标准
DL/T 819　火力发电厂焊接热处理技术规程
DL/T 820　管道焊接接头超声波检验技术规程
DL/T 821　钢制承压管道对接焊接接头射线检验技术规程
DL/T 850—2004　电站配管
DL/T 868—2004　焊接工艺评定规程
DL/T 869　火力发电厂焊接技术规程
DL/T 884—2004　火电厂金相组织检验与评定技术导则
DL/T 922—2005　火力发电用钢制通用阀门订货、验收导则
DL/T 925　汽轮机叶片涡流检验技术导则
DL/T 930　整锻式汽轮机实心转子体超声波检验技术导则
DL/T 939—2005　火力发电厂锅炉受热面管监督检验技术导则
DL/T 940　火力发电厂蒸汽管道寿命评估技术导则
DL/T 991　电力设备金属光谱分析技术导则
DL/T 999—2006　电站用 2.25Cr-1Mo 钢球化评级标准
JB/T 1611—1993　锅炉管子制造技术条件
JB/T 3375　锅炉用材料入厂验收规则
JB/T 3595—2002　电站阀门一般要求
JB/T 4730—2005　承压设备无损检测
ASTM A335/A335M　高温用无缝铁素体合金钢管

3　总则

3.1　金属技术监督的目的

通过对受监部件的检验和诊断，及时了解并掌握设备金属部件的质量状况，防止机组设计、制造、安装中出现的与金属材料相关的问题以及运行中材料老化、性能下降等因素而引起的各类事故，从而减少机组非计划停运次数和时间，提高设备安全运行的可靠性，延长设备的使用寿命。

3.2　金属技术监督的任务

a）做好受监范围内各种金属部件在制造、安装、检修及老机组更新改造中材料质量、焊接质量、部件质量监督以及金属试验工作。

b）对受监金属部件的失效进行调查和原因分析，提出处理对策。

c）按照相应的技术标准，采用无损探伤技术对设备的缺陷及缺陷的发展进行检测和评判，提出相应的技术措施。

d）按照相应的技术标准，检查和掌握受监部件服役过程中表面状态、几何尺寸的变化、金属组织老化、力学性能劣化，并对材料的损伤状态作出评估，提出相应的技术措施。

e）对重要的受监金属部件和超期服役机组进行寿命评估，对含缺陷的部件进行安全性评估，为机组的寿命管理和预知性检修提供技术依据。

f）参与焊工培训考核。

g）建立、健全金属技术监督档案，并进行电子文档管理。

3.3　金属技术监督的实施

a）金属技术监督是火力发电厂技术监督的重要组成部分，是保证火电机组安全运行的重要措施，应实现在机组设计、制造、安装（包括工厂化配管）、工程监理、调试、试运行、运行、停用、检修、技术改造各个环节的全过程技术监督和技术管理工作中。

b）金属技术监督应贯彻“安全第一、预防为主”的方针，实行金属专业监督与其他专业监督相结合，有关电力设计、安装、工程监理、调试、运行、检修、修造、物资供应和试验研究等部门应执行本标准。

c）火力发电厂和电力建设公司应设相应的金属技术监督网并设置金属技术监督专责工程师，监督网成员应有金属监督的技术主管，金属检验、焊接、锅炉、汽轮机、电气专业技术人员和金属材料供应部门的主管人员；金属技术监督专责工程师应有从事金属监督的经验。

d）火力发电厂的金属技术监督专责工程师在技术主管领导下进行工作，金属技术监督专责工程师的职责参见附录A。

e）各电力公司可根据本标准制定相应的本企业金属技术监督规程、制度或实施细则，地方电厂（热电厂）和各行业系统的自备电厂可参照本标准开展金属技术监督工作。

4　名词术语

4.1

管件　pipe fittings

构成管道系统的零部件的通称，包括弯管、弯头、三通、异径管、接管座、堵头、封头等。

4.2

弯管　bent pipes/tubes

指轴线发生弯曲的管子。用钢管经热弯（通常用中频加热弯制）或冷弯制作的带有直段的称为弯管。

4.3

弯头 elbows

弯曲半径小于或等于2倍名义直径且直段小于直径的轴线发生弯曲的管子称为弯头。通常通过锻造、热挤压、热推制或铸造制作。

4.4

高温联箱 high temperature headers

指工作温度大于等于400℃的联箱。

4.5

低温联箱 low temperature headers

指工作温度小于400℃的联箱。

4.6

椭圆度 ellipticity

弯管或弯头弯曲部分同一圆截面上最大外径与最小外径之差与名义外径之比。

4.7

监督段 supervision section of pipe

蒸汽管道上主要用于金相组织和硬度跟踪检验的区段。

4.8

A级检修 A Class Maintenance

A级检修是指对机组进行全面的解体检查和修理，以保持、恢复或提高设备性能。国产机组A级检修间隔4年～6年，进口机组A级检修间隔6年～8年。A级检修与机组的传统大修相当。

4.9

B级检修 B Class Maintenance

B级检修是指针对机组某些设备存在的问题，对机组部分设备进行解体检查和修理。B级检修可根据机组设备状态评估结果，有针对性地实施部分A级检修项目或定期滚动检修项目。

5 金属材料的监督

5.1 受监范围的金属材料及其部件应严格按相应的国内外国家标准、行业标准的规定对其质量进行检验。有关电站金属材料及部件的技术标准参见附录B。

5.2 材料的质量验收应遵照如下规定：

a）受监的金属材料，应符合相关国家标准和行业标准；进口的金属材料，应符合合同规定的相关国家的技术法规、标准。

b）受监的钢材、钢管、备品和配件应按质量保证书进行质量验收。质量保证书中一般应包括材料牌号、炉批号、化学成分、热加工工艺、力学性能及必要的金相、无损探伤结果等。数据不全的应进行补检，补检的方法、范围、数量应符合相关国家标准或行业标准。

c）重要的金属部件，如汽包、汽水分离器、联箱、汽轮机大轴、叶轮、发电机大轴、护环等，应有部件质量保证书，质量保证书中的技术指标应符合相关国家标准或行业标准。

d）锅炉部件金属材料的入厂检验按照JB/T 3375执行。

e）受监金属材料的个别技术指标不满足相应标准的规定或对材料质量发生疑问时，应按相关标准扩大抽样检验比例。

f）无论复型或试样的金相组织检验，金相照片均应注明分辨率（标尺）。

5.3 凡是受监范围的合金钢材及部件，在制造、安装或检修中更换时，应验证其材料牌号，防止错用。安装前应进行光谱检验，确认材料无误，方可投入运行。

5.4 具有质保书或经过检验合格的受监范围内的钢材、钢管和备品、配件，无论是短期或长期存放，都应挂牌，标明材料牌号和规格，按材料牌号和规格分类存放，并做好防腐蚀措施。

5.5 对进口钢材、钢管和备品、配件等，进口单位应在索赔期内，按合同规定进行质量验收。除应符合相关国家的标准和合同规定的技术条件外，应有商检合格证明书。

5.6 材料代用原则按DL/T 715中的有关条款执行：

a）采用代用材料时，应持慎重态度，要有充分的技术依据，原则上应选择成分、性能略优者；代用材料壁厚偏薄时，应进行强度校核，应保证在使用条件下各项性能指标均不低于设计要求。

b）修造、安装（含工厂化配管）中使用代用材料时，应取得设计单位和金属技术监督专责工程师的认可，并经技术主管批准；检修中使用代用材料时，应征得金属技术监督专责工程师的同意，并经技术主管批准。

c）采用代用材料后，应做好记录，同时应修改相应图纸并在图纸上注明。

5.7 物资供应部门、各级仓库、车间和工地储存受监范围内的钢材、钢管、焊接材料和备品、配件等，应建立严格的质量验收和领用制度，严防错收错发。

5.8 原材料的存放应根据存放地区的气候条件、周围环境和存放时间的长短，建立严格的保管制度，防止变形、腐蚀和损伤；奥氏体不锈钢应单独存放，严禁与碳钢混放或接触。

6 焊接质量的监督

6.1 凡金属监督范围内的锅炉、汽轮机承压管道和部件的焊接，应由具有相应资质的焊工担任。对有特殊要求的部件焊接，焊工应做焊前模拟性练习，熟悉该部件材料的焊接特性。

6.2 凡焊接受监范围内的各种管道和部件，焊前应按DL/T 868—2004的规定进行焊接工艺评定；焊接材料的选择、焊接工艺、焊后热处理、焊接质量检验及质量评定标准等，应按DL/T 869和DL/T 819执行。

6.3 焊接材料（焊条、焊丝、钨棒、氩气、氧气、乙炔和焊剂）的质量应符合国家标准或相关标准规定的要求，焊条、焊丝等均应有制造厂的质量合格证；焊材过期，应重新送检。

6.4 焊接材料应设专库储存，并按相关技术要求进行管理，保证库房内湿度和温度符合要求，防止变质锈蚀；焊接材料的保管还应符合相关安全技术规定。

6.5 受压组件不合格焊缝的处理原则，应按DL/T 869执行。

6.6 外委工作中凡属受监范围内的部件和设备的焊接，应遵循如下原则：

a）承担单位应有按照DL/T 868—2004规定进行的焊接工艺评定，且评定项目能够覆盖承担的焊接工作范围。

b）承担单位应具有相应的检验试验能力，或与有能力的检验单位签订技术合同，负责其承担范围的检验工作。

c）承担单位应有符合 6.1 要求且考试合格的焊工。

d）委托方应及时对焊接质量和检验技术报告进行监督检查。

e）焊接接头的质量检验程序，检验方法、范围和数量，以及质量验收标准，应按 DL/T 869 的规定进行。

f）工程竣工时，承担单位应向委托单位提供完整的技术报告。

6.7　受监范围内部件外观质量检验不合格的焊缝，不允许进行其他项目的检验。

6.8　采用代用材料后，应做好记录，同时应修改相应图纸并在图纸上注明。尤其要做好抢修更换管排时材料变更后的用材及焊缝位置的变化记录。

7　主蒸汽管道和再热蒸汽管道及导汽管的金属监督

7.1　制造、安装检验

7.1.1　管道材料的监督按 5.1 和 5.2 相关条款执行。

7.1.2　国产管件和阀门应满足以下标准：弯管的制造质量应符合 DL/T 515—2004 的规定；弯头、三通和异径管的制造质量应符合 DL/T 695—1999 的规定；锻制的大直径三通应满足 DL 473—1992 的技术条件；阀门的制造质量应符合 DL/T 531—1994、DL/T 922—2005 和 JB/T 3595—2002 的规定。

7.1.3　受监督的管道，在工厂化配管前应进行如下检验：

a）钢管表面上的出厂标记（钢印或漆记）应与该制造商产品标记相符。

b）100％进行外观质量检验。钢管内外表面不允许有裂纹、折叠、轧折、结疤、离层等缺陷，钢管表面的裂纹、机械划痕、擦伤和凹陷以及深度大于 1.6mm 的缺陷应完全清除，清除处应圆滑过渡；清理处的实际壁厚不得小于壁厚偏差所允许的最小值且不应小于按 GB/T 9222—2008 计算的钢管最小需要壁厚。

c）钢管内外表面不允许有大于以下尺寸的直道缺陷：热轧（挤）管，大于壁厚的 5％，且最大深度大于 0.4mm。

d）校核钢管的壁厚和管径应符合相关标准的规定。

e）对合金钢管逐根进行光谱分析，光谱检验按 DL/T 991 执行。

f）合金钢管按同规格根数的 50％进行硬度检验，每炉批至少抽查 1 根；在每根钢管的 3 个截面（两端和中间）检验硬度，每一截面在相对 180°检查两点；若发现硬度异常，应进行金相组织检验，电站常用金属材料的硬度值见附录 C。

g）钢管硬度高于本标准的规定值，通过再次回火；硬度低于本标准的规定值，重新正火＋回火处理不得超过 2 次。

h）对合金钢管按同规格根数的 10％进行金相组织检验，每炉批至少抽查 1 根。

i）钢管按同规格根数的 50％进行超声波探伤，探伤部位为钢管两端头的 300mm～500mm 区段。

j）对直管按每炉批至少抽取 1 根进行以下项目的试验，确认下列项目应符合现行国家、行业标准或国外相应的标准：

——化学成分；

——拉伸、冲击、硬度；
——金相组织、晶粒度和非金属夹杂物；
——弯曲试验（按 ASTM　A335 执行）；
——无损探伤。

k）P22 钢管的试验评价应确认制造商。若为美国 WYMAN—GORDON 公司生产，其金相组织为珠光体＋铁素体；若为德国 VOLLOREC&MANNESMANN 公司或国产管，金相组织为贝氏体（珠光体）＋铁素体。两个公司生产的钢管采用的标准不同，且拉伸强度要求不同。

7.1.4　受监督的弯头/弯管，在工厂化配管前应进行如下检验：

a）查明弯头/弯管表面上的出厂标记（钢印或漆记）应与该制造商产品标记相符。

b）100%进行外观质量检查。弯头/弯管表面不允许有裂纹、折叠、重皮、凹陷和尖锐划痕等缺陷。表面缺陷的处理及消缺后的壁厚按 7.1.3 中的 b）执行。

c）按质量证明书校核弯头/弯管规格并检查以下几何尺寸：

1）逐件检验弯管/弯头的中性面/外/内弧侧壁厚、椭圆度和波浪率。

2）弯管的椭圆度应满足：公称压力大于 8MPa 时，椭圆度不大于 5%；公称压力不大于 8MPa 时，椭圆度不大于 7%。

3）弯头的椭圆度应满足：公称压力不小于 10MPa 时，椭圆度不大于 3%；公称压力小于 10MPa 时，椭圆度不大于 5%。

d）合金钢弯头/弯管应逐件进行光谱分析，光谱检验按 DL/T 991 执行。

e）对合金钢弯头/弯管 100%进行硬度检验，至少在外弧侧顶点和中性面测 3 点。电站常用金属材料的硬度值见附录 C。

f）对合金钢弯头/弯管按 10%进行金相组织检验（同一规格的不得少于 1 件），若发现硬度异常，应进行金相组织检验。

g）弯头/弯管的外弧面按 10%进行探伤抽查。

h）弯头/弯管有下列情况之一时，为不合格：

1）存在晶间裂纹、过烧组织、夹层或无损探伤的其他超标缺陷；

2）弯管几何形状和尺寸不满足 DL/T 515 中有关规定，弯头几何形状和尺寸不满足本标准和 DL/T 695—1999 中有关规定；

3）弯头/弯管外弧侧的最小壁厚小于按 GB/T 9222—2008 计算的管子或管道的最小需要壁厚。

7.1.5　受监督的锻制、热压和焊制三通以及异径管，在配管前应进行如下检查：

a）三通和异径管表面上的出厂标记（钢印或漆记）应与该制造商产品标记相符。

b）100%进行外观质量检验。锻制、热压三通以及异径管表面不允许有裂纹、折叠、重皮、凹陷和尖锐划痕等缺陷。表面缺陷的处理及消缺后的壁厚按 7.1.3 中的 b）执行，三通肩部的壁厚应大于主管公称壁厚的 1.4 倍。

c）合金钢三通、异径管应逐件进行光谱分析，光谱检验按 DL/T 991 执行。

d）合金钢三通、异径管按 100%进行硬度检验。三通至少在肩部和腹部位置各测 3 点，异径管至少在大、小头位置测 3 点。电站常用金属材料的硬度值见附录 C。

e）对合金钢三通、异径管按 10%进行金相组织检验（不得少于 1 件），若发现硬度异常，则应进行金相组织检验。

f）三通、异径管按10%进行探伤抽查。

g）三通、异径管有下列情况之一时，为不合格：

1）存在晶间裂纹、过烧组织、夹层或无损探伤的其他超标缺陷；

2）焊接三通焊缝存在超标缺陷；

3）几何形状和尺寸不符合DL/T 695—1999中有关规定；

4）最小壁厚小于按GB/T 9222—2008中规定计算的最小需要壁厚。

7.1.6 管件硬度高于本标准的规定值，通过再次回火；硬度低于本标准的规定值，重新正火+回火处理不得超过2次。

7.1.7 对验收合格的直管段与管件，按DL/T 850—2004进行组配，组配后的配管应进行以下检验，并满足以下技术条件：

a）几何尺寸应符合DL/T 850—2004的规定。

b）对合金钢管焊缝100%进行光谱检验和热处理后的硬度检验；若组配后进行整体热处理，应对合金钢管按10%进行硬度抽查，同规格至少抽查1根；若发现硬度异常，则扩大检验比例，且焊缝或管段应进行金相组织检验。

c）组配焊缝进行100%无损探伤。

d）管段上小径接管的形位偏差应符合DL/T 850—2004中的规定。

7.1.8 受监督的阀门，安装前应做如下检验：

a）阀壳表面上的出厂标记（钢印或漆记）应与该制造商产品标记相符。

b）按质量证明书校核阀壳材料有关技术指标应符合现行国家或行业技术标准，特别要注意阀壳的无损探伤结果。

c）校核阀门的规格，并100%进行外观质量检验。铸造阀壳内外表面应光洁，不得存在裂纹、气孔、毛刺和夹砂及尖锐划痕等缺陷；锻件表面不得存在裂纹、折叠、锻伤、斑痕、重皮、凹陷和尖锐划痕等缺陷；焊缝表面应光滑，不得有裂纹、气孔、咬边、漏焊、焊瘤等缺陷；若存在上述表面缺陷，则应完全清除，清除深度不得超过公称壁厚的负偏差，清理处的实际壁厚不得小于壁厚偏差所允许的最小值。

d）对合金钢制阀壳逐件进行光谱分析，光谱检验按DL/T 991执行。

e）按20%对阀壳进行表面探伤，至少抽查1件。重点检验阀壳外表面非圆滑过渡的区域和壁厚变化较大的区域。

7.1.9 设计单位应向电厂提供管道单线立体布置图。图中标明：

a）管道的材料牌号、规格、理论计算壁厚、壁厚偏差。

b）设计采用的材料许用应力、弹性模量、线膨胀系数。

c）管道的冷紧口位置及冷紧值。

d）管道对设备的推力、力矩。

e）管道最大应力值及其位置。

7.1.10 对新建机组蒸汽管道，不强制要求安装蠕变变形测点；对已安装了蠕变变形测点的蒸汽管道，则继续按照DL/T 441—2004进行检验。

7.1.11 对工作温度大于450℃的主蒸汽管道、高温再热蒸汽管道，应在直管段上设置监督段（主要用于金相和硬度跟踪检验）；监督段应选择该管系中实际壁厚最薄的同规格钢管，其长度约1000mm；监督段同时应包括锅炉蒸汽出口第一道焊缝后的管段和汽轮机入口前第一道焊缝前的管段。

7.1.12 在以下部位可装设蒸汽管道安全状态在线监测装置：

a）管道应力危险的区段。

b）管壁较薄，应力较大，或运行时间较长，以及经评估后剩余寿命较短的管道。

7.1.13 安装前，安装单位应对直管段、管件和阀门的外观质量进行检验，部件表面不许存在裂纹、严重凹陷、变形等缺陷。

7.1.14 安装前，安装单位应对直管段、弯头/弯管、三通进行内外表面检验和几何尺寸抽查：

a）按管段数量的20%测量直管的外（内）径和壁厚。

b）按弯管（弯头）数量的20%进行椭圆度、壁厚测量，特别是外弧侧的壁厚。

c）检验热压三通检验肩部、管口区段以及焊制三通管口区段的壁厚。

d）对异径管进行壁厚和直径测量。

e）管道上小接管的形位偏差。

f）几何尺寸不合格的管件，应加倍抽查。

7.1.15 安装前，安装单位应对合金钢管、合金钢制管件（弯头/弯管、三通、异径管）100%进行光谱检验，按管段、管件数量的20%和10%分别进行硬度和金相组织检验；每种规格至少抽查1个，硬度异常的管件应扩大检查比例且进行金相组织检验。

7.1.16 应对主蒸汽管道、高温再热蒸汽管道上的堵阀/堵板阀体、焊缝进行无损探伤。

7.1.17 工作温度大于450℃的主蒸汽管道、高温再热蒸汽管道和高温导汽管的安装焊缝应采取氩弧焊打底。焊缝在热处理后或焊后（不需热处理的焊缝）应进行100%无损探伤。管道焊缝超声波探伤按DL/T 820进行，射线探伤按DL/T 821执行，质量评定按DL/T 869执行。对虽未超标但记录的缺陷，应确定位置、尺寸和性质，并记入技术档案。

7.1.18 安装焊缝的外观、光谱、硬度、金相组织检验和无损探伤的比例、质量要求按DL/T 869中的规定执行，对9%～12%Cr类钢制管道的有关检验监督项目按7.3执行。

7.1.19 管道安装完应对监督段进行硬度和金相组织检验。

7.1.20 管道保温层表面应有焊缝位置的标志。

7.1.21 安装单位应向电厂提供与实际管道和部件相对应的以下资料：

a）三通、阀门的型号、规格、出厂证明书及检验结果；若电厂直接从制造商获得三通、阀门的出厂证明书，则可不提供。

b）安装焊缝坡口形式、焊缝位置、焊接及热处理工艺及各项检验结果。

c）直管的外观、几何尺寸和硬度检查结果；合金钢直管应有金相组织检验结果。

d）弯管/弯头的外观、椭圆度、波浪率、壁厚等检验结果。

e）合金钢制弯头/弯管的硬度和金相组织检验结果。

f）管道系统合金钢部件的光谱检验记录。

g）代用材料记录。

h）安装过程中异常情况及处理记录。

7.1.22 监理单位应向电厂提供钢管、管件原材料检验、焊接工艺执行监督以及安装质量检验监督等相应的监理资料。

7.1.23　主蒸汽管道、高温再热蒸汽管道露天布置的部分，及与油管平行、交叉和可能滴水的部分，应加包金属薄板保护层。已投产的露天布置的主蒸汽管道和高温再热蒸汽管道，应加包金属薄板保护层。露天吊架处应有防雨水渗入保护层的措施。

7.1.24　主蒸汽管道、高温再热蒸汽管道要保温良好，严禁裸露运行，保温材料应符合设计要求，不能对管道金属有腐蚀作用；运行中严防水、油渗入管道保温层。保温层破裂或脱落时，应及时修补；更换容重相差较大的保温材料时，应考虑对支吊架的影响；严禁在管道上焊接保温拉钩，不得借助管道起吊重物。

7.1.25　工作温度高于450℃的锅炉出口、汽轮机进口的导汽管，参照主蒸汽管道、高温再热蒸汽管道的监督检验规定执行。

7.2　机组运行期间的检验监督

7.2.1　管件及阀门的检验监督

7.2.1.1　机组第一次A级检修或B级检修，应按10%对管件及阀壳进行外观质量、硬度、金相组织、壁厚、椭圆度检验和无损探伤（弯头的探伤包括外弧侧的表面探伤与对内壁表面的超声波探伤）。以后的检验逐步增加抽查比例，后次A级检修或B级检修的抽查部件为前次未检部件，至10万h完成100%检验。

7.2.1.2　每次A级检修应对以下管件进行硬度、金相组织检验，硬度和金相组织检验点应在前次检验点处或附近区域：

a）安装前硬度、金相组织异常的管件。

b）安装前不圆度较大、外弧侧壁厚较薄的弯头/弯管。

c）锅炉出口第一个弯头/弯管、汽轮机入口邻近的弯头/弯管。

7.2.1.3　机组每次A级检修应对安装前椭圆度较大、外弧侧壁厚较薄的弯头/弯管进行椭圆度和壁厚测量；对存在较严重缺陷的阀门、管件每次A级检修或B级检修应进行无损探伤。

7.2.1.4　工作温度高于450℃的锅炉出口、汽轮机进口的导汽管弯管，参照主蒸汽管道、高温再热蒸汽管道弯管监督检验规定执行。

7.2.1.5　弯头/弯管发现下列情况时，应及时处理或更换：

a）当发现7.1.4中h）所列情况之一时。

b）产生蠕变裂纹或严重的蠕变损伤（蠕变损伤4级及以上）时。蠕变损伤评级按附录D执行。

c）碳钢、钼钢弯头焊接接头石墨化达4级时；石墨化评级按DL/T 786—2001规定执行。

d）相对于初始椭圆度，复圆50%。

e）已运行20万h的铸造弯头，检验周期应缩短到2万h，根据检验结果决定是否更换。

7.2.1.6　三通和异径管有下列情况时，应及时处理或更换：

a）当发现7.1.5中g）所列情况之一时。

b）产生蠕变裂纹或严重的蠕变损伤（蠕变损伤4级及以上）时。蠕变损伤评级按附录D执行。

c）碳钢、钼钢三通，当发现石墨化达4级时；石墨化评级按DL/T 786—2001规定执行。

d）已运行20万h的铸造三通，检验周期应缩短到2万h，根据检验结果决定是否更换。

e）对需更换的三通和异径管，推荐选用锻造、热挤压、带有加强的焊制三通。

7.2.1.7 铸钢阀壳存在裂纹、铸造缺陷，经打磨消缺后的实际壁厚小于最小壁厚时，应及时处理或更换。

7.2.1.8 累计运行时间达到或超过10万h的主蒸汽管道和高温再热蒸汽管道，其弯管为非中频弯制的应予更换。若不具备更换条件，应予以重点监督，监督的内容主要为：

a）弯管外弧侧、中性面的壁厚。

b）弯管外弧侧、中性面的硬度。

c）弯管外弧侧的金相组织。

d）弯管的椭圆度。

7.2.2 支调架的检验监督

7.2.2.1 应定期检查管道支吊架和位移指示器的状况，特别要注意机组启停前后的检查，发现支吊架松脱、偏斜、卡死或损坏等现象时，及时调整修复并做好记录。

7.2.2.2 管道安装完毕和机组每次A级检修，对管道支吊架进行检验。根据检查结果，在第一次或第二次A级检修期间，对管道支吊架进行调整；此后根据每次A级检修检验结果，确定是否再次调整。管道支调架检查与调整按DL/T 616—2006执行。

7.2.3 低合金耐热钢及碳钢管道的检验监督

7.2.3.1 机组第一次A级检修或B级检修，按10%对直管段和焊缝进行外观质量、硬度、金相组织、壁厚检验和无损探伤。以后检验逐步增加抽查比例，后次A级检修或B级检修的抽查的区段、焊缝为前次未检区段、焊缝，至10万h完成100%检验。

7.2.3.2 机组每次A级检修，应对以下管段和焊缝进行硬度和金相组织检验，硬度和金相组织检验点应在前次检验点处或附近区域：

a）监督段直管。

b）安装前硬度、金相组织异常的直段和焊缝。

7.2.3.3 管道的外观质量检验和焊缝的无损探伤

a）管道直段、焊缝外观不允许存在裂纹、严重划痕、拉痕、麻坑、重皮及腐蚀等缺陷。

b）焊缝的无损探伤抽查依据安装焊缝的检验记录选取，对于缺陷较严重的焊缝，每次A级检修或B级检修应进行无损探伤复查。焊缝表面探伤按JB/T 4730—2005执行，超声波探伤按DL/T 820规定执行。

7.2.3.4 与主蒸汽管道相连的小管，应采取如下监督检验措施：

a）主蒸汽管道可能有积水或凝结水的部位（压力表管、疏水管附近、喷水减温器下部、较长的盲管及不经常使用的联络管），应重点检验其与母管相连的角焊缝。运行10万h后，宜结合检修全部更换。

b）小管道上的管件和阀壳的检验与处理参照7.2.1执行。

c）对联络管、防腐管等小管道的管段、管件和阀壳，运行10万h以后，根据实际情况，尽可能全部更换。

7.2.3.5 工作温度大于等于450℃、运行时间较长和受力复杂的碳钢、钼钢制蒸汽管道，重点检验石墨化和珠光体球化；对石墨化倾向日趋严重的管道，除做好检验外，应按规定要求做好管道运行、维修工作，防止超温、水冲击等；碳钢的石墨化和珠光体球化评级按 DL/T 786—2001 和 DL/T 674—1999 执行，钼钢的石墨化和珠光体球化评级可参考 DL/T 786—2001 和 DL/T 674—1999。

7.2.3.6 工作温度大于等于 450℃的碳钢、钼钢制蒸汽管道，当运行时间超过 20 万 h 时，应割管进行材质评定，割管部位应包括焊接接头。

7.2.3.7 300MW 及以上机组带纵焊缝的低温再热蒸汽管道投运后，应做如下检验：

a）第 1 次 A 级检修或 B 级检修抽取 10%的纵焊缝进行超声波探伤；以后的检验逐步增加抽查比例，至 10 万 h 完成 100%检验。

b）对于缺陷较严重的焊缝每次 A 级检修或 B 级检修，应进行无损探伤复查。

7.2.3.8 对运行时间达到或超过 20 万 h、工作温度高于 450℃的主蒸汽管道、高温再热蒸汽管道，应割管进行材质评定；当割管试验表明材质损伤严重时（材质损伤程度根据割管试验的各项力学性能指标和微观金相组织的老化程度由金属监督人员确定），应进行寿命评估；管道寿命评估按照 DL/T 940 执行。

7.2.3.9 已运行 20 万 h 的 12CrMo、15CrMo、12CrMoV、12Cr1MoV、12Cr2MoG（2.25Cr—1Mo、P22、10CrMo910）钢制蒸汽管道，经检验符合下列条件，直管段一般可继续运行至 30 万 h：

a）实测最大蠕变应变小于 0.75%或最大蠕变速度小于 0.35×10^{-5}%/h。

b）监督段金相组织未严重球化（即未达到 5 级），12CrMo、15CrMo 钢的珠光体球化评级按 DL/T 787—2001 执行，12CrMoV、12Cr1MoV 钢的珠光体球化评级按 DL/T 773—2001 执行，12Cr2MoG、2.25Cr—1Mo、P22 和 10CrMo910 钢的珠光体球化评级按 DL/T 999—2006 执行。

c）未发现严重的蠕变损伤。

7.2.3.10 12CrMo、15CrMo、12CrMoV、12Cr1MoV 和 12Cr2MoG 钢蒸汽管道，当金相组织珠光体球化达到 5 级，或蠕变应变达到 0.75%或蠕变速度大于 0.35×10^{-5}%/h，应割管进行材质评定和寿命评估。

7.2.3.11 除 7.2.3.9 所列的五种钢种外，其余合金钢制主蒸汽管道、高温再热蒸汽管道，当蠕变应变达 0.75%或蠕变速度大于 1×10^{-5}%/h 时，应割管进行材质评定和寿命评估。

7.2.3.12 主蒸汽管道材质损伤，经检验发现下列情况之一时，须及时处理或更换：

a）自机组投运以后，一直提供蠕变测量数据，其蠕变应变达 1.5%。

b）一个或多个晶粒长的蠕变微裂纹。

7.2.3.13 工作温度高于 450℃的锅炉出口、汽轮机进口的导汽管，根据不同的机组型号在运行 5 万 h～10 万 h 时间范围内，进行外观质量和无损检验，以后检验周期约 5 万 h。对启停次数较多、原始椭圆度较大和运行后有明显复圆的弯管，应特别注意，发现超标缺陷或裂纹时，应及时更换。

7.3 9%～12%Cr 系列钢制管道的检验监督

7.3.1 9%～12%Cr 系列钢包括 P91、P92、P122、X20CrMoV121、X20CrMoWV121、CSN41 7134 等。

7.3.2 管材和制造、安装检验按 7.1 中相关条款执行。

7.3.3 直管段母材的硬度应均匀，且控制在180 HB～250HB，同根钢管上任意两点间的硬度差不应大于Δ 30HB；安装前检验母材硬度小于160 HB时，应取样进行拉伸试验。

7.3.4 用金相显微镜在100倍下检查δ-铁素体含量，取10个视场的平均值，纵向面金相组织中的δ-铁素体含量不超过5%。

7.3.5 热推、热压管件的硬度应均匀，且控制在175HB～250HB，同一管件上任两点之间的硬度差不应大于Δ50HB；纵截面金相组织中的δ-铁素体含量不超过5%。

7.3.6 对于公称直径大于150mm或壁厚大于20mm的管道，100%进行焊缝的硬度检验；其余规格管道的焊接接头按5%抽检；焊后热处理记录显示异常的焊缝应进行硬度检验；焊缝硬度应控制在180HB～270HB。

7.3.7 硬度检验的打磨深度通常为0.5mm～1.0mm，并以120号或更细的砂轮、砂纸精磨。表面粗糙度 $Ra<1.6\mu m$；硬度检验部位包括焊缝和近缝区的母材，同一部位至少测量3点。

7.3.8 焊缝硬度超出控制范围，首先在原测点附近两处和原测点180°位置再次测量；其次在原测点可适当打磨较深位置，打磨后的管道壁厚不应小于按GB/T 9222—2008计算的最小需要壁厚。

7.3.9 对于公称直径大于150mm或壁厚大于20mm的管道，10%进行焊缝的金相组织检验，硬度超标或焊后热处理记录显示异常的焊缝应进行金相组织检验。

7.3.10 焊缝和熔合区金相组织中的δ-铁素体含量不超过8%，最严重的视场不超过10%。

7.3.11 对于焊缝区域的裂纹检验，打磨后进行磁粉探伤。

7.3.12 管道直段、管件硬度高于本标准的规定值，通过再次回火；硬度低于本标准的规定值，重新正火+回火处理不得超过2次。

7.3.13 服役期间管道的监督检验按7.2.3.1～7.2.3.4执行。

7.3.14 机组服役3个A级检修（约10万h）时，在主蒸汽管道监督段割管一次进行以下试验：

a）硬度检验，并与每次检修现场检测的硬度值进行比较。

b）拉伸性能（室温、服役温度）。

c）冲击性能（室温、服役温度）。

d）微观组织的光学金相和透射电镜检验。

e）依据试验结果，对管道的材质状态作出评估，由金属专责工程师确定下次割管时间。

f）第2次割管除进行7.3.14中a）项～d）项试验外，还应进行持久断裂试验。

g）第2次割管试验后，依据试验结果，对管道的材质状态和剩余寿命作出评估。

7.3.15 对安装期间来源不清或有疑虑的管材，首先应对管材进行鉴定性检验，检验项目包括：

a）直管段和管件的壁厚、外径检查。

b）直管段和管件的超声波探伤。

c）割管取样进行7.3.14中的试验项目。

d）依据试验结果，对管道的材质状态作出评估。

8 高温联箱的金属监督

8.1 制造、安装检验

8.1.1 工作温度高于400℃的联箱安装前，应做如下检验：

a）制造商合格证明书中有关技术指标应符合现行国家或行业技术标准；对进口联箱，除应符合有关国家的技术标准和合同规定的技术条件外，应有商检合格证明单。

b）查明联箱筒体表面上的出厂标记（钢印或漆记）是否与该厂产品相符。

c）按设计要求校对其筒体、管座型式、规格和材料牌号及技术参数。

d）进行外观质量检验。

e）进行筒体和管座壁厚和直径测量，特别注意环焊缝邻近区段的壁厚。

f）联箱上接管的形位偏差检验，应符合相关制造标准中的规定。

g）对合金钢制联箱，逐件对筒体筒节、封头进行光谱检验。

h）对合金钢制联箱，按筒体段数和制造焊缝的20%进行硬度检验，所查联箱的母材及焊缝至少各选1处；对联箱过渡段100%进行硬度检验。一旦发现硬度异常，须进行金相组织检验。

i）9%～12%Cr（牌号同7.3.1中所列）钢制联箱的母材、焊缝的硬度和金相组织参照7.3.3～7.3.12执行。

j）对联箱制造环焊缝按10%进行超声波探伤，管座角焊缝和手孔管座角焊缝按50%进行表面探伤复查。

k）检验联箱内部清洁度，如钻孔残留的“眼镜片”、焊瘤、杂物等，并彻底清除。

8.1.2　对联箱筒体和管座的表面质量要求为：

a）筒体表面不允许有裂纹、折叠、重皮、结疤及尖锐划痕等缺陷，筒体焊缝和管座角焊缝不允许存在裂纹、未熔合、气孔、夹渣、咬边、根部凸出和内凹等缺陷，管座角焊缝应圆滑过渡。

b）对上述表面缺陷应完全清除，清除后的实际壁厚不得小于壁厚偏差所允许的最小值且不应小于按GB/T 9222—2008计算的筒体的最小需要壁厚。

c）筒体表面凹陷深度不得超过1.5mm，凹缺最大长度不应大于周长的5%，且不大于40mm。

d）环形联箱弯头外观应无裂纹、重皮和损伤，外形尺寸符合设计要求。

8.1.3　联箱筒体、焊缝有下列情况时，应予返修或判不合格：

a）母材存在裂纹、夹层或无损探伤的其他超标缺陷。

b）焊缝存在裂纹、未熔合及较严重的气孔、夹渣，咬边、根部内凹等缺陷。

c）筒体和管座的壁厚小于最小需要壁厚。

d）筒体与管座型式、规格、材料牌号不匹配。

8.1.4　安装焊缝的外观、光谱、硬度、金相和无损探伤的比例、质量要求按DL/T 869中的规定执行；对9%～12%Cr类钢制联箱安装焊缝的母材、焊缝的硬度和金相组织参照7.3.3～7.3.12执行。一旦发现硬度异常，应进行金相组织检验。

8.1.5　联箱安装过程中，应用内窥镜进行联箱清洁度检验。

8.1.6　联箱要保温良好，严禁裸露运行，保温材料应符合设计要求。运行中严防水、油渗入联箱保温层；保温层破裂或脱落时，应及时修补；更换的保温材料不能对管道金属有腐蚀作用；严禁在联箱筒体上焊接保温拉钩。

8.1.7　安装单位应向电厂提供与实际联箱相对应的以下资料：

a）联箱型号、规格、出厂证明书及检验结果；若电厂直接从制造商获得联箱的出厂证明书，则可不提供。

b）安装焊缝坡口形式、焊接及热处理工艺和各项检验结果。

c）筒体的外观、壁厚、金相组织及硬度检验结果。

d）合金钢制联箱筒体、焊缝的硬度和金相检验结果。

e）合金钢制联箱筒体、焊缝的光谱检验记录。

f）代用材料记录。

g）安装过程中异常情况及处理记录。

8.1.8　监理单位应向电厂提供钢管、管件原材料检验、焊接工艺执行监督以及安装质量检验监督等相应的监理资料。

8.2　机组运行期间的检验监督

8.2.1　机组每次A级检修或B级检修对联箱进行以下项目和内容的检验：

a）安装前硬度、金相组织异常的筒体部位和焊缝进行硬度和金相组织检验。

b）对缺陷较严重的焊缝进行无损探伤复查。

c）对运行温度高于540℃的联箱，首次检查对联箱筒体焊缝、封头焊缝、管座角焊缝以及与联箱连接的大直径三通焊缝按10%进行无损探伤。以后逐步增加抽查比例，后次大修的抽查部位为前次未检部位，至10万h完成100%检查，检查的排序按制造安装前的检验结果确定。此后的A级检修重点检查缺陷相对严重的焊缝，检查数量不少于20%。表面探伤按JB/T 4730—2005执行，超声波探伤按DL/T 820执行。

d）每次A级检修按8.1.2检查拆除保温层的联箱部位筒体和管座角焊缝的外观质量，同时要检查外壁氧化、腐蚀、胀粗等；环形联箱弯头/弯管外观应无裂纹、重皮和损伤，外形尺寸符合设计要求。

e）运行温度高于540℃的联箱，根据联箱的运行参数，按筒节、焊缝数量的10%（选温度最高的部位，至少选2个筒节、2道焊缝）对筒节、焊缝及邻近母材进行硬度和金相组织检验，后次的检查部位为首次检查部位或其邻近区域；对联箱过渡段100%进行硬度检验；检查中发现硬度异常，应进行金相组织检验。

f）首次检查对与联箱相联的疏水管、测温管、压力表管、空气管、安全阀、排气阀、充氮、取样、压力信号等小口径管等管座按20%（至少抽取3个）进行抽查，检查内容包括角焊缝外观质量、表面探伤；重点检查其与母管连接的开孔的内孔周围是否有裂纹，若有裂纹，应进行挖补或更换；以后的检查逐步增加比例，后次抽查部位为前次未检部位，至10万h完成100%检查；此后的A级检修检查重点检查缺陷相对严重的管座焊缝，检查数量不少于50%。机组运行10万h后，宜结合检修全部更换。

g）每次A级检修对集汽联箱的安全门管座角焊缝进行无损探伤。

h）每次A级检修对吊耳与联箱焊缝进行外观质量检验和表面探伤，必要时进行超声波探伤。

i）对存在内隔板的联箱，运行10万h后用内窥镜对内隔板位置及焊缝进行全面检查。

j）顶棚过热器管发生下陷时，应检查下垂部位联箱的弯曲度及其连接管道的位移情况。

8.2.2　根据设备状况，结合机组检修，对减温器联箱进行下列检查：

a）对混合式（文丘里式）减温器联箱用内窥镜检查内壁、内衬套、喷嘴。应无裂纹、磨损、腐蚀脱落等情况，对安装内套管的管段进行胀粗检查。

b）对内套筒定位螺丝封口焊缝和喷水管角焊缝进行表面探伤。

c）表面式减温器运行约 2 万 h～3 万 h 后进行抽芯，检查冷却管板变形、内壁裂纹、腐蚀情况及冷却管水压检查泄漏情况，以后每隔约 5 万 h 检查一次。

d）减温器联箱对接焊缝按 8.2.1 中 c）的规定进行无损探伤。

8.2.3 工作温度高于等于 400℃的碳钢、钼钢制联箱，当运行至 10 万 h 时，应进行石墨化检查，以后的检查周期约 5 万 h；运行至 20 万 h 时，每次机组 A 级检修或 B 级检修按 8.2.1 中有关条款执行。

8.2.4 已运行 20 万 h 的 12CrMo、15CrMo、10CrMo910、12CrMoV、12Cr1MoV 钢制联箱，经检查符合下列条件，筒体一般可继续运行至 30 万 h：

a）金相组织未严重球化（即未达到 5 级）。

b）未发现严重的蠕变损伤。

c）筒体未见明显胀粗。

8.2.5 对珠光体球化达到 5 级，硬度下降明显的联箱，应进行寿命评估或更换。联箱寿命评估参照 DL/T 940 执行。

8.2.6 联箱发现下列情况时，应及时处理或更换：

a）当发现 8.1.3 所列规定之一时。

b）筒体产生蠕变裂纹或严重的蠕变损伤（蠕变损伤 4 级及以上）时。

c）碳钢和钼钢制联箱，当石墨化达 4 级时，应予更换；石墨化评级按 DL/T 786—2001 的规定执行。

d）联箱筒体周向胀粗超过公称直径的 1%。

8.2.7 9%～12%Cr 钢制联箱运行期间的监督检验按照 8.2.1 中的有关条款执行。

9 受热面管子的金属监督

9.1 制造、安装前检验

9.1.1 对受监范围的受热面管子，应根据 GB 5310—2008 或相应的技术标准，对管材质量进行检验监督。主要检验管子供应商的质量保证书和材料复检记录或报告，进口管材应有商检报告。报告中应包括：

a）管材制造商。

b）管材的化学成分、低倍检验、金相组织、力学性能、工艺性能和无损探伤结果应符合 GB 5310 中相关条款的规定；进口管材应符合相应国家的标准及合同规定的技术条件；受热面管材料技术标准参见附录 B。

c）奥氏体不锈钢管应作晶间应力腐蚀试验。

d）管子表面不允许有裂纹、折叠、轧折、结疤、离层、撞伤、压扁及较严重腐蚀等缺陷，视情况对缺陷管进行处理（打磨或更换）；处理后缺陷处的实际壁厚不得小于壁厚偏差所允许的最小值且不应小于按 GB/T 9222—2008 计算的管子的最小需要壁厚。

e）管子内外表面不允许有大于以下尺寸的直道缺陷：热轧（挤）管，大于壁厚的 5%，且最大深度 0.4mm；冷拔（轧）钢管，大于公称壁厚的 4%，且最大深度 0.2mm。

9.1.2 受热面管子安装前，首先应根据装箱单和图纸进行全面清点。检查制造资料、图纸，并对制作工艺和检验的文件资料进行见证（包括材料复检记录或报告、制作工艺、焊接及热处理工艺、焊缝的无损探伤、焊缝返修、通球检验、水压试验记录等）。

9.1.3 受热面管制造商应提供以下技术资料，内容应符合国家标准、行业标准。

a）受热面管的图纸、强度计算书和过热器、再热器壁温计算书。

b）设计修改资料，制造缺陷的返修处理记录。

c）对于首次用于锅炉受热面的管材和异种钢焊接，锅炉制造商应提供焊接工艺评定报告和热加工工艺资料。

9.1.4 膜式水冷壁的鳍片应选与管子同类的材料；蛇形管应进行通球试验和超水压试验。

9.1.5 受热面管的制造焊缝，应进行100%的射线探伤或超声波探伤，对于超临界、超超临界压力锅炉受热面管的焊缝，在100%无损探伤中至少包括50%的射线探伤。

9.1.6 受热面管子安装前，应进行以下检验：

a）受热面管出厂前，内部不得有杂物、积水及锈蚀；管接头、管口应密封。

b）管排平整，部件外形尺寸符合图纸要求，吊卡结构、防磨装置、密封部件质量良好；螺旋管圈水冷壁悬吊装置与水冷壁管的连接焊缝应无漏焊、裂纹及咬边等超标缺陷；液态排渣炉水冷壁的销钉高度和密度应符合图纸要求，销钉焊缝无裂纹和咬边等超标缺陷。

c）膜式水冷壁的鳍片焊缝应无裂纹、漏焊，管子与鳍片的连接焊缝咬边深度不得大于0.5mm，且连续长度不大于100mm。

d）随机抽查受热面管子的外径和壁厚，不同材料牌号和不同规格的直段各抽查10根，每根两点，应符合图纸尺寸要求，壁厚负偏差在允许范围内。

e）不同规格、不同弯曲半径的弯管各抽查10根，弯管的椭圆度应符合JB/T 1611—1993的规定，压缩面不应有明显的皱褶。

f）弯管外弧侧的最小壁厚减薄率$b[b=(S_o-S_{min})/S_o]$应满足表1，且不应小于按GB/T 9222—2008计算的管子最小需要壁厚；S_o、S_{min}分别为管子的实际壁厚和弯头上壁厚减薄最大处的壁厚。

表1 弯管外弧侧的最小壁厚减薄率

R/D	$1.8<R/D<3.5$	$R/D\geqslant 3.5$
b	≤15%	≤10%
注：R、D分别为管子的弯曲半径和公称直径		

g）对合金钢管及焊缝按10%进行光谱抽查，应符合相关材料技术条件。

h）抽查合金钢管及其焊缝硬度。不同规格、材料的管子各抽查10根，每根管子的焊缝母材各抽查1组；若出现硬度异常，应进行金相组织检验。

i）焊缝质量应做无损探伤抽查，在制造厂已做100%无损探伤的，则按不同受热面的焊缝数量抽查5‰。

j）用内窥镜对超临界、超超临界锅炉管子节流孔板进行检查，是否存在异物或加工遗留物。

9.1.7 弯曲半径小于1.5倍管子公称外径的小半径弯管宜采用热弯；若采用冷弯，当外弧伸长率超过工艺要求的规定值时，弯制后应进行回火处理；弯心半径小于2.5*D*或接近2.5*D*（*D*钢管直径）的奥氏体不锈钢管冷弯后应进行固溶处理，热弯温度应控制在要求的温度范围，否则热弯后也应重新进行固溶处理。

9.2 受热面管的安装质量检验

9.2.1 锅炉受热面安装后应提供的资料包括DL/T 939—2005中5.2的a)～d)，监理公司应提供相应的监理资料。

9.2.2 锅炉受热面安装后的表面质量、几何尺寸按DL/T 939—2005中的5.3执行。

9.2.3 安装焊缝的外观质量、无损探伤、光谱分析、硬度和金相组织检验以及不合格焊缝的处理按DL/T 869中相关条款执行。

9.2.4 低合金、不锈钢和异种钢焊缝的硬度分别按DL/T 869和DL/T 752—2001中的相关条款执行；9%～12%Cr钢焊缝的硬度控制在180HB～270HB，一旦硬度异常，应进行金相组织检验。

9.3 机组运行期间的检验监督

9.3.1 锅炉检修期间，应对受热面管进行外观质量检验，包括管子外表面的磨损、腐蚀、刮伤、鼓包、变形（含蠕变变形）、氧化及表面裂纹等情况，视检验情况确定采取的措施。

9.3.2 锅炉受热面管壁厚应无明显减薄，壁厚应满足按GB/T 9222—2008计算管子的最小需要壁厚。

9.3.3 在役水冷壁管的金属检验监督按DL/T 939—2005中6.6.4中的相关条款执行；直流锅炉相变区域蒸发段水冷壁管，运行约5万h后，每次大修在温度较高的区域分段割管进行金相组织检验。

9.3.4 在役省煤器管的金属检验监督按DL/T 939—2005中6.6.5中的相关条款执行。

9.3.5 在役过热器管的金属检验监督按DL/T 939—2005中6.6.6中的相关条款执行。

9.3.6 在役再热器管的金属检验监督按DL/T 939—2005中6.6.7中的相关条款执行。

9.3.7 锅炉受热面在运行过程中失效时，应查明失效原因。

9.3.8 壁温大于450℃的过热器管和再热器管应取样进行金相组织的老化和力学性能的劣化检查，检验管子壁厚、管径、金相组织、脱碳层和力学性能。第一次取样5万h，10万h后每次A修取样，取样在管子壁温最高区域，割取2根～3根管样，后次的割管尽量在前次割管的附近管段或具有相近温度的区段。

9.3.9 过热器管、再热器管及与奥氏体不锈钢相连的异种钢焊接接头应取样进行金相组织的老化和力学性能的劣化检查，第一次取样为5万h，10万h后每次大修取样检验。

9.3.10 对于奥氏体不锈钢制高温过热器和高温再热器管，视爆管情况对下弯头内壁的氧化层剥落堆积情况进行检验，依据检验结果，决定是否割管处理。

9.3.11 当发现下列情况之一时，应对过热器和再热器管进行材质评定和寿命评估：

a）碳钢和钼钢管石墨化达4级；20号钢、15CrMo、12CrlMoV和12Cr2MoG（2.2.5Cr-lMo、T22、10CrMo910）的珠光体球化达到5级；T91钢管的组织老化达到5级；12Cr2MoWVTiB（钢102）钢管碳化物明显聚集长大（3μm～4μm）；奥氏体不锈钢管发现有粗大的σ相析出；T91钢管的组织老化评级按DL/T 884—2004执行。

b）管材的拉伸性能低于相关标准的要求。

9.3.12　当发现下列情况之一时，应及时更换管段：

a）管子外表面有宏观裂纹和明显鼓包。

b）高温过热器管和再热器管外表面氧化皮厚度超过 0.6mm。

c）低合金钢管外径蠕变应变大于 2.5%，碳素钢管外径蠕变应变大于 3.5%，T91、T122 类管子外径蠕变应变大于 1.2%；奥氏体不锈钢管子蠕变应变大于 4.5%。

d）管子由于腐蚀减薄后的壁厚小于按 GB/T 9222—2008 计算的管子最小需要壁厚。

e）金相组织检验发现晶界氧化裂纹深度超过 5 个晶粒或晶界出现蠕变裂纹。

f）奥氏体不锈钢管及焊缝产生沿晶、穿晶裂纹，特别要注意焊缝的检验。

9.3.13　受热面管子更换时，在焊缝外观检查合格后对焊缝进行 100%的射线或超声波探伤，并做好记录。

10　汽包的金属监督

10.1　制造、安装检验

10.1.1　汽包的监督检验参照 DL 612—1996、DL 647—2004 和 DL/T 440—2004 中相关条款执行。

10.1.2　汽包安装前，应检查制造商的质量保证书是否齐全。质量保证书中应包括以下内容：

a）汽包材料的制造商；母材和焊接材料的化学成分、力学性能、工艺性能；母材技术条件应符合 GB 713—2008 中相关条款的规定；进口板材应符合相应国家的标准及合同规定的技术条件；汽包材料及制造有关技术条件参见附录 B。

b）制造商对每块钢板进行的理化性能复验报告或数据。

c）制造商提供的汽包图纸、强度计算书。

d）制造商提供的焊接及热处理工艺资料。对于首次使用的材料，制造商应提供焊接工艺评定报告。

e）制造商提供的焊缝探伤及焊缝返修资料。

f）在制造厂进行的水压试验资料。

10.1.3　汽包安装前应进行下列检验：

a）对母材和焊缝内外表面进行 100%宏观检验，重点检验焊缝的外观质量。

b）对合金钢制汽包的每块钢板、每个管接头进行光谱检验。

c）纵、环焊缝和集中下降管管座角焊缝分别按 25%、10%和 50%进行表面探伤和超声波探伤，检验中应包括纵、环焊缝的 T 形接头；分散下降管、给水管、饱和蒸汽引出管等管座角焊缝按 10%进行表面探伤；安全阀及向空排汽阀管座角焊缝进行 100%表面探伤。抽检焊缝的选取应参考制造商的焊缝探伤结果。焊缝无损探伤按照 JB/T 4730—2005 执行。

d）对筒体、纵环焊缝及热影响区进行硬度抽查；若发现硬度异常，应进行金相组织检验。

10.1.4　汽包的安装焊接和焊缝热处理应有完整的记录，安装和检修中严禁在筒身焊接拉钩及其他附件。所有的安装焊缝应 100%进行无损探伤和焊缝及邻近母材的硬度检验；若发现硬度异常，应进行金相组织检验；所有的检验应有完整的记录。

10.2 机组运行期间的检验监督

10.2.1 锅炉运行5万h或第1次A级检修时对汽包进行第一次检验，检验内容如下：

a）对筒体和封头内表面（尤其是水线附近和底部）和焊缝的可见部位100%地进行外观质量检验，特别注意管孔和预埋件角焊缝是否有咬边、裂纹、凹坑、未熔合和未焊满等缺陷及严重程度，必要时表面除锈。

b）对纵、环焊缝和集中下降管管座角焊缝相对较严重的缺陷进行无损探伤复查；分散下降管、给水管、饱和蒸汽引出管等管座角焊缝按10%抽查，第一次检验应为安装前未查部位。

10.2.2 机组每次A级检修检验如下内容：

a）汽包内、外观检验按10.2.1中a）执行。

b）对纵、环焊缝和集中下降管管座角焊缝相对较严重的缺陷进行无损探伤复查；分散下降管、给水管、饱和蒸汽引出管等管座角焊缝按10%进行抽查；后次检验应为前次未查部位，且对前次检验发现缺陷较严重的部位应跟踪检验。

c）按10.2.2中b）的原则逐步对分散下降管、给水管、饱和蒸汽引出管等管座角焊缝逐步行抽查，在锅炉运行至10万h左右时，应完成100%的检验。

d）机组每次A级检修或B级检修，应对汽包焊缝上相对较严重的缺陷进行复查；对偏离硬度正常值的区域和焊缝进行跟踪检验。

10.2.3 根据检验结果采取如下处理措施：

a）若发现筒体或焊缝有表面裂纹，首先应分析裂纹性质、产生原因及时期，根据裂纹的性质和产生原因及时采取相应的措施；表面裂纹和其他表面缺陷原则上可磨除，磨除后对该部位壁厚进行测量，必要时按GB/T 9222—2008进行壁厚校核，依据校核结果决定是否进行补焊或监督运行。

b）汽包的补焊按DL/T 734执行。

c）对超标缺陷较多，超标幅度较大，暂时又不具备处理条件的，或采用一般方法难以确定裂纹等超标缺陷严重程度和发展趋势时，按GB/T 19624—2004进行安全性和剩余寿命评估；如评定结果为不可接受的缺陷，则应进行补焊，或降参数运行和加强运行监督等措施。

10.2.4 对按基本负荷设计的频繁启停的机组，应按GB/T 9222—2008对汽包的低周疲劳寿命进行校核。国外引进的锅炉，可按生产国规定的汽包疲劳寿命计算方法进行。

10.2.5 对已投入运行的含较严重超标缺陷的汽包，应尽量降低锅炉启停过程中的温升、温降速度，尽量减少启停次数，必要时可视具体情况，缩短检查的间隔时间或降参数运行。

10.2.6 直流锅炉汽水分离器、储水罐的检验监督，可参照汽包的技术监督规定进行。

11 给水管道和低温联箱的金属监督

11.1 制造、安装检验

11.1.1 给水管道材料、制造和安装检验应按照7.1中的相关条款执行。

11.1.2 低温联箱材料、制造和安装检验应按照8.1中的相关条款执行。

11.2 机组运行期间的检验监督

11.2.1 机组每次A级检修或B级检修，应对拆除保温层的管道、联箱部位，检验筒体、焊缝和弯头/弯管的外观质量，一旦发现表面裂纹、严重划痕、重皮和严重碰磨等缺陷，应予以消除，清除处的实际壁厚不应小于按GB/T 9222—2008计算的筒体、管道的最小需要壁厚；首次检验应对主给水管道调整阀后的管段和第一个弯头进行检验。

11.2.2 机组每次A级检修或B级检修，对与联箱和给水管道相联的小口径管（疏水管、测温管、压力表管、空气管、安全阀、排气阀、充氮、取样、压力信号管等）管座角焊缝按10%进行检验，但至少应抽取5个；检验内容包括角焊缝外观质量、表面探伤；以后的检验逐步增加比例，后次抽查部位为前次未检部位，至10万h完成进行100%检验；对运行10万h的小口径管，根据实际情况，尽可能全部更换。

11.2.3 机组每次A级检修或B级检修对联箱筒体焊缝（封头焊缝、管座角焊缝以及与联箱连接的大直径三通焊缝）至少抽取1道焊缝进行无损探伤。以后的检验逐步增加抽查比例，后次大修的抽查部位为前次未检部位，至10万h完成100%检验。检验的排序按制造安装前检验结果确定。此后的检验重点为缺陷相对严重的焊缝，表面探伤按JB/T 4730—2005执行，超声波探伤按DL/T 820规定执行。

11.2.4 每次A级检修对吊耳与联箱焊缝进行外观质量检验和表面探伤，必要时进行超声波探伤。

11.2.5 机组每次A级检修或B级检修对主给水管道焊缝及应力集中部位按10%进行外观质量检验和超声波探伤；以后的检验逐步增加抽查比例，后次大修的抽查部位为前次未检部位，至10万h完成100%检验。检验的排序按制造安装前检验结果确定。此后的检验重点为缺陷相对严重的焊缝，表面探伤按JB/T 4730—2005执行，超声波探伤按DL/T 820规定执行。

11.2.6 机组每次A级检修或B级检修对主给水管道的三通、阀门进行外表面检验，一旦发现可疑缺陷，应进行表面探伤，必要时进行超声波探伤。

11.2.7 机组每次A级检修或B级检修，应对主给水管道系统、联箱焊缝上相对较严重的缺陷进行复查；对偏离硬度正常值的区段和焊缝进行跟踪检验。

16 金属技术监督管理

16.1 根据本标准，各电力集团（公司）应制订各自企业相应的金属监督技术标准。

16.2 各电力集团（公司）每年至少召开一次金属监督工作会，交流开展金属技术监督的经验，了解国内外关于火力发电厂金属监督的最新动态、最新技术、总结经验，制订本企业金属监督的计划及规程的制修订，宣贯有关金属监督的标准、规程等。

16.3 各火力发电厂、电力建设公司、电力修造企业应不定期召开金属监督工作会，交流本企业金属技术监督的情况、总结经验，宣贯有关金属监督的标准、规程等。

16.4 金属技术监督专责（或兼职）工程师具体负责本企业的金属技术监督工作，制订各自企业金属技术监督工作计划，编写年度工作总结和有关专题报告，建立金属监督技术档案。

16.5 受监部件检验应出具检验报告，报告中应注明被检部件名称、材料牌号、部件服役条件、检验方法、项目、内容、日期、结果，以及需要说明的问题。报告由检验人员签字，并经相关人员审核批准。

16.6 各级企业应建立健全金属技术监督数据库，实行定期报表制度，使金属技术监督规范化、科学化、数字化和微机化。

16.7 修造企业制作的产品，其技术档案包括产品的设计、制造、改型和产品质量证明书以及质量检验报告等技术资料，应建立档案。

16.8 电力建设安装单位应按部件根据本标准所规定的检验内容，建立健全金属技术监督档案。

16.9 火力发电厂应建立健全机组金属监督的原始资料、运行和检修检验、技术管理的档案。

16.9.1 原始资料档案。

a）受监金属部件的制造资料包括部件的质量保证书或产品质保书。通常应包括部件材料牌号、化学成分、热加工工艺、力学性能、结构几何尺寸、强度计算书等。

b）受监金属部件的监造、安装前检验技术报告和资料。

c）四大管道设计图、安装技术资料等。

d）安装、监理单位移交的有关技术报告和资料。

16.9.2 运行和检修检验技术档案。

a）机组投运时间，累计运行小时数。

b）机组或部件的设计、实际运行参数。

c）受监部件是否有过长时间的偏离设计参数（温度、压力等）运行。

d）检修检验技术档案应按机组号、部件类别建立档案。应包括部件的运行参数（压力、温度、转速等）、累计运行小时数、维修与更换记录、事故记录和事故分析报告、历次检修的检验记录或报告等。主要部件的档案有：

1）四大管道的检验监督档案；

2）受热面管子的检验监督档案；

3）汽包/汽水分离器的检验监督档案；

4）各类联箱的检验监督档案；

5）汽轮机部件的检验监督档案；

6）发电机部件的检验监督档案；

7）高温紧固件的检验监督档案；

8）大型铸件的检验监督档案；

9）各类压力容器的检验监督档案；

10）主给水管道的检验监督档案。

16.9.3 技术管理档案。

a）不同类别的金属技术监督规程、导则。

b）金属技术监督网的组织机构和职责条例。

c）金属技术监督工作计划、总结等档案。

d）焊工技术管理档案。

e）专项检验试验报告。

f）仪器设备档案。

附 录 A
（规范性附录）
金属技术监督工程师职责

A.1 火力发电厂金属技术监督专责（或兼职）工程师职责

A.1.1 协助总工程师组织贯彻上级有关金属技术监督标准、规程、条例和制度，督促检查金属技术监督实施情况。

A.1.2 组织制定本单位的金属技术监督规章制度和实施细则，负责编写金属技术监督工作计划和工作总结。

A.1.3 审定机组安装前、安装过程和检修中金属技术监督检验项目。

A.1.4 及时向厂有关领导和上级主管（公司）呈报金属监督报表、大修工作总结、事故分析报告和其他专题报告。

A.1.5 参与有关金属技术监督部件的事故调查以及反事故措施的制定。

A.1.6 参与机组安装前、安装过程和检修中金属技术监督中出现问题的处理。

A.1.7 负责组织金属技术监督工作的实施。

A.1.8 组织建立健全金属技术监督档案。

A.2 电力建设工程公司金属技术监督专责（或兼职）工程师职责

A.2.1 审定机组安装前和安装过程中金属技术监督检验项目。

A.2.2 在受监金属部件的组装、安装过程中，对金属技术监督的实施进行监督和指导；参与机组安装前和安装过程中金属技术监督中出现问题的处理。

A.2.3 检验控制机组安装过程中的材料质量，防止错材、不合格的钢材和部件的使用。

A.2.4 检验控制焊接质量。

A.3 修造单位金属技术监督专责（或兼职）工程师职责

A.3.1 修造单位金属技术监督专责（或兼职）工程师应做好A.1中相关条款规定的职责。

A.3.2 制造属于受监范围内的备品、配件时，应监督检查把好“三关”，即把好防止错用钢材、焊接质量和热处理关，以保证产品质量。

A.3.3 受监范围内的产品出厂时，监督审定产品质保书中与金属材料有关的内容。

A.4 物资供应单位金属技术监督专责（或兼职）工程师职责

A.4.1 物资供应单位金属技术监督专责（或兼职）工程师应做好A.1中相关条款的规定职责。

A.4.2 监督检查受监范围内的钢材、备品和配件所附的质量保证书、合格证是否齐全或有误。

A.4.3 督促做好钢材和备品、配件的质量验收、保管和发放工作，严防错收、错发。

附 录 B
（资料性附录）
电站常用金属材料和重要部件国内外技术标准

B.1 国内标准

GB 713—2008 锅炉和压力容器用钢板

GB/T 1220—2007 不锈钢棒
GB/T 1221—2007 耐热钢棒
GB/T 3077—1999 合金结构钢技术条件
GB 5310—2008 高压锅炉用无缝钢管
GB/T 8732—2004 汽轮机叶片用钢
GB/T 9222—2008 水管锅炉受压元件强度计算
GB/T 12459—2005 钢制对焊无缝管件
GB 13296—2007 锅炉、热交换器用不锈钢无缝钢管
GB/T 19624—2004 在用含缺陷压力容器安全评定
GB/T 20410—2006 涡轮机高温螺栓用钢
DL/T 439—2006 火力发电厂高温紧固件技术导则
DL/T 440—2004 在役电站锅炉汽包的检验及评定规程
DL/T 441—2004 火力发电厂高温高压蒸汽管道蠕变监督规程
DL 473—1992 大直径三通锻件技术条件
DL/T 505—2005 汽轮机主轴焊缝超声波探伤规程
DL/T 515—2004 电站弯管
DL/T 561—1995 火力发电厂水汽化学监督导则
DL/T 586—2008 电力设备用户监造技术导则
DL 612—1996 电力工业锅炉压力容器监察规程
DL/T 616—2006 火力发电厂汽水管道与支吊架维修调整导则
DL 647—2004 电站锅炉压力容器检验规程
DL/T 652—1998 金相复型技术工艺导则
DL/T 654—2009 火电机组寿命评估技术导则
DL/T 674—1999 火电厂用 20 号钢珠光体球化评级标准
DL/T 678—1999 电站钢结构焊接通用技术条件
DL/T 679—1999 焊工技术考核规程
DL/T 694—1999 高温紧固螺栓超声波检验技术导则
DL/T 695—1999 电站钢制对焊管件
DL/T 714—2000 汽轮机叶片超声波检验技术导则
DL/T 715—2000 火力发电厂金属材料选用导则
DL/T 717—2000 汽轮发电机组转子中心孔检验技术导则
DL/T 718—2000 火力发电厂铸造三通、弯头超声波探伤方法
DL/T 734—2000 火力发电厂锅炉汽包焊接修复技术导则
DL/T 748—1—2001 火力发电厂锅炉机组检修导则
DL/T 752—2001 火力发电厂异种钢焊接技术规程
DL/T 753—2001 汽轮机铸钢件补焊技术导则
DL/T 773—2001 火电厂用 12CrMoV 钢球化评级标准
DL/T 785—2001 火力发电厂中温中压管道（件）安全技术导则
DL/T 786—2001 碳钢石墨化检验及评级标准

DL/T 787—2001　火力发电厂用 15CrMo 钢珠光体球化评级标准
DL/T 819—2002　火力发电厂焊接热处理技术规程
DL/T 820—2002　管道焊接接头超声波检验技术规程
DL/T 821—2002　钢制承压管道对接焊接接头射线检验技术规程
DL/T 850—2004　电站配管
DL/T 868—2004　焊接工艺评定规程
DL/T 869—2004　火力发电厂焊接技术规程
DL/T 874—2004　电力工业锅炉压力容器安全监督管理（检验）工程师资格考试规则
DL/T 882—2004　火力发电厂金属专业名词术语
DL/T 884—2004　火电厂金相检验与评定技术导则
DL/T 905—2004　汽轮机叶片焊接修复技术导则
DL/T 925—2005　汽轮机叶片涡流检验技术导则
DL/T 930—2005　整锻式汽轮机实心转子体超声波检验技术导则
DL/T 939—2005　火力发电厂锅炉受热面管监督检验技术导则
DL/T 940—2005　火力发电厂蒸汽管道寿命评估技术导则
DL/T 991—2006　电力设备金属光谱分析技术导则
DL/T 999—2006　电站用 2.25Cr-1Mo 钢球化评级标准
DL 5011—1992　电力建设施工及验收技术规范（汽轮机机组篇）
DL 5031—1994　电力建设施工及验收技术规范（管道篇）
DL/T 5047—1995　电力建设施工及验收技术规范（锅炉机组篇）
DL/T 5054—1996　火力发电厂汽水管道设计技术规定
DL/T 5366—2006　火力发电厂汽水管道应力计算技术规程
JB/T 1265—2002　25MW～200MW 汽轮机转子体和主轴锻件技术条件
JB/T 1266—2002　25MW～200MW 汽轮机轮盘及叶轮锻件技术条件
JB/T 1267—2002　50MW～200MW 汽轮发电机转子锻件技术条件
JB/T 1268—2002　50MW～200MW 汽轮发电机无磁性护环锻件技术条件
JB/T 1269—2002　汽轮发电机磁性环锻件技术条件
JB/T 1581—1996　汽轮机、汽轮发电机转子和主轴锻件超声波探伤方法
JB/T 1582—1996　汽轮机叶轮锻件超声波探伤方法
JB/T 1609—1993　锅炉锅筒制造技术条件
JB/T 1610—1993　锅炉集箱制造技术条件
JB/T 1611—1993　锅炉管子制造技术条件
JB/T 1613—1993　锅炉受压元件焊接技术条件
JB/T 1620—1993　锅炉钢结构技术条件
JB/T 3073.5—1993　汽轮机用铸造静叶片技术条件
JB/T 3375—2002　锅炉用材料入厂验收规则
JB/T 3595—2002　电站阀门一般要求
JB/T 4707—2000　等长双头螺柱
JB/T 4708—2000　钢制压力容器焊接工艺评定

JB/T 4709—2000　钢制压力容器焊接规程
JB/T 4726—2000　压力容器用碳素钢和低合金钢锻件
JB/T 4728—2000　压力容器用不锈钢锻件
JB/T 4730—2005　承压设备无损检测
JB/T 5255—1991　焊制鳍片管（屏）技术条件
JB/T 5263—2005　电站阀门铸钢件技术条件
JB/T 6315—1992　汽轮机焊接工艺评定
JB/T 6439—2008　阀门受压件磁粉探伤检验
JB/T 6440—2008　阀门受压铸钢件射线照相检验
JB/T 6509—1992　小直径弯管技术条件
JB/T 7024—2002　300MW 及以上汽轮机缸体铸钢件技术条件
JB/T 7025—2004　25MW 以下汽轮机转子体和主轴锻件技术条件
JB/T 7026—2004　50MW 以下汽轮发电机转子锻件技术条件
JB/T 7027—2002　300MW 及以上汽轮机转子体锻件技术条件
JB/T 7028—2004　25MW 以下汽轮机轮盘及叶轮锻件技术条件
JB/T 7029—2004　50MW 以下汽轮发电机无磁性护环锻件技术条件
JB/T 7030—2002　300MW～600MW 汽轮发电机无磁性护环锻件技术条件
JB/T 7178—2002　300MW～600MW 汽轮发电机转子锻件技术条件
JB/T 8705—1998　50MW 以下汽轮发电机无中心孔转子锻件技术条件
JB/T 8706—1998　50～200MW 汽轮发电机无中心孔转子锻件技术条件
JB/T 8707—1998　300MW 以上汽轮机无中心孔转子锻件技术条件
JB/T 8708—1998　300～600MW 汽轮发电机无中心孔转子锻件技术条件
JB/T 9625—1999　锅炉管道附件承压铸钢件技术条件
JB/T 9626—1999　锅炉锻件技术条件
JB/T 9628—1999　汽轮机叶片磁粉探伤方法
JB/T 9630.1—1999　汽轮机铸钢件磁粉探伤及质量分级方法
JB/T 9630.2—1999　汽轮机铸钢件超声波探伤及质量分级方法
JB/T 9632—1999　汽轮机主汽管和再热汽管的弯管技术条件
JB/T 50197—2000　6MW～600MW 汽轮机转子和主轴锻件产品质量分等（内部使用）
JB/T 53485—2000　50MW 以下发电机转子锻件产品质量分等（内部使用）
JB/T 53496—2000　60MW～600MW 发电机转子锻件产品质量分等（内部使用）
YB/T 158—1999　汽轮机螺栓用合金结构钢棒
YB/T 2008—2007　不锈钢无缝钢管圆管坯
YB/T 5137—2007　高压用无缝钢管圆管坯
YB/T 5222—2004　优质碳素钢圆管坯

B.2　国外标准

ASME SA—20/SA-20M　压力容器用钢板通用技术条件
ASME SA—106/SA-106M　高温用无缝碳钢公称管
ASME A—182/SA-182M　高温用锻制或轧制合金钢和不锈钢法兰、锻制管件、阀门

和部件

ASME SA—193/SA-193M　高温用合金钢和不锈钢螺栓材料
ASME SA—194/SA-194M　高温高压螺栓用碳钢和合金钢螺母
ASME SA—209/SA-209M　锅炉和过热器用无缝碳钼合金钢管子
ASME SA—210/SA-210M　锅炉和过热器用无缝中碳钢管子
ASME SA—213/SA-213M　锅炉、过热器和换热器用无缝铁素体和奥氏体合金钢管子
ASME SA—234/SA-234M　中温与高温下使用的锻制碳素钢及合金钢管配件
ASME SA—299/SA-299M　压力容器用碳锰硅钢板
ASME SA—335/SA-335M　高温用无缝铁素体合金钢公称管
ASME SA—450/SA-450M　碳钢、铁素体合金钢和奥氏体合金钢管子通用技术条件
ASME SA—515/SA-515M　中、高温压力容器用碳素钢板
ASME SA—516/SA-516M　中、低温压力容器用碳素钢板
ASME SA—672/SA-672M　中温高压用电熔化焊钢管
ASME SA—691/SA-691M　高温、高压用碳素钢和合金钢电熔化焊钢管
ASME SA—999/SA-999M　合金钢和不锈钢公称管通用技术条件
ASMEB31.1　动力管道

BSEN 10222　承压用钢制锻件
BS EN 10295　耐热钢铸件
DINEN 10216　承压用无缝钢管交货技术条件
EN 10095　耐热钢和镍合金
EN 10246　钢管无损检测

JIS G3203　高温压力容器用合金钢锻件
JIS G3463　锅炉、热交换器用不锈钢管
JIS G4107　高温用合金钢螺栓材料
JIS G5151　高温高压装置用铸钢件

ГОСТ 5520　锅炉和压力容器用碳素钢、低合金钢和合金钢板技术条件
ГОСТ 5632　耐蚀、耐热及热强合金钢牌号和技术条件
ГОСТ 18968　汽轮机叶片用耐蚀及热强钢棒材和扁钢
ГОСТ 20072　耐热钢技术条件

附　录　C
（规范性附录）
电站常用金属材料硬度值

电站常用金属材料硬度参考值参见表C.1。

表 C.1　电站常用金属材料硬度值表

材　料	参考标准及要求 HB	控制范围 HB	备　注
210C	ASTM A210，≤179	130～179	
T1a、20MoG STBA12、15Mo3	ASTM A209，≤153	125～153	
T2、T11、T12、T21 T22、10CrMo910	ASTM A213，≤163	120～163	
P2、P11、P12、/P21 P22、10CrMo910		125～179	
P2、P11、P12、/P21 P22、10CrMo910 类管件		130～197	焊缝下限不低于母材，上限不大于 241
T23	ASTM A213，≤220	150～220	
12Cr2MoWVTiB（G102）		150～220	
T24	ASTM A213，≤250	180～250	
T/P91、T/P92、 T911、T/P122	ASTM A213，≤250 ASTM A335，≤250	180～250	“P”类管的硬度参照“T”类管
（T/P91、T/P92、 T911、T/P122）焊缝		180～270	
WB36	ASME code case2353，≤252	180～252	焊缝不低于母材硬度
A515、A106B、A106C、A672 B70 类管件		130～197	焊缝下限不低于母材，上限不大于 241
12CrMo	GB 3077，≤179	120～179	
15CrMo	JB4726，118～180（Rm：440～610） JB4726，115～178（Rm：430～600）	118～180 115～178	
12Cr1MoV	GB 3077，≤179	135～179	
15Cr1Mo1V		135～180	
F2	ASTM A182，143～192	143～192	锻制或轧制管件、阀门和部件
F11，1 级	ASTM A182，121～174	121～174	
F11，2 级	ASTM A182，143～207	143～207	
F11，3 级	ASTM A182，156～207	156～207	
F12，1 级	ASTM A182，121～174	121～174	
F12，2 级	ASTM A182，143～207	143～207	
F22，1 级	ASTM A182，≤170	130～170	
F22，3 级	ASTM A182，156～207	156～207	
F91	ASTM A182，≤248	175～248	
F92	ASTM A182，≤269	180～269	
F911	ASTM A182，187～248	187～248	
F122	ASTM A182，≤250	177～250	

表C.1（续）

材料	参考标准及要求 HB	控制范围 HB	备注
20	JB4726，106～159	106～159	压力容器用碳素钢和低合金钢锻件
35	JB4726，136～200（*Rm*：510～670） JB4726，130～190（*Rm*：490～640）	136～200 130～190	
16Mn	JB4726，121～178（*Rm*：450～600）	121～178	
20MnMo	JB4726，156～208（*Rm*：530～700） JB4726，136～201（*Rm*：510～680） JB4726，130～196（*Rm*：490～660）	156～208 136～201 130～196	
35CrMo	JB4726，185～235（*Rm*：620～790） JB4726，180～223（*Rm*：610～780）	185～235 180～223	
0Cr18Ni9 0Cr17Ni12Mo2	JB4728，139～187（*Rm*：520） JB4728，131～187（*Rm*：490）	139～187 131～187	压力容器用不锈钢锻件
1Cr18Ni9	GB 1220，≤187	140～187	
0Cr17Ni12Mo2	GB 1220，≤187	140～187	
0Cr18Ni11Nb	GB 1220，≤187	140～187	
TP304H、TP316H、TP347H	ASTM A213，≤192	140～192	
1Cr13		192～211	动叶片
2Cr13		212～277	动叶片
1Cr11MoV		212～277	动叶片
1Cr12MoWV		229～311	动叶片
ZG20CrMo	JB/T 7024，135～180	135～180	
ZG15Cr1Mo	JB/T 7024，140～220	140～220	
ZG15Cr2Mo1	JB/T 7024，140～220	140～220	
ZG20CrMoV	JB/T 7024，140～220	140～220	
ZG15Cr1Mo1V	JB/T 7024，140～220	140～220	
35	DL/T 439，146～196	146～196	螺栓
45	DL/T 439，187～229	187～229	螺栓
20CrMo	DL/T 439，197～241	197～241	螺栓
35CrMo	DL/T 439，241～285	241～285	螺栓(直径大于50mm)
35CrMo	DL/T 439，255～311	255～311	螺栓(直径不大于50mm)
42CrMo	DL/T 439，248～311	248～311	螺栓(直径大于65mm)
42CrMo	DL/T 439，255～321	255～321	螺栓(直径不大于65mm)
25Cr2MoV	DL/T 439，248～293	248～293	螺栓
25Cr2Mo1V	DL/T 439，248～293	248～293	螺栓
20Cr1Mo1V1	DL/T 439，248～293	248～293	螺栓
20Cr1Mo1VTiB	DL/T 439，255～293	255～293	螺栓
20Cr1Mo1VNbTiB	DL/T 439，252～302	252～302	螺栓

表 C.1（续）

材　料	参考标准及要求 HB	控制范围 HB	备　注
20Cr12NiMoWV(C422)	DL/T 439，277～331	277～331	螺栓
2Cr12NiW1Mo1V	东方汽轮机厂标准	291～321	螺栓
2Cr11Mo1NiWVNbN	东方汽轮机厂标准	290～321	螺栓
45Cr1MoV	东方汽轮机厂标准	248～293	螺栓
R－26（Ni—Cr—Co 合金）	DL/T 439，262～331	262～331	螺栓
GH445	DL/T 439，262～331	262～331	螺栓
ZG20CrMo	JB/T 7024，135～180	135～180	汽缸
ZG15Cr1Mo ZG15Cr2Mo ZG20Cr1MoV ZG15Cr1Mo1V	JB/T 7024，140～220	140～220	汽缸
注：表中 *Rm* 为材料的抗拉强度，单位为 MPa			

附　录　D
（规范性附录）
低合金耐热钢蠕变损伤评级

D.1　蠕变损伤检查方法按 DL/T 884—2004 执行。

D.2　蠕变损伤评级见表 D.1。

表 D.1　低合金耐热钢蠕变损伤评级

评级	微观组织形貌
1	新材料。正常金相组织
2	珠光体或贝氏体已经分散，晶界有碳化物析出，碳化物球化达到 2 级～3 级
3	珠光体或贝氏体基本分散完毕，略见其痕迹，碳化物球化达到 4 级
4	珠光体或贝氏体完全分散，碳化物球化达到 5 级，碳化物颗粒明显长大且在晶界呈具有方向性（与最大应力垂直）的链状析出
5	晶界上出现一个或多个晶粒长度的微裂纹

附录C 摘录中国大唐集团公司防止火电厂锅炉“四管”泄漏管理办法

第一章 总 则

第一条 为加强中国大唐集团公司（以下简称集团公司）防止火力发电厂（简称火电厂）锅炉水冷壁、过热器、再热器和省煤器及其联箱（以下简称锅炉“四管”）泄漏的管理工作，减少锅炉非计划停运，提高锅炉运行的可靠性，制定本办法。

第二条 防止锅炉“四管”泄漏，要在锅炉的设计、制造、安装、运行、检修、改造等各个环节实施全过程的技术监督和技术管理。有关锅炉设计、选型、监造和安装的技术要求见附录3。

第三条 严格贯彻执行《电力工业锅炉压力容器监察规程》（DL 612—1996）、《电力工业锅炉压力容器检验规程》（DL 647—2004）、《火力发电厂金属技术监督规程》（DL 438—2009）等有关规程、规定。

第四条 防止锅炉“四管”泄漏，要规范管理，要坚持“趋势分析，超前控制、重在检查”的原则。要将“预测”和“检查”有机地结合起来。通过检查，掌握规律，从而预测锅炉“四管”的劣化倾向、检查重点、修理方法。通过预测，指导检查，总结经验，进一步提高管理水平和技术水平。

第五条 防止锅炉“四管”泄漏，关键是要“落实责任、闭环控制”。根据本办法的要求，制定各企业的具体实施细则，做到组织健全、程序合理、管理有序、责任落实、持续改进、闭环控制。

第六条 防止锅炉“四管”泄漏，要采取“统筹分析、综合判断”的方法指导锅炉“四管”的管理。要将运行、检修、技术监控等各种资料数据进行统筹分析，从中寻求锅炉“四管”的劣化趋势。通过综合判断，指导对锅炉“四管”的各种管理活动。

第七条 本办法适用于集团公司系统火电企业。

第二章 组织机构及职责

第八条 集团公司本部、各分支机构、子公司和各基层企业应设防止锅炉“四管”泄漏的防磨防爆管理专职负责人。

第九条 各基层企业应成立以生产副总经理（或副厂长）为组长、检修部门负责人为副组长的锅炉防磨防爆小组。

小组成员由设备管理、设备检修（包括外委单位）、运行等有关部门人员，以及锅监工程师、金属监督和化学监督人员组成。

第十条 防磨防爆小组的职责

（一）负责贯彻执行上级有关防磨防爆的文件、规定和要求；

（二）负责制定防磨防爆管理标准、工作标准、技术标准；

（三）负责锅炉大、小修前防磨防爆检查和检验项目的策划和制定；

（四）负责对锅炉“四管”检查（检验）中发现的问题制订检修技术方案；

（五）负责在锅炉大、小修中对锅炉“四管”的全面检查，并做好记录；

（六）负责锅炉“四管”检修或改造后的质量验收；

（七）负责锅炉“四管”技术档案管理工作，建立锅炉“四管”寿命管理台账（或数据库）；

（八）负责制定防磨防爆三年检修滚动计划；

（九）负责研究防止锅炉“四管”泄漏的新工艺、新材料、新方法；

（十）负责防磨防爆小组的定期活动，每年至少召开一次防止锅炉“四管”泄漏专题会议；

（十一）负责锅炉“四管”泄漏后的组织分析，制定检修方案和防范措施，并提出对责任单位或人员的考核意见；

（十二）负责锅炉受热面技术监督和技术管理工作；

（十三）负责防磨防爆小组人员的培训，提高成员的专业素质；

各企业应将以上防磨防爆小组的职责分解到小组各成员。

第十一条 防磨防爆小组成员必须由经验丰富、责任心强的人员组成，人数为10～15人。小组成员变动须由组长批准。

第十二条 建立有效的防磨防爆激励机制，鼓励人员发现问题、解决问题。

第三章 运 行 管 理

第十三条 严禁锅炉超温运行

（一）必须建立对受热面管壁温度超温幅度及时间的记录、统计和分析台账（或数据库），建立超温考核制度，严格考核；

（二）运行中壁温经常超温的受热面，应通过锅炉燃烧调整或通过技术改造加以解决。禁止受热面长期超温运行；

（三）运行人员应坚持保设备的原则，在管壁温度和带负荷发生矛盾时，严禁在超温的情况下强带负荷；

（四）由于高加退出、煤质变化等特殊原因导致汽温高难以控制时，机组带负荷应以满足汽温、壁温不超温为前提。高、低加解列时，要按照运行规程要求接带负荷，运行应制订防止超温的技术措施；

（五）加强配煤管理，避免煤质波动较大对燃烧工况的影响，减少超温现象发生；

（六）因设备故障或其他原因造成管壁超温，应立即修复设备进行调节，必要时申请降负荷运行；

（七）锅炉启停应严格按启停曲线进行。启动初期，再热器未通汽前，炉膛出口烟温不大于540℃；

（八）负荷低于20%时，禁止开启减温水，防止形成水塞造成管材超温。

第十四条 严格执行GB/T 12145—2008《火力发电机组及蒸汽动力设备水汽质量》、

DL/T 561—1995《火力发电厂水汽化学监督导则》以及DL/T 246—2006《火力发电厂化学监督导则》中有关规定，确保进入锅炉的水质和运行中锅炉汽、水品质合格。锅炉长时间停备，要按照要求进行保养。

第十五条　加强对吹灰管理，应通过试验和观察确定锅炉受热面的吹灰周期、蒸汽压力。每次吹灰结束，应确认吹灰器退回原位，阀门可靠关闭，防止吹灰器漏汽、漏水吹损受热面。

第四章　检　修　管　理

第十六条　对锅炉“四管”的检查

（一）检查的手段主要有宏观检查、壁厚测量、外径蠕胀测量、弯头椭圆度测量等；

（二）检查应保证一个检修期内（1～1.5年）不发生爆管；

（三）建立明确分工责任制。锅炉受热面的全部管子按检查部位分工到防磨防爆小组成员，每个检查部位均应明确一、二、三级责任人，每个人对其检查结果负责；

（四）大、小修应制定锅炉“四管”检查作业指导书，内容包括：锅炉编号、受热面的设计参数及规格、常规检查部位和内容、检查重点部位、检查标准、方法、检查记录表和检查总结等；

（五）检查实行二、三级复查制度。第一级，由本厂检修人员或检修承包方或防磨防爆小组成员进行检查。第二级，由维护部或检修车间防磨防爆管理技术专工进行确认检查并对第一级检查结果进行仔细核实。第三极，应由设备部防磨防爆专职点检人员进行复查并对第二级检查结果给出最终处理意见并交予施工人员。待全部检修工作结束后，由点检员牵头组织一、二级责任人对施工方工作进行最终整体复查。三级检查，层层把关，第三极检查对第二级检查进行考核；第二级检查对第一级检查进行考核；点检员对施工方工作情况有最终考核权。

（六）坚持“逢停必查”。各企业根据设备状况和机组停运（停备或临检）时间，确定重点检查项目。原则上，停运3～5天时间，应对尾部受热面、水平烟道受热面检查。停运5天以上的，防磨防爆小组要召开专题会议，制定检查项目；

（七）大、小修必须进行全部受热面的检查；

（八）各企业应参照附录1，结合本企业实际，制定大、小修和停备期间防磨防爆检查的项目与周期；

（九）检查的重点部位

1. 水冷壁：重点检查内容是腐蚀、磨损、拉裂、机械损伤、氧化皮、氧化裂纹、鼓包、管子涨粗。检查部位：四角喷燃器处（包括二次风喷口、燃尽风喷口两侧的水冷壁套管）、冷灰斗、折焰角区域、上下联箱角焊缝、凝渣管、悬吊管、吹灰器区域、水冷壁墙存在开孔的区域、折焰角上爬坡水冷壁与左右侧墙以及冷灰斗前后滑板斜坡水冷壁墙与左右墙的夹角密封盒处。抽查部位：热负荷最高区域的焊口、管壁厚度、腐蚀情况、氧化裂纹；喷燃器滑板处；刚性梁处；鳍片焊缝膨胀不畅部位。

a）燃烧器周围和热负荷较高区域的检查：

1）管壁的冲刷磨损和腐蚀程度的检查；

2）管子应无明显变形和鼓包；

3）对液态排渣炉或有未燃带的锅炉，应检查未燃带耐火材料及销钉的损坏程度；

4）定点监测管壁厚度及胀粗情况，一般分三层标高，每层四周墙各若干点；

5）对可能出现传热恶化的部位和直流锅炉中汽水分界线发生波动的部位，应检查有无热疲劳裂纹产生。

b）冷灰斗区域管子的检查：

1）应无落焦砸伤，管壁应无明显减薄；

2）检查液态排渣炉渣口及炉底耐火层应无损坏和析铁；

3）定点监测斜坡及冷灰斗弯管外弧的管壁厚度；

4）炉内冷灰斗水冷壁入口管段与水封处挡灰板上方的不锈钢梳型板相互间立式焊口检查，焊道应无开裂现象且无向管壁弯头外弧母材延伸迹象；（若存在延伸迹象应打止裂孔）

5）折焰角两侧上爬坡部位水冷壁墙与左右侧墙水冷壁以及冷灰斗水冷壁前后滑板墙与左右侧墙水冷壁夹角部位三角形密封盒处砂眼或开裂漏风缺陷检查。

c）所有人孔、观火孔、火焰电视冷却风孔周围的水冷壁让管应无拉裂、鼓包、明显吹损和变形等异常情况。

d）折焰角区域水冷壁管外观检查：

1）管子应无明显胀粗、鼓包；

2）管壁应无明显减薄；

3）屏式再热器冷却定位管相邻水冷壁应无明显变形、磨损现象；

4）定点监测斜坡管子及弯管外弧部位壁厚及胀粗情况。

e）检查吹灰器辐射区域水冷壁的损伤情况，应无吹损或裂纹缺陷。

f）防渣管检查：

1）检查管子两端应无疲劳裂纹，必要时进行表面探伤；

2）管子应无明显胀粗、鼓包；

3）管子应无明显飞灰磨损；

4）定点监测管子壁厚及胀粗量。

g）水冷壁鳍片检查：

1）鳍片与管子的焊缝应无开裂；

2）重点应对组装的片间连接、与包覆管连接、直流炉分段引出、引入管处的嵌装短鳍片、燃烧器处短鳍片等部位的焊缝进行100%外观检查。

3）对于由螺旋上升水冷壁管组成膜式壁炉膛，重点应检查各层煤粉燃烧器标高范围内水冷壁水平段管间鳍片根部是否留存有未燃尽的煤粉或油粉混合物，重点检查该部位是否存在腐蚀凹坑。

h）对锅炉水冷壁热负荷最高处设置的监视段（一般在燃烧器上方1m～1.5m）割管检查，检查内壁结垢、腐蚀情况和向、背火侧垢量，并计算结垢速率，对垢样做成分分析。根据腐蚀程度决定是否扩大检查范围；当内壁结垢量超过DL/T 794规定时，应进行受热面化学清洗工作；监视管割管长度不少于0.5m。

i）水冷壁拉钩及管卡：

1）外观检查应完好，无损坏和脱落；

2）膨胀间隙足够，无卡涩；

3）管排平整，间距均匀。

j）循环流化床锅炉：

1）进料口、布风板水冷壁、膜式水冷壁、冷渣器水管应无明显磨损、腐蚀等情况；

2）锅炉旋风分离器进出口处水冷壁管应无明显的飞灰磨损；

3）炉膛下部敷设的高温耐磨、耐火材料与光管水冷壁过渡区域的管壁应无明显磨损；

4）炉膛密相区浇注料与水冷壁分界四角、让管部位，密相区炉拱分隔墙前、后墙弯管部位应无明显磨损。

2. 省煤器：重点检查内容是磨损，检查部位：表面3排管子的磨损情况，靠墙弯头处，护铁或防磨罩情况；均流孔板是否完好；边排管子、前5列吊挂管、烟气走廊的管子、穿墙管、通风梁处。抽查部位：内圈管子移出检查，管座角焊缝、受热面割管及外壁腐蚀检查。对检查不到的部位应定期（1个大修周期）割出几排检查。

a）检查管排平整度及其间距，应不存在烟气走廊及杂物，重点检查管排、弯头的磨损情况。

b）外壁应无明显腐蚀减薄。

c）省煤器上下管卡及阻流板附近的管子应无明显磨损。

d）阻流板、防磨瓦等防磨装置应无脱落、歪斜或明显磨损。

e）支吊架、管卡等固定装置应无烧损、脱落。

f）鳍片省煤器管鳍片表面焊缝应无裂纹、咬边等超标缺陷。

g）悬吊管应无明显磨损，吊耳角焊缝应无裂纹。

h）对已运行5万h的省煤器进行割管，检查管内结垢、腐蚀情况，重点检查进口水平段氧腐蚀、结垢量；如存在均匀腐蚀，应测定剩余壁厚；如存在深度大于0.5mm的点腐蚀坑时，应增加抽检比例。

3. 过热器：重点检查内容是过热、蠕胀、磨损、管内沉积物。检查部位：管排向火侧外管圈及弯头的颜色、磨损、蠕胀、金相、氧化、壁厚；吹灰器吹扫区域内的管子；疏形定排卡子、管卡子处的磨损；管子异种钢焊口检查。抽查部位：内圈管子蠕胀，金相分析，管座角焊缝。包墙过热器的管屏焊缝、鳍片焊缝检查。

a）低温过热器管排间距应均匀，不存在烟气走廊；重点检查后部弯头、上部管子表面及烟气走廊附近管子的磨损情况。

b）低温过热器防磨板、阻流板接触良好，无明显磨损、移位、脱焊等现象。

c）吹灰器附近的包覆管表面应无明显冲蚀减薄；包覆过热器管及人孔附近的弯头应无明显磨损。

d）顶棚过热器管应无明显变形和外壁腐蚀情况；顶棚管下垂变形严重时，应检查膨胀和悬吊结构。

e）对循环流化床锅炉过热器受热面（包括分离器出口包墙吊挂管、穿墙管及弯头），应进行有无管壁颜色过热、蠕胀、氧化、腐蚀及磨损情况检查，必要时应测量管子壁厚及材质金相理化检验。

f）对高温过热器、屏式过热器做外观检查，管排应平整，间距应均匀；管子及下弯头应无明显磨损和腐蚀、无鼓包，外壁氧化层厚度不大于 0.6mm，管子胀粗不超过 DL 438 的规定。

g）定位管应无明显磨损和变形。

h）高温过热器弯头与烟道的间距应符合设计要求，管子表面应无明显磨损。

i）过热器管穿炉顶部分与顶棚管应无碰磨，与高冠密封结构焊接的密封焊缝应无裂纹。

j）定点监测高温过热器出口管子外径及壁厚。

k）按照 DL612 的要求对低温过热器割管取样，检查结垢、腐蚀情况。

l）按照 DL612 的要求对定期高温过热器割管进行检查；检查结果应符合 DL438 的要求。

m）运行时间达 5 万 h 后，应结合机组检修安排，对低合金钢高温过热器管内壁氧化层厚度进行抽查；当氧化层超过 0.3mm 时，应对管子材质进行状态评估。

n）运行时间达 8 万 h 后，应对与奥氏体不锈钢连接的异种钢接头进行外观检查，并按 10%比例进行无损检测抽查，必要时割管做金相检查。

o）立式过热器下部弯头内应无明显氧化产物沉积；对于材质为奥氏体不锈钢的过热器，在运行 3 万 h～5 万 h 后可采用无损检测方法检查过热器下部弯头的氧化产物沉积情况，必要时应割管检测腐蚀产物沉积量，并对垢样进行分析。

p）应根据运行中高温过热器的超温情况，抽查管子炉外部分管段的胀粗及金相组织。

4. 再热器：重点检查内容是过热、蠕胀、磨损、管内沉积物。检查部位：管排向火侧外管圈及弯头的颜色、磨损、蠕胀、金相、氧化、壁厚；吹灰器吹扫区域内的管子；疏形定排卡子、管卡子处的磨损；管子异种钢焊口检查。抽查部位：内圈管子蠕胀，金相分析，管座角焊缝。包墙过热器的管屏焊缝、鳍片焊缝检查。

a）墙式再热器管子应无磨损、腐蚀、鼓包或胀粗，必要时，应在减薄部位选点测量壁厚。

b）屏式再热器冷却定位管、自夹管应无明显磨损和变形；屏式再热器弯头与烟道的间距应符合设计要求。

c）高温再热器、屏式再热器管排应平整。

d）高温再热器迎流面及其下弯头应无明显变形、鼓包等情况，磨损、腐蚀减薄量应不超过设计壁厚的 30%的要求；应在下弯头外弧选点测量壁厚。

e）定点测量高温再热器出口管子的胀粗情况。

f）应根据运行中高温再热器的超温情况，抽查管排炉顶不受热部分管段的胀粗及金相组织情况。

g）高温再热器管夹、梳形板应无烧损、移位、脱落，管子间无明显碰磨情况。

h）高温再热器管穿炉顶部分与顶棚管应无碰磨，与高冠密封结构焊接的密封焊缝应无裂纹。

i）吹灰器辐射区域部位的管子应无开裂、无明显冲蚀减薄。

j）按照 DL 612 的要求定期对高温再热器割管进行检查；检查结果应符合 DL 438 的要求。

k）运行时间达到 5 万 h 后，应结合机组检修安排，对低合金钢高温再热器内壁的氧化层厚度进行抽查；当氧化层厚度超过0.3mm时，应对管子材质进行状态评估。

l) 运行5万h后应对与奥氏体不锈钢连接的异种钢接头进行外观检查，并做10%比例无损检测抽查，必要时割管做金相检查。

m) 立式再热器下部弯头内应无明显氧化产物沉积；对于材质为奥氏体不锈钢的过热器，在运行3万h～5万h后可采用无损检测方法检查过热器下部弯头的氧化产物沉积情况，必要时应割管检测腐蚀产物沉积量，并对垢样进行分析。

5. 各企业还应根据设备的状况和锅炉“四管”泄漏暴露出的问题，分别确定本厂的重点检查内容；根据锅炉累计运行时间和锅炉“四管”防磨防爆的重点，将三维膨胀指示器、支吊架、炉外管、吹灰器以及过、再热蒸汽管道的温度、压力测点、取汽管部位的预埋管座头道安装焊口内壁蒸汽涡流吹损减薄检查项目纳入到锅炉“四管”台账管理中。

（十）各企业应制定防磨防爆检查奖惩办法，鼓励检查人员积极主动发现问题。

第十七条　锅炉“四管”的修理

（一）严格执行检修作业指导书，重要缺陷处理，必须制定技术方案，经批准后组织实施；

（二）制定缺陷处理记录表，内容包括：炉号、检修部件及日期、缺陷具体部位、管子规范及材质、缺陷详细情况、处理情况、原因分析、遗留问题及意见、检查及处理人与验收人员签名等；

（三）受热面管排排列整齐，管距均匀。检修时拉弯的管排必须恢复原位，原有的管架、定位装置必须恢复正常。出列的管子应检查原因，向外鼓出超过管径时应采取措施，并再拉回原位；

（四）尾部烟道侧管排的防磨罩和中隔墙、后墙处的防磨均流板应结合停炉进行检修，必要时更正，凡脱落、歪斜、鼓起、松动翻转、磨穿、烧损变形的均更换处理；

（五）检修中应彻底清除残留在受热面上的焦渣、积灰以及遗留在受热面的检修器材、杂物等；

（六）加强锅炉本体、烟道、人孔、看火孔等处的堵漏工作，同时消除漏风形成的涡流所造成的管子局部磨损；

（七）管壁温度测点损坏或测值不准的，必须及时修复；

（八）检修中要恢复修理膨胀指示器，保证指示正确；

（九）改造锅炉“四管”或整组更换时，应制定相应的技术方案和措施。

第十八条　主要检修用材料的保管

（一）新进的管材入库前应进行检查（包括外径、壁厚偏差、管内外有无裂纹、锈蚀、化学成分分、室温拉伸试验、压扁试验、超声波检验、室温冲击试验、实际晶粒度测定和显微组织检验、脱碳层检验、对合金钢还应进行100%光谱复检）；

（二）焊接材料（焊条、焊丝、钨棒、氩气等）应符合国家及有关行业标准，质保书、合格证齐全，并经验收后方准入库；

（三）管材、焊接材料的存放、使用，必须按规定严格管理，标识清晰，防止存放失效或错收、错发。

第十九条　检修用管材、焊丝应全部进行光谱确认。对更换的管子进行100%涡流探伤。焊工必须持证上岗，焊前应进行焊接工艺评定，焊接时严格执行焊接工艺卡制度。焊口进行100%无损探伤。

第二十条 锅炉受热面管子有下列情况之一时，应予更换

（一）碳钢和低合金钢管的壁厚减薄大于30%或剩余寿命小于一个大修周期的；

（二）碳钢管胀粗超过3.5%*D*，合金钢管超过2.5%*D*时；T91、T122钢管超过1.2%*D*时；奥氏体不锈钢管子粗超过4.5%*D*时；

（三）腐蚀点深度大于壁厚的30%时；

（四）碳钢和钼钢管石墨化≥四级的；20号钢、15CrMo、12Cr1MoV和12Cr2MoG（2.2.5Cr-1Mo、T22、10CrMo910）的珠光体球化达到5级；T91钢的组织老化达到5级（T91钢的组织老化评级按DL/T 884执行）；12Cr2MoWVTiB（钢102）钢管碳化物明显聚集长大（3μm～4μm）；

（五）高温过热器表面氧化皮超过0.6mm且晶界氧化裂纹深度超过3～5晶粒的；

（六）表面裂纹肉眼可见者；

（七）割管检查，常温机械性能低，运行一个小修间隔后的残余计算壁厚已不能满足强度计算要求的。

（八）奥氏体不锈钢管及焊缝产生沿晶、穿晶裂纹，特别要注意焊缝的检验。

第二十一条 按规定对锅炉“四管”进行定点割管检查，检查管内结垢、腐蚀情况。

第二十二条 水冷壁垢量或锅炉运行年限达到DL/T 794—2001《火力发电厂锅炉化学清洗导则》中的规定值时，应进行酸洗。

第二十三条 运行10万h以上的小口径角焊缝检验推荐使用磁记忆探伤。

第二十四条 运行8万～10万h的过热器和再热器，应对与不锈钢连接的异种钢接头外观检查和无损探伤，必要时割管做金相检查；对于奥氏体不锈钢管与铁素体钢管的异种钢接头在4万h进行割管检查，重点检查铁素体钢一侧的熔合线是否存在碳迁移环状开裂。

第二十五条 对超温管段和运行时间接近金属监督规程要求检查时间的管段，应割取管样进行机械性能、金相检验。对运行时间已超过10万h的受热面应开展寿命评估工作以确定管子剩余寿命。

第五章　技　术　管　理

第二十六条 建立锅炉“四管”寿命管理台账（或数据库）

（一）建立锅炉“四管”原始资料台账（或数据库），包括锅炉的型号、结构、设计参数、汽水系统流程、“四管”的规格、材质、布置形式、原始组织、原始厚度、全部焊口数量、位置和性质、强度校核计算书等；

（二）建立锅炉运行台账（或数据库），包括锅炉运行时间、启停次数，超温幅度及时间，汽水品质不合格记录等数据；

（三）建立锅炉“四管”检修台账（或数据库），包括锅炉“四管”泄漏后的抢修、常规检修、更换和改造等技术记录；

（四）建立锅炉“四管”每次大、小修和停备检查及检验资料台账（或数据库）。内容包括：受热面管子蠕胀测量数据，厚度测量数据，弯头椭圆度测量数据，内壁氧化皮厚度测量数据，取样管的化学腐蚀和结垢数据，取样管组织和机械性能数据；

（五）建立全炉三维膨胀指示器台账。内容包括：停机前机组运行时带满负荷、停机后机组检修中零负荷、机组启动后带满负荷三种状态时，每个膨胀指示器的指示情况用不同的符号，仔细清晰的记录到各台炉膨胀指示器台账中。用以分析各联箱膨胀方向是否准确，位移量是否存在异常，是否存在膨胀受阻等现象。同时指针与指示牌应无损坏；指示牌清洁，刻度模糊应予更换，确保指针垂直于指示牌；指针牢固、灵活无卡涩、零位校正正确。

（六）建立全炉吹灰器运行与维护台账。包括吹灰器布置图、形式、压力、依据防磨防爆检查情况对各部受热面吹损管壁时单个吹灰枪管调整记录（包括：起吹角度、进入炉膛内部垂直距离、单枪吹灰压力、更换备件等）。

（七）建立支吊架检查台账。对全炉支吊架应进行宏观检查，炉顶联箱及受热面刚性吊架、恒力吊架，主要检查吊杆外观是否弯曲变形、吊杆螺母是否松动，吊杆与炉顶高顶板销轴是否存在膨胀受阻等异常情况并做好以上缺陷记录。

（八）建立炉膛水冷壁防震档及制晃点间隙检查台账：应保证炉墙膨胀方向正确且无膨胀受阻现象发生。

第二十七条　防磨防爆小组应每月（特殊情况下随时）对企业每台锅炉“四管”上述各种台账（或数据库）进行分析，研究锅炉“四管”的劣化趋势，每年编写每台锅炉“四管”磨损和劣化的趋势分析报告。

第二十八条　根据对各种台账的综合分析，统筹制定运行管理、检修（包括检查和检验）管理、技术管理和技术监督等方面动态的防磨防爆措施。

第二十九条　根据对各种台账的综合分析，在每次锅炉大、小修或锅炉停运时间超过5天时，防磨防爆小组要结合动态的防磨防爆措施和相应的锅炉“四管”检查（检验）、修理标准，确定对锅炉“四管”的重点检查内容、范围和方法，确定要采取的重点措施。

第三十条　锅炉“四管”发生泄漏后，防磨防爆小组应及时组织运行、检修及技术监督、技术管理部门共同分析爆管原因，制定防范措施和治理计划。原因不清时，应及时联系技术监控单位进行分析。

第三十一条　各企业对发生的锅炉“四管”泄漏事件均应分析，于检修结束后一周内编写分析报告（内容应包含对责任人考核处理意见和报表），并录入集团公司安全生产管理信息系统。

第三十二条　各企业要积极主动了解掌握国内外同类型锅炉“四管”泄漏发生的问题及解决办法，吸取经验教训，在机组检修时采取针对措施，防止同类事件重复发生。

第六章　附　　则

第三十三条　本办法所列附录均不是强制性执行标准，各企业可根据实际自行制订。

第三十四条　本办法由集团公司安全生产部负责解释。

第三十五条　本办法自发布之日起执行。

附录D 防止锅炉“四管”泄漏检查表

防止锅炉“四管”泄漏检查表见表D.1～表D.3。

表D.1 防止锅炉“四管”泄漏检查表1（A修）

序号	项目	大修	检查方法	质量标准	责任人	监督人
一	联箱					
1	联箱内部污垢检查处理	★	目视、内窥镜	内部无杂物和腐蚀产物		
2	喷水减温器联箱内部状况检查	★	目视、内窥镜	内壁、内衬套、喷嘴应无裂纹、磨损、腐蚀等缺陷		
3	面式减温器抽芯检查	★	着色探伤	应符合《电力工业锅炉压力容器检验规程》要求		
4	联箱胀口检查	★	目视外观检查	应无裂纹、重皮和损伤		
5	联箱支、吊架检查	★	目视外观检查	支吊架牢固、正确、受力均匀，弹簧无卡涩现象；支座无杂物堵塞		
6	全炉膨胀指示器校对零位及膨胀量检查	★	宏观检查	位置正确，安装合理牢固，指示清晰		
7	联箱内部隔板必要时抽查	★	内窥镜	应符合《电力工业锅炉压力容器检验规程》要求		
8	联箱各种管座焊口检查	★	目视外观检查、着色探伤	接管座焊口、角焊缝，联箱环焊缝，吊耳与联箱的焊缝，均无裂纹、严重咬边、缺陷		
9	联箱堵头焊缝必要时抽查	★	磁粉、超声波探伤	焊缝应无裂纹、咬边等缺陷		
二	水冷壁及下降管					
1	炉膛开孔周围水冷壁管磨损、腐蚀检查	★	目视外观检查、着色探伤、超声波测厚	无磨损、腐蚀、机械损伤、表面裂纹、变形（含蠕变变形）、鼓包等；鳍片与管子的焊缝应无开裂、严重咬边、漏焊、虚焊等情况		
2	吹灰器吹扫区域水冷壁磨损情况检查	★	目视外观检查、打磨、超声波测厚	无吹损、无麻坑缺陷且吹损面无补焊痕迹		
3	前后墙水冷壁管检查（需搭设升降平台）	★	目视外观检查、打磨、超声波测厚	无吹损、无麻坑缺陷且吹损面无补焊痕迹		
4	燃烧器附近及其拱下未燃带耐火材料脱落情况、水冷壁磨损及烧损情况检查	★	目视外观检查。通常易脱落部位包括拱部、前后垂直墙、翼墙（切角）、侧墙、冷灰斗上部、冷灰斗中部；同时还需要注意在改变未燃带敷设耐火面积时，为防止销钉挂焦，火焰割除销钉作业时应小心谨慎，避免火焰割伤管壁现象发生	未燃带耐火材料无脱落现象；下部管壁无砸伤、无烧损缺陷		

续表

序号	项　目	大修	检查方法	质量标准	责任人	监督人
5	凝渣管、前后排延伸墙对流受热面管下弯头检查	★	目视外观检查、超声波测厚	无疲劳裂纹、过热、胀粗、鼓包和磨损减薄等缺陷；机械损伤、磨损减薄量小于壁厚的30％		
6	水冷壁管结渣、腐蚀、超温、磨损检查	★	目视外观检查	无垢下腐蚀、过热、胀粗、磨损超标缺陷		
7	水冷壁监视段割管检查	★	化学分析、金属分析	分析结果符合DL/T 794—2012的要求		
8	水冷壁高温区定点测厚	★	超声波测厚	壁厚减薄量小于壁厚的30％		
9	水冷壁被掉焦砸伤、砸扁检查	★	目视外观检查	无碰撞损伤、腐蚀、和磨损等情况，壁厚减薄量小于壁厚的30％		
10	集中下降管管壁、弯头壁厚、椭圆度抽查	★	超声波测厚、无损探伤	结果应符合DL/T 438—2009《火力发电厂金属技术监督规程》的要求		
11	水冷壁支吊架、挂钩检查	★	目视外观检查	无损坏、松脱、变形；吊架、螺帽无松动		
12	全炉防振挡检查及调整	★	目视外观检查	符合检修规程要求		
13	炉膛四角及与燃烧器大滑板相联处水冷壁管拉伤情况检查	★	目视外观检查、着色探伤	无裂纹、机械损伤等缺陷		
14	炉膛冷灰斗前后墙滑板与左右墙夹角相连处密封盒开裂及漏风情况检查	★	目视外观检查	无裂纹、无漏风、管壁无吹损减薄现象		
15	水冷壁冷灰斗水封槽检查清理	★	目视外观检查	无淤泥、插板无损坏等缺陷		
16	炉内冷灰斗水冷壁入口管段与水封处挡灰板上方的不锈钢梳型板相互间立式焊口检查	★	目视外观检查	焊口无开裂现象，如存在开裂迹象应重新焊接并在焊缝与管壁结合部位打止裂孔，确保裂纹不向水冷壁母材延伸		
17	直流炉水冷壁中间联箱引入、引出管横裂情况检查	★	目视外观检查、着色探伤			
18	直流炉水冷壁相变区段蠕胀检查	★	割管检查	内壁腐蚀原因分析，如内壁垢量超标应进行化学清洗		
19	循环流化床锅炉密相区前、后炉拱磨损检查	★	目视外观检查、超声波测厚	无碰撞损伤、腐蚀、和磨损等情况		
20	循环流化床锅炉炉膛四角水冷壁磨损、蠕涨检查	★	目视外观检查、超声波测厚	无碰撞损伤、腐蚀、和磨损等情况		
21	循环流化床锅炉排渣口、上、下二次风口浇注料检查	★	目视外观检查	浇注料无抓钉裸露、无冲刷状磨损		

续表

序号	项　目	大修	检查方法	质量标准	责任人	监督人
22	循环流化床锅炉炉内水冷屏管结渣、腐蚀、超温、磨损、蠕涨检查	★	目视外观检查、超声波测厚、外径测量	无碰撞损伤、腐蚀、和磨损等情况		
23	炉内水冷屏下部浇注料磨损、脱落检查	★	目视外观检查	浇注料无抓钉露出、无冲刷状磨损及脱落		
三	过热器、再热器					
1	管排飞灰磨损及蠕变胀粗、鼓包情况检查	★	目视外观检查、游标卡尺测量	磨损减薄量不超过壁厚的30%；合金管胀粗小于2.5%D；D为管子外径；碳钢管胀粗小于3.5%D；T91、T122钢管超过1.2%D时，奥氏体不锈钢管子粗超过4.5%D时		
2	管外壁宏观检查	★	目视外观检查、手摸	管子无磨损、腐蚀、氧化、机械损伤、表面裂纹、变形（含蠕变变形）、鼓包等		
3	过、再热器穿墙管碰磨情况检查	★	目视外观检查	无机械损伤磨损、膨胀不畅		
4	吹灰器吹扫区域及管子及防磨护板检查	★	目视外观检查、超声波测厚	无吹损减薄		
5	过热器顶棚管、包覆管的墙角部位管子拉伤情况检查	★	目视外观检查	顶棚管、包墙管鳍片焊缝应无严重咬边和表面气孔缺陷		
6	过热器、再热器吊卡及固定卡检查与调整	★	目视外观检查	管卡及管排固定装置无烧损、松脱，管子无晃动，管卡附近管子无磨损现象		
7	过热器、再热器管子间距及膨胀间隙检查	★	目测	符合DL/T 5047—1995《电力建设施工及验收技术规范（锅炉机组篇）》的要求		
8	高温过、再热器监视段割管检查	★	化学分析、金属分析	分析结果符合DL/T 794—2012的要求		
9	过、再热器管壁温度测点检查及校验	★	执行检修工艺卡	符合检修规程要求		
10	循环流化床锅炉炉内屏式中温过热器管结渣、腐蚀、超温、磨损、蠕涨检查	★	目视外观检查、超声波测厚、外径测量	无碰撞损伤、腐蚀、和磨损等情况		
11	循环流化床锅炉炉内屏式过热器、再热器下部浇注料包覆情况磨损、脱落检查	★	目视外观检查	浇注料无抓钉露出、无冲刷状磨损及脱落		
四	省煤器					
1	防磨装置检查和整理	★	目视外观检查	防磨装置完好，安装正确，无烧损、松脱、磨穿、变形等缺陷		

续表

序号	项　目	大修	检查方法	质量标准	责任人	监督人
2	磨损情况检查	★	目视外观检查超声波测厚	磨损减薄量小于壁厚的30%		
3	管排及其间距变形情况检查及整理	★	目视外观检查	管排应平整、间距均匀，不存在烟气走廊及杂物		
4	省煤器入、出口联箱管座焊口抽查	★	目视外观检查 无损探伤	管座角焊缝应无裂纹；联箱吊耳完好，与联箱连接焊缝表面应无裂纹		
5	省煤器入口受热面管割管检查	★	化学分析	分析结果符合DL/T 794—2012的要求		
五	管道及附件					
1	疏水管、排污管、放水管、加热管、空气管、取样管管座及管道抽查	★	目视外观检查、着色探伤	弯头外表面应无裂纹、严重腐蚀等缺陷，小口径管外表面，均应无严重磨损、机械损伤、宏观、微观表面裂纹、严重腐蚀等缺陷		
2	过热器出口联箱向空排汽管、安全门、导汽管根部焊口及弯头抽查	★	目视外观检查、着色探伤	结果应符合DL/T 438—2009的要求		
3	主蒸汽、再热蒸汽出口管道定点蠕胀测量	★	蠕胀测量	结果应符合DL/T 438—2009的要求		
4	主蒸汽、再热蒸汽出口管道温度测点第一道现场安装焊口检验	★	割口抽检，发现问题扩检	焊口内壁无蒸汽涡流吹损迹象，管壁无减薄		
5	主蒸汽、再热蒸汽出口管弯头、焊口抽查（还未抽查的运行10万h后要普查）	★	宏观检查、超声波测厚、无损探伤、金相检查	结果应符合DL/T 438—2009的要求		
6	主蒸汽、再热蒸汽管道监视段定期割管检查	★	金相检查	结果应符合DL/T 438—2009的要求		
7	主蒸汽、再热蒸汽、给水等管道支吊架检查与处理	★	目视外观检查	支吊架应完好，安装正确，受力状态正常，弹簧无变形或断裂，吊架螺帽无松动		
8	减温器喷水管及给水管道内壁腐蚀、冲刷情况抽查，必要时测厚	★	宏观检查、超声波测厚	应符合《电力工业锅炉压力容器检验规程》要求		
9	主蒸汽、给水管道三通抽查	★	宏观检查、超声波测厚、无损探伤、金相检查	结果应符合DL/T 438—2009的要求		
10	检查消声器焊缝、通流面积	★	宏观检查、着色探伤	应符合《电力工业锅炉压力容器监察规程》要求		

续表

序号	项　目	大修	检查方法	质量标准	责任人	监督人
11	锅炉启动、定排、连排、疏水扩容器及焊缝、封头、导向板等检查	★	宏观检查、超声波测厚、无损探伤、金相检查	表面应无明显汽水冲刷减薄和腐蚀；测量减薄和腐蚀处的深度及面积应符合《电力工业锅炉压力容器检验规程》要求		
六	锅炉保护装置					
1	安全门检修后或锅炉大、小修后校验安全门	★	在线冷、热态校验，实际压力校验	动作灵活、准确，起座、回座压力整定值符合规程要求，提升高度符合有关技术文件		
2	安全门定期做放汽试验	★	手动操作	每年不少于1次，动作灵活、准确		
3	炉膛安全保护装置检查整定	★	执行试验方案	应符合《电力工业锅炉压力容器监察规程》要求		
七	锅炉水压试验					
1	锅炉额定压力试验	★	执行试验方案	(1) 停止上水后（在给水门不漏的条件下）5min压力下降值：主蒸汽系统不大于0.5MPa，再热蒸汽系统不大于0.25MPa。 (2) 承压部件无漏水及湿润现象。 (3) 承压部件元残余变形		
2	锅炉大面积更换受热面后做超压试验	★	执行试验方案	(1) 金属壁和焊缝没有任何水珠和水雾的泄漏痕迹。 (2) 金属材料无明显的残余变形		
八	受热面材质更换的检验					
1	更换材料的质量证明书		查验	符合JB/T 3375－2002《锅炉用材料入厂验收规则》要求		
2	外观检查		目视宏观检查	(1) 表面应无裂纹、折叠、龟裂、压扁、砂眼、分层等缺陷。 (2) 外径、壁厚必须符合JB/T 3375—2002		
3	光谱确认材质		光谱仪			
4	直管涡流探伤、拉伸试验、压扁试验、扩口试验		涡流探伤、拉伸试验、压扁试验、扩口试验	无超标缺陷，机械性能符合规程要求		
5	弯头外观检查		磁粉探伤	无裂纹		
6	组装成屏或圈的管子	入库前	目视宏观检查、光谱仪、通球试验	符合规程要求		

续表

序号	项　目	大修	检查方法	质量标准	责任人	监督人
九	焊接材料					
1	焊条、焊丝、钨棒、氩气、氧气、乙炔气的质量合格证书，光谱确认	入库前	查验、光谱仪	质量应符合国家标准、行业标准或有关专业标准		

注　★表示大修中进行。

表 D.2　防止锅炉“四管”泄漏检查表 2（B 修）

序号	项　目	大修	检查方法	质量标准	责任人	监督人
一	联箱					
1	联箱支、吊架检查	★	目视外观检查	支吊架牢固、正确、受力均匀，弹簧无卡涩现象；支座无杂物堵塞		
2	全炉膨胀指示器校对零位及膨胀量检查	★	宏观检查	位置正确，安装合理牢固，指示清晰		
3	联箱各种管座焊口检查	★	目视外观检查、着色探伤	接管座焊口、角焊缝，联箱环焊缝，吊耳与联箱的焊缝，均无裂纹、严重咬边、缺陷		
4	联箱堵头焊缝必要时抽查	★	磁粉、超声波探伤	焊缝应无裂纹、咬边等缺陷		
二	水冷壁及下降管					
1	炉膛开孔周围水冷壁管磨损、腐蚀检查	★	目视外观检查、着色探伤、超声波测厚	无磨损、腐蚀、机械损伤、表面裂纹、变形（含蠕变变形）、鼓包等；鳍片与管子的焊缝应无开裂、严重咬边、漏焊、虚焊等情况		
2	吹灰器吹扫区域水冷壁磨损情况检查	★	目视外观检查、打磨、超声波测厚	无吹损、无麻坑缺陷且吹损面无补焊痕迹		
3	前后墙水冷壁管检查（需搭设升降平台）	★	目视外观检查、打磨、超声波测厚	无吹损、无麻坑缺陷且吹损面无补焊痕迹		
4	燃烧器附近及其拱下未燃带耐火材料脱落情况、水冷壁磨损及烧损情况检查	★	目视外观检查。通常易脱落部位包括拱部、前后垂直墙、翼墙（切角）、侧墙、冷灰斗上部、冷灰斗中部；同时还需要注意在改变未燃带敷设耐火面积时，为防止销钉挂焦，火焰割除销钉作业时应小心谨慎，避免火焰割伤管壁现象发生	未燃带耐火材料无脱落现象；下部管壁无砸伤、无烧损缺陷		

续表

序号	项　目	大修	检查方法	质量标准	责任人	监督人
5	凝渣管、前后排延伸墙对流受热面管下弯头检查	★	目视外观检查、超声波测厚	无疲劳裂纹、过热、胀粗、鼓包和磨损减薄等缺陷；机械损伤、磨损减薄量小于壁厚的30%		
6	水冷壁管结渣、腐蚀、超温、磨损检查	★	目视外观检查	无垢下腐蚀、过热、胀粗、磨损超标缺陷		
7	水冷壁监视段割管检查	★	化学分析、金属分析	分析结果符合DL/T 794—2012的要求		
8	水冷壁高温区定点测厚	★	超声波测厚	壁厚减薄量小于壁厚的30%		
9	水冷壁被掉焦砸伤、砸扁检查	★	目视外观检查	无碰撞损伤、腐蚀、和磨损等情况，壁厚减薄量小于壁厚的30%		
10	水冷壁支吊架、挂钩检查	★	目视外观检查	无损坏、松脱、变形；吊架、螺帽无松动		
11	全炉防振挡检查及调整	★	目视外观检查	符合检修规程要求		
12	炉膛四角及与燃烧器大滑板相联处水冷壁管拉伤情况检查	★	目视外观检查、着色探伤	无裂纹、机械损伤等缺陷		
13	炉膛冷灰斗前后墙滑板与左右墙夹角相连处密封盒开裂及漏风情况检查	★	目视外观检查	无裂纹、无漏风、管壁无吹损减薄现象		
14	水冷壁冷灰斗水封槽检查清理	★	目视外观检查	无淤泥、插板无损坏等缺陷		
15	炉内冷灰斗水冷壁入口管段与水封处挡灰板上方的不锈钢梳型板相互间立式焊口检查；	★	目视外观检查	焊口无开裂现象、如存在开裂迹象应重新焊接并在焊缝与管壁结合部位打止裂孔，确保裂纹不向水冷壁母材延伸		
16	直流炉水冷壁中间联箱引入、引出管横裂情况检查	★	目视外观检查、着色探伤			
17	直流炉水冷壁相变区段蠕胀检查	★	割管检查	内壁腐蚀原因分析，如内壁垢量超标应进行化学清洗		
三	过热器、再热器					
1	管排飞灰磨损及蠕变胀粗、鼓包情况检查	★	目视外观检查、游标卡尺测量、	磨损减薄量不超过壁厚的30%；合金管胀粗小于2.5%D；碳钢管胀粗小于3.5%D；T91、T122钢管超过1.2%D时，奥氏体不锈钢管子粗超过4.5%D时		
2	管外壁宏观检查	★	目视外观检查、手摸	管子无磨损、腐蚀、氧化、机械损伤、表面裂纹、变形（含蠕变变形)、鼓包等		

续表

序号	项　目	大修	检查方法	质量标准	责任人	监督人
3	过热器、再热器穿墙管碰磨情况检查	★	目视外观检查	无机械损伤磨损、膨胀不畅		
4	吹灰器吹扫区域及管子及防磨护板检查	★	目视外观检查、超声波测厚	无吹损减薄		
5	过热器顶棚管、包覆管的墙角部位管子拉伤情况检查	★	目视外观检查	顶棚管、包墙管鳍片焊缝应无严重咬边和表面气孔缺陷		
6	过热器、再热器吊卡及固定卡检查与调整	★	目视外观检查	管卡及管排固定装置无烧损、松脱，管子无晃动，管卡附近管子无磨损现象		
7	过热器、再热器管子间距及膨胀间隙检查	★	目测	符合DL/T 5047—1995《电力建设施工及验收技术规范（锅炉机组篇）》的要求		
8	高温过、再热器监视段割管检查	★	化学分析、金属分析	分析结果符合DL/T 794—2012的要求		
9	过热器、再热器管壁温度测点检查及校验	★	执行检修工艺卡	符合检修规程要求		
四	省煤器					
1	防磨装置检查和整理	★	目视外观检查	防磨装置完好，安装正确，无烧损、松脱、磨穿、变形等缺陷		
2	磨损情况检查	★	目视外观检查 超声波测厚	磨损减薄量小于壁厚的30%		
3	管排及其间距变形情况检查及整理	★	目视外观检查	管排应平整、间距均匀，不存在烟气走廊及杂物		
4	省煤器入口受热面管割管检查	★	化学分析	分析结果符合DL/T 794—2012的要求		
五	管道及附件					
1	疏水管、排污管、放水管、加热管、空气管、取样管管座及管道抽查	★	目视外观检查、着色探伤	弯头外表面应无裂纹、严重腐蚀等缺陷，小口径管外表面，均应无严重磨损、机械损伤、宏观、微观表面裂纹、严重腐蚀等缺陷		
2	过热器出口联箱向空排汽管、安全门、导汽管根部焊口及弯头抽查	★	目视外观检查、着色探伤	结果应符合DL/T 438—2009的要求		
3	主蒸汽、再热蒸汽出口管道定点蠕胀测量	★	蠕胀测量	结果应符合DL/T 438—2009的要求		
4	主蒸汽、再热蒸汽出口管道温度测点第一道现场安装焊口检验	★	割口抽检，发现问题扩检	焊口内壁无蒸汽涡流吹损迹象，管壁无减薄		

续表

序号	项　目	大修	检查方法	质量标准	责任人	监督人
5	主蒸汽、再热蒸汽出口管弯头、焊口抽查（还未抽查的运行10万h后要普查）	★	宏观检查、超声波测厚、无损探伤、金相检查	结果应符合DL/T 438—2009的要求		
6	主蒸汽、再热蒸汽管道监视段定期割管检查	★	金相检查	结果应符合DL/T 438—2009的要求		
7	主蒸汽、再热蒸汽、给水等管道支吊架检查与处理	★	目视外观检查	支吊架应完好，安装正确，受力状态正常，弹簧无变形或断裂，吊架螺帽无松动		
8	减温器喷水管及给水管道内壁腐蚀、冲刷情况抽查，必要时测厚	★	宏观检查、超声波测厚	应符合《电力工业锅炉压力容器检验规程》要求		
9	主蒸汽、给水管道三通抽查	★	宏观检查、超声波测厚、无损探伤、金相检查	结果应符合DL/T 438—2009的要求		
10	检查消音器焊缝、检查通流面积	★	宏观检查、着色探伤	应符合《电力工业锅炉压力容器监察规程》要求		
11	锅炉启动、定排、连排、疏水扩容器及焊缝、封头、导向板等检查	★	宏观检查、超声波测厚、无损探伤、金相检查	表面应无明显汽水冲刷减薄和腐蚀；测量减薄和腐蚀处的深度及面积应符合《电力工业锅炉压力容器检验规程》要求		
六	锅炉保护装置					
1	安全门检修后或锅炉大、小修后校验安全门	★	在线冷、热态校验；实际压力校验	动作灵活、准确，起座、回座压力整定值符合规程要求，提升高度符合有关技术文件		
2	安全门定期做放汽试验	★	手动操作	每年不少于1次，动作灵活、准确		
3	炉膛安全保护装置检查整定	★	执行试验方案	应符合《电力工业锅炉压力容器监察规程》要求		
七	锅炉水压试验					
1	锅炉额定压力试验	★	执行试验方案	（1）停止上水后（在给水门不漏的条件下）5min压力下降值：主蒸汽系统不大于0.5MPa，再热蒸汽系统不大于0.25MPa。 （2）承压部件无漏水及湿润现象。 （3）承压部件元残余变形		
2	锅炉大面积更换受热面后做超压试验	★	执行试验方案	（1）金属壁和焊缝没有任何水珠和水雾的泄漏痕迹。 （2）金属材料无明显的残余变形		
八	受热面材质更换的检验					
1	更换材料的质量证明书		查验	符合JB/T 3375—2002要求		

续表

序号	项　目	大修	检查方法	质量标准	责任人	监督人
2	外观检查		目视宏观检查	（1）表面应无裂纹、折叠、龟裂、压扁、砂眼、分层等缺陷。 （2）外径、壁厚必须符合 JB/T 3375—2002		
3	光谱确认材质		光谱仪			
4	直管涡流探伤、拉伸试验、压扁试验、扩口试验		涡流探伤、拉伸试验、压扁试验、扩口试验	无超标缺陷，机械性能符合规程要求		
5	弯头外观检查		磁粉探伤	无裂纹		
6	组装成屏或圈的管子	入库前	目视宏观检查、光谱仪、通球试验	符合规程要求		
九	焊接材料					
1	焊条、焊丝、钨棒、氩气、氧气、乙炔气的质量合格证书，光谱确认	入库前	查验、光谱仪	质量应符合国家标准、行业标准或有关专业标准		

注　★表示大修中进行。

表 D.3　　防止锅炉“四管”泄漏检查表 3（C 修）

序号	项　目	大修	检查方法	质量标准	责任人	监督人
一	联箱					
1	联箱支、吊架检查	★	目视外观检查	支吊架牢固，受力均匀		
2	全炉膨胀指示器校对零位及膨胀量检查	★	按检修工艺卡执行	符合检修工艺规程要求		
3	联箱各种管座焊口检查	★	目视外观检查、着色探伤	接管座焊口、角焊缝，联箱环焊缝，吊耳与联箱的焊缝，均无裂纹、严重咬边、缺陷		
二	水冷壁及下降管					
1	炉膛开孔周围水冷壁管磨损、腐蚀检查	★	目视外观检查、着色探伤、超声波测厚	无磨损、腐蚀、机械损伤、表面裂纹、变形（含蠕变变形）、鼓包等；鳍片与管子的焊缝应无开裂、严重咬边、漏焊、虚焊等情况		
2	吹灰器吹扫区域水冷壁磨损情况检查	★	目视外观检查、打磨、超声波测厚	无吹损、无麻坑缺陷且吹损面无补焊痕迹		
3	前后墙水冷壁管检查（需搭设升降平台）	★	目视外观检查、打磨、超声波测厚	无吹损、无麻坑缺陷且吹损面无补焊痕迹		
4	燃烧器附近及其拱下未燃带耐火材料脱落情况、水冷壁磨损及烧损情况检查	★	目视外观检查。通常易脱落部位包括拱部、前后垂直墙、翼墙（切角）、侧墙、冷灰斗上部、冷灰斗中部；同时还需要注意在改变未燃带敷设耐火面积时，为防止销钉挂焦，火焰割除销钉作业时应小心谨慎，避免火焰割伤管壁现象发生	未燃带耐火材料无脱落现象；下部管壁无砸伤、无烧损缺陷		

续表

序号	项　目	大修	检查方法	质量标准	责任人	监督人
5	凝渣管、前后排延伸墙对流受热面管下弯头检查	★	目视外观检查、超声波测厚	无疲劳裂纹、过热、胀粗、鼓包和磨损减薄等缺陷；机械损伤、磨损减薄量小于壁厚的30%		
6	水冷壁管结渣、腐蚀、超温、磨损检查	★	目视外观检查	无垢下腐蚀、过热、胀粗、磨损超标缺陷		
7	水冷壁监视段割管检查	★	化学分析、金属分析	分析结果符合DL/T 794—2012的要求		
8	水冷壁监视段割管检查，大修前的一次小修进行（主要决定是否需要酸洗）	★	化学分析	分析结果符合DL/T 794—2012的要求		
9	水冷壁高温区定点测厚	★	超声波测厚	壁厚减薄量小于壁厚的30%		
10	水冷壁被掉焦砸伤、砸扁检查	★	目视外观检查	无碰撞损伤、腐蚀、和磨损等情况，壁厚减薄量小于壁厚的30%		
11	炉膛四角及与燃烧器大滑板相联处水冷壁管拉伤情况检查	★	目视外观检查、着色探伤	无裂纹、机械损伤等缺陷		
12	炉膛冷灰斗前后墙滑板与左右墙夹角相连处密封盒开裂及漏风情况检查	★	目视外观检查	无裂纹、无漏风、管壁无吹损减薄现象		
13	炉内冷灰斗水冷壁入口管段与水封处挡灰板上方的不锈钢梳型板相互间立式焊口检查；	★	目视外观检查	焊口无开裂现象、如存在开裂迹象应重新焊接并在焊缝与管壁结合部位打止裂孔，确保裂纹不向水冷壁母材延伸		
14	直流炉水冷壁中间联箱引入、引出管横裂情况检查	★	目视外观检查、着色探伤			
15	直流炉水冷壁相变区段蠕胀检查	★	割管检查	内壁腐蚀原因分析，如内壁垢量超标应进行化学清洗		
三	过热器、再热器					
1	管排飞灰磨损及蠕变胀粗、鼓包情况检查	★	目视外观检查、游标卡尺测量、	磨损减薄量不超过壁厚的30%；合金管胀粗小于2.5%D；碳钢管胀粗小于3.5%D；T91、T122钢管超过1.2%D时，奥氏体不锈钢管子粗超过4.5%D时		
2	管外壁宏观检查	★	目视外观检查、手摸	管子无磨损、腐蚀、氧化、机械损伤、表面裂纹、变形（含蠕变变形）、鼓包等		
3	过、再热器穿墙管碰磨情况检查	★	目视外观检查	无机械损伤磨损、膨胀不畅		
4	吹灰器吹扫区域及管子及防磨护板检查	★	目视外观检查、超声波测厚	无吹损减薄		

续表

序号	项　目	大修	检查方法	质量标准	责任人	监督人
5	过热器顶棚管、包覆管的墙角部位管子拉伤情况检查	★	目视外观检查	顶棚管、包墙管鳍片焊缝应无严重咬边和表面气孔缺陷		
6	过热器、再热器吊卡及固定卡检查与调整	★	目视外观检查	管卡及管排固定装置无烧损、松脱，管子无晃动，管卡附近管子无磨损现象		
7	高温过热器、再热器监视段割管检查	★	化学分析、金属分析	分析结果符合 DL/T 794—2012 的要求		
8	过热器、再热器管壁温度测点检查及校验	★	执行检修工艺卡	符合检修规程要求		
四	省煤器					
1	防磨装置检查和整理	★	目视外观检查	防磨装置完好，安装正确，无烧损、松脱、磨穿、变形等缺陷		
2	磨损情况检查	★	目视外观检查	磨损减薄量小于壁厚的 30%		
3	管排及其间距变形情况检查	★	目视外观检查	管排应平整、间距均匀，不存在烟气走廊及杂物		
4	省煤器入口受热面管割管检查		化学分析	分析结果符合 DL/T 794—2012 的要求		
五	管道及附件					
1	疏水管、排污管、放水管、加热管、空气管、取样管管座及管道抽查	★	目视外观检查、着色探伤	弯头外表面应无裂纹、严重腐蚀等缺陷，小口径管外表面，均应无严重磨损、机械损伤、宏观、微观表面裂纹、严重腐蚀等缺陷		
2	过热器出口联箱向空排汽管、安全门、导汽管根部焊口及弯头抽查	★	目视外观检查、着色探伤	结果应符合 DL/T 438—2009 的要求		
3	主蒸汽、再热蒸汽、给水等管道支吊架检查与处理	★	目视外观检查	支吊架应完好，安装正确，受力状态正常，弹簧无变形或断裂，吊架螺帽无松动		
4	锅炉启动、定排、连排、疏水扩容器及焊缝、封头、导向板等检查	★	宏观检查、超声波测厚、无损探伤、金相检查	表面应无明显汽水冲刷减薄和腐蚀；测量减薄和腐蚀处的深度及面积应符合《电力工业锅炉压力容器检验规程》要求		
六	锅炉保护装置					
1	安全门检修后或锅炉大、小修后校验安全门	★	在线校验仪分冷、热态校验； 实际压力校验	动作灵活、准确，起座、回座压力整定值符合规程要求，提升高度符合有关技术文件		
2	安全门定期做放汽试验	★	手动操作	每年不少于1次		
3	炉膛安全保护装置检查整定	★	执行试验方案	应符合《电力工业锅炉压力容器监察规程》要求		

续表

序号	项　目	大修	检查方法	质量标准	责任人	监督人
七	锅炉水压试验					
1	锅炉额定压力试验	★	执行试验方案	(1) 金属壁和焊缝没有任何水珠和水雾的泄漏痕迹。 (2) 金属材料无明显的残余变形		
八	受热面材质更换的检验					
1	更换材料的质量证明书	入库前	查验	符合 JB/T 3375—2002 要求		
2	新使用管子外观检查	入库前	目视宏观检查	(1) 表面应无裂纹、折叠、龟裂、压扁、砂眼、分层等缺陷。 (2) 外径、壁厚必须符合 JB/T 3375—2002		
3	光谱确认材质	入库前	光谱仪	100%检查合格		
4	直管涡流探伤、拉伸试验、压扁试验、扩口试验	入库前	涡流探伤仪、拉伸试验机、压力试验机	无超标缺陷，机械性能符合规程要求		
5	弯头外观检查	入库前	磁粉探伤	无裂纹		
6	组装成屏或圈的管子	入库前	目视宏观检查、光谱仪、通球试验	符合规程要求		
九	焊接材料					
1	焊条、焊丝、钨棒、氩气、氧气、乙炔气的质量合格证书，光谱确认	入库前	查验、光谱仪	质量应符合国家标准、行业标准或有关专业标准		

注　★表示大修中进行。

附录E 锅炉“四管”泄漏失效情况统计表

单位： 编号： 停役性质：

<table>
<tr><td>炉号</td><td colspan="3">锅炉型号</td><td colspan="2">结构</td><td colspan="3">泄漏部件
名 称</td><td colspan="4">泄漏部件
参 数</td><td rowspan="8">图 示</td></tr>
<tr><td></td><td colspan="3"></td><td colspan="2"></td><td colspan="3"></td><td colspan="4">P=__ MPa
T=__ ℃</td></tr>
<tr><td>泄漏
位置</td><td colspan="12"></td></tr>
<tr><td colspan="4">泄漏部件材料</td><td colspan="4">泄漏部件规格</td><td colspan="4">烟速（m/s）</td><td>烟温（℃）</td></tr>
<tr><td colspan="4"></td><td colspan="4"></td><td colspan="4"></td><td></td></tr>
<tr><td colspan="4">发现泄漏时间</td><td colspan="4">机组停役时间</td><td colspan="4">并网时间</td><td rowspan="3">停运
小时</td></tr>
<tr><td>月</td><td>日</td><td>时</td><td>分</td><td>月</td><td>日</td><td>时</td><td>分</td><td>月</td><td>日</td><td>时</td><td>分</td></tr>
<tr><td></td><td></td><td></td><td></td><td></td><td></td><td></td><td></td><td></td><td></td><td></td><td></td></tr>
<tr><td rowspan="2">泄漏
原因</td><td colspan="13">磨损□ 过热□ 焊接□ 腐蚀□ 材质□ 疲劳□ 结构□ 其他□</td></tr>
<tr><td colspan="13"></td></tr>
<tr><td colspan="8">爆口状况</td><td colspan="6">邻近受热面波及情况</td></tr>
<tr><td colspan="4">长度×宽度（mm×mm）</td><td colspan="2">边缘厚（mm）</td><td colspan="2">形状</td><td colspan="6" rowspan="2"></td></tr>
<tr><td colspan="4"></td><td colspan="2"></td><td colspan="2"></td></tr>
<tr><td>处理方法</td><td colspan="13"></td></tr>
<tr><td>措施</td><td colspan="13"></td></tr>
<tr><td>备注</td><td colspan="13"></td></tr>
</table>

填表日期： 年 月 日 锅炉监察工程师签字：________

附录F 锅炉设计、选型、监造和安装的技术要求

F.1 锅炉形式应与实际煤质特性相适应

F1.1 锅炉设计和校核的煤质资料应根据煤矿供煤实际情况和近、中期供煤煤质的变化趋势，并经采样综合分析后确定。

F1.2 锅炉设计选型要根据煤质（含煤灰）特性选取适当的炉膛容积热负荷、炉膛断面热负荷、燃烧器区域热负荷。

F1.3 燃烧器形式和布置应与煤质特性相适应。

F1.4 对高灰分及灰磨损性强的煤，应注意达到：

F1.4.1 锅炉尾部竖井对流受热面计算烟速应按管壁最大磨损速度小于0.2mm/a选取，当难以达到时，应选用顺列布置、粗直径（$\geqslant\phi42$）管子的省煤器，或采用螺旋翅片式、H形（蝶型）鳍片、鳍式（膜式）省煤器等。

F1.4.2 锅炉尾部结构应有利于防止受热面及烟道积灰，避免局部烟速过高，造成受热面局部磨损严重。

F1.4.3 各对流受热面应布置足够数量的吹灰器。

F1.4.4 对流受热面结构上不存在烟气走廊。

F1.5 对低灰熔点和结渣性强的煤应注意：

F1.5.1 高温辐射/对流式受热面（如屏过等）入口烟气温度T应低于煤灰变形温度t_2，当$t_2-T<100$℃时，管屏横向节距应足够大，以防止结渣连成片。

F1.5.2 切圆燃烧方式的一、二次风应有较大的刚度（风速可适当选高些）；假想切圆不应太大，必要时可采用侧二次风或正反切圆，改善燃烧器附近水冷壁面的烟气气氛、流动工况，防止结渣。

F1.5.3 旋流式燃烧器的旋流强度应可以调节，防止燃烧器喷口附近结渣。

F1.5.4 燃烧器的布置不应太集中，以免燃烧器区热负荷过高。

F1.5.5 炉膛和辐射/对流受热面应布置足够数量的吹灰器。

F1.6 液态排渣炉和燃用硫、钒、碱金属等低熔点氧化物含量高的煤的固态排渣炉，要注意防止产生高温腐蚀，必要时在可能发生高温腐蚀部位采用渗铝管或采用贴壁风。

F.2 锅炉受热面、过热器和再热器的选材

锅炉受热面的选材应与设计参数匹配，过热器和再热器的选材要有足够的安全裕量。

F.3 锅炉水冷壁

F3.1 火力发电厂的锅炉水冷壁除特殊情况外均应采用膜式水冷壁。

F3.2 锅炉水冷壁水动力应确保：

F3.2.1 直流锅炉在设计压力范围内，从启动流量所对应的负荷到满负荷水动力工况稳定。

F3.2.2 强制循环锅炉在各种负荷下水动力工况稳定；循环泵入口不发生汽化。

F3.2.3 超高压及以上锅炉的水冷壁均应进行传热恶化的验算，并要求发生传热恶化的临界热负荷与设计最大热负荷的比值应符合要求。

F3.3 直流锅炉膜式水冷壁应对管屏间温差热应力进行计算，要考虑水冷壁制造公差引起的水力偏差因素，要合理布置混合器的位置和水冷壁管在混合器联箱上的引入、引出方式及正确设计各水冷壁管进口节流圈（节流圈应便于调整更换）孔径的大小。

F3.4 应核查水冷壁管屏大型开孔（如人孔门、燃烧器、抽炉烟口等）外边缘管因热负荷较高，管内工质流量减少且易波动等因素对水冷壁水动力的不利影响。

F.4 过热器和再热器

F4.1 各级过热器、再热器须进行水力偏差计算，合理选取热力偏差系数，并据此计算管壁温度。所选用的管材的允许使用温度应高于计算管壁温度，并留有适当的裕量。

F4.2 容量在220t/h及以上、压力在9.8MPa及以上的锅炉，在过热蒸汽流程中至少应进行两次交叉；再热蒸汽至少有一次交叉。

F4.3 采用喷水调节过热蒸汽温度时，至少应布置两级喷水减温器，减温器的结构应能保证进入减温器的蒸汽能与喷水均匀混合。

F4.4 采用汽-汽热交换器调温时，其三通阀必须漏流量小，灵活可靠，便于检修。

F4.5 采用摆动燃烧器调温时，应从设计上保证摆动燃烧器在热态运行时能正常摆动。

F.5 锅炉各受热面管子应能够自由膨胀，不相互碰磨

F5.1 大型悬吊式锅炉应设置锅炉膨胀中心，其防晃动装置不应限制锅炉受热面的自由膨胀，各联箱两端部应设置可靠的膨胀指示器。受热面的管卡、吊杆和夹持管等应设置合理、可靠，避免在热态下偏斜、拉坏和引起管子相互碰磨。

F5.2 管壁温差大的管子之间、膨胀长度不同的管子之间及受热管子与其他部件之间的连接，如炉膛四角水冷壁、燃烧器大滑板、包覆管、顶棚管和穿墙管等，应防止管子膨胀受阻或受到刚性体的限制，使管子拉裂、碰磨而爆管。

F.6 要适当配备温度监控测点，满足运行中监视和控制

F6.1 屏式过热器、高温过热器和再热器，应布置管壁温度测点。管壁温度测点可以装在屏式过热器最外圈的出口及过热器、再热器各段管圈的出口管子外壁上，屏式过热器每片屏至少布置一点，过热器、再热器每隔5～10排布置一点。在有条件时管壁温度测点应安装于炉内管子外壁温度最高处。

F6.2 减温器出口蒸汽温度测点应布置在蒸汽和喷水充分混合后的位置，以反映真实的温度值。

F6.3 各受热面应设置进、出口烟气温度测点和汽、水进、出口温度测点。

F.7 锅炉的保护装置

F7.1 按有关规定配备炉膛安全监控保护装置。

F7.2 汽包锅炉应配备水位保护装置，直流锅炉应配备断水保护装置。

F7.3 应按DL 612—1996《电力工业锅炉压力容器监察规程》的要求，配备足够数量的安

全阀。

F7.4 有可靠的锅炉再热蒸汽超温喷水保护系统。

F7.5 直流锅炉应配备蒸发段出口中间点的温度保护装置。

F.8 大型锅炉应配置在线泄漏监测装置

670t/h及以上锅炉，必须将壁温参数监视引入分散式控制系统（Distributed Control System，DCS)，设置壁温超温报警功能。运行中金属壁温的统计、分析应实现计算机管理。

F.9 锅炉监造

F9.1 锅炉“四管”所用钢材应有质量证明文件，包括材质质保书、制造前按规定对材质进行的复验记录。

F9.2 锅炉“四管”应有焊接质量检验报告，包括焊接工艺评定试验报告、焊工考试合格证书、抽查焊接试样试验报告、焊缝返修报告、无损探伤检查报告、热处理质量检验报告、水压试验检验报告。

F9.3 锅炉使用部门应派员到锅炉制造厂监造、抽检设备制造质量。

F9.4 锅炉“四管”及其相连接的汽包、汽水分离器、减温器及联（集）箱等，在制造厂出厂前均应对其焊口进行100%无损探伤，并有检验报告。

F9.5 锅炉的所有承压元件、部件在出厂前，内部不得存在锈蚀、积水及杂物，所有的管接头、孔等均应有严密的保护和密封；所有受热面元、部件不得散装出厂，必须用专用框架固定包装、运输。

F9.6 受热面蛇形管应进行通球试验和超压水压试验，并有合格证书和记录。奥氏体不锈钢材质的受热面进行水压试验所用水必须采用化学除盐水，不得采用生水。试验后将蛇形管内的积水排放干净并采取烘干措施后方可加堵塞。

F9.7 初次试用于锅炉承压部件和受热面管子的钢种，事先必须取样经有关研究单位试验，提出试验报告，并经集团公司确认的质检部门复验，确认合格后方可使用。

F9.8 锅炉“四管”及其与其他承压（载）部件之间合金元素差异较大的异种钢焊接，应在制造厂内进行，并应有焊接工艺和评定完整的焊接记录（包括接头形式、焊前预热、焊接方式、焊接材料和焊后热处理等)。

F9.9 锅炉制造厂应考虑长期停用时充氮保护的接口。

F.10 锅炉安装

F10.1 锅炉承压部件组装前应按规定进行下列工作，并做好检查记录。

F10.1.1 外观检查包括外形尺寸、表面裂纹、砂眼、机械损伤及腐蚀等。

F10.1.2 检查内部有无积水、腐蚀和杂物，并吹扫干净，蛇形管应进行通球检查，测量管子的壁厚、圆度、弯曲角度、弯管平面度及管排均匀性。

F10.1.3 对合金钢管进行光谱复查。

F10.1.4 安装单位将参加施焊的焊工严格执行焊工考核制度，考试不合格的不得上岗施焊。

F10.1.5 安装单位应按DL/T 5047—1995《电力建设施工及验收技术规范（锅炉机组篇)》

中 3.1.10 条的规定对锅炉制造厂的制造焊口进行抽检。

F10.2　带炉墙的水冷壁组件，在组合炉墙前应做水压试验。试验压力为工作压力的 1.25 倍，水压前所有受热面焊接件应安装齐全。

对组装后发现缺陷不易处理的受热面管子，在组装前应做一次单根水压试验或无损探伤，试验压力为工作压力的 1.5 倍。水压试验后应将管内积水吹扫干净。

F10.3　锅炉“四管”及其他承压部件的安装焊口应按 DL 5007《电力建设施工及验收技术规范（火力发电厂焊接篇）》进行无损探伤。在此基础上，有条件的应提高无损检验率，逐步做到 100％无损探伤。

F10.4　锅炉本体承压部件安装完毕，须按规程要求进行整体超压水压试验，认真检查各承压部件接口有无泄漏点，发现泄漏点应在水压试验后立即处理。水压试验报告须经技术监控服务合同指定的单位审核认定。

水压试验后，锅炉内部应按《电力建设及验收技术规范（电厂化学篇）》的要求进行防腐保护。

F10.5　高压及以上锅炉禁止在水处理系统、除氧器运行不正常或水质不合格的情况下，进行锅炉整体试运行。

F10.6　建设单位应认真组织实施半年生产和一年保证期（包括半年试生产的时间）的制度，完成规定的调试、考核及质量评定任务。在保证期内所发生的属于设计、制造、安装责任的锅炉“四管”爆漏事故，应向责任单位通报。

参 考 文 献

［1］ 华北电力集团．300MW火力发电机组集控运行典型规程．北京：中国电力出版社，2010.

［2］ 肖作善．热力发电厂水处理．北京：中国电力出版社，2009.

［3］ 孙本达．全国火电厂水化学事故案例分析．北京：中国电力出版社，2011.

［4］ 孙本达．火力发电厂水处理实用技术问答．北京：中国电力出版社，2006.

［5］ 中国电机工程学会电站焊接专业委员会．火电机组焊接热处理实用技术培训教材．北京：中国电力出版社，2009.

［6］ 蔡文和，张信林．电站重要金属部件的失效及其监督．北京：中国电力出版社，2009.

［7］ 张佩良，张信林．电力焊接技术管理．北京：中国电力出版社，2006.